J. C. POGGENDORFF

BIOGRAPHISCH-LITERARISCHES HANDWÖRTERBUCH DER EXAKTEN NATURWISSENSCHAFTEN

Herausgegeben von der

Sächsischen Akademie der Wissenschaften zu Leipzig

Band VIIb · Teil 8

5. Lieferung

Leitung der Redaktion

DR. LEBRECHT WEICHSEL

DIPL.-CHEM. MARGOT KÖSTLER

AKADEMIE-VERLAG BERLIN

1989

Dieser Lieferung liegt das Titelblatt von Teil 8: Sn-Vl bei.

ISBN 3-05-500596-1

Redaktionsschluß: 30. 6. 1986
Erschienen im Akademie-Verlag Berlin, Leipziger Straße 3—4, Berlin, DDR-1086

Printed in the German Democratic Republic
Lizenznummer: 202 · 100/419/89
Gesamtherstellung: VEB Druckerei „Thomas Müntzer", Bad Langensalza, DDR-5820
LSV 1007
Bestellnummer: 7639063 (3050/VIII/5)

02400

J. C. POGGENDORFF

BIOGRAPHISCH-LITERARISCHES HANDWÖRTERBUCH DER EXAKTEN NATURWISSENSCHAFTEN

Herausgegeben von der
Sächsischen Akademie der Wissenschaften zu Leipzig

Band VIIb · Teil 8: Sn—Vl

Berichtsjahre 1932 bis 1962

Leitung der Redaktion

DR. LEBRECHT WEICHSEL
DIPL.-CHEM. MARGOT KÖSTLER

AKADEMIE-VERLAG BERLIN
1989

Erschienen im Akademie-Verlag Berlin, Leipziger Straße 3—4, Berlin, DDR-1086

Lizenznummer: 202 · 100/537/89
Printed in the German Democratic Republic
Gesamtherstellung: VEB Druckerei „Thomas Müntzer", Bad Langensalza, 5820
LSV 1007
Bestellnummer: 763 978 4 (3050/VIII/E)

J. C. POGGENDORFF

Biographisch-literarisches Handwörterbuch
der exakten Naturwissenschaften

W. Corso di elettrotecnica (G. Salmareggi, D. Valdambrini) (Torino '32) 558 S. [Vorlesungsskript, R. Scuola di Ingegneria di Torino]. — Complementi di elettrotecnica; lezioni tenute nell'anno accademico 1936/1937 presso il R. Politecnico di Torino (A. Valente, G. Cavagnaro u. a.) (Torino '37) 3+ 563 S. (Biblioteca tecnica e scientifica, 94) [Skript]. — Corso di elettrotecnica, tenuto nell'anno accademico 1939/1940 presso il R. Politecnico di Torino: Principi scientifici e macchine elettriche (G. dal Monte, V. Zerbini, C. Cassia) (Torino '43) 751 S. (~ 206); Neuaufl.: ('46) 729 S. (~ 270) [Skripten]. — Augusto Platone. Parole in occasione della benedizione del gagliardetto del dopolavoro S.I.P. [Società Idroelettrica Piemonte] "Augusto Platone" di Torino (Torino '42) 14 S.

Acta, Pontificia Acad. Sci. Guglielmo Marconi: **2** ('38) Nr. 1 ⟨31⟩. — Guglielmo Marconi. Discorso commemorativo pronunciato alla augusta presenza del S. Padre Pio XI: **13** ('49) Nr. 7, 75–86.

Alta Frequenza Radiotecnica e radioindustria in Italia: **4** ('35) 161–64. — Guglielmo Marconi †: **6** ('37) 497–500 ⟨31⟩. — Induzione elettromagnetica e induzione magnetoelettrica: **20** ('51) 227–46 ⟨311⟩. — La legge dell'induzione: **22** ('53) 211–38 ⟨367⟩. — Francesco Vecchiacchi: **24** ('55) 528. — — Ferner zahlreiche Leitartikel.

Atti Accad. nazion. Lincei, Rend. Determinazione sperimentale della forza magnetomotrice esercitata da una corrente di spostamento dielettrico: (8) **12** ('52) 17–19 ⟨312⟩. — Commemorazione del Socio Ugo Bordoni: 463–68.

Atti reale Accad. Sci. Torino Guido Grassi: **71** ('35/36) 607–19 ⟨11⟩.

Atti Soc. ital. Progr. Sci. Guglielmo Marconi: Uomo di pensiero e d'azione: **26**.1937, Suppl. Guglielmo Marconi ('38) 85–94.

Autarchia [Torino] L'Istituto Elettrotecnico "Galileo Ferraris": **1** ('39) 4f.

Buletinul Inst. român Energie Radiotecnica e radioindustria in Italia: **3** ('35) 241–54.

Celebrazioni e Commemoraz., Reale Accad. d'Italia Luigi Amedeo di Savoia-Aosta, Duca degli Abruzzi. Discorso commemorativo: Nr. **9** ('33) 26 S. — Guglielmo Marconi. Discorso commemorativo: Nr. **26** ('37) 20 S. ⟨31⟩.

Elettrotecnica Prove ad alta tensione: **20** ('33) 409–12. — Scopi e riforme degli Istituti Superiori d'Ingegneria: **21** ('34) 832–34. — Galileo Ferraris: **22** ('35) 682–85 ⟨1⟩. — Equazioni dimensionali e sistemi di unità di misura per l'elettrotecnica: **23** ('36) 182–89 ⟨8⟩. — Guglielmo Marconi e il cinquantenario della radio: **34** ('47) 169–74 ⟨192⟩. — La XIII Riunione annuale dell'Associazione Elettrotecnica Polacca: 390f. — Viaggio in Polonia: **35** ('48) 254f. — Su un quadro sintetico delle macchine elettriche: **36** ('49) 38f. ⟨229⟩.

Industria ital. elettrotecn. L'Istituto Elettrotecnico Nazionale e il marchio di qualità: **3** ('50) 13f.

Ingegnere Considerazioni e proposte per il potenziamento degli studi d'ingegneria: **13** ('39) 989.

Memorie Accad. Sci. Torino Effetti d'induzione elettromagnetica: Induzione unipolare: (3) **1** ('55) 139–69 [m. französ., engl. u. deutscher Zusammenfassg.] ⟨405⟩. — Induzione unipolare prodotta da elettromagneti rotanti: **3**.1955/56 ('57) 1–14 [~] ⟨418⟩. — Azioni elettromagnetiche fra sistemi in rotazione: 15–24 [~] ⟨440⟩.

Nuovo Cimento Guglielmo Marconi †: (N.S.) **14** ('37) 298–300. — Quirino Majorana †: **17** ('40) 251f.

Radio Industria Contributo alla radio: **11** ('47) 366f. ⟨198⟩. — Guglielmo Marconi e il cinquantenario della radio: **11** ('47) Nr. 129/130 [Marconi Sonderheft] 46–48.

Radiodiffusion [Genève] Guglielmo Marconi †: Nr. **5** ('37) 5f.

Ricerca sci. Azioni dinamiche fra il campo magnetico terrestre ed un conduttore in rotazione: **4** ('33) II, 147–56. — Galileo Ferraris: **6** ('35) II, 227–35 ⟨1⟩. — Per l'inaugurazione dell'Istituto Elettrotecnico Nazionale Galileo Ferraris: 257–62 ⟨1⟩. — Attività dell'Istituto Elettrotecnico Nazionale Galileo Ferraris [I.E.N.G.F.] nel suo primo anno di vita (1934/35): **7** ('36) I, 150–52 ⟨29⟩; ~ nel suo secondo anno di vita (1935/36): **8** ('37) I, 153–56 ⟨29⟩; ~ nel suo terzo anno di vita (1936/37): **9** ('38) I, 45–52 ⟨29⟩; ~ nel suo quarto anno di vita (1937/38): **10** ('39) 225–49 ⟨58⟩; ~ nel suo quinto anno di vita (1938/39): **11** ('40) 4–44 ⟨76⟩; ~ nel suo sesto anno di vita (1939/40): **12** ('41) 266–310 ⟨111⟩; ~ nel suo settimo anno di vita (1940/41): **13** ('42) 361–406 ⟨136⟩; ~ nel suo ottavo anno di vita (1941/42): **14** ('43) 73f. ⟨153⟩; ~ nel suo tredicesimo anno di vita (1946/47): **18** ('48) 331–73 ⟨202⟩; ~ nel suo quattordicesimo anno di vita (1947/48): **19** ('49) 494–535 ⟨239⟩; ~ nel suo quindicesimo anno di vita (1948/49): **20** ('50) 1223–67 ⟨264⟩. — Il Politecnico di Torino e gli studi sui materiali da costruzione [2]): **8** ('37) 304–36. — L'energia elettrica nella vita nazionale: **9** ('38) 5–8. — Sul problema dei ricercatori: 521–24 ⟨48⟩. — Colloquio con i ricercatori: **11** ('40) 594–600 ⟨101⟩. — In memoria di Luigi de Seras: **12** ('41) 777–79. — Discorsi e scritti come Presidente del Consiglio Nazionale delle Ricerche: 1124f.; **13** ('42) 831–37; **14** ('43). — A un Convegno internazionale di matematici: **13** ('42) 838–41. — Francesco Vecchiacchi: **25** ('55) 3231–34.

Tecnica fascista Compiti sperimentali dei politecnici: Il problema dell'acustica: **2** ('36) Nr. 14.

Bitte Bemerkung S. 5629 vor dem Buchstaben V beachten!

Welt-Rundfunk Der Rundfunk an der Spitze des Kulturaustausches: **3** ('39) 1 f.

Ferner: Discorsi per le inaugurazioni degli anni accademici e discorsi ai giovani, R. Istituto Superiore di Ingegneria (R. Politecnico) Torino 1933/34, 1934/35, 1935/36, 1936/37, 1937/38, 1938/39. — Drei Veröffentlichungen beim R. Istituto Elettrotecnico e delle Communicazioni della Marina, Livorno: "Previsioni su la configurazione del campo magnetico intorno a uno scafo" ('41); "Su la difesa degli scafi dalle armi subacquee ad azionamento magnetico" ('41); "Compensazione magnetica degli scafi e applicazione ad un caso concreto". — Eine Veröffentlichung beim Centro Alti Studi Militari, Roma: "Il magnetismo e le armi" ('51). — Ein Beitrag in "Dieci anni di radio in Italia" (Società Editrice Torinese) (Torino '35): Un quarantennio.

Mit: [1]) F. de Filippi; [2]) G. M. Pugno.

VI **VALLE,** Giorgio. Physik (exper.). — 1922–32 Doc., Univ. di Torino; '32–33 Prof. straord., Univ. di Ferrara; '33–47 Prof. straord. → ['35?] Prof. ord. e Dir. dell'Ist. di Fisica e dell'Osservat. meteorol., Univ. di Parma; '47–53 [?] Prof. ord. e Dir. dell'Ist. di Fisica "Augusto Righi", Univ. di Bologna. (⊠)

* 1888, Dez. 15, Trieste;

† 1953, Dez. 9, Bologna.

Nekr. *A. von Engel, Nature [London] **173** ('54) 472. — *G. Polvani, Atti Accad. nazion. Lincei, Rend. (8) **18** ('55) 113–21 (m. Schr.verz.).

MH. Scelta di scritti di Augusto Righi (Bologna '50).

S. Enciclopedia italiana di scienze, lettere ed arti **13** (Milano '32) 685–91: Elettriche, Misure; 691–99: Elettriche, Scariche. — Questioni di fisica (Firenze '47): Elettrostatica. — Conferenze di fisica 1950 (Milano '51) (Società Italiana di Fisica, Sezione lombarda): Scariche nei gas.

W. Lezioni di fisica sperimentale, **1** (Parma '33) 575 S. [Vorlesungsskript]. — Guida alle lezioni di fisica sperimentale (m. M. Baruzzi) (Torino '35) 865 S. — Lezioni di fisica superiore (m. G. C. Dalla Noce) (Parma '49) [nicht nachgewiesen]. — Corso di fisica sperimentale, **1**: Meccanica, Termologia (Bologna '53) 638 S., **2**: Gravitazione, Elettricità, Magnetismo, Oscillazioni e onde, Acustica, Ottica, Radiazioni, Elettricità e materie, Costituzione dell'atomo ('53) 704 S.

Annalen Physik Über die Zündung der Glimmentladung: (5) **13** ('32) 732–52. — Zur Dynamik nichtstationärer Gasentladungen, 2: Hysteresiserscheinungen bei dynamischen Charakteristiken der Glimmentladung [2]): **23** ('35) 381–412.

Archiv Elektrotechn. Über die Wirkung schon vorhandener Raumladungen auf die Zündspannung und das Aussehen einer Entladung: **26** ('32) 310–12.

Ateneo parmense Un nuovo dispositivo magnetometrico [4]): **11** ('39) 155–60.

Atti reale Accad. Sci. Torino Sull'effetto del passaggio di una corrente alternata in un filo ferromagnetico sottoposto a torsiöne e sull'effetto inverso: **67** ('31/32) 319–38. — Sulla liberazione di elettroni da un metallo per opera dei raggi canali più lenti: 490–99.

Atti Soc. ital. Progr. Sci. Potenziale e ritardo di scarica nelle lampadine al neon fotosensibili: **23.**1934, 2 ('35) 306–09. — Sviluppo nel tempo del fulmine lineare: 336–39.

Relazioni, Soc. ital. Progr. Sci. Di alcuni effetti magneto-magnetici e magneto-torsionali in corrente alternata: **28.**1939, 3 ('39) 115–17. — Di un nuovo dispositivo magnetometrico a compensazione [4]): 119–23.

Elettrotecnica Ioni e mezzi ionizzati. Leggi e processi di ionizzazione: **19** ('32) Atti della XXXVII Riunione, 12 S. — Il microscopio elettronico: **20** ('33) 697–705. — I gas come conduttori: **20** ('33) Atti della XXXVIII Riunione, 22 S. — Il nucleo atomico, 1: **23** ('36) 94–99; ~ 2: 129–35.

Filomate Conduzione elettrica nei gas: **1** ('48).

Memorie reale Accad. Sci. Torino Sul funzionamento dei contatori a luminescenza [1]): (2) **69** ('39) 199–214.

Nature [London] Full period effect in Miller's ether drift experiment: **133** ('34) 758 f.

Naturwissenschaften Hysteresiserscheinungen bei dynamischen Charakteristiken der Glimmentladung [2]): **22** ('34) 792.

Nuovo Cimento Potenziale e ritardo di scarica nelle lampadine al neon fotosensibili: (N.S.) **11** ('34) 663–65. — Lampadine al neon in regime di contatore, 1: Limiti del campo di sensibilità fotoelettrica [3]): 708–16; ~ 2: Potenziale e ritardo di scarica; processi di estinzione e di riaccensione: **12** ('35) 426–40. — I fondamenti dell'elettronica nella fisica moderna: 171–84. — Sulla dinamica delle scariche elettriche non stazionarie nei gas. Fenomeni di isteresi nelle caratteristiche dinamiche della scarica a bagliore [2]): 473–502. — Sul funzionamento dei contatori a luminescenza [1]): **16** ('39) 59–77. — Di un nuovo dispositivo magnetometrico a compensazione [4]): 441–46. — Di alcuni effetti magneto-magnetici e magnetotorsionali in corrente alternata: 515–17. — Il ferromagnetismo: **17** ('40) 74–104. — Sulla teoria dell'accensione della scarica elettrica in campo magnetico trasversale: (9) **7** ('50) 174–89 [m. engl. Zusammenfassg.]. — Teoria della tensione di scarica fra elettrodi cilindrici coassiali in campo magnetico trasversale: **9** ('52) 145–68 [~].

Physikalische Z. Untersuchungen über die Dynamik der Glimmentladung und des Zähleffektes in Glimmröhren: **43** ('42) 473–86.

Ricerca sci. Sulla sensibilità fotoelettrica delle lampadine al neon in regime di contatore [3]): **5** ('34) 19–. — Fenomeni d'isteresi nelle caratteristiche dinamiche della scarica a bagliore [2]): 281–. — Sulle possibilità di realizzazione di un nuovo dispositivo magnetometrico [4]): **10** ('39) 569–71.

Scientia Le scariche elettriche: **65** ('39) 241–48; französ.: Suppl. S. 131–37. — Proprietà magnetiche ed elastiche dei ferromagnetici: **1945**.

Suppl. Nuovo Cimento La vita e l'opera di Augusto Righi: (9) **8** ('51) 18–26.

Ferner einige Beiträge in den Jahresberichten (Rapporti annuali) des "Osservatorio meteorologico della (R.) Università di Parma": Sviluppo nel tempo del fulmine lineare (**9** ('35)); La camera di Wilson nello studio dei fenomeni preparatori della scintilla (**10** ('35)); La nuova sistemazione dell'Istituto di Fisica e dell'Osservatorio Meteorologico della R. Università di Parma (**12/13** ('39)); Magnetometro a compensazione a filo caldo ferromagnetico (**15/21** ('47)).

Mit: [1]) G. Dascola; [2]) H. Gawehn; [3]) B. Rossi; [4]) G. Tribulato.

IV–VI **de la VALLÉE POUSSIN,** Baron Charles Jean Gustave Nicolas. Math. — 1891–93 Chargé de cours, 1893–97 Prof. extraord., 1897–1943 Prof. ord., '35–37 Doyen, '51 Prof. Emer., Univ. Cathol., Louvain; Prof., Ecole de Pédagogie et de Psychol. appl. à l'Educat., Louvain; Prés. → Prés. d'honneur, Union. int. des Mathématiciens; '23 Dir. de la Classe des Sci., Acad. Sci. Paris. — Dr. h.c. (Univ. de Strasbourg) (vgl. auch Pogg. VI). — '03, '23 Prix décennal du Gouvernem. pour les Math. pures; Commandeur de la Légion d'Honneur (France); Officier de l'Ordre de Léopold (Belgique); Commandeur de l'Ordre de Saint-Grégoire-le-Grand (Vatican).

* 1866, Aug. 14, Louvain;

† 1962, März 2, Boitsfort, Bruxelles.

Zur Biogr. *L. Godeaux, in: Biographie nationale **37**, 2 (Bruxelles '72) 786–91. — *F. Simonart, Jubilé professoral de M. le Baron de la Vallée Poussin: Revue Questions sci. (5) **7** ('40/46) 455–75. — Annuario pontificia Accad. Sci. **1**.1936/37 ('37) 281–93 (m. Bildn., Faks. u. Schr.verz.).

Nekr. *J. C. Burkill, J. London math. Soc. **39** ('64) 165–75 (m. Schr.verz.). — *J. Favard, in: On approximation theory. Proc. of the conference held in the Mathematical Research Institute, Oberwolfach 1963 [in commemoration of C. de la Vallée Poussin] (P. L. Butzer, J. Korevaar) (Basel–Stuttgart '64) (International series of numerical mathematics, 5) 1–3 (m. Bildn. S. V); [2]('72). — *L. Godeaux, Annuaire Acad. roy. Belgique **133** ('67) 44–144 (m. Bildn. u. Schr.verz.); in: Florilège des sciences en Belgique pendant le XIXe siècle et le début du XXe (Bruxelles '68) 155–67 (m. Bildn.). — *P. Montel, C. R. hebd. Séances Acad. Sci., Paris **254** ('62) 2473–76. — Bull. Cl. Sci., Acad. roy. Belgique (5) **48** ('62) 622f., 1457.

S. Colloque sur la théorie des nombres, Bruxelles 1955 (Paris '56) (Centre Belge de Recherches Mathématiques) 9–66: Sur la fonction $\zeta(s)$ de Riemann et le nombre des nombres premiers inférieurs à une limite donnée.

W. Cours d'analyse infinitésimale **1** [6](Louvain–Paris '26), [7]('30) 8 + 448 S., (ab 8. Aufl. m. F. Simonart) [8]('38) 9 + 460 S., Neudruck: (New York '46), [9](Louvain–Paris '47) 8 + 480 S., ... , [11]('54) 8 + 484 S., [12](Louvain '59); **2** [6](Louvain–Paris '28) 8 + 448 S., [7]('37) 10 + 524 S., Neudruck: (New York '46), (ab 8. Aufl. m. F. Simonart) [8]('49) 8 + 548 S., [9](Louvain '57) 8 + 552 S.; russ.: Kurs analiza beskonečno malych **1** (Leningrad–Moskva '33) 460 S., **2** ('33) 463 S. — Leçons de mécanique analytique, **1**: Vecteurs, cinématique, dynamique du point, statique [2](Louvain–Paris '32) 11 + 291 S. — Intégrales de Lebesgue, fonctions d'ensemble, classes de Baire [2](Paris '34) 12 + 194 S., Neudruck: ('50). — Les nouvelles méthodes de la théorie du potentiel et le problème généralisé de Dirichlet (Paris '37) 46 S. (Actualités scientifiques et industrielles, 578 = Publications de l'Institut de Mathématiques de l'Université de Strasbourg, 2). — Le potentiel logarithmique. Balayage et représentation conforme (Louvain–Paris '49) 12 + 452 S. — Leçons sur l'approximation des fonctions d'une variable réelle (Paris '52) 6 + 150 S.

Acta, Pontificia Acad. Sci. Sur les extrémales d'une certaine intégrale I et l'appoint qu'elles apportent à un theorème général d'unicité concernant l'intégrale d'une équation différentielle linéaire: **12** ('48) 141–59.

Annales Inst. Henri Poincaré Extension de la méthode du balayage de Poincaré et problème de Dirichlet: **2** ('32) 169–232.

Annales Soc. sci. Bruxelles, Sér. A Mouvement quasi pendulaire du pendule sphérique: **52** ('32) 16–22. — Mouvement quasi pendulaire dans le vide à la surface de la terre. Pendule de Foucault: 83–98. — Sur la résolution de l'équation de Gauss $\sin(z - q) = \lambda \sin^4 z$: 306–13. — Expression nou-

Bitte Bemerkung S. 5629 vor dem Buchstaben V beachten!

velle d'une fonction harmonique positive dans une aire et nulle en tout point du bord sauf un: **53** ('33) 113–22. — Détermination des fonctions harmoniques dans une aire A et qui s'annulent en tout point du bord sauf un: **54** ('34) 55–67.

Annales Soc. sci. Bruxelles, Sér. I Sur la différentielle totale: **64** ('50) 74f. — Le théorème de Picard du point de vue topologique: **69** ('55) 37–49. — Théorème de Picard et structure des fonctions: rectifications et compléments: **70** ('56) 81–86. — Fonctions périodique douées de valeurs exceptionnelles. Structure. Théorème de Picard: **71** ('57) 73–88.

Annali R. Scuola norm. sup., Pisa Propriétés des fonctions harmoniques dans un domaine ouvert limité par des surfaces à courbure bornée: (2) **2** ('33) 167–97.

Bull. Cl. Sci., Acad. roy. Belgique Utilisation de la méthode du balayage dans la théorie de la représentation conforme: (5) **18** ('32) 385–400. — Sur l'extension de la méthode du balayage à une aire connexe non étalée: **19** ('33) 1217–29. — Points irréguliers. Détermination des masses par les potentiels [,1]: **24** ('38) 368–84; ~ 2: 672–89.

C.R. hebd. Séances Acad. Sci., Paris Propriétés des fonctions harmoniques dans un domaine ouvert limité par des surfaces à courbure bornée: **195** ('32) 11–14. — Propriétés des fonctions harmoniques de deux variables dans une aire ouverte limitée par des lignes particulières: 92–94.

Mathematical Gaz. Potentiel et problème généralisé de Dirichlet: **22** ('38) 17–36.

Revue Questions sci. Que sera la Revue des questions scientifiques?: (5) **7** ('40/46) 333–35. — Réponse [à l'exposé de F. Simonart] [siehe oben "Zur Biogr."]: 475–79. — Gauss et la théorie du potentiel: **23** ('62) 314–30.

VI **VALOUCH,** Miloslav A. Physik (exper., techn.). — 1927–29, '31–34 Assist., '29 Dr. habil., '31–34 Doz., '34–40 außerord. Prof., '34–52 Dir. d. 1. Physik. Inst. d. Bauingenieurschule, '40–52 ord. Prof., '47–48 Dekan d. Fak. f. Bauwesen, (Tschech.) Techn. Hochsch. Praha; '31–52 Privatdoz., '52–68 Prof., '57–60 Leiter d. Lehrstuhls f. Physik fester Stoffe, Karls-Univ., Praha; '48–52 Leiter d. Sektion Technische Hochschulen beim Ministerium f. Schulwesen, '50–52 Generalsekretär d. Staatsausschusses f. Hochschulwesen; '66–76 Leiter d. Kabinetts für die Modernisierung d. physikal. Unterrichts, Inst. f. Festkörperphysik d. Tschechoslowak. Akad. Wiss. — '49 Orden "25. Februar 1948" II. Kl. (ČSR); '58 Euler-Medaille (Akad. Wiss. UdSSR); '62 Komenský-Medaille, '73 Silbermedaille f. Verdienste um Wiss. u. Menschheit (Tschechoslowak. Akad. Wiss.).
* 1903, Aug. 4, Pavlovice na Moravě; † 1976, März 13, Praha.

Nekr. *L. Zachoval. *M. Roszíval, *M. Matyáš, Československý Čas. pro Fysiku **27** ('77) 180–83 (m. Bildn.). — Československý Čas. pro Fysiku **26** ('76) 329.

(M)H. Pokroky fysiky pevných látek **1** (Praha '54); **2** ('55); **3** ('56); **4** ('57); **5**: Keramická dielektrika a ferromagnetika ('60); **6**: Dislokace v pevných látkách ('61).

S. Dvacáté století. Co dalo lidstvu. Výsledky práce lidstva XX. věku, **5**: Pokroky průmyslu (Praha '32) 106–: Die Röntgenstrahlen und ihre Anwendung in der Technik und der [medizinischen] Praxis [tschech.]. — Marxisticko-leninskou ideovostí a stranickostí proti kosmopolitismu a objektivismu ve vědě. Sbornik dokument 1. Ideologické konference vysokoškolských vědeckých pracovniků, Brno 1952 (Praha '52) 102–: Die marxistisch-leninistische Ideologie und Parteilichkeit als Grundlage der Entwicklung der Naturwissenschaften und der technischen Wissenschaften [tschech.]; slowak.: ('Praha '52).

W. Sedmimístné logaritmy čísel od 1 do 120.000 (m. Miloslav Valouch [sen.]) (Praha '32) 8 + 247 S., [2]('50) 8 + 247 S., Neudruck ('53); u. d. T.: Sedmimístné logaritmy čisel od I do 110.000 a goniometrických funkcí v šedesátinném dělení [3]('56) 487 S. — Tabulky logaritmické. Sestavili a četnými tabulkami matematickými a fysikálními doplnili (m. Miloslav Valouch [sen.]) [9](Praha '35) 4 + 203 S.; . . .; u. d. T.: Pětimístné tabulky logaritmické sestavili, četnými tabulkami matematickými, fysikálními, astronomickými a chemickými doplnili [13]('49) 4 + 219 S., ..., [15]('51) 16 + 190 S., [16]('52), [17]('53) 16 + 190 S.; u. d. T.: Pětimístné logaritmické tabulky čísel a goniometrických funkcí s dalšími matematickými tabulkami a tabulky konstant fysikálních, chemických, astronomických a jiných [18]('58) 19 + 229 S., [19]('62) 20 + 229 S. — Úkoly vědy a techniky v rozvoji ČSR (Praha '48) 15 S. (Příručka pětiletky, 6).

Československý Čas. pro Fysiku Zum Beginn der Tätigkeit der Tschechoslowakischen Akademie der Wissenschaften: **3** ('53) 1–4. — Die Internationale Union für Reine und Angewandte Physik: **8** ('58) 393f. — Faser- und Bandsubstruktur der nach der Methode von Czochralski hergestellten Zink-Einkristalle [1])[4]): 521–25. — Der 100. Jahrestag der Gründung der Vereinigung der tschechoslowakischen Mathematiker und Physiker: **12** ('62) 99–103. — — Alle Arbeiten tschech.

C.R. hebd. Séances Acad. Sci., Paris Contribution à l'étude de l'effet Debye-Sears [3])[7]): **203** ('36) 786f.

Czechoslovak J. Physics The inauguration of the Czechoslovak Academy of Science: **3** ('53) 19–23 [russ.], 24–28 [engl.]. — The cellular substructure of zinc single crystals prepared by the Czochralski method [1])[4]): **8** ('58) 557–62 [m. russ. Zusammenfassg.]. — Der Einfluß von Beimengungen auf die Fasersubstruktur von Zink-Einkristallen [4])[5]): **10** ('60) 48–51 [~].

Dokl. Akad. Nauk SSSR Die Verteilung von Beimengungen in einem Zink-Einkristall mit Wabensubstruktur [2]): **123** ('58) 490f. [russ.].

Metallwirtsch., Metallwiss., Metalltechn. Bemerkungen zur Walztextur von Zink: **11** ('32) 165f.

Pokroky Fysiki pevn. Látek Plastische Deformation von Kristallen: **2** ('55) 36–.

Pokroky Mat., Fysiky a Astron. Nationale und internationale Organisationen der Physik: **6** ('61) 35–45 [tschech.]. — Das Jubiläumsjahr der Vereinigung der tschechoslowakischen Mathematiker und Physiker: **7** ('62) 8–14 [~].

Přirodní Vědy ve Škole Über die Entwicklung und die Erfolge der Physik in der Tschechoslowakei seit 1945: **10** ('60) 388–95 [tschech.].

Věstn., Českoslov. Akad. Věd Das korrespondierende Mitglied der Tschechoslowakischen Akademie der Wissenschaften Zdenek Matyáš (10. 6. 1914–1. 6. 1957): **66** ('57) 369–72 [tschech.]. — Über die Jubiläumssitzung des Tschechoslowakischen Verbandes der Mathematiker und Physiker: **71** ('62) 418 [~].

Z. Physik Über sprunghafte Translation von Zinkkristallen [6]): **75** ('32) 531–38.

Mit: [1]) M. Boček; [2]) G. B. Borovskij; [3]) J. Hrdlička; [4]) P. Kratochvíl; [5]) P. Lukáč; [6]) E. Schmid; [7]) L. Zachoval.

VI **VANDERLINDEN,** Henri Louis. Astron., Mech. (analyt., Himmelsmech.). — 1914–27 Assist., '27–36 Adjunkt-Astronom, '36– korrespondierender Astronom, '48– Vorsitzender des Wiss. Rates, Königl. Observat. v. Belgien, Uccle; '25–33 Doz., '34–36 außerord. Prof., '36–62 Prof., '41–42 Sekretär u. '42–43 Dekan d. Naturwiss. Fak., '62 Prof. emer., '62–83 Dir. d. Astron. Observat., Univ. Gent; '23–24 Research Assist., Mount Wilson Observat., Pasadena, Calif.; '24–25 Research Assist., Yerkes Observat., Univ. of Chicago, Ill.; '26–62 Sekretär, '48–52 Vizepräs., '53–58 Präs., Belg. Nationalkomitee f. Astron.; '44 Präs., Königl. Fläm. Akad. d. Wiss., Literatur u. Schönen Künste. — '29 Ritter, '46 [?] Offizier, '49 Kommandeur, '59 Großoffizier, Leopoldsorden (Belgien); '35 Offizier, '46 Kommandeur, '53 Großoffizier, Kronenorden (Belgien); '62 Medaille (Univ. Gent); '64 Medaille (Königl. Fläm. Akad. d. Wiss., Literatur u. Schönen Künste).

* 1892, Jan. 3, Watermaal-Bosvoorde, Bruxelles;

† 1983, März 30, Watermaal-Bosvoorde, Bruxelles.

Zur Biogr. Liber Memorialis 1913–1960, Rijksuniversiteit te Gent (T. Luykx) **4** (Gent '60) 145–49 (m. Bildn. u. Schr.verz.).

** Vorbemerkung zur folgenden Bibliographie: Einige Arbeiten sind gleichzeitig erschienen als "Mededelingen van het Sterrenkundig Instituut der Universiteit Gent", deren Nummern jeweils in ⟨...⟩ angegeben werden.

S. Scientia. Handboek voor wetenschap, kunst en godsdienst **3** (Utrecht '39) 49–98: Astronomie [niederländ.]; Neuaufl.: **3** (Zeist '57) (41 S.); auch als Monographie (Utrecht '39) 48 S.

W. Etude de l'amas de Praesepe basée sur les magnitudes photographiques et les longueurs d'onde effectives de 1821 étoiles (Gembloux '33) 98 S. — Les observatoires astronomiques et les astronomes, Suppl. (m. P. H. Stroobant, E. Delporte, J. Delvosal, F. Moreau) (Gembloux '36) 106 S. — Beginselen der sterrenkunde en der geodesie (Sint Amandsberg '37) 195 S. [nicht nachgewiesen]; [2](Gent '41) 225 S. [~].

Alumni [Bruxelles] Bericht der Jury für den Preis für ehemalige Studenten 1950: (N.S.) **20** ('52) 468–510 [niederländ.].

Annales Assoc. Ingénieurs sortis Ecoles spéc. Gand Centenaire Junius Massau [6])[4])[5]): **1953**, Nr. 2, 45–95.

Annales Astrophysique Systèmes de magnitudes et d'équivalents de couleur dans l'amas de Praesepe [3]): **18** ('55) 259–70 ⟨18⟩.

L'Astronomie (BSAF) Le cinquantenaire de l'Observatoire Yerkes (1897–1947): **62** ('48) 146–48.

Heelal Das Sternensystem: **1** ('45) 6–10, 25–28 [niederländ.]. — Adolphe Quetelet: **3** ('47) 1–5 [~]. — Die Hauptversammlung der Internationalen Astronomischen Union in Zürich: **4** ('48) 65f. [~].

Jaarb., Koninkl. vlaamse Acad. Wet., Letteren en schone Kunsten België In memoriam Prof. A. Pannekoek: **1960**, 235f. [niederländ.]. — In memoriam Prof. P. J. Van Rhijn: 236f. [~].

Mededelingen koninkl. vlaamse Acad. Wet., Letteren en schone Kunsten België Selective absorption in the galactic cluster Praesepe [3]): **17** ('55) Nr. 9, 7 S. [niederländ. m. engl. Zusammenfassg.] ⟨17⟩. — Dynamics of globular clusters [1]): **20** ('58) Nr. 11, 15 S. [~] ⟨19⟩. — Escape velocity in globular clusters: **21** ('59) Nr. 12, 10 S. [~] ⟨22⟩. — The high-velocity stars [3]): **23** ('61) Nr. 8, 17 S. [~] ⟨25⟩.

Trans. int. astron. Union Report of meeting of Commission 25: Stellar photometry: **6**.1938 ('39) 406–09; **7**.1948 ('50) 267–73. — Report of meeting of Commission 28: Nebulae and stellar clusters: **6**.1938 ('39) 412f. — Report of meeting of Commission 33: Stellar statistics: 416. — Report of meeting of Commission 37 [oder 28?]: Star clusters: **8**.1952 ('54) 599f.

Verhandelingen koninkl. vlaamsche Acad. Wet., Letteren en schone Kunsten België A study of the galactic cluster Messier 67, based mainly upon the photographic magnitudes and the effective wavelengths of 1153 stars: **7** ('45) Nr. 15, 79 S. [m. niederländ. Zusammenfassg.] ⟨10⟩.

Wetenschap in Vlaanderen Die Entwicklung der Stellarastronomie und die Struktur des Universums: **3** ('37/38) 124–28, 161–64 [niederländ.]. — Internationale Astronomische Union: Die 6. Hauptversammlung in Stockholm: **4** ('38/39) 54f. [~].

Wis- en natuurkund. Tijdschr. L'amas de Praesepe: **6** ('33) 179–90 [niederländ. m. französ. Zusammenfassg.]. — Longueurs d'onde effectives et types spectraux de 90 étoiles dans M 67: **10** ('40) 10–16 ⟨2⟩.

Ferner Vorlesungsskripten: Analytische mechanica, **1**: Theorie der Vektoren; **2**: Kinematica; **3**: Dynamica van het deeltje; **4**: Statica en dynamica van de stoffelijke stelsels; **5**: Hydrostatica en hydrodynamica (Gent '47[?]).

Mit: [1]) F. Bossaert; [2]) D. Broucke; [3]) N. Catry; [4]) M. Lassalle; [5]) J. de la Ruye; [6]) F. Van den Dungen.

V, VI **VANDIVER,** Harry Shultz. Math. (Algebra, Zahlentheorie). — Autodidact, attended 1904–06 graduate courses, Univ. of Pennsylvania, Philadelphia, Pa.; '05–17 Customs house broker and freight agent for a family firm; '19–24 Instructor, Cornell Univ., Ithaca, N.Y.; '24–34 Assoc. Prof. pure Math., '34–35 Research Prof., '35–47 Prof., '47–66 Distinguished Prof., '59–65 Dir. of Research in Theory of Numbers, '66 Prof. Emer., Univ. of Texas, Austin, Tex.; Visiting Prof.: '22 Univ. of Chicago, Ill., '34 Princeton Univ., Princeton, N.J., '47 Indiana Univ., Bloomington, Ind., and Univ. of Notre Dame, Ind.; '33–35 [?] Vice-Pres., Amer. Math. Soc. — '46 Hon. D. Sc. (Univ. of Pennsylvania, Philadelphia, Pa.). — '31 Frank Nelson Cole Prize (Amer. Math. Soc.).

* 1882, Okt. 21, Philadelphia, Pa.;
† 1973, Jan. 4, Austin, Tex.

Zum 83. Geb.tag Festheft: J. math. Analysis and Appl. **15** ('66) Nr. 1 (m. Bildn.); darin *A. L. Whiteman, Dedication (1 S.).

Nekr. *D. H. Lehmer, Bull. amer. math. Soc. **80** ('74) 817f.

MHZ. J. math. Analysis and Appl. **1** ('60) ff.

S. Encyclopaedia Britannica; a new survey of universal knowledge, **7** (Chicago, Ill.–London–Toronto '47) 398–400: Diophantine analysis; **9** ('47) 173f.: Fermat's last theorem. [Beides auch in den folgenden Ausgaben]. — A table of indices and power residues for all primes and prime powers below 2000 (R. V. Andree) (New York '61) (University of Oklahoma Mathematical Tables Project) 7–19: Introduction.

American J. Math. On the imbedding of one semi-group in another, with application to semirings: **62** ('40) 72–78. — Note on Euler number criteria for the first case of Fermat's last theorem: 79–82.

American math. Monthly On congruences involving sums of products of binomial coefficients: **45** ('38) 369–71. — On some simple types of semirings: **46** ('39) 22–26. — Fermat's last theorem. Its history and the nature of the known results concerning it: **53** ('46) 555–78; **60** ('53) 164–67. — Introduction to arithmetic factorization and congruences from the standpoint of abstract algebra [8]): **65** ('58) Nr. 8, Part 2, 4 + 53 S. (The 7th Herbert Ellsworth Slaught memorial paper). — On the desirability of publishing classified bibliographies of the mathematics literature: **67** ('60) 47–50.

Annals Math. Constructive derivation of the decomposition-field of a polynomial: (2) **37** ('36) 1–6. — On the ordering of real algebraic numbers by constructive methods: 7–16. — On a p-adic representation of rings and Abelian groups: **48** ('47) 22–28.

Bull. amer. math. Soc. On power characters in cyclotomic fields: **40** ('34) 111–17. — Fermat's last theorem and the second factor in the cyclotomic class number: 118–26. — A note on units in super-cyclic fields: 855–58. — Note on a simple type of algebra in which the cancellation law of addition does not hold: 914–20. — Note on an associative distributive algebra in which the commutative law of addition does not hold: **42** ('36) 857–59. — Note on a certain ring-congruence: **43** ('37) 418–23. — On general methods for obtaining congruences involving Bernoulli numbers: **46** ('40) 121–23.

Commentarii math. helvet. On the method of infinite descent in connection with Fermat's last theorem for regular prime exponents: **4** ('32) 1–8.

Duke math. J. On Bernoulli numbers and Fermat's last theorem [,1]: **3** ('37) 569–84; ∼ 2: **5** ('39) 418–22. — Certain congruences involving the Bernoulli numbers: 548–51. — Simple explicit expressions for generalized Bernoulli numbers of the first order: **8** ('41) 575–84.

Enseignement math. Les travaux mathématiques de Dmitry Mirimanoff: **39** ('53) 169–79.

J. Assoc. comput. Machinery On the computation of the number of solutions of certain trinomial congruences [4]): **4** ('57) 505–10.

J. math. Analysis and Appl. Some of my recollections of George David Birkhoff: **7** ('63) 271–83.

Mathematics Mag. Congruence methods as applied to diophantine analysis: **21** ('47/48) 185–92. — A development of associative algebra and an algebraic theory of numbers, 1: **25** ('51/52) 233–50; ∼ 2: **27** ('53/54) 1–18; ∼ 3 [8]): **29** ('55/56) 135–51; ∼ 4 [8]): **30** ('56/57) 1–8. — On conditional fractional equations in a field, involving one unknown: **32** ('58/59) 173–76. — On the use of the equivalence symbol and parentheses symbols in associative distributive algebra: **33** ('59/60) 13–20, 50; **36** ('63) 192f.

Miscellanea amer. philos. Soc. On Bernoulli's numbers and Fermat's last theorem: **1** ('35/36) Nr. 2, 57–59.

Monatsh. Math. u. Physik On trinomial diophantine equations connected with the Fermat relation: **43** ('36) 317–20. — On the composition of the group of ideal classes in a properly irregular cyclotomic field: **48** ('39) 369–80.

Proc. nation. Acad. Sci. USA Note on the divisors of the numerators of Bernoulli's numbers: **18** ('32) 594–97. — On the foundations of a constructive theory of discrete commutative algebra [,1]: **20** ('34) 579–84; ∼ 2: **21** ('35) 162–65. — On the concept of co-sets in a semi-group: **23** ('37) 552–55. — On generalizations of the numbers of Bernoulli and Euler: 555–59. — On criteria concerning singular integers in cyclotomic fields: **24** ('38) 330–33. — On analogues of the Bernoulli and allied numbers: **25** ('39) 197–201. — On basis systems for groups of ideal classes in a properly irregular cyclotomic field: 586–91. — On improperly irregular cyclotomic fields: **27** ('41) 77–83. — On formal exponential differentiation in rings: **28** ('42) 24–27. — Certain congruence criteria connected with Fermat's last theorem: 144–50. — General congruences involving the Bernoulli numbers: 324–28. — Some theorems in finite field theory with applications to Fermat's last theorem: **30** ('44) 362–67. — On trinomial congruences and Fermat's last theorem: 368–70. — New types of relations in finite field theory [,1]: **31** ('45) 50–54; ∼ 2: 189–94. — Fermat's quotient and related arithmetic functions: 55–60. — On the number of solutions of certain non-homogeneous trinomial equations in a finite field: 170–75. — Bernoulli's numbers and certain arithmetic quotient functions: 310–14. — On the number of solutions of some general types of equations in a finite field: **32** ('46) 47–52. — On classes of diophantine equations of higher degrees which have no solutions: 101–06. — Cyclotomy and trinomial equations in a finite field: 317–19. — On some special trinomial equations in a finite field: 320–26. — Limits for the number of solutions of certain general types of equations in a finite field: **33** ('47) 236–42. — Applications of cyclotomy to the theory of non-homogeneous equations in a finite field: **34** ('48) 62–66. — New types of congruences involving Bernoulli numbers and Fermat's quotient: 102–10. — Cyclotomic power characters and trinomial equations in a finite field: 196–203. — On the existence of solutions of certain equations in a finite field [2]): 258–63. — Characters over certain types of rings with applications to the theory of equations in a finite field [2]): **35** ('49) 89–95 [oder 94–99?]. — On congruences which relate the Fermat and Wilson quotients to the Bernoulli numbers: 332–37. — On the number of solutions of some trinomial equations in a finite field [2]): 477–81. — On the nature of the solutions of certain equations in a finite field [2]): 481–87. — Quadratic relations involving the numbers of solutions of certain types of equations in a finite field: 681–85. — On the use of indeterminates in the theory of exponential sums: 686–90. — On a generalization of a Jacobi exponential sum associated with cyclotomy: **36** ('50) 144–51. — On multiplicative properties of a generalized Jacobi-Cauchy cyclotomic sum [1]): 260–67. — On certain diophantine equations in rings and fields [1]): **38** ('52) 52–57. — On cyclotomy and extensions of Gaussian type quadratic relations involving numbers of solutions of conditional equations in finite fields: 981–91. — On a new problem concerning trinomial congruences involving rational integers [6]): **39** ('53) 1278–85. — An application of high-speed computing to Fermat's last theorem [3])[4]): **40** ('54) 25–33. — New types of trinomial congruence criteria applying to Fermat's last theorem: 248–52. — The relation of some data obtained from rapid computing machines to the theory of cyclotomic fields: 474–80. — Examination of methods of attack on the second case of Fermat's last theorem: 732–35. — A von Sterneck arithmetical function and restricted partitions with respect to a modulus [5]): 825–35; **44** ('58) 917f. — On trinomial equations in a finite field: **40** ('54) 1008–10. — On generating functions for restricted partitions of rational integers [5]): **41** ('55) 37–42. — On the properties of certain trinomial equations in a finite field: 651–53. — Relation of the theory of certain trinomial equations in a finite field to Fermat's last theorem: 770–75. — On cyclotomic relations and trinomial equations in a finite field: 775–80. — On the divisors of the second factor of the class number of a cyclotomic field: 780–83. — Proof of Fermat's last theorem for all prime exponents less than 4002 [7])[5]): 970–73. — On diophantine equations which have no solutions [7])[5]): **42** ('56) 264–66. — Diophantine equations in certain rings: 656–65; **43** ('57) 252f. — The rapid computing machine as an instrument in the discovery of new relations in the theory of numbers: **44** ('58) 459–64. — On distribution problems involving the numbers of solutions of certain trinomial congruences: **45** ('59) 1635–41. — On the use of abstract algebra as a method for obtaining results involving rational integers only and the reverse of this procedure: **46** ('60) 545–54. — Some aspects of the Fermat problem, 1: **47** ('61) 202–09; ~ 2: 585–90; ~ 3: 1831–38; ~ 4: **49** ('63) 601–08.

Rep. Committee Res. amer. philos. Soc. [Forschungsbericht]: **1937**, 35f.

Scripta math. [USA] Divisibility problems in number theory: **21** ('55) 15–19. — Is there an infinity of regular primes?: 306–09. — On developments in an arithmetic theory of the Bernoulli and allied numbers: **25** ('61) 273–303; **26** ('63) 181.

Trans. amer. math. Soc. An arithmetical theory of the Bernoulli numbers: **51** ('42) 502–31.

Vjschr. naturforsch. Ges. Zürich The elements of a theory of abstract discrete semi-groups: **85** ('40) Beibl. Nr. 32, 71–86.

Mit: [1]) O. B. Faircloth; [2]) L. K. Hua; [3]) D. H. Lehmer; [4]) E. Lehmer; [5]) C. A. Nicol; [6]) E. H. Pearson; [7]) J. L. Selfridge; [8]) M. W. Weaver.

V, VI **VANZETTI,** Bortolo Lino. Chem. (allg., physik.). — 1923–34 Prof. e Dir. dell'Ist. di Chim. gen., '25–28 Dir. della Scuola di Farm., Univ. di Cagliari; '34–38 Prof. e Dir. dell'Ist. di Chim. gen., Univ. di Catania; '39–45 Prof. di ruolo, '45–50 Prof. fuori ruolo, Univ. di Pavia. — Commendatore dell'Ordine della Corona d'Italia.

* 1874, Juni 24, Thiene, Vicenza;

† 1950, März 18, Pavia.

Nekr. *A. Coppadoro, Chimica e Industria **32** ('50) 187. — *G. R. Levi, Annuario, Univ. Studi Pavia, **1951/52**, 223–25 (m. Bildn.). — *E. Mameli, Franaca [Pavia] **5** ('50) 234f. — *A. Pensa, Rend., Ist. lombardo Sci. e Lettere, Parte gen. e Atti uffic. **83** ('50) 123f.

HZ. Rend. Semin. Fac. Sci. R. Univ. Cagliari **3** ('33)–**4** ('34).

MHZ. Rend. Semin. Fac. Sci. R. Univ. Cagliari **1** ('31)–**2** ('32).

S. Atti del V° Congresso nazionale di chimica pura ed applicata, Sardegna 1935, **1** (Roma '36) 82–89: Il problema dei sali potassici dall'acqua madre delle saline; **2** ('36) 932–37. Lignina e resina. — Atti I° Convegno nazionale universitario sui centri di ricerca e sperimentazione autarchica, Varese 1940. Relazioni, riassunti, discussioni (Varese '40): Le materie prime e i problemi dell'autarchia.

W. Lezioni di chimica per medici (Pavia '40) 395 S. [Vorlesungsskript]. — Sunto del corso di chimica generale ed inorganica con elementi di chimica organica. 1940/41 (Pavia '41) 480 S. [~]. — Brevi lezioni di chimica per medici (Pavia '42) 448 S. [~]. — Chimica generale: Sunto delle lezioni (Milano '52) 592 S. [~].

Atti Accad. Gioenia Sci. natur. Catania La struttura chimica delle biconiferili: (6) **3** ('39) Mem. 22, 19 S.

Atti reale Accad. nazion. Lincei, Rend. La struttura dell'olivile e dei suoi derivati: (6) **19** ('34) 421–24. — La configurazione dell'olivile e dell'isoolivile [1]): **25** ('37) 133–36.

Atti Soc. ital. Progr. Sci. I più importanti risultati conseguiti in Italia nel campo della chimica organica, durante l'anno XIII E.F. [1934]: **24,** 2 ('36) 216–45. — I risultati conseguiti in Italia nel campo della chimica organica, durante l'anno XIV E.F. [1935]: **25**, 2 ('37) 215–29.

Biochimica e Terap. sperim. P. Debye: **24** ('37) 146–49.

Chimica e Industria L'olivile prototipo di una nuova classe di prodotti naturali resinosi (biconiferilici): **22** ('40) 416–22. — Carbonio colloidale: **25** ('43) 137–44.

Gazz. chim. ital. Sulla costituzione dell'olivile. Prodotti di ossidazione dell'isoolivile [1]): **64** ('34) 381–99. — Nuovi contributi alla conoscenza dei lignani. Rettifica di alcuni dati della letteratura straniera riguardanti l'olivile [1]): **68** ('38) 87–91.

Memorie Cl. Sci. fisiche, mat. e natur., Reale Accad. Italia Olivile ed isoolivile: **8** ('37) 411–43.

Rend., Ist. lombardo Sci. e Lettere Il problema della lignina e di alcuni resinoli naturali: (3) **73** ('39/

40) 435–42. — Nuove ricerche sul "nero da zuccheri". Nota preliminare: **75** ('41/42) 97–100. — Sui neri da zuccheri: Ricerche röntgenografiche: **76** ('42/43) 173–76. — Sulla preparazione di sali organici ammonici quaternari: **78** ('44/45) 110–12. — Un vecchio problema non del tutto risolto (La struttura chimica del benzolo e degli "aromatici"): **82** ('49) 421–26.

Rend. Semin. Fac. Sci. R. Univ. Cagliari Sull'efficacia dei metodi per la separazione di elementi isotopi: **2** ('32) 9–14. — Sul cosidetto "carbone colloidale" da "idrati di carbonio", 2: 41–46; Sul nero da zuccheri e la fluorescenza dei liquidi acidi, 3: **3** ('33) 47–50. — La struttura granulare del nero da zuccheri: 141 f. — Sul "nero da zuccheri" colloide irreversibile: 142–44. — L'olivile dalla resina d'olivo ed il suo isomero. Isoolivile: **4** ('34) 15–27. — Sulla scomposizione dei carbonati alcalinoterrosi in soluzione acquosa all'ebollizione (Nota preliminare) [2]): 112–18.

Mit: [1]) P. Dreyfuss; [2]) A. Oliverio.

V, VI **VARIĆAK,** Vladimir. Math. — 1899 –1902 Außerord. Prof., '02–36 ord. Prof. u. Dir. d. Math. Inst., '04–05, '07–08 Dekan d. Philos. Fak., '21–22 Rektor, '28–32 Prorektor, '36– Hon.-Prof., Univ. Zagreb.
* 1865, März 26, Švica kod Otočca;
† 1942, Jan. 17, Zagreb.

Zur Biogr. Spomenica u povodu proslave 300-godišnjice Sveučilišta u Zagrebu **1** (Zagreb '69) 393 (m. Bildn.). — Spomenica Prirodoslovno-matematičkog fakulteta 1874–1974, Sveučilište u Zagrebu (Zagreb '74) 19 f.

Zur Biobibliogr. *D. Kurepa, Vladimir Varićak: Glasn. mat.-fizički i astron. (2)**3**('48) 64–68 (m. 2 Bildnissen u. Faks.); *V. Varićak, Interpretation der Relativitätstheorie in der Lobačevskijschen Geometrie [Nachdruck einer 1911 erschienenen Arbeit]: ibid. 69–71; Schr. verz.: ibid. 72–74; *D. Kurepa, Erinnerungen und Anekdoten: ibid. 75 f.; *S. Škreb, Aus meinen Gesprächen mit Professor Varićak: ibid. 76. [Alle Beiträge serbokroat.].

Čas. Pěst. Mat. a Fysiky Zur relativistischen Mechanik: **64** ('34) 241– [tschech.].

Nature [London] Relativity theory and the universe: **137** ('36) 707.

VI **VARMA,** Phuldeo Sahay. Chem. (org.). — Prof., Benares Hindu Univ., Benares. — — Weitere Daten nicht bekannt. (⊠)
* 1891, März 1, Konsar, Distr. Saran, Prov. Behar.

W. Development of basic chemical industries in Bihar (Patna '43) 165 S. (Sukhraj Ray readership lectures in natural science, 1940–41). — Organic chemistry for B.Sc. students (m. S.C.D. Datta) [4](New Delhi '62) 718 S. — — Weitere Fachbücher in Hindi ('55–68 ?).

Allgemeine Öl- u. Fett-Ztg. Eine abgeänderte Apparatur für die Bestimmung der Hexabromidzahl von Ölen und Fetten in den tropischen Ländern [3])[2]): **32** ('35) 456 f. — Untersuchung über das Verhalten des Leinöles beim Erhitzen auf 250° unter Anwendung der Rhodanzahl [3])[2]): **33** ('36) 249–54.

Fettchemische Umschau Untersuchung des Samenöles von Sarcostigma kleinii, I [3])[1]): **42** ('35) 88 f. — Über das Samenöl von Psidium guyava pyriferum aus Indien [3])[20]): **43** ('36) 8 f.

International Sugar J. Citric acid production by Aspergillus fumaricus [14]): **56** ('53) 162 f.

J. Benares Hindu Univ. Halogenation, 19: Bromination of p-xylene [24]): **1** ('37) 8 S.

J. indian chem. Soc. Halogenation, 5: Bromination and iodination of some fatty acids [6]): **10** ('33) 591 f.; ~ 6: Bromination and iodination of benzonitrile [15]): 593 f.; ~ 7: Iodination and bromination of naphthalene and β-naphthol [7])[10]): 595–98; ~ 8: Bromination and iodination of monochlorotoluenes [13]): **11** ('34) 293 f.; ~ 9: Bromination of pseudocumene [26]): 351 f.; ~ 10: Preparation of mixed halogen derivatives of xylenes [24]): **12** ('35) 245–48; ~ 11: Iodination of xylenes and monoiodoxylenes [24]): 343 f.; ~ 13: Bromination and iodination of some halogenated benzenes [16]): **13** ('36) 31–33; ~ 14: Iodination of aromatic hydrocarbons and bromotoluenes [18]): 187 f.; ~ 15: Chlorination and bromination of cumene and p-cymene [19]): 189–91; ~ 16: Bromination and iodination of mesitylene [21]): 192 f.; ~ 17: Bromination and iodination of diphenyl [4]): **14** ('37) 156; ~ 18: Halogenation of ethylbenzene [13])[23]): 157–59; ~ 20: Halogenation of fluorene [11]): **15** ('38) 72–76; ~ 21: Direct replacement of aromatic sulfonic groups by chlorine and bromine atoms [9]) [22]): **16** ('39) 460–62; ~ 23: Halogenation of fluorobenzene, o-, m- and p-fluorotoluenes [24])[8]): **21** ('44) 112–16. — Nitration, 5: Nitration of monohalogenated derivatives of xylenes [24]): **12** ('35) 540 f. — Iodination of a few halogenated phenols [25]): **16** ('39) 477 f. — Condensation of arsenic chloride with dialkyl aromatic amines [24])[25]): 515–18. — Condensation of o-, m- and p-thiocresols with o-bromonitrobenzene, 2,5-dichloronitrobenzene and 2,5-dibromonitrobenzene [24])[5]): **19** ('42) 354–56.

J. sci. Res. Benares Hindu Univ. Halogenation, 24: Bromination of benzene [12]): **2** ('51/52) 90–100.

Proc. nation. Acad. Sci., India, Sect. A Analysis and utilization of bagasse [17]): **20** ('51) 15–28.

Bitte Bemerkung S. 5629 vor dem Buchstaben V beachten!

Mit: [1]) A. Gangadharan; [2]) G. M. Garde; [3]) N. N. Godbole; [4]) M. Krishnamurti; [5]) N. H. Malani; [6]) V. T. S. Menon; [7]) D. N. Mozumdar; [8]) P. M. Nilkantiah; [9]) N. B. Parekh; [10]) K. K. Rajah; [11]) V. S. Rao; [12]) C. J. Raphael; [13]) V. Sahay; [14]) R. H. Sankhala; [15]) N. B. Sen-Gupta; [16]) S. Shankarnarayanan; [17]) A. Sinha; [18]) C. Sreenivasmurthyachar; [19]) M. K. Srinivasan; [20]) P. D. Srivastava; [21]) T. S. Subrahmanian; [22]) V. K. Subramanium; [23]) B. R. Subramonium; [24]) K. S. Venkat Raman; [25]) K. M. Yashoda; [26]) D. N. Sen Gupta.

VI **VAROPOULOS,** Théodore [Theodōros]. Math. (Analysis). — 1914–18 Stud., '19 Dr., '29–31 außerord. Prof., Univ. Athēnai; '20– Stud., Ecole Normale Supér., Paris; '23 Dr. ès sci. math., Univ. de Paris; '31–57 ord. Prof., Univ. Thessalonikē. — Phönix-Orden, König-Georg-Orden (Griechenland).

* 1896, Jan. 30, Astakos, Akarnania; † 1957, Juni 14, Thessalonikē.

Nekr. *A. Pallas, Bull. Soc. math. Grèce **31** ('58).

Bull. Soc. math. Grèce Le théorème de Lucas: **13** ('32) 27f. — Die zweifach konvexen Funktionen: 29f. [griech.]. — Über eine bekannte Ungleichung der Arithmetik: **14** ('33) Nr. 2, 27–30 [~]. — Über eine Minimaleigenschaft der Winkel eines Dreiecks: **15** ('34/35) Nr. 1, S. 17 [~]. — Über einige Punkte der Elimination: Nr. 2, 10–16 [~]. — Über den Betrag von Wurzeln von Polynomen: Nr. 3, 3–10 [~]. — Mathematische Paradoxa. Ein Satz der Geometrie: 57 [~]. — Über den Betrag und über die Wurzeln von Polynomen: **16** ('35) 3–7 [~]. — Das mathematische Denken: 140–46 [~]. — Kyparissos Stephanos, 1857–1917: **25** ('51) 7–22 [~].

C. R. Séances Soc. math. France Sur les modules des zéros des polynomes: **1932** ('33) 29–31.

Praktika Akad. Athēnōn Sur les fonctions biconvexes: **7** ('32) 27–30 [m. griech. Zusammenfassg.]. — Sur un problème de M. Maltezos: **8** ('33) 122–27 [griech. m. französ. Zusammenfassg.]. — Sur quelques points de élimination: **9** ('34) 75–79 [~]. — Sur quelques propriétés des polygônes convexes: **14** ('39) 424–27 [m. griech. Zusammenfassg.]. — Sur le module des zéros des polynômes: **17** ('42) 218–21 [griech. m. französ. Zusammenfassg.]. — Sur une propriété de l'hypocycloïde à trois points de rebroussement de Laguerre: **23** ('48) 252–55 [m. griech. Zusammenfassg.]. — Le théorème d'André Bloch et les fonctions multiformes: 449–51 [~].

Ferner einige Lehrbücher in griechischer Sprache: Mathematische Analysis ('49), Höhere Algebra ('51), Zahlentheorie ('52). — Einige Beiträge im Jahrbuch der Universität Thessalonikē (Epetēris tou Panepistēmiou Thessalonikēs): Über ein Problem der Algebra: **1** ('32) [griech.], Über den Betrag der Wurzeln von Polynomen: **2** ('34) [~], (u. a.?).

VI **VASILESCO** (Vasilescu), Florin. Math., Mech. — 1930–31 Prof., Univ. din Cernăuţi; '32–33 Collaborateur sci., Inst. de Méc. des Fluides, Sorbonne, Paris; '33–34 Collaborateur sci., Service des Recherches du Ministère de l'Air, Paris; '33–37 Chargé de Recherches, Caisse nation. des Recherches, Paris; '37–42 Maître de conférences, '42 Prof. sans chaire, Univ. de Montpellier; '42–43 Prof., Univ de Lille; '43–58 Prof. tit., Univ. de Rennes; '50–58 Prof. Méc. des Fluides, Ecole Nation. Supér. de Méc., Nantes. (⊠)

* 1897, Apr. 15(3), Călăraşi, Rumänien; † 1958, Okt. 15.

Nekr. *G. Ş. Andonie, Gazeta mat. şi fizică, Ser. A **11** ('59) 160–64 (m. Bildn. u. Schr.verz. 45 Nrn.).

Zur Biobibliogr. *G. Ş. Andonie, Istoria matematicii în România, **2** (Bucureşti '66) 79–91 (m. Bildnissen).

W. Sur le calcul du potentiel des vitesses en hydrodynamique (Paris '33) 31 S. (Publications scientifiques et techniques du Ministère de l'Air, Service des Recherches de l'Aéronautique, 29). — La notion de capacité (Paris '37) 52 S. (Actualités scientifiques et industrielles, Nr. 571 = Exposés sur la théorie des fonctions, 10). — La notion de point irrégulier dans le problème de Dirichlet (Paris '38) 59 S. (~ Nr. 660 = ≈12).

Annales sci. Ecole norm. sup. Sur quelques critères généraux de régularité et de stabilité: (3) **59** ('42) 275–95. — Recherches sur le flambement des poutres droites à section constante et à moment d'inertie variable: **64** ('47) 247–74.

Archives hospitalières Conférence inaugurale de la Société Biomathématique: **10** ('38) 457–60. — Principes et méthodes des sciences mathématiques: 461–64. — Principes du passage à la limite: 621–24. — L'infini point limite: 753–55.

Bull. Sci. math. Sur la notion de capacité d'un ensemble borné quelconque: (2) **67** ('43) 49–68.

C.R. hebd. Séances Acad. Sci., Paris Sur les dérivées normales des fonctions harmoniques dans le problème de Dirichlet: **194** ('32) 1546–49. — Sur une manière d'engendrer des fonctions harmoniques multiformes dans l'espace ou le plan [2]): 2282–84. — Sur le mouvement avec sillage, à trois dimensions,

Bitte Bemerkung S. 5629 vor dem Buchstaben V beachten!

d'un corps solide dans un fluide: **196** ('33) 896–98. — Sur les mouvements à trois dimensions, avec sillage: 1284–86. — Sur une manière d'envisager l'étude des mouvements plans avec sillage, indépendamment de la théorie des fonctions de variable complexe: **198** ('34) 1122–25. — Sur la méthode du balayage de Poincaré étendue par M. de la Vallée Poussin, et ses rapports avec le problème de Dirichlet généralisé: **200** ('35) 199–201. — Sur la continuité du potentiel à travers les masses, et la démonstration d'un lemme de Kellogg: 1173f. — Sur une mise au point concernant diverses méthodes de résolution du problème de Dirichlet: 1721–23. — Sur le flambage des plaques minces cylindriques [1]): **201** ('35) 537–39, 642–44. — Sur le problème de Dirichlet généralisé et ses rapports avec le balayage: **202** ('36) 1743–45. — Sur une application des familles normales de distributions de masse: **205** ('37) 212–15. — Sur quelques formes plus générales des critères de régularité de MM. de la Vallée Poussin et Wiener: **215** ('42) 249–51. — Sur quelques critères nouveaux de stabilité: 296f. — Sur les mouvements avec sillage: 317–19. — Sur une notion nouvelle de capacité d'un ensemble: **216** ('43) 191–93. — Sur le flambement des poutres droites à section constante et à moment d'inertie variable: **225** ('47) 716–18, 794–96.

Enseignement math. Le problème de Dirichlet dans le cas le plus général: **35** ('36) 88–106.

J. Math. pures et appl. Sur la méthode du balayage de Poincaré, son extension par M. de la Vallée Poussin, et le problème de Dirichlet généralisé: (9) **14** ('35) 209–27. — Recherches théoriques sur les écoulements aérodynamiques à trois dimensions: **21** ('42) 155–98.

Mémoires, Acad. roy. Belgique, Cl. Sci., Collect. in-8° Le problème généralisé de Dirichlet: (2) **16** ('36/37) Fasc. 4, 55 S.

Mit: [1]) B. Laffaille; [2]) R. Wavre.

V. VI **VASILESCU KARPEN,** Nicolae. Elektrotechn. — 1905–40 Prof., '07–19 Dir. u. '28–36 Präs. d. Techn. Rates, '20–40 Rektor, '41– Hon.-Prof., Nationale Schule f. Brücken- u. Straßenbau → ('20) Techn. Hochsch. București. — '41 Dr. h. c. (Techn. Hochsch. București). — Orden d. Arbeit 1. Klasse (Volksrepubl. Rumänien).
* 1870, Dez. 10 (Nov. 28), Craiova;
† 1964, März 2, București.

Festschrift (Zum 20jährigen Jubiläum als Rektor der Techn. Hochsch.) Buletinul Politehn. București **13** ('42) Nr. 1/2, 293 S. (m. Bildn. u. Schr.verz. S. V–XIV).

Zur Biogr. Verleihung der Ehrendoktorwürde der Technischen Hochschule București: Buletinul Soc. politecn. România **55** ('41) 1156–59 [rumän.].

Nekr. Analele Acad. Republ. popul. române **14** ('64) 679f.

S. Sărbătorirea d-lui inginer de mine Mathei M. Drăghiceanu (București '34): [Ansprache] [rumän.]. — La vie scientifique en Roumanie, **1**: Sciences pures (București '37) (Connaissance de la terre et de la pensée roumaine, 6): La physique en Roumanie (32 S.); **2**: Sciences appliquées ('38) (~7): L'essor de l'industrie en Roumanie (37 S). — Přednášky, XX. Sjezd ESČ. Rapports, 20ᵉ Congrès électrotechnique ESČ (Elektrotechnický svaz československý), Praha 1938 (Praha '38) 249f.: Sur l'utilisation de l'énergie d'oxydation de l'alcool, dans les piles électriques.

W. Sur une nouvelle exposition des phénomènes électro-magnétiques. Inutilité de la notion de masse magnétique (București '32) 8 S. (Institut national roumain pour l'étude de l'aménagement et de l'utilisation de sources d'énergie, Comité électrotechnique roumain, 15) [Skript]. — Invățământul aeronautic la Școala Politechnică "Regele Carol II" (București '34) 4 S. [Zitat unsicher]. — Curs de electricitate **1** (București '35) 4 + 181 S., **2** ('37) S. 183–313; Neuaufl.: ('41). — Electricitatea. Expunerea principalelor fenomene electrice (București '42) 5 + 327 S. — Nouvelle théorie des piles électriques. Rôle des électrons. Piles contredisant le second principe de la thermodynamique. Questions connexes **1.2** (București '44) 132 S. — Fenomene și teorii noi în electrochimie și chimie fizică (București '57) 268 S.

Analele Acad. române, Mem. Secț. ști. Das Leben und das Werk Galileo Galileis: (3) **17** ('41/42) 403–18 [rumän.].

Analele econ. și statist. Muß Rumänien ein vorwiegend agrarisches Land bleiben? Landwirtschaft und Industrie im Zusammenhang mit der Landesverteidigung: **16** ('33) Nr. 10/12, 1–16 [rumän.].

Anuar, Școală politechn. "Regele Carol II" Ansprache des Rektors [bei der Jubiläumsfeier 75 Jahre technischer Unterricht in Rumänien, 50 Jahre seit der Reorganisierung der Schule für Brücken- und Straßenbau und 10 Jahre seit der Gründung der Technischen Hochschule]: **1931/32** ('33) 7–15 [rumän.].

Buletin ști., Acad. Republ. popul. romîne, Secț. Ști. mat. și fisice Die Konzentrationskette mit Sauerstoff und die Thermodynamik: **7** ('55) 161–65 [rumän. m. russ. u. französ. Zusammenfassg.]. — Die bestimmende Rolle der Elektronen beim Betrieb galvanischer Elemente: 167–71 [~]. — Die Affinität der Elektronen gegenüber im Wasser ge-

Bitte Bemerkung S. 5629 vor dem Buchstaben V beachten!

löstem Sauerstoff und die Thermodynamik: 491–93 [~]. — Der Mechanismus des osmotischen Druckes: **8** ('56) 205–14 [~•]. — Das Fehlen chemischer Reaktionen in bestimmten galvanischen Elementen; eine Mikrotriebkraft wirkt in unbestimmter Weise in diesen Elementen: 857–78 [~].

Buletinul AGIR Muß Rumänien ein vorwiegend agrarisches Land bleiben?: **15** ('33) 455–61 [rumän.]. — Ansprache zur Eröffnung des Kongresses des Allgemeinen Ingenieurverbandes, Galaţi 1934: **16** ('34) 9 S. [~]. — Ansprache des Rektors zur Eröffnung des Studienjahres an der Technischen Hochschule "König Carol II": **17** ('35) Nr. 10, 353–55 [~].

Buletinul Inst. român pentru Be[illegible]onstrucţii şi Drumuri Sur la cause de l'ad[illegible], du béton au fer dans les constructions en b[illegible] armé: **1** ('36) 13–22 [rumän. u. französ.?].

Buletinul Inst. român Energie Passage du courant dans les électrolytes sans électrolyse: **2** ('34) 449–56 (= Institut Roumain d'Energie, Collection des publications, 69). — Das Energiegesetz und die entsprechenden Triebkraft-Installationen: **5** ('37) 721–35 (= ~142). — [Diskussionsbeitrag zu einem Vortrag von I. S. Gheorghiu über Grundprobleme der Energiegesetze in Rumänien]: **5** ('37) Nr. 1. — — Alle Beiträge rumän.

Buletinul Soc. politecn. România Ansprache bei der Festsitzung anläßlich des 50jährigen Jubiläums der Polytechnischen Gesellschaft: **46** ('32) 184–90. — Die Währungs- und die Außenhandelspolitik: **49** ('35) 1182–201. — Ansprache bei der Sitzung am 14. 2. 1937 während der außerordentlichen Generalversammlung zur Frage der Konzentration des höheren technischen Unterrichts in den Technischen Hochschulen: **51** ('37) 239f. — Prof. ing. Gh. Filipescu †: 871f. — Der technische Unterricht in Rumänien: **52** ('38) 920–29. — Antwort auf die Verleihung der Ehrendoktorwürde: **55** ('41) Nr. 11, 1159–70. — — Alle Beiträge rumän.

Bull. Math. et Physique pures et appl. Ecole polytechn. Bucarest Sur les forces électromagnétiques; tension et répulsion des lignes de force; énergie du champ magnétique: **3** ('31/32) No. 8, 121–24. — Principe relatif à la distribution des lignes de force du champ d'induction magnétique: **4** ('32/33) [oder **5** ('33/34)?] No. 11/12, 109–11. — Passage du courant dans les électrolytes sans électrolyse: **5** ('33/34). — Image mécanique d'un élément d'antenne: **8** ('36/37) No. 22/24, 12–14.

Bull. Sect. sci., Acad. roumaine Sur la cause de l'adhérence du béton au fer dans les constructions en béton armé: **17** ('35/36) 1f. — Les équations d'état et la thermodynamique: **21** ('38/39) 199–205. — Rôle des électrons dans certains phénomènes physico-chimiques, 1: La force électromotrice au contact métal–électrolyte: **22** ('39/40) 117–29; ~ 2: L'attaque des métaux par les acides: 193–95; ~ 3: Les piles à électrodes inattaquables: 273–79; ~ 4: Phénomènes contredisant le second principe de la thermodynamique: **25** ('42/43) 254–60; ~ 5: Piles électriques contredisant le second principe de la thermodynamique, 1: 443–52; ~ 6: ≈ 2: 577–86; ~ 7: Sur la notion "oxydation-réduction": **26** ('43/44) No. 8, 1f.; ~8: Force électromotrice entre électrodes inattaquables et électrolyte contenant un gaz en solution: 2–4; ~ 9: Force électromotrice de la pile Grove à électrodes en platine platiné: 4f.; ~ 10: La "surtension" et la "soustension" en électrolyse: 5–11; ~ 11: Sur la détermination de la concentration C_{H^+} en ions H^+ d'un liquide (mesure du pH): **27** ('44/45) No. 1, 1f.; ~ 12: Toutes les piles électriques sont des piles de concentration à électrons: 2–4; ~ 13: Pile utilisant l'énergie d'oxydation de l'alcool: 4–7. — Mécanisme de la pression osmotique, 1: **23** ('40/41) 362–71; ~ 2: 424f.; ~ 3: 501f. — La tension superficielle à la surface de contact d'un liquide et de sa vapeur: 497–500. — Nouvelles recherches sur la tension superficielle et l'angle de contact: **24** ('41/42) 579–96. — Sur un cas curieux d'équilibre: **25** ('42/43) 4–7. — Der Mechanismus des osmotischen Druckes: 130–37.

Bull. Soc. franç. Electriciens Sur la nature des entités géométriques, mécaniques, physiques. Importance de la considération des symétries et dissymétries: (5) **9** ('39) 818–20. — Nouvelle théorie de l'accumulateur électrique: (6) **7** ('47) 119–23.

Bull. Soc. roumaine Physique Passage du courant dans les électrolytes sans électrolyse: **36** ('34) Nr. 63/64, 9–16.

Comunicările Acad. Republ. popul. romîne Pile à hydrogène: **6** ('56) 29–33 [rumän. m. russ. u. französ. Zusammenfassg.]. — Rôle des fluctuations dans l'apparition de la vie sur la terre: 1079–84 [~]. — Vérification expérimentale de la dissociation de l'hydrogène dissous en protons et électrons: **8** ('58) 765–74 [~]. — A demonstration of Helmholtz's formula: **9** ('59) 541–44 [rumän. m. russ. u. engl. Zusammenfassg.].

C.R. hebd. Séances Acad. Sci., Paris Passage du courant dans les électrolytes sans électrolyse: **199** ('34) 480–83. — Pile électrique utilisant l'énergie d'oxydation de l'alcool: 708–10. — Sur l'adhérence des armatures au béton dans le béton armé: **207** ('38) 987–89. — Rôle des électrons dans la production de la force électromotrice au contact métal–électrolyte: **209** ('39) 474–76. — Rôle des électrons dans le fonctionnement des piles. La pile Daniell: 509–11. — Les piles de concentration à électrons et la mesure du pH: 790–92. — La pile à gaz; mécanisme de l'électrolyse de l'eau; polarisation des piles: 988–90. — Sur l'attaque des métaux: **210** ('40) 371–74. — Sur des piles électriques empruntant leur énergie indéfiniment au milieu ambiant: **218** ('44) 228–30. — La diffusion au contact de deux milieux non miscibles et le second principe de la thermodynamique: 310f. — La surtension en électrolyse. Cas de l'hydrogène: **222** ('46) 541–43. — La surtension et la soustension en électrolyse. Cas de l'oxygène: 644–46. — Rôle de la constante capillaire et de la densité du courant dans l'électrolyse de l'eau: **226** ('48) 232–34. — Sur la dissociation des molécules d'hydrogène dissoutes dans l'eau en électrons libres e^- et en ion H^+: 1191f. — Piles à hydrogène empruntant leur énergie au milieu ambiant: 1273–75. — La force électromotrice de la pile de concentration à oxygène et la thermodynamique: **227** ('48) 767f. — La variation de la force électromotrice de la pile à gaz avec la pression. Force électromotrice de la pile de concentration à oxygène: **22** ('49) 231f. — Sur la notion d'activité en chimie physique: 1220–22. — L'activité des ions, la loi d'action de masse et les lois de Raoult: 1292–94.

Discursuri de Recepțiune, Acad. română Antwort auf die Antrittsvorlesung von C. I. Parhon: Die theoretische und praktische Bedeutung der Endokrinologie und über die Notwendigkeit, in unserem Land die wissenschaftliche endokrinologische Forschung zu entwickeln: **75** ('40) 25–29 [rumän.].

Excelsior [București] Die Armut, eine nationale Gefahr: **1937**, Dez.-Nr.; **1938**, 1. Jan.-Nr. — Das Problem der Straßen. Antwort an Prof. G. Tașcă: 2. [oder 3.?] Jan.-Nr., 1f. — — Alle Beiträge rumän.

Finanțe și Industrie Unsere Währung, die Metall-Reserve der Nationalbank und die Nationalverteidigung: **4** ('36) Nr. 51/52, 10 S. [rumän.].

Gazeta mat. și fizică, Ser. A Sur la réalisation épocale de la science et de la technique sovietique: Le nouveau satelite de la terre: **10** ('58) 86–89 [rumän. m. französ. u. russ. Zusammenfassg.].

J. Four électr. et Industries électrochim. Passage du courant dans les électrolytes sans électrolyse: **43** ('34) 354f.

Moniteur Pétrole roumain La rationalisation de l'enseignement supérieur et l'école polytechnique: **37** ('36) [oder **39** ('38)?] 1747f. [französ. u. rumän.?]. — La formation des ingénieurs de mines dans les écoles polytechniques de Roumanie: **38** ('37) No. spéc. consacré au 2e Congrès Mondial du Pétrole, 73f. [~ ?].

Natura [București] Elektrizitätslehre, 1: **22** ('33) Nr. 9, 4–8; ~ 2: **23** ('34) Nr. 3, 11–33; ~ 3: Nr. 5, 15–19. — Ansprache des Rektors der Technischen Hochschule Bukarest bei der Feier für die Professoren G. Țițeica und D. Pompeiu: **22** ('33) Nr. 10, 7f. — Wissenschaft und Technik: **25** ('36) Nr. 1, 11–17. — Die Technische Hochschule: **30** ('41) 421–27. — — Alle Arbeiten rumän.

Revista Cursurilor și Conferințelor universitare Der technische Unterricht in Rumänien: **4** ('39) Nr. 5/8 [rumän.]. — Die Tätigkeit G. Țițeicas an der Technischen Hochschule Bukarest: **5** ('40) Nr. 3/4 [~].

Revista Pădurilor Ansprache [anläßlich einer Feier der Gesellschaft "Progresul Silvic" für Prof. Ing. Petre Antonescu]: **45** ('33) 696f.

Studii și Cercetări Energet., Acad. Republ. popul. romîne, București Die Rolle der Elektronen bei der Übertragung der elektrischen Energie; Kritik an der aktuellen Theorie: **6** ('56) Nr. 1/2, 17 S. [rumän.].

Studii și Cercetări fizică, Acad. Republ. popul. romîne, București Das galvanische Element mit Silberchlorid: **4** ('53) Nr. 1/2, 75–88 [rumän.]. — Die Verteilung der Kraftlinien in den magnetischen und elektrischen Feldern und die Verteilung der Flußlinien in einem Leiter mit wechselndem Querschnitt: **5** ('54) 265–73 [~].

Studii și Cercetări Mec. apl., Acad. Republ. popul. romîne, București Die Adhäsion des Eisens am Beton im armierten Beton. Experimentelle Bestimmung der Adhäsion und der Kontraktion des Betons: **7** ('56) Nr. 4, 11 S. [rumän.].

Einige weitere kleine Schriften: Nouvelle théorie de l'accumulateur électrique (București '45) 12 S. — L'adhérence du fer au béton dans le béton armé; détermination expérimentale de l'adhérence et du retrait du béton (București '46) 6 S. — La pile à gaz et l'électrolyse de l'eau; contradiction au second principe de la thermodynamique; nouvelle théorie de l'accumulateur électrique (București '46) 16 + 12 S. — Vieața și opera lui Anghel Saligny (București '46) 16 S. — La masse des champs électriques et magnétiques; la masse de la lumière; le rapport entre l'énergie et la masse de l'électron (București '47) 5 S. — La polarisation multiple des électrodes (București '47) 4 S. — Sur l'effet Volta (București '47) 12 S. — Rôle de la constante capillaire dans l'électrolyse visible de l'eau; mécanisme de la formation des bulles de gaz (București '48) 3 S. — — Ferner einige weitere Diskussionsbeiträge in Sitzungsberichten und einige weitere Nekrologe.

IV–VI **VAUTIER,** Oscar Joseph Théodore. Physik. — 1892– Prof., Univ. de Lyon; Prés., Compagnies réunies de Gaz et d'Electricité; Prés. hon., Commiss. Int. de l'Eclairage. (⊠)
* 1852, Okt. 8, Lyon;
† 1930.

VI **VAVILOV,** Sergej Ivanovič. Physik (Optik), Geschichte d. Naturwiss. — 1909–

14 Stud., '14 Kandidat d. physik.-math. Wiss., '19 Magister d. Physik, '18–29 Privatdoz., '29–32 Prof. u. Leiter d. Lehrstuhls f. allg. Physik, Univ. (→ Staatsuniv.) Moskva; '18–27 Lektor → Prof., Techn. Hochsch. Moskva; '18–30 Leiter d. Abteilg. Physikal. Optik, Inst. f. Physik u. Biophysik, Volkskommissariat f. Gesundheitswesen d. RSFSR, Moskva; '20–30 Prof., Zootechn. Hochschul-Inst., Moskva; '32–45 Stellvertr. wiss. Dir., '34–51 Leiter d. Labor. f. Lumineszenzanalyse, Staatl. Opt. Inst., Leningrad ('41–45 Joškar-Ola, ASSR der Mari); '32–51 Dir. d. Physikal. Inst. "P. N. Lebedev", '33–51 Vorsitzender bzw. stellvertr. Vorsitzender zahlreicher Kommissionen, '45 –51 Präs., Akad. Wiss. UdSSR; '47–51 Präs., Unionsges. zur Verbreitung polit. u. wiss. Kenntnisse. — Dr. h. c. (Karls-Univ., Praha). — '15 Goldmedaille (Ges. d. Freunde d. Naturwiss., Anthropol. u. Ethnogr., Univ. Moskva); '39 Rotbanner-Orden, '43,'45 Leninorden, '43, '46, '51, '52 (postum) Staatspreis (UdSSR); '43 Ehrenurkunde (ASSR d. Mari). (⊠)

* 1891, März 24(12), Moskva;
† 1951, Jan. 25, Moskva.

Ehrungen Seit 1951 S.-I.-Vavilov-Goldmedaille (Akad. Wiss. UdSSR). — Staatliches Optisches Institut "S. I. Vavilov", Leningrad. — Gedenktafel am Physikalischen Institut der Akademie der Wissenschaften der UdSSR (siehe: Vestn. Akad. Nauk SSSR **1952**, Nr. 2). — Gedenkkonferenzen: 3. Konferenz über Lumineszenz und über die Anwendung von Leuchtstoffen, Moskva 1951 (siehe: Izvest. Akad. Nauk SSSR, Ser. fizič. **15** ('51) 511–690); 10. Konferenz über Lumineszenz, Moskva 1961 (siehe: ibid. **26** ('62) 2–112); 4. Konferenz für physiologische Optik, Leningrad 1955 (siehe: Problemy fiziologičeskoj optiki (K. M. Bykov) **12** (Moskva–Leningrad '58) 550 S. (m. Bildn.)); Wissenschaftliche Gedenksitzung im Staatlichen Optischen Institut (siehe: Optika i Spektroskopija **1** ('56) 275 f.); weitere Gedenksitzungen (vgl. auch die folgende Bibliographie).

Gedenkbände Problemy fizičeskoj optiki i drugie voprosy fiziki. Sbornik statej, posvjaščennyj pamjati S. I. Vavilova [Probleme der physikalischen Optik und andere Fragen der Physik. Sammlung von Aufsätzen S. I. Vavilov zum Gedenken] (Ė. V. Špol'skij) (Moskva–Leningrad '51); darin S. 5–19: *Ė. V. Špol'skij, Sergej Ivanovič Vavilov, 1891–1951 [russ.]; 352–76: *T. O. Vreden-Kobeckaja, Bibliographie der Arbeiten S. I. Vavilovs [~]. — Vestn. Akad. Nauk SSSR **1951**, Nr. 2; darin S. 4: Im Ministerrat der UdSSR: Über die Verewigung des Andenkens an den Präsidenten der Akademie der Wissenschaften der UdSSR S. I. Vavilov und über die Versorgung seiner Familie; 7–9: Dem großen arbeitsfreudigen Menschen und Organisator der Wissenschaft S. I. Vavilov zum Gedenken [auch in allen Ausgaben der Izvest. Akad. Nauk SSSR 1951]; 11–22: Die Trauersitzung des Präsidiums der Akademie der Wissenschaften der UdSSR; 25–30: Die Beerdigung [Abschiedsworte des Genossen *N. S. Chruščov und der Akademiemitglieder *I. P. Bardin und *D. V. Skobel'cyn]; 33 f.: Beileidsbezeigungen (Aus Telegrammen an die Akademie der Wissenschaften der UdSSR); 35–44: Ein Leben, gewidmet dem Vaterland, der sowjetischen Wissenschaft und der großen Sache des Kommunismus. [Alle Beiträge russ.]. — Pamjati Sergeja Ivanoviča Vavilova [S. I. Vavilov zum Gedenken] (A. N. Nesmejanov, A. A. Lebedev u. a.) (Moskva '52) 376 S. (m. Bildnissen); darin S. 5–16: *A. V. Topčiev, Dem Präsidenten der Akademie der Wissenschaften der UdSSR S. I. Vavilov zum Gedenken; 17–28: *I. G. Petrovskij, *V. L. Levšin, Die Tätigkeit S. I. Vavilovs an der Abteilung der physikalisch-mathematischen Wissenschaften der Akademie der Wissenschaften der UdSSR; 29–44: *A. N. Terenin, Die wissenschaftliche Tätigkeit S. I. Vavilovs auf dem Gebiet der Optik; 45–77: *I. V. Kuznecov, Die Arbeiten S. I. Vavilovs zur Philosophie und zur Geschichte der Naturwissenschaft; 77–88: *N. I. Muschelišvili, S. I. Vavilov und die Entwicklung der Akademien der Wissenschaften der Sowjetrepubliken; 89–97: *V. L. Levšin, S. I. Vavilov – der Erzieher wissenschaftlicher Kader; 98–106: *I. I. Artobolevskij, S. I. Vavilov – der hervorragende Propagandist und Popularisator wissenschaftlicher Kenntnisse; 107–15: *Ė. V. Špol'skij, Die populärwissenschaftlichen Bücher S. I. Vavilovs; 116–33: *A. A. Zvorykin, S. I. Vavilov – Redakteur der Großen Sowjetenzyklopädie. [Alle Beiträge russ.]. — Trudy Inst. Istorii Estestvoznanija **4** ('52) 455 S. (m. Bildn.); darin S. 5–17: *B. G. Kuznecov, S. I. Vavilov als Wissenschaftshistoriker; 18–30: *O. V. Krasnouchova, *L. V. Kaminer, Verzeichnis der Arbeiten S. I. Vavilovs zur Geschichte der Naturwissenschaften. [Alle Beiträge russ.]. — Trudy sessii, posvjaščennoj pamjati akad. Sergeja Ivanoviča Vavilova [Arbeiten einer Gedenksitzung für S. I. Vavilov] (A. N. Terenin u. a.) (Gosudarstvennyj optičeskij institut im. S. I. Vavilova) (Moskva '53) 360 S. (m. Bildnissen); darin S. 5–17: *A. N. Terenin, Die wissenschaftliche Tätigkeit S. I. Vavilovs; 18–33: *T. P. Kravec, Überblick über Leben und Werk; 34–40: *M. V. Savost'janova, S. I. Vavilov als Popularisator der Wissenschaft; 41–52: *P. P. Feofilov, Die Arbeiten S. I. Vavilovs über polarisierte Lumineszenz und ihre Entwicklung; 222–29: *A. A. Geršun, *D. N. Lazarev, Die Arbeiten S. I. Vavilovs auf dem Gebiet der Photometrie und der Lichttechnik; 266–76: *N. G. Boldyrev, Die Bedeutung der Arbeiten S. I. Vavilovs über die Quantenfluktuation des Lichts für die Theorie des Sehbildprozesses in der Lichttechnik. [Alle Beiträge russ.]. — Naučno-populjarna sesija v pamet na akademik Sergej Ivanovič Vavilov [Populärwissenschaftliche Sitzung (der Bulgarischen Akademie der Wissenschaften) zum Andenken an S. I. Vavilov], 17./18. 10. 1951 (Sofija '54) 126 S. (m. Bildn.). — Trudy Inst. Istorii Estestvoznanija i Techn. **17** ('57) 532 S. (m. Bildnissen); darin S. 7–43: *V. L. Levšin, Die Arbeiten S. I. Vavilovs auf dem Gebiet der Optik; 44–65: *V. L. Čenakal, S. I. Vavilov – der Erforscher des Werkes von M. V. Lomonosov; 66–89: *A. P. Juškevič, S. I. Vavilov als Erforscher des Werkes von I. Newton; 121f.: *V. I. Vernadskij, Ein Brief an S. I. Vavilov vom 25. 10. 1939 (m. Anmerkungen); 123–25: *T. P. Kravec, Aus der Rede im Namen der Leningrader Staatsuniversität "A. A. Ždanov" zur Kandidatur des Akademiemitglieds S. I. Vavilov als Deputierter des Obersten Sowjets der RSFSR; 127–36: *N. I. Idel'son, S. I. Vavilov zum Gedenken; 137–53: Aus Erinnerungen an S. I. Vavilov (137f.: *G. S. Landsberg, 138–40: *P. A. Rebinder, 140–42: *A. A. Lebedev, 142–44: *V. Ronchi, 144–46: *A. E. Arbuzov, 146–49: *N. A. Tolstoj, 149f.: *A. V. Vinter, 150–53: *I. P. Bardin); 154–60: Übersichten über Archivbestände betr. S. I. Vavilov; ferner 4 bisher noch nicht veröffentlichte Beiträge S. I. Vavilovs: 93–95: Aus der Eröffnungsansprache bei der Festsitzung anläßlich des 100. Geburtstages von N. E. Žukovskij, 17. 1. 1947; 96–99: Über die Begegnungen mit T. P. Kravec; 100–07: Referat und Ansprachen beim 1. Plenum der Kommission für die Geschichte der Akademie der Wissenschaften der UdSSR, 19. 2. 1939; 108–18: Ansprachen bei den Sitzungen der Kommission für die Geschichte der physikalisch-mathematischen Wissenschaften der Akademie der Wissenschaften der UdSSR. [Alle Beiträge russ.].

Nekr. *R. M. Adhikari, Indo-soviet J. [Bombay] **1** ('51) Nr. 6, 23f. — *N. N. Aničkov, Bjul. ėksper. Biol. i Med. **1951**, Nr. 2, 69f. (m. Bildn.); Medicinskij Rabotnik **1951**, Nr. 5; Vestn. Akad. med. Nauk SSSR **1951**, Nr. 2, 3–5. — *I. I. Artobolevskij, Nauka i Žizn' **1951**, Nr. 2, 6–8 (m. Bildn.). — *I. P. Bardin, Vestn. Akad. Nauk SSSR **1951**, Nr. 3, S. 35. — *A. I. Berg, Radio [Moskva] **1951**, Nr. 3, 3f. (m. Bildn.) [Zitat unsicher]. — *J. D. Bernal, Nature [London] **168** ('51) 679. — *V. L. Čenakal, S. I. Vavilov und das Lomonosov-Museum: Sovetskaja Ėtnogr. **1951**, Nr. 2, 198–201 [russ.]. — *A. A. Geršun, *D. N. Lazarev, Der Beitrag S. I. Vavilovs zur sowjetischen Lichttechnik: Ėlektričestvo [Moskva] **1951**, Nr. 3, 3–6 [russ.] (m. Bildn.). — *M. Il'in, Etudes soviét. Nr. **35** ('51) 69–71. — *V. Jastrebov (W. Jastriebow), Das Vermächtnis eines hervorragenden Wissenschaftlers: Technika – Molodeži **1951**, Nr. 3, 1–3 [russ.] (m. Bildn.); poln. in: Horyzonty Techn. **4** ('51) 245–48. — *T. P. Kravec, S. I. Vavilov – Wissenschaftler und Mann des öffentlichen Lebens: Izvest. Akad. Nauk SSSR, Ser. fizič. **15** ('51) 523–32 [russ.]. — *V. L. Levšin, S. I. Vavilov – Begründer und Oberhaupt der sowjetischen Schule der Lumineszenz: ibid. 511–22 [russ.] (m. Bildn.); auch in: Usp. fizič. Nauk **45** ('51) 445f. [~]. — *B. G. Kuznecov, S. I. Vavilov als Historiker der Wissenschaft: Izvest. Akad. Nauk SSSR, Ser. Istorii i Filos. **8** ('51) Nr. 1, 11–21 [russ.]; S. I. Vavilov über die sowjetische Wissenschaft: Novyj Mir **1951**, Nr. 4, 270–72 [~]. — *I. V. Kuznecov, S. I. Vavilov – Wissenschaftler, Patriot und Kämpfer für den dialektischen Materialismus: Vopr. Filos. **1951**, Nr. 1, 62–82 [russ.]; rumän. in: Studii şi Cercetări Fizică, Acad. Republ. popul. romîne, Bucureşti **3** ('52) 7–30. — *S. O. Majzel', S. I. Vavilov und die sowjetische Lichttechnik: Izvest. Akad. Nauk SSSR, Otdel. techn. Nauk **1951**, 332–35 [russ.]. — *M. A. Šatelen, *M. I. Radovskij, Der hervorragende Wissenschaftler, Historiker und Popularisator der Wissenschaft S. I. Vavilov: ibid. 327–31 [russ.]. — *B. A. Vvedenskij, Dem hervorragenden Wissenschaftler S. I. Vavilov zum Gedenken: ibid. 324–26 [russ.]. — *A. V. Mizerov, Soobšč. dal'nevostočn. Filiala im. Komarova, Akad. Nauk SSSR **1951**, Nr. 2, 5f. (m. Bildn.). — *G. Nadžakov, Bŭlgaro-sŭvetska Družba **7** ('51) Nr. 2, 8f. (m. Bildn.). — *P. G. Paunov, Minno Delo **6** ('51) Nr. 3/4, 293–95 (m. Bildn.). — Gedenkfeier im Haus der Wissenschaftler, Moskva, 18. März 1951: *I. G. Petrovskij, Eröffnungsansprache: Vestn. Akad. Nauk SSSR **1951**, Nr. 5, 16f.; *A. N. Nesmejanov, Ansprache des Präsidenten der Akademie der Wissenschaften der UdSSR: ibid. 18–22; *I. V. Kuznecov, Die wissenschaftlichen Arbeiten S. I. Vavilovs auf dem Gebiet der Philosophie der Naturwissenschaften. [Alle Beiträge russ.]. — *N. I. Pinegin, S. I. Vavilov und die physiologische Optik: Priroda [SSSR] **1951**, Nr. 8, 10–15 [russ.] (m. Bildn.). — *Z. Pírko, Czechoslovak J. Physics **1** ('52) 43–45 (m. Bildn.). — *T. Săvulescu, Studii [Bucureşti] **4** ('51) Nr. 1, 150–53. — *Ė. V. Špolskij, Usp. fizič. Nauk **43** ('51) 327–46 (m. Bildn. u. Schr.verz.). — *A. Studitskij, Ogonek **1951**, Nr. 6, S. 11 (m. Bildn.). — *B. Svešnikov, Ž. obščej Chim. **21** ('51) 601–03 (m. Bildn.). — *M. Vacher, Pensée (N.S.) Nr. **35** ('51) 118–20. — *Ş. Vencov, Contemporanul Nr. **226** ('51) S. 2; Über das Werk von S. I. Vavilov: Studii şi Cercetări Fizică, Acad. Republ. popul. romîne, Bucureşti **2** ('51) 255–63 [rumän.]. — *W. Wirthgen, Mathematik u. Naturwiss. in der neuen Schule **3** ('51) 121–25 (m. Bildn.). — *Z. P., Za Socialistickou Vědu a Techn. **1** ('51) Nr. 2, 78f. — Analele românosoviet., Ser. Ped.-Psihol. **5** ('51) Nr. 1, 7f. — Archiv Patol. [Moskva] **13** ('51) Nr. 2, 3f. — Astronomi-

Bitte Bemerkung S. 5629 vor dem Buchstaben V beachten!

českij Ž. **28** ('51) 73–75 (m. Bildn.). — Avtomatika i Telemech. **12** ('51) Nr. 1, 4–6 (m. Bildn.). — Discovery **12** ('51) Nr. 5, 165f. — Dokl. Akad. Nauk SSSR **76** ('51) 621–24 (m. Bildn.). — Fizika v Škole **1951**, Nr. 2, 3–7 (m. Bildn.). — Fiziologičeskij Ž. SSSR **37** ('51) Nr. 1, 129–31 (m. Bildn.). — Izvest. Akad. Nauk SSSR, Ser. Istorii i Filos. **8** ('51) Nr. 1, 9f. — Izvest. komi Filiala vses. geogr. Obšč. **1** ('51) Nr. 1, If. (m. Bildn.). — Izvest. vses. geogr. Obšč. **83** ('51) Nr. 2, 97f. (m. Bildn.). — Kolloidnyj Ž. **13** ('51) 81f. (m. Bildn.). — Kratkie Soobšč. o Dokl. i polevych Issled. Inst. Istorii material'n. Kultury **37** ('51) 3f. — Kul'tura i Žizn' **1951**, Nr. 3. — Meteorologija i Gidrol. **1951**, Nr. 1, 3 S. vor S. 1 (m. Bildn.). — Narodna Prosveta **7** ('51) Nr. 7, 5f. — Nowa Kultura **2** ('51) Nr. 5, S. 2. — Planen u. Bauen **5** ('51) Nr. 6, S. 126. — Praha - Moskva **1951**, Nr. 3, 153f. — Prikladnaja Mat. i Mech. **15** ('51) Nr. 2, 121–23 (m. Bildn.). — Priroda i Znanie [Sofija] **4** ('51) Nr. 6, S. 1 (m. Bildn.). — Problemy [Warszawa] **7** ('51) 191. — Radiotechnika **1951**, Nr. 1, 3f. — Soobšč. o naučn. Rabot. Členov vses. chim. Obšč. im. Mendeleeva **1951**, Nr. 1, 1f. (m. Bildn.). — Sovětská Věda Nr. **2** ('51) 1–4. — Sovetskaja Kniga **1951**, Nr. 2, 6–8 (m. Bildn.). — Sovetskoe Gosudarstvo i Pravo **1951**, Nr. 2, 2–4 (m. Bildn.). — Technika - Molodeži **1951**, Nr. 2, S. 1 (m. Bildn.). — Usp. Chim. **20** ('51) 138–40 (m. Bildn.). — Usp. fizič. Nauk **43** ('51) 3. — Vestn. Ėlektropromyšl. **1951**, Nr. 1, 1f. (m. Bildn.). — Vestn. Inženerov i Technikov **1951**, Nr. 1, 32–34 (m. Bildn.). — Vestn. Rentgenol. i Radiol. **1951**, Nr. 1, 91f. — Ž. ėksper. i teoret. Fiziki **21** ('51) 99–104 (m. Bildn.). — Ž. fizič. Chim. **25** ('51) 257–59. — Ž. techn. Fiziki **21** ('51) 257–66 (m. Bildn.). — Zoologičeskij Ž. **30** ('51) Nr. 1, I–III (m. Bildn.). — Życie Nauki [Warszawa] **6** ('51) Nr. 1/2, 3–5.

Zum 60. Geb.tag [postum, Würdigung seiner Arbeiten] *A. N. Terenin, *P. P. Feofilov, Vestn. Akad. Nauk SSSR **21** ('51) Nr. 3, 111–21.

Zum 1. Todestag *I. V. Kuznecov, Priroda [SSSR] **1952**, Nr. 1, 72–84 (m. Bildn.). — *V. L. Levšin, Vestn. mosk. Univ. **8** ('53) Nr. 5, 3–15. — *A. V. Topčiev, Nauka i Žizn' **1952**, Nr. 1, S. 41 (m. Bildn.). — Enthüllung einer Gedenktafel am Physikalischen Institut der Akademie der Wissenschaften der UdSSR: Vestn. Akad. Nauk SSSR **1952**, Nr. 2, 74–80, 81–83 [russ.].

Zum 2. Todestag Enthüllung eines Denkmals: Vestn. Akad. Nauk SSSR **1953**, Nr. 2, 90f. [russ.].

Zum 5. Todestag *B. M. Bolotovskij, Vestn. Akad. Nauk SSSR **1956**, Nr. 4, 138f. — *M. Konstantinova-Šlezinger, S. I. Vavilov und seine Rolle bei der Entwicklung der Lumineszenzanalyse: Ž. analit. Chim. **11** ('56) 115–19 [russ.] (m. Bildn.). — *B. I. Stepanov, Das Vavilovsche Gesetz: Usp. fizič. Nauk **58** ('56) 3–36 [russ.] (m. Bildn. u. Literaturangaben). — *B. M. Vul, Ėlektričestvo [Moskva] **1956**, Nr. 1, 90f. (m. Bildn.).

Zum 10. Todestag *V. A. Fabrikant, Svetotechnika **1961**, Nr. 1, 1–4. — *V. L. Levšin, Eröffnungsansprache bei der 10. Lumineszenz-Konferenz, S. I. Vavilov zum Gedenken, Moskva 1961: Izvest. Akad. Nauk SSSR, Ser. fizič. **26** ('62) 2–6 [russ.]. — *A. N. Sevčenko, *A. A. Šišlovskij, Leben und Werk von S. I. Vavilov: ibid. 7–13 [russ.]. — *B. Svešnikov, Optika i Spektroskopija **10** ('61) 426–28 (m. Bildn.).

Zum 70. Geb.tag (Gedenkheft) Usp. fizič. Nauk **75** ('61) Nr. 2 (m. Bildn.); darin S. 205–13: *A. N. Nesmejanov, S. I. Vavilov, der hervorragende Wissenschaftler und Organisator der sowjetischen Wissenschaft; Eröffnungsansprache bei der Gedenksitzung des Präsidiums der Akademie der Wissenschaften der UdSSR am 24. 3. 1961; 215–25: *V. L. Levšin, *A. N. Terenin, *I. M. Frank, Die Entwicklung der Arbeiten S. I. Vavilovs auf dem Gebiet der Physik; 227–30: *D. B. Skobel'cyn, S. I. Vavilov - einer der bedeutendsten russischen Physiker; Eröffnungsansprache bei der gemeinsamen Gedenksitzung der Abteilung der physikalisch-mathematischen Wissenschaften der Akademie der Wissenschaften der UdSSR und des Wissenschaftlichen Rates des Physikalischen Instituts "P. N. Lebedev" am 24. 3. 1961; 241–50: *V. L. Levšin, Die Entwicklung der Ideen S. I. Vavilovs auf dem Gebiet der Lumineszenz; 251–58: *I. V. Kuznecov, Die Arbeiten S. I. Vavilovs über Philosophie und Geschichte der Naturwissenschaft: 277–86: *P. P. Feofilov, S. I. Vavilov - der Begründer der sowjetischen Schule der Lumineszenz; aus einem Vortrag bei der Gedenksitzung des Staatlichen Optischen Instituts am 24. 3. 1961. [Alle Beiträge russ.]. — *M. S. Brodin, *M. S. Soskin, *M. T. Špak, Optika i Spektroskopija **10** ('61) 687–91; Optiko-mechaničeskaja Promyšl. **1961**, Nr. 3, 7–11. — *I. V. Kuznecov, Nauka i Žizn' **1961**, Nr. 4, 70–73 (m. Bildn.); Vopr. Filos. **1961**, Nr. 7, 73–87. — *V. L. Levšin, Usp. fizič. Nauk **73** ('61) 373–80 (m. Bildn.). — *A. E. Medunin, Vopr. Istorii Estestvoznanija i Techn. **12** ('62) 240f. — *A. N. Nesmejanov, Priroda [SSSR] **1961**, Nr. 5, 37–42 (m. Bildn.); Staršina - Seržant **1961**, Nr. 3, S. 21 (m. Bildn.). — *S. I. Selešnikov, Fizika v Škole **1961**, Nr. 1, S. 102 (m. Bildn.). — *Ju. A. Korolev, ibid. Nr. 2, 31–34 (m. Bildn.). — *N. A. Tolstoj, Optiko-mechaničeskaja Promyšl. **1961**, Nr. 3, 2–7 (m. Bildn.). — Optika i Spektroskopija **10** ('61) 687–91. — Narodnoe Obrazovanie [Moskva] **1961**, Nr. 2, 126f. (m. Bildn.). — Priborostroenie **1961**, Nr. 3, S. 29. — Vestn. Akad. Nauk Kazachsk. SSR **1961**, Nr. 3, 100–02 (m. Bildn.). — Vestn. Akad. Nauk SSSR **31** ('61) Nr. 6, 103–06.

Zum 75. Geb.tag Akademik S. I. Vavilov. K 75-letiju so dnja roždenija [Zum 75. Geburtstag] (1891-1951) (Moskva '66) 47 S. (Novoe v žizni, nauke i technike, Ser. 9: Fizika, matematika, astronomija, 23. Besedy po aktual'nym problemam nauki); darin S. 3–5: *I. I. Artobolevskij, Ein hervorragender sowjetischer Gelehrter; 6f.: *F. N. Petrov, S. I. Vavilov – der Organisator der Wissenschaft; 8–11: *P. A. Čerenkov, Dienst an der Wissenschaft; 12–14: *B. G. Kuznecov, Über den Stil des physikalischen Denkens S. I. Vavilovs; 15–20: *I. M. Frank, Aus Erinnerungen an S. I. Vavilov; ferner Nachdruck zweier eigener Arbeiten (Kaltes Licht; Wissenschaft und Technik in der Zeit der Französischen Revolution). [Alle Beiträge russ.]. — *P. P. Feofilov, Der Beitrag S. I. Vavilovs zum Wissen über das Licht: Usp. fizič. Nauk **91** ('67) 3–9 [russ.] (m. Bildn.). — *M. D. Galanin, Die Natur des Lichts und die Lumineszenz: Priroda [SSSR] **1966**, Nr. 4, 87–92 [russ.] (m. Bildn.). — *E. S. Lichtenštejn, Die Wissenschaft und die Kunst ihrer Popularisierung: ibid. Nr. 5, 54–61 [russ.] (m. Bildn.). — *F. Kedrov, *N. Krasnopol'skaja, Znanija – Narodu **1966**, Nr. 5, 39–41 (m. Bildn.). — *M. V. Keldyš, Istorija i Metodol. estestvenn. Nauk Nr. **7** ('68) 3–5 (m. Bildn.). — *A. N. Sevčenko, *B. I. Stepanov, Ž. prikl. Spektroskopii **4** ('66) 201–06 (m. Bildn.). — Vestn. Akad. Nauk SSSR **1966**, Nr. 6, 101–05 (m. Bildn.).

Zum 80. Geb.tag Vestn. Akad. Nauk SSSR **1971**, Nr. 6, 125–27. — Ž. prikl. Spektroskopii **14** ('71) 563–66 (m. Bildn.).

Zum 25. Todestag *B. I. Stepanov, Ž. prikl. Spektroskopii **24** ('76) 195–200 (m. Bildn.).

Zum 85. Geb.tag *V. A. Fabrikant, S. I. Vavilov und die Entwicklung der lichttechnischen Wissenschaft: Svetotechnika **1976**, Nr. 4, 4–6 (m. Bildn.).

Zur Biogr. S. I. Vavilov (Moskva '61) 45 S. — S. I. Vavilov [usbek.] (Taškent '61) 39 S. ([Gespräche über die Wissenschaft], 37). — Sergej Ivanovič Vavilov. Očerki i vospominanija [Skizzen und Erinnerungen] [I. M. Frank) (Moskva '79) 296 S. (m. Bildnissen, Faks. u. Schr.verz.-Auszug 90 Nrn.); darin S. 5–17: *I. M. Frank, Was wir über S. I. Vavilov erzählen möchten; 18–46: *Ė. V. Špol'skij, Der hervorragende sowjetische Wissenschaftler S. I. Vavilov; 47–62: *V. L. Levšin, *A. N. Terenin, *I. M. Frank, Die Entwicklung der Arbeiten S. I. Vavilovs auf dem Gebiet der Physik [Vortrag 1961]; 62–65: *P. P. Feofilov, S. I. Vavilov und die moderne Optik; 66–78: *E. S. Lichtenštejn, S. I. Vavilov – Popularisator der Wissenschaft; 114–30: *A. N. Ipat'ev, Erinnerungen; 131–34: *S. N. Rževkin, Erinnerungen an S. I. Vavilov; 135–40: *B. A. Vvedenskij, ~; 141f.: *A. V. Šubnikov, Was die Erinnerung aufrechterhält; 143–50: *Ė. V. Špol'skij, Aus Erinnerungen an S. I. Vavilov; 151f.: *G. S. Landsberg, S. I. Vavilov; 153f.: *N. N. Malov, Einige Worte über S. I. Vavilov; 155–67: *I. M. Frank, Erinnerungen an die Studentenjahre; 168–70: *V. A. Fabrikant, S. I. Vavilov – der Erzieher des wissenschaftlichen Nachwuchses; *P. A. Rebinder, Über S. I. Vavilov; 173f.: *V. Ronchi, Begegnung mit Vavilov; 175–80: *V. I. Veksler, S. I. Vavilov im Physikalischen Institut der Akademie der Wissenschaften; 181–83: *A. L. Minc, Nächtliches Gespräch; 184–86: *P. A. Čerenkov, Dienst an der Wissenschaft; 187–92: *Z. L. Morgenštern, Man kann nicht vergessen; 193–204: *P. P. Feofilov, S. I. Vavilov im Optischen Institut; 205–11: *G. P. Faerman, Über S. I. Vavilov; 212f.: *F. N. Petrov, S. I. Vavilov – Organisator der Wissenschaft; 214–17: *A. A. Lebedev, Auszüge aus Erinnerungen an S. I. Vavilov; 218–21: *N. A. Dobrotin, Erinnerungen an den Lehrer; 222–27: *N. A. Smirnova, S. I. Vavilov im Präsidium der Akademie der Wissenschaften; ferner eigene Beiträge S. 79–101: Anfang einer Autobiographie [niedergeschrieben 1949–1951]; 102–06: Städte Italiens: Verona [Erstpublikation 1914]; 106–11: ~: Arezzo [≈ 1916]; 112f.: Über Begegnungen mit T. P. Kravec [niedergeschrieben 1943]. [Alle Beiträge russ.]; ^{2}('81) 351 S. — Sergej Ivanovič Vavilov. Sbornik statej [Sammlung von Aufsätzen] (V. A. Fabrikant) (Moskva '81) 64 S. (Novoe v žizni, nauke, technike, Ser. "Fizika", 2). — *B. Achmetova, *N. Kojšybaev, Hervorragende Namen [kazach.] (Alma-Ata '74) 81–92 (m. Bildn.). — *Ch. A. Agababov, Vestn. vysšej Školy **1952**, Nr. 1, 54–59. — *I. I. Artobolevskij, in: Mir čudec [Welt der Wunder] (Politechničeskij muzej, Moskva) (Moskva '72) 55f.: Mensch und Propagandist [russ.]; "Das war ein hervorragender Organisator der Wissenschaft": Slovo Lektora **1977**, Nr. 5, 26f. [russ.] (m. Bildn.). — *I. M. Frank, "Groß war sein Einfluß auf uns": ibid. Nr. 5, 27–29 [russ.]. — *B. G. Kuznecov, "Der Stil seiner Denkweise, charakteristisch für den großen Physiker": ibid. Nr. 5, 29f. [russ.]. — *E. Benediktova, Die Vorlesung hält S. I. Vavilov [Erinnerungen]: ibid. Nr. 5 [oder Nr. 1?], S. 30 [russ.]. — *O. S. Davidov, Die Lehrtätigkeit S. I. Vavilovs an der Oberschule: Radjans'ka Škola **1952**, Nr. 1, 39–41 [ukrain.]. — *A. A. Eliseev, in: Voprosy istorii fiziko-matematičeskich nauk. Meževuzovskaja konferencija, Moskva 1960. Materialy [Fragen der Geschichte der physikalisch-mathematischen Wissenschaften. Materialien einer Hochschulkonferenz, Moskva 1960] (Moskva '63) 252–59: S. I. Vavilov über die ideologische und praktische Bedeutung der Geschichte der Wissenschaften und über die Aufgaben der sowjetischen Physikhistoriker [russ.]. — *L. V. Levšin, ibid. 259–72: S. I. Vavilov – ein hervorragender sowjetischer Physiker auf dem Gebiet der Optik [russ.]. — *P. P. Feofilov, in: 50 let Gosudarstvennogo optičeskogo instituta im S. I. Vavilova (1918–1968). Sbornik statej [50 Jahre Staatliches Optisches Institut "S. I. Vavilov". Sammlung von Aufsätzen] (Leningrad '68) 587–626 (m. Bildn.); Optika i Spektroskopija **1** ('56) 107–12 (m. Bildn.). — *N. A. Gorbačev, Vydajuščiesja fiziki i matematiki o filosofii: Posobie dlja studentov [Hervorragende Physi-

Bitte Bemerkung S. 5629 vor dem Buchstaben V beachten!

ker und Mathematiker über Philosophie: Lehrmittel für Studenten] (Saratovskij gosudarstvennyj pedagogičeskij institut) (Saratov '75) 94f. — *A. Gorbov, Ein hervorragender Vertreter der sowjetischen Wissenschaft: Technika - Molodeži **1946**, Nr. 2/3, 13–17 [russ.]; ukrain. in: Dosjagnennja radjans'kych fizykiv. Chrestomatija [Die Leistungen der sowjetischen Physiker. Eine Chrestomatie] (Kyïv '50) 38–46 (m. Bildn.). — *S. N. Gorelov, Synthese [Holland] **5** ('47) 422–24 [engl.]. — *N. N. Grišina, Die Rolle S. I. Vavilovs bei der Organisierung der Wissenschaftlich-Technischen Gesellschaft für die Apparatebau-Industrie: Pribory i Sistemy Upravlenija **1967**, Nr. 2, 59f. [russ.]. — *A. N. Ipat'ev, Erinnerungen an die Brüder Vavilov: Priroda [SSSR] **1974**, Nr. 1, 108–15 [russ.]. — *W. Kapyściński, Der Physiker und Humanist Vavilov als Wissenschaftshistoriker und Wissenschaftspopularisator: Problemy [Warszawa] **8** ('52) 746–48 [poln.]. — *V. Kedrov, Ogonek **1950**, Nr. 9, S. 24 (m. Bildn.). — *V. Keler, Sergej Vavilov (Moskva '61) 240 S. (m. Bildn. u. Faks.) (Žizn' zamečatel'nych ljudej, Serija biografij, 8 (322)), Neuausgabe: ('75) 319 S. (~ 11(548)); S. I. Vavilov und die modernen Entdeckungen: Junyj Technik **1972**, Nr. 8, 34–40 [russ.] (m. Bildn.); Was bedeutet "Wissen"? "Faust" und S. I. Vavilov: V Mire Knig **1969**, Nr. 1, 16f. [~]; S. I. Vavilov – Wissenschaftler und Propagandist der Wissenschaft: Slovo Lektora **1970**, Nr. 3, 52–55 [~]. — *E. G. Kiseleva, Moskovskie druz'ja knigi [Moskauer Bücherfreunde] (Moskva '78) 17–23 (m. Bildn.). — *A. V. Kol'cov, S. I. Vavilov als Historiker der Akademie der Wissenschaften der UdSSR: Vopr. Istorii Estestvoznanija i Techn. **18** ('65) 148–50 [russ.]. — *A. I. Kompaneec, Aus dem wissenschaftlichen Erbe von S. I. Vavilov: Vopr. Filos. **1960**, Nr. 8, 120f. [russ.]. — *F. A. Korolev, in: Razvitie fiziki v Rossii, **2**: Ot Velikoj Oktjabr'skoj socialističeskoj revoljucii do našego vremeni [Die Entwicklung der Physik in Rußland, **2**: Von der Großen Sozialistischen Oktoberrevolution bis zur Gegenwart] (Moskva '70) 34 (m. Bildn.). — *T. P. Kravec, Ot N'jutona do Vavilova. Očerki i vospominanija [Von Newton zu Vavilov. Skizzen und Erinnerungen] (Leningrad '67) 447 S., darin S. 358–76: Überblick über Leben und Werk S. I. Vavilovs [russ.] (m. Bildn.); Ėlektričestvo [Moskva] **1945**, Nr. 8, 1–3; Usp. fizič. Nauk **46** ('52) 3–22. — *V. Šepel', Zur Verleihung des Staatspreises 1951: ibid. **47** ('52) 121f. [russ.]. — *M. I. Radovskij, S. I. Vavilov – der Organisator populärwissenschaftlicher Publikationen: ibid. 477–81 [russ.]. — *I. M. Frank, Physiker über S. I. Vavilov: ibid. **111** ('73) 173–79 [russ.] (m. Bildn.). — *A. V. Šubnikov, Was die Erinnerung an S. I. Vavilov aufrechterhält: ibid. 179–81 [russ.]. — *B. A. Vvedenskij, Aus Erinnerungen an S. I. Vavilov: ibid. 181–85 [russ.]. — *A. L. Minc, Nächtliches Gespräch: ibid. 185–87 [russ.]. — *V. I. Veksler, Vavilov im Physikalischen Institut der Akademie der Wissenschaften: ibid. 187–90 [russ.]. — *I. M. Frank, Zu Erinnerungen an S. I. Vavilov: ibid. **114** ('74) 533–38 [russ.] (m. Bildn.). — *S. N. Rževkin, Erinnerungen an S. I. Vavilov: ibid. 538–41 [russ.] (m. Bildn.). — *N. N. Malov, Einige Worte über S. I. Vavilov: ibid. 541f. [russ.]. — *G. P. Faerman, S. I. Vavilov: ibid. 542–47 [russ.]. — *A. A. Lebedev, Auszüge aus Erinnerungen an S. I. Vavilov: ibid. 547–49 [russ.]. — *N. A. Smirnova, S. I. Vavilov im Präsidium der Akademie der Wissenschaften der UdSSR: ibid. 550–54 [russ.]. — *Ė. V. Špol'skij, Aus Erinnerungen an S. I. Vavilov: ibid. **117** ('75) 159–65 [russ.]. — *V. A. Fabrikant, S. I. Vavilov – Erzieher des wissenschaftlichen Nachwuchses: ibid. 165–67 [russ.]. — *P. P. Feofilov, S. I. Vavilov im Optischen Institut: ibid. 167–76 [russ.]. — *N. A. Dobrotin, Erinnerungen an den Lehrer: ibid. 176–79 [russ.]. — *Ė. A. Lazarevič, Iskusstvo populjarizacii. Akademiki S. I. Vavilov, V. A. Obručev, A. E. Fersman – populjarizatory nauki [Die Kunst der Popularisierung. S. I. Vavilov, V. A. Obručev and A. E. Fersman als Popularisatoren der Wissenschaft] (Moskva '60) 190 S. (m. Bildn.); in: Lekcii po teorii i praktike redaktirovanija [Lektionen zur Theorie und Praxis des Redigierens] **1**(Moskva '56) 93–126: S. I. Vavilov als Redakteur und Rezensent [russ.]; S. I. Vavilov und das Buch: Kniga **30** ('75) 206–19 [russ.] (m. Bildn.). — *L. V. Levšin, Sergej Ivanovič Vavilov (Moskva '60) 102 S. (m. Bildn.) (Zamečatel'nye učenye Moskovskogo universiteta, 24); Sergej Ivanovič Vavilov (Moskva '70) 158 S. (m. 75 Zitaten betr. Literatur über S. I. Vavilov) (Ljudi nauki); in: Ljudi russkoj nauki [Russische Wissenschaftler] **1**(Moskva '61) 380–99 (m. Bildn.); in: Osnovateli sovetskoj fiziki [Begründer der sowjetischen Physik] (Moskva '70) 176–99: Sergej Ivanovič Vavilov (m. Bildn.); Wissenschaftliche Forschungen auf dem Gebiet der Lumineszenz: Istoria i Metodol. estestvenn. Nauk **6** ('68) 122–24 (m. Bildn.). — *G. P. Makeeva, *P. E. Medvedev, Rasskazy o fizikach [Erzählungen über Physiker] (Minsk '66) 338–61 (m. Bildn.). — *R. Ch. Mallin, Sovetskaja Škola [Taškent] **1953**, Nr. 1, 32–41 [usbek.]. — *G. P. Mansvetova, Fizika v Škole **1974**, Nr. 1, 28–31 (m. Bildn.). — *V. V. Meškov, Svetotechnika **1956**, Nr. 1, 27f. (m. Bildn.). — *G. Nadžakov, Filosofska Misŭl **1947**, Nr. 2, 154–56; Izvest. bŭlgarsk. Akad. Nauk., Ser. fizič. **1** ('50) 3–19 (m. Bildn.). — *P. K. Oščepkov, Žizn' i mečta. Zapiski inženera-izobretatelja, konstruktora i učenogo [Leben und Phantasievorstellung. Notizen eines Ingenieurs, Erfinders, Konstrukteurs und Wissenschaftlers] (Moskva '65) 95–101 [russ.] (m. Bildn.); ²('67) 62–67, 90–94 [~]; ³('77) 69–71, 96–100 [~]; in: Slovo lektora, naučno-metodičeskij sbornik [Das Wort des Lektors; wissenschaftlich-methodisches Sammelwerk] (Moskva '68) 68 (m. Bildn.). — *A. S. Predvoditelev, in: Očerki po istorii fiziki v Rossii. Posobie dlja studentov i učitelej [Skizzen zur Geschichte der Physik in

Bitte Bemerkung S. 5629 vor dem Buchstaben V beachten!

Rußland. Lehrmittel für Studenten und Lehrer] (A. K. Timirjazev) (Moskva '49) 303f. — *M. N. Rachmatov, Physiker unseres Vaterlands, Hilfsmaterial zur Geschichte der Physik für Oberschullehrer und Studenten pädagogischer Institute [usbek.] (Taškent '65) 130–49 (m. Bildn.); Ein vorbildliches Leben: Akademiemitglied Vavilov und sein wissenschaftliches Vermächtnis [usbek.] (Taškent '78) 27 S. ([Gesellschaft für wissenschaftliche Kenntnisse in der Usbekischen SSR, 36]). — *K. D. Rjazanceva, S. I. Vavilov – der Erforscher des wissenschaftlichen Erbes Lomonosovs: Sborn. studenčesk. naučn. Rabot, Mordovsk. gos. pedagog. Inst. **1** ('54) 22–38 [russ.]. — *E. Ruzevič [Ruziewicz], S. I. Vavilov und die polnische Wissenschaft: Vopr. Istorii Estestvoznanija i Techn. Nr. **4** (**49**) ('74/75) 21–24 [russ.]. — *A. N. Sevčenko, Uč. Zap., Belorussk. gos. Univ. im. Lenina Nr. **32** ('57) Ser. fiz.-mat., 3–15 (m. Bildn.). — *F. Šilov, Zapiski starogo knižnika [Erinnerungen eines alten Bücherfreundes] (Moskva '65) 154–56. — *Ė. V. Špol'skij, Vydajuščijsja sovetskij učenyj S. I. Vavilov [Der hervorragende sowjetische Wissenschaftler S. I. Vavilov] (1891–1951) (Moskva '56) 40 S. (m. Bildn.) (Vsesojuznoe Obščestvo po rasprostraneniju političeskich i naučnych znanij, Ser. 3, Nr. 8). — *B. I. Stepanov, Očerki po istorii optičeskoj nauki [Skizzen zur Geschichte der optischen Wissenschaft] (Minsk '78) 113–27. — *V. M. Tolstov, S. I. Vavilov über die Rolle der Mathematik in der philosophischen Forschung: Filosofski Problemy sučasn. Pryrodoznavstva **25** ('71) 104–08 [ukrain.]; S. I. Vavilov über die Bedeutung des philosophischen Erbes Lenins für die Physik: Vestn. char'kovsk. politechn. Inst. Nr. **44** (Serija Filosofii, 2) ('69) 63–68 [~]. — *L. I. Vasjunina, Sergej Ivanovič Vavilov [usbek.] (T. Džabbarov) (Taškent '53) 16 S. ([Gespräche über die Wissenschaft, Nr. 1/2]). — *B. S. Zemenkov, Pamjatnye mesta Moskovy. Stranicy žizni dejatelej nauki i kul'tury [Gedenkstätten Moskaus. Seiten aus dem Leben von Persönlichkeiten der Wissenschaft und der Kultur] (Moskva '59) 58–60. — Akademija nauk SSSR – štab sovetskoj nauki [Die Akademie der Wissenschaften der UdSSR – führendes Organ der sowjetischen Wissenschaft] (Moskva '68) 101 (m. Bildn.). — Filosofskaja ėnciklopedija [Philosophische Enzyklopädie] (F. V. Konstantinov) **1**(Moskva '60): S. I. Vavilov [russ.]. — Očerki po istorii Akademii nauk 1725–1945. Fiziko-matematičeskie nauki [Studien zur Geschichte der Akademie der Wissenschaften 1725–1945. Physikalisch-mathematische Wissenschaften] (A. F. Ioffe) (Moskva–Leningrad '45) 25. — Soviet science in the service of the people (London '46) (Soviet news by the Soviet embassy in London) 3–6 (m. Bildn.). — Anglo-soviet J. [London] **6** ('45) Nr. 3, S. 17 (m. Bildn.). — Dokl. Akad. Nauk SSSR **48** ('45) 243f. — Izvest. Akad. Nauk SSSR, Ser. biol. **1945**, Nr. 4, 383f. (m. Bildn. u. Faks.). — Izvest. Akad. Nauk SSSR, Ser. fizič. **9** ('45) Nr. 4/5, 269–74 (m. Bildn.). — Light and Lighting **38** ('45) Nr. 8, S. 106. — Nature [London] **156** ('45) 230. — Nauka i Žizn' **1945**, Nr. 8/9, 3–7 (m. Bildn.); **1977**, Nr. 5, S. 24 (m. Bildn.). — Priroda [SSSR] **1978**, Nr. 2, S. 23 (m. Bildn.). — Radio [Char'kov] **1938**, Nr. 35. — Russkij Jazyk za Rubežom **1975**, Nr. 5, 3–5 (m. Bildn.); **1976**, Nr. 1, 25–27 (m. Bildn.). — Slavjane **1948**, Nr. 4, S. 61. — Wahl des Akademiemitglieds S. I. Vavilov zum Präsidenten der Akademie der Wissenschaften der UdSSR: Vestn. Akad. Nauk SSSR **1945**, Nr. 7/8, 22–31 [russ.]; darin: *A. A. Bajkov 23f.; Antrittsrede 27f.; Biogr. 29–31. — Vestn. Znanija **1937**, Nr. 3, 63f. (m. Bildn.); Im Laboratorium S. I. Vavilovs: ibid. **1940**, Nr. 10, S. 72 [russ.].

Zur Biobibliogr. *I. I. Artobolevskij, Vydajuščijsja sovetskij učenyj i obščestvennyj dejatel' Sergej Ivanovič Vavilov [Der hervorragende sowjetische Wissenschaftler und Mann des öffentlichen Lebens S. I. Vavilov] (Vsesojuznoe obščestvo po rasprostraneniju političeskich i naučnych znanij) (Moskva '51) 48 S. (m. Bildn. u. Schr.verz.); azerbajdšan.: (Baku '51) 63 S. — *I. A. Gol'dšmidt, Aus dem Archiv S. I. Vavilovs, Svetotechnika **1976**, Nr. 4, 27f. [russ.]. — *L. V. Levšin, Sergej Ivanovič Vavilov (Moskva '77) 431 S. (m. Bildn. u. Schr.verz. S. 386–403). — *V. L. Levšin (Biogr.), *T. O. Vreden-Kobeckaja (Bibliogr.), Sergej Ivanovič Vavilov (Moskva–Leningrad '48) 88 + 2 S. (m. Bildn.), ('49) 115 S. (m. Bildn.) (Materialy k biobibliografii učenych SSSR, Ser. fiziki, 3); [2]('61) 167 S. (m. Bildn. u. Faks.) (~ 13); [3]('79) 171 S. (m. Bildn. u. Faks.) (~ 22). — .*M. A. Raevskaja, Sergej Ivanovič Vavilov 1891–1951: Rekomendatel'nyj spisok literatury [S. I. Vavilov 1891–1951: Liste empfehlenswerter Literatur] . . .; [2](Moskva '51) 11 S.; u. d. T.: Vydajuščijsja sovetskij učenyj, akademik S. I. Vavilov 1891–1951: ~ ('52) 12 S.; *G. A. Nazarova, ≈ ('61) 8 S. (Vsesojuznoe obščestvo po rasprostraneniju političeskich i naučnych znanij, Central'naja političeskaja biblioteka). — *Ė. Šochimardanov, Filosofskie vozzrenija S. I. Vavilova i ego naučnoe tvorčestvo [Die philosophischen Ansichten S. I. Vavilovs und sein wissenschaftliches Werk] (Moskva '70) 26 S. — Vydajuščiesja fiziki mira. Rekomendatel'nyj ukazatel' [Hervorragende Physiker der Welt. Verzeichnis empfehlenswerter Literatur] (Moskva '58) 410–18 (m. Bildn.). — S. I. Vavilov (A. I. Baženov) (Moskva '61) 45 S. (Vsesojuznoe obščestvo po rasprostraneniju političeskich i naučnych znanij, Ser. 9, Fizika i chimija, 10); darin S. 3–9: *V. A. Fabrikant, Ein höchst bedeutender sowjetischer Wissenschaftler; 20–24: *M. D. Galanin: Die Arbeiten S. I. Vavilovs über Lumineszenz; 25–32: *I. V. Kuznecov, S. I. Vavilov – Philosoph und Wissenschaftshistoriker; 33–35: *N. A. Tolstoj, S. I. Vavilov als Führer einer wissenschaftlichen Schule; 36: *A. V. Vinter, Ein hervorragender Organisator wis-

 Bitte Bemerkung S. 5629 vor dem Buchstaben V beachten!

senschaftlicher Arbeiten; 37–39: *I. P. Bardin, S. I. Vavilov – Präsident der Akademie; 40–42: *A. I. Baženov, Wichtige Daten aus Leben und Tätigkeit S. I. Vavilovs; 43f.: *A. I. Baženov, Populärwissenschaftliche und publizistische Arbeiten S. I. Vavilovs. [Alle Beiträge russ.]. — Über das Werk des großen sowjetischen Physikers S. I. Vavilov: Gazeta mat. şi fizică **5** ('53/54) Nr. 10, 363–66 [rumän.]. — Trudy Arch. Akad. Nauk SSSR **19**, Obozrenie arch. materialov **5** ('63) 7–9.

Zur Bibliogr. Sergej Ivanovič Vavilov (Moskva–Leningrad '45) 29 S. (m. Bildn.) (Materialy k bibliografii trudov učenych SSSR). — *Ė. I. Adirovič, Ein neues Kapitel der modernen Physik (Über die Arbeiten S. I. Vavilovs zur physikalischen Optik): Priroda [SSSR] **1951**, Nr. 3, 3–12 [russ.] (m. Bildn.); deutsch in: Sowjetwissenschaft **1951**, Nr. 1, 3–14 (m. Bildn.). — *O. S. Davidov, Bemerkenswerte Arbeiten von S. I. Vavilov: Nauka i Žyttja **1952**, Nr. 5, 7–9 [ukrain.]. — *P. P. Feofilov, *I. A. Šljachter, Eine unbekannte Arbeit S. I. Vavilovs auf dem Gebiet der Funkortung: Usp. fizič. Nauk **49** ('53) 147–54 [russ.]. — *M. M. Karpov, Die Arbeiten S. I. Vavilovs auf dem Gebiet der Philosophie der Naturwissenschaften: Priroda [SSSR] **1951**, Nr. 12, 56–64 [russ.] (m. Bildn.). — *V. Keler, Wissenschaftliche Notizen S. I. Vavilovs: Chimija i Žizn' **1975**, Nr. 1, 10f. [russ.] (m. Bildn.). — *O. V. Krasnouchova, Verzeichnis der Arbeiten S. I. Vavilovs auf dem Gebiet der Geschichte der Naturwissenschaften: Trudy Inst. Istorii Estestvoznanija i Techn. **4** ('52) 18–30 [russ.]. — *V. A. Leškovcev, Über die Arbeiten S. I. Vavilovs auf dem Gebiet der physikalischen Optik: Fizika v Škole **1952**, Nr. 1, 8–18 [russ.] (m. Bildn.); Arbeiten über Lumineszenz: ibid. **1967**, Nr. 5, 17–19 [russ.] (m. Bildn.). — *L. I. Mandel'stam, in: Zapiski ob učenych trudach dejstvitel'nych členov Akademii nauk SSSR po Otdeleniju matematičeskich i estestvennych nauk, izbrannych v 1931 i 1932 godach [Bericht über die wissenschaftlichen Arbeiten der in den Jahren 1931 und 1932 für die mathematisch-naturwissenschaftliche Abteilung gewählten ordentlichen Mitglieder der Akademie der Wissenschaften der UdSSR] (Leningrad '33) 30–33: Bericht über die wissenschaftlichen Arbeiten S. I. Vavilovs [russ.] (m. Schr.verz.). — *B. I. Stepanov, Arbeiten S. I. Vavilovs auf dem Gebiet der Lumineszenz: Uč.Zap., Belorussk. gos. Univ. im. Lenina **32** ('57) 17–24 [russ.]. — *T. O. Vreden-Kobeckaja, Usp. fizič. Nauk **44** ('51) 136–72.

Briefe Otto Jul'evič Šmidt 1891–1956. Žizn' i dejatel'nost. Sbornik [Leben und Werk. Sammelband] (Moskva '59) 442: [Brief an O. Ju. Šmidt]. — Brief an Prof. V. L. Levšin, Berlin 13. Mai 1926 (Aus dem Archiv S. I. Vavilovs): Junyj Technik **1972**, Nr. 8, 28–39 [russ.]. — Russko-germanskie naučnye svjazi meždu Akademiej nauk SSSR i Akademiej nauk GDR. 1700–1974. Sbornik dokumentov [Russisch-deutsche wissenschaftliche Verbindungen zwischen der Akademie der Wissenschaften der UdSSR und der Akademie der Wissenschaften der DDR und ihrer Vorgänger. 1700–1974. Sammlung von Dokumenten] (P. N. Pospelov, H. Scheel) (Moskva '75) 156: Brief an J. Stroux über die Zusammenarbeit der Akademien (Moskva 29. 11. 1947) [russ. u. deutsch]; 157: Brief an die Deutsche Akademie der Wissenschaften in Berlin mit der Bitte um Zusendung einer Fotokopie der Dissertation von M. V. Lomonosov (Moskva, Februar 1949) [~].

Gesammelte Werke Sobranie sočinenij [Gesammelte Werke] **1**: Raboty po fizike 1914–1936 [Arbeiten zur Physik 1914–1936] (Moskva '54) 450 S. (m. Bildnissen u. Faks.); darin S. 7–48: *V. Levšin: Überblick über Leben und Werk [russ.]; **2**: Raboty po fizike 1937–1951 [Arbeiten zur Physik 1937–1951] ('52) 547 S. (m. Bildnissen); **3**: Raboty po filosofii i istorii estestvoznanija [Arbeiten zur Philosophie und zur Geschichte der Naturwissenschaften] ('56) 870 S. (m. Bildnissen); **4**: Ėksperimental'nye osnovanija teorii otnositel'nosti; O "teplom" i "cholodnom" svete; Glaz i solnce; Naučno-populjarnye i obzornye staty [Experimentelle Grundlagen der Relativitätstheorie; Über "heißes" und "kaltes" Licht; Das Auge und die Sonne; Populärwissenschaftliche und zusammenfassende Aufsätze] ('56) 470 S. (m. Bildn. u. Faks.). Hierin erstmalig publizierte Arbeiten: **1**, 65–74: Verfahren zur Bestimmung der Stellung einer Funkstation aus der Stärke des Empfangs ihrer Sendungen [russ.]; **2**, 373–79: Über die Ursachen der Verringerung der Lumineszenz im anti-Stokesschen Gebiet [~]; **3**, 819–49: Entwicklungslinien der vaterländischen Wissenschaft [~].

Teilsammlungen Sovetskaja nauka na novom ėtape [Die sowjetische Wissenschaft in einer neuen Etappe. 6 Aufsätze bzw. Vorträge, einzeln publiziert 1946 und 1947] (Moskva '46) 104 S.; serbokroat.: Sovjetska nauka u novoj etapi (Beograd '47) 79 S. — Wybór pism (Warszawa '51) 160 S. — Lenin i fizika. Sbornik statej [Lenin und die Physik. Sammlung von Aufsätzen] (A. V. Topčiev) (Moskva '60) 96 S. — Sammlung von Aufsätzen [usbek.] (Taškent '61) 39 S. — Michail Vasil'evič Lomonosov [Aufsätze und Reden; zusammengestellt und mit Anmerkungen versehen (S. 128–143) von V. L. Čenakal] (Moskva '61) 148 S.

H. (Redakt.) *M. Berek, Osnovy praktičeskoj optiki [Grundlagen der praktischen Optik] (Moskva–Leningrad '33). — (Redakt.) *A. Noul'ton, Fizika [*A. A. Knowlton, Physics for college students] (Moskva–Leningrad '33). — (Redakt.) *V. Ronki, Ispytanie optičeskich sistem [*V. Ronchi, La prova dei sistemi ottici] (Moskva '33). — (Redakt.) Optika v voennom dele [Optik im Militärwesen] ²(Moskva–Leningrad '34). — (Redakt.) XV let Gosudarstvennogo optičeskogo instituta. Sbornik statej [15 Jahre

Staatliches Optisches Institut. Sammlung von Aufsätzen] (Leningrad–Moskva '34). — (Redakt.) *P. Gmelin, *G. Zauer [H. Sauer], Optičeskie metody [Optische Methoden] in: Fiziko-chimičeskij analiz v proizvodstve [Physikalisch-chemische Analyse im Betrieb] (A. Ėjken [Eucken]) (Leningrad '36) 98–107. — (Redakt.) Trudy Ėl'brusskoj ėkspedicii Akademii nauk SSSR i VIĖM 1934–1935 gg. [Arbeiten der Elbrusexpedition der Akademie der Wissenschaften der UdSSR und des Wissenschaftlichen Unionsforschungsinstituts für experimentelle Medizin der Akademie der Medizinischen Wissenschaften der UdSSR 1934/35] (Moskva–Leningrad '36) (Trudy Komissii po izučeniju stratosfery pri Akademii nauk SSSR, 2); darin eig. Beitr. S. 5f.: Vorwort [russ.] [7]). — (Redakt.) O rabotach Gosudarstvennogo optičeskogo instituta. Materialy k dokladam akad. S. I. Vavilova i akad. D. S. Roždestvenskogo na martovskoj sessii Akademii nauk SSSR 1936 g. [Über die Arbeiten des Staatlichen Optischen Instituts. Materialien zu Vorträgen von S. I. Vavilov und D. S. Roždestvenskij auf der März-Sitzung der Akademie der Wissenschaften der UdSSR 1936] (Moskva–Leningrad '36). — (Redakt.) Akademik V. V. Petrov, 1761–1834. K istorii fiziki i chimii v Rossii v načale XIX v. Sbornik statej i materialov [Akademiemitglied V. V. Petrov, 1761–1834. Zur Geschichte der Physik und Chemie in Rußland zu Beginn des 19. Jahrhunderts. Sammlung von Aufsätzen und Materialien] (Moskva–Leningrad '40); darin eigene Beiträge S. 3: Vorwort [russ.]; 5–12: Akademiemitglied V. V. Petrov – der Erforscher der Lumineszenz [~]. — (Redakt.) Isaak N'juton, 1643–1727. Sbornik statej k 300-letiju so dnja roždenija [Isaac Newton, 1643–1727. Sammlung von Aufsätzen zum 300. Geburtstag] (Moskva–Leningrad '43); darin eig. Beiträge S. 33–52: Äther, Licht und Stoff in der Physik Newtons [russ.]; 429–37: Isaac Newton, 1643–1727 [~]. — (Redakt.) *G. G. Sljusarev, O vozmožnom i nevozmožnom v optike [Über das Mögliche und das Unmögliche in der Optik] (Moskva–Leningrad '44); darin eig. Beitr. S. 3f.: Vorwort [russ.]. — (Redakt.) *N. Ril', Ljuminescencija; fizičeskie svojstva i techničeskie primenenija [*N. Riehl, Physik und technische Anwendungen der Lumineszenz] (Moskva–Leningrad '46); darin eig. Beitr. S. 3: Vorwort [russ.]. — (Redakt.) *V. Sibruk, Robert Vil'jams Vud; sovremennyj čarodej fizičeskoj laboratorii; istorija odnogo mal'čika, kotoryj stal samym derzkim i original'nym ėksperimentatorom našich dnej, no tak i ne vyros [*W. B. Seabrook, Doctor Wood, modern wizard of the laboratory; the story of an American small boy who became the most daring and original experimental physicist of our day – but never grew up] (Moskva–Leningrad '46); darin eig. Beitr. S. 3–6: Vorwort [russ.]. — (Redakt.) Novye metody izmerenija tolščin. Sbornik statej [Neue Methoden zur Dickenmessung. Sammlung von Aufsätzen] (Moskva–Leningrad '46). — (Redakt.) M. V. Lomonosov, Sočinenija [Werke] 8: Perepiska Lomonosova 1737–1765 gg. [Lomonosovs Briefwechsel in den Jahren 1737–1765] (Moskva–Leningrad '48); darin eig. Beitr. S. 1–4: Vorwort [russ.]. — (Redakt.) *P. Pringsgejm, Fluorescencija i fosforescencija [*P. Pringsheim, Fluorescence and phosphorescence] (Moskva '51); darin eig. Beitr. S. 7–10: Vorwort zur russischen Übersetzung [russ.].

MH. (Hauptredakt.) Trudy Vsesojuznoj konferencii po izučeniju stratosfery, 1934 (Leningrad–Moskva '35), darin eig. Beitr. S. XX–XXIV: Eröffnungsansprache [russ.]; engl.: Proc. of the All-Union conference for the study of the stratosphere, 1934 (Moskva–Leningrad '38). — (Mitredakt.) *G. Gel'man, Kvantovaja chimija [*H. Hellmann, Quantenchemie] (Moskva–Leningrad '37) (Fizika v monografijach, 1). — (Verantwortl. Redakt.) Lomonosov. Sbornik statej i materialov [Sammlung von Aufsätzen und Materialien] **1** (Moskva–Leningrad '40), darin eig. Beitr. S. 3–5: Vorwort [russ.]; **2** ('46), darin eig. Beiträge S. 3f.: Vorwort [~], 71–92: Das Nachtfernrohr von N. V. Lomonosov [~]; **3** ('51), darin eig. Beitr. S. 3f.: Vorwort [~]. — (Mitredakt.) *G. A. Knjazev, Kratkij očerk istorii Akademii nauk SSSR [Kurzer Überblick über die Geschichte der Akademie der Wissenschaften der UdSSR] 1725–1945 (Moskva–Leningrad '45). — (Mitredakt.) Optika v voennom dele. Sbornik statej [Optik im Militärwesen. Sammlung von Aufsätzen] **1** ^{3}(Moskva–Leningrad '45), darin eig. Beitr. S. 3f.: Vorwort [russ.]; **2** ^{3}('48). — (Mitredakt.) Spravočnik po voennoj optike [Nachschlagewerk für Militäroptik] (Moskva–Leningrad '45); darin eig. Beitr. S. 3f.: Vorwort [russ.]. — (Mitredakt.) *O. A. Starosel'skaja-Nikitina, Očerki po istorii nauki i techniki perioda Francuzskoj buržuaznoj revoljucii 1789–1794 [Skizzen zur Geschichte der Naturwissenschaft und Technik während der Französischen Revolution 1789–1794] (Moskva–Leningrad '46). — (Verantwortl. Redakt.) Obščee sobranie Akademii nauk SSSR 15–19. I. 1946. Doklady [Allgemeine Versammlung der Akademie der Wissenschaften der UdSSR, 15.–19. I. 1946. Vorträge] (Moskva–Leningrad '46); darin eig. Beiträge S. 9–11: Eröffnungsansprache [russ.] (m. Bildn.); 140–43: Die Neuwahlen des Präsidiums der Akademie der Wissenschaften der UdSSR [~]; 147–65: Die Physik des Lucretius [~]. — (Verantwortl. Redakt.) Obščee sobranie Akademii nauk SSSR 1–4. VII. 1946. Doklady [Allgemeine Versammlung der Akademie der Wissenschaften der UdSSR 1.–4. VII. 1946. Vorträge] (Moskva–Leningrad '47); darin eig. Beiträge S. 9f.: Eröffnungsansprache [russ.]; 11–24: Grundlegende wissenschaftliche Aufgaben der Akademie der Wissenschaften der UdSSR in den nächsten 5 Jahren [~]. — (Verantwortl. Redakt.) Obščee sobranie Akademii nauk SSSR 29. XI.–4. XII. 1946

Bitte Bemerkung S. 5629 vor dem Buchstaben V beachten!

[Allgemeine Versammlung der Akademie der Wissenschaften der UdSSR 29. XI.–4. XII. 1946] (Moskva–Leningrad '47); darin eig. Beiträge S. 9–12: Eröffnungsansprache [russ.] (m. Bildn.); 207f.: Eröffnungsansprache auf der Gedenksitzung für Akademiemitglied V. L. Komarov [~]. — (Verantwortl. Redakt.) Obščee sobranie Akademii nauk SSSR 10–13. VI. 1947. Doklady [Allgemeine Versammlung der Akademie der Wissenschaften der UdSSR 10.–13. VI. 1947. Vorträge] (Moskva–Leningrad '48); darin eig. Beitr. S. 8–12: Eröffnungsansprache [russ.]. — (Verantwortl. Redakteur) Obščee sobranie Akademii nauk SSSR, posvjaščennoe tridcatiletiju Velikoj Oktjabr'skoj socialističeskoj revoljucii. Doklady [Allgemeine Versammlung der Akademie der Wissenschaften der UdSSR zum 30. Jahrestag der Großen Sozialistischen Oktoberrevolution. Vorträge] (Moskva–Leningrad '48); darin eig. Beiträge S. 13–21: Eröffnungsansprache [russ.]; 432–51: Die Lumineszenz und ihre Dauer [~]; 712–14: Schlußwort [~]. — (Mitredakt.) *B. N. Menšutkin, Žizneopisanie Michaila Vasil'eviča Lomonosova [Lebensbeschreibung M. V. Lomonosovs] ^{3}(Moskva–Leningrad '47); darin eig. Beiträge S. 3–6: Vorwort der Redakteure [russ.] [10]); 147–70: Die Arbeiten und Meinungen M. V. Lomonosovs zur Optik [~]; 170–213: (Neubearb.) Lomonosov – Mitglied der Akademischen Kanzlei [~] [10]). — (Hauptredakt.) Jubilejnyj sbornik, posvjaščennyj tridcatiletiju Velikoj Oktjabr'skoj socialističeskoj revoljucii [Jubiläumsband zum 30. Jahrestag der Großen Sozialistischen Oktoberrevolution] (Akademija nauk SSSR) **1** (Moskva–Leningrad '47), darin eig. Beitr. S. 377–402: Die Lumineszenz und ihre Dauer [russ.]; **2** ('47). — (Mitredakt.) Malaja sovetskaja ènciklopedija [Kleine Sowjetenzyklopädie] **11** ^{2}(Moskva '47). — (Verantwortl. Redakt.) *L. B. Modzalevskij, Materialy dlja biografii N. I. Lobačevskogo [Materialien zur Biographie N. I. Lobačevskijs] (Moskva–Leningrad '48). — (Mitredakt.) Kratkaja sovetskaja ènciklopedija [Kurze sowjetische Enzyklopädie] (Moskva '48). — (Mitredakt.) Naučnoe nasledstvo. Estestvenno-naučnaja serija [Das wissenschaftliche Erbe. Naturwissenschaftliche Serie] **1** (Moskva–Leningrad '48), **2** ('51). — (Verantwortl. Redakt.) Voprosy istorii otečestvennoj nauki. Obščee sobranie Akademii nauk SSSR, posvjaščennoe istorii otečestvennom nauki [Fragen zur Geschichte der vaterländischen Wissenschaft. Allgemeine Versammlung der Akademie der Wissenschaften der UdSSR zur Geschichte der vaterländischen Wissenschaft] 1949 (Moskva–Leningrad '49); darin eig. Beiträge S. 9–14: Eröffnungsansprache; 41–60: Die Akademie der Wissenschaften bei der Entwicklung der vaterländischen Wissenschaft; 885f.: Schlußwort; 889–91: Rede bei der Eröffnung des Lomonosov-Museums; 899–901: Rede bei der Enthüllung von Gedenktafeln [für Koryphäen der russischen Wissenschaft] am Gebäude der Akademie der Wissenschaften in Leningrad. [Alle Beiträge russ.]. — (Hauptredakt.) Iosifu Vissarionoviču Stalinu – Akademija nauk SSSR [Festband der Akademie der Wissenschaften der UdSSR, I. V. Stalin zum 70. Geburtstag gewidmet] (Moskva '49); darin eig. Beitr. S. 1–18: Das wissenschaftliche Genie Stalins [russ.]. — (Mitredakt.) *P. P. Lazarev, Očerki istorii russkoj nauki [Skizzen zur Geschichte der russischen Wissenschaft] (Moskva–Leningrad '50); darin eig. Beitr. S. 3–5: Vorwort [russ.] [21]). — (Mitredakt.) M. V. Lomonosov, Polnoe sobranie sočinenij, **1**: Trudy po fizike i chimii 1738–1746 [Vollständige Sammlung der Werke, **1**: Arbeiten zur Physik und Chemie 1738–1746] (Moskva–Leningrad '50). — (Hauptredakt.) A. S. Puškin, 1799–1949. Materialy jubilejnych toržestv [Materialien der Jubiläumsfeiern] (Moskva–Leningrad '51); darin eig. Beiträge S. 29–35: Eröffnungsansprache [bei der Festsitzung während der allgemeinen Versammlung der Akademie der Wissenschaften der UdSSR] [russ.]; 307–10: Eröffnungsansprache [bei der Festsitzung des Präsidiums der Akademie der Wissenschaften der UdSSR] [~]; 336f.: Eröffnungsansprache [bei einem Meeting anläßlich der Eröffnung des Puškin-Museums] [~]; 367–70: Eröffnungsansprache [bei einem Meeting im Dorf Michajlovsk am 12. 6. 1949] [~]. — — Ferner Hauptredakt. d. Reihe: Materialy k biobibliografii učenych SSSR [Materialien zur Biobibliographie von Wissenschaftlern der UdSSR] 1945–1951. — Mitredakteur einiger Bände von Bol'šaja sovetskaja ènciklopedija [Große Sowjetenzyklopädie].

HZ. (Hauptredakt.) Doklady Akad. Nauk SSSR 1945–1951. — (Hauptredakt.) Trudy fizič. Inst., Akad. Nauk SSSR **3** ('45)–**5** ('50). — (Verantwortl. Redakt.) Ž. èksper. i teoret. Fiziki 1939–1951.

MHZ. (Mitredakt.) Trudy Inst. Istorii Estestvoznanija **1** ('47)–**3** ('49).

Ue. *P. V. Bridžmen, Analiz razmernostej [*P. W. Bridgman, Dimensional analysis] (Leningrad–Moskva '34) 120 S. — (Redakt.) *I. N'juton, Lekcii po optike [*I. Newton, Lectiones opticae] (Moskva–Leningrad '46) 293 S.; darin eig. Beiträge S. 257–59: Nachwort des Übersetzers [russ.]; 260–75: "Vorlesungen über Optik" von I. Newton [~]; 276–93: Anmerkungen zur Übersetzung "Vorlesungen über Optik" [~]. — *I. N'juton, Optika ili traktat ob otraženijach, prelomlenijach, izgibanijach i cvetach sveta [*I. Newton, Opticks; or, a treatise of the reflexions, refractions, inflexions and colours of light] (G. S. Landsberg) ^{2}(Moskva '50) 367 S. (m. Verzeichnis d. Schriften S. I. Vavilovs über I. Newton S. 366); darin eig. Beiträge S. 311f.: Nachwort des Übersetzers [russ.]; 318–63: Anmerkungen [~].

S. Techničeskaja ènciklopedija [Technische Enzyklopädie] **16** (Moskva '32) 883–85: Absorption des Lichts; **17** ('32) 191: Brechungsindex; 287–95:

Polarisationsapparate; 306: Polarisation; 306–14: Polarisation des Lichts; 314–23: Polarimetrie; 323–29: Polariskop; 878f.: Transparenz; **18** ('32) 355f.: Proton; **19** ('34) 542: Relativistischer Effekt; **20** ('35) 281–92: Licht; 715f.: Refraktion; **24** ('34) 787f.: Fermatsches Prinzip; **25** ('34) 258: Photophorese; **4** ²('37) 544–46: Drehung der Polarisationsebene; **6** ²('38) 391–94: Doppelbrechung; 843–46: Dispersion des Lichts; 911–17: Beugung; 923: Dichroismus; 923f.: Zweifarbenblindheit; **7** ²('39) 25f.: Doppler-Effekt; **9** ²('38) 259–61: Interferenz des Lichts; 264–67: Infrarote Strahlen. [Alle Beiträge russ.]. — Techničeskaja ėnciklopedija. Spravočnik fizičeskich, chimičeskich i technologičeskich veličin [Technische Enzyklopädie. Nachschlagewerk über physikalische, chemische und technologische Daten] **9** (Moskva '32) 268: Tabelle 10: Absolute Fluoreszenzausbeute; 268: Tabelle 11: Abhängigkeit der absoluten Fluoreszenzausbeute bei Fluoreszeinlösungen von der Wellenlänge des erregenden Lichts; 268: Tabelle 12a: Abhängigkeit der relativen Fluoreszenzausbeute bei Lösungen von der Wellenlänge des erregenden Lichts; 268: Tabelle 12b: Abhängigkeit der relativen Fluoreszenzausbeute von der Wellenlänge des erregenden Lichts im ultravioletten Spektralbereich; 269: Tabelle 13: Abhängigkeit der relativen Fluoreszenzausbeute bei Lösungen von der Konzentration; 269: Dauer der Photolumineszenz von Uranylsalzen; 269: Tabelle 15: Dauer der Fluoreszenz von Lösungen. [Alle Beiträge russ.]. — Pamjati Karla Marksa. Sbornik statej k pjatidesjatiletiju so dnja smerti [Karl Marx zum Gedenken. Sammlung von Aufsätzen zum 50. Todestag] 1883–1933 (Akademija nauk SSSR) (Leningrad '33): Alte und neue Physik [russ.]. — Bol'šaja sovetskaja ėnciklopedija [Große Sowjetenzyklopädie] **22** (Moskva '35) 551–53: Dispersionsprismen; 667–70: Beugungsgitter; 670–72: Beugung des Lichts; **27** ('33) 632–37: Optische Abbildung; **46** ('40) 361–65: Polarisation des Lichts; **57** ('36) 228–44: Physik [9]); **63** ('35) 694f.: Elektrooptik; Band **"SSSR"** ('47) 1253–74: Die sowjetische Wissenschaft im Dienst des Vaterlands; **1** ²('49) 570–79: Die Akademie der Wissenschaften der UdSSR; **6** ²('51) 219f.: Lambert-Beersches Gesetz; **10** ²('52) 125–30: Galileo Galilei; **13** ²('52) 474–77: Doppelbrechung; **14** ²('52) 440f.: Dispersion des Lichts; 531f.: Beugungsgitter; 536–39: Beugung des Lichts; **15** ²('52) 120f.: Doppler-Effekt; **17** ²('52) 445–47: Optische Abbildung; **34** ²('55) 114–17: Polarisation des Lichts. [Alle Beiträge russ.]. — Trudy Nojabr'skoj jubilejnoj sessii Akademii nauk SSSR, posvjaščennoj pjatnadcatiletnej godovščine Oktjabr'skoj revoljucii [Arbeiten der Novemberjubiläumssitzung der Akademie der Wissenschaften der UdSSR zum 15. Jahrestag der Oktoberrevolution] 1932 (Leningrad '33) 98–109: Die Streuung des Lichts und die Photolumineszenz [russ.]. — Naučno-techničeskoe obsluživanie tjaželoj promyšlennosti [Die wissenschaftlich-technische Bedienung der Schwerindustrie] (Moskva–Leningrad '34) 30–40: Das Staatliche Optische Institut [russ.]. — Leonard Ėjler, 1707–1783. Sbornik statej i materialov k 150-letiju so dnja smerti [Leonhard Euler, 1707–1783. Sammlung von Aufsätzen und Materialien zum 150. Todestag] (A. M. Deborin) (Moskva–Leningrad '35) 29–38: Die physikalische Optik Leonhard Eulers [russ.]. — Naučno-issledovatel'skie instituty tjaželoj promyšlennosti [Die wissenschaftlichen Forschungsinstitute der Schwerindustrie] (Moskva–Leningrad '35) 49–61: Das Staatliche Optische Institut [russ.]. — Trudy 1-oj Konferencii po fiziologičeskoj optike [Arbeiten der 1. Konferenz über physiologische Optik] 1934 (Moskva–Leningrad '36) 332–42: Lichtschwankungen und Verfahren ihrer visuellen Messung [russ.]. — Trudy Jubilejnogo Mendeleevskogo s-ezda [Arbeiten der Mendeleev-Jubiläumskonferenz], Leningrad 1934 **2** (Moskva–Leningrad '37) 3–22: Die Physik im wissenschaftlichen Werk von D. I. Mendeleev [russ. u. deutsch]. — Matematika i estestvoznanie v SSSR. Očerki razvitija matematičeskich i estestvennych nauk za dvadcat' let [Mathematik und Naturwissenschaft in der UdSSR. Skizzen der Entwicklung von Mathematik und Naturwissenschaften seit 20 Jahren] 1917–1937 (Moskva–Leningrad '38) 229–52: Die Optik in der UdSSR [russ.]. — "Materializm i ėmpiriokriticizm" Lenina i sovremennaja fizika. Sbornik statej [Lenins Schrift "Materialismus und Empiriokritizismus" und die moderne Physik. Sammlung von Aufsätzen] (Moskva '39) 66–76: Die neue Physik und der dialektische Materialismus [russ.]. — Novosti mediciny. Informacionnyj material [Neuheiten der Medizin. Informationsmaterial] **2** (Moskva–Leningrad '40) 3–17: Die Lumineszenzanalyse in der Medizin [russ.] [17]). — Nikolaj Dmitrievič Papaleksi (T. O. Vreden-Kobeckaja, E. I. Okulič) (Moskva '41) (Materialy k bibliografii trudov učenych SSSR, Serija fiziki, 2) 5–8: Wichtigste Daten über Leben und wissenschaftliche Tätigkeit von Akademiemitglied N. D. Papaleksi [russ.]. — Galileo Galilej, 1564–1642. Sbornik, posvjaščennyj 300-letnej godovščine so dnja smerti Galileo Galileja [Sammelband zum 300. Todestag von Galileo Galilei] (A. M. Deborin) (Moskva–Leningrad '43) 5–56: Galilei und die Geschichte der Optik [russ.]. — Obščee sobranie Akademii nauk SSSR 14–17. II. 1944 [Allgemeine Versammlung der Akademie der Wissenschaften der UdSSR, 14.–17. II. 1944] (Moskva–Leningrad '44) 38–56: Lenin und die moderne Physik [russ.]. — *A. Polikarov, Postiženija na săvremennata fizika v nejnoto poluvekovno razvitie 1895–1945 [Ergebnisse der modernen Physik während ihrer fünfzigjährigen Entwicklung von 1895 bis 1945] (Sofija '45) 5–41: Einleitung: Die Hauptwege der modernen Physik [bulgar.]. — Očerki po istorii Akademii nauk 1725–1945. Fiziko-matematičeskie nauki [Studien zur Geschichte der Akademie der Wissenschaften 1725–1945. Physikalisch-mathematische Wissenschaften] (A. F. Ioffe) (Moskva–Leningrad '45) 3–29: Studie zur Entwicklung der Physik in der Akademie der Wissenschaften der UdSSR seit 220 Jahren [russ.]. — Moskovskij universitet – pamjati Isaaka N'jutona [Gedenkband der Moskauer Universität für Isaac Newton] 1643–1943 (V. I. Spicyn) (Moskva '46) 3–26: Äther, Licht und Stoff in der Physik Newtons [russ.]. — Die Sowjetunion wie sie wirklich ist, **4**: Die Wissenschaft in der Sowjetunion früher und jetzt (Weimar '46) 14–18: Die Wege der Entwicklung der Sowjetwissenschaft. — Zasedanija Verchovnogo Soveta SSSR. (Pervaja sessija) 12–19 marta 1946 g. Stenografičeskij otčet [Tagung des Obersten Sowjets der UdSSR (Erste Sitzungsperiode) 12.–19. 3. 1946. Stenographischer Bericht] (Moskva '46) 123–27: Zum Vortrag von N. A. Voznesenskij über den Fünfjahrplan zur Wiederherstellung und Entwicklung der Volkswirtschaft der UdSSR 1946–1950 [russ.]. — *Lukrecij, O prirode veščej [*T. Lucretius Carus, De rerum natura] **[1]** (Moskva–Leningrad '46) 443 f.: Nachwort [russ.]; **2**: Stat'ja, Kommentarii, Fragmenty Ėpikura i Ėmpedokla [Aufsätze, Kommentare, Fragmente von Epikur und Empedokles] (F. A. Petrovskij) (Moskva–Leningrad '47) 9–38: Die Physik des Lucretius [~]. — Newton tercentenary celebrations, 1946 (Cambridge '47) 43–55: Newton and the atomic theory. — *R. A. Nilender, Ljuminescentnye lampy i ich primenenie [Leuchtstofflampen und ihre Anwendung] (Moskva–Leningrad '48) 3 f.: Einige Worte über Leuchtstofflampen [russ.]. — Godišnik na Bŭlgarskija bibliografski institut [Jahrbuch des Bulgarischen Bibliographischen Instituts] (T. Borov) **1**.1945/46 (Sofija '48) 334–45: Die sowjetische Wissenschaft [bulgar.]. — Jubilejnaja sessija Akademii nauk SSSR [Jubiläumssitzung der Akademie der Wissenschaften der UdSSR] 1945, **1** (Moskva–Leningrad '48) 27[oder 25?]–33: Ein Triumph der sowjetischen Wissenschaft [russ.]. — Ljudi russkoj nauki. Očerki o vydajuščichsja dejateljach estestvoznanija i techniki [Russische Wissenschaftler. Aufsätze über hervorragende Vertreter der Naturwissenschaft und Technik] **1** (Moskva–Leningrad '48) ⟨Neuausgabe: (I. V. Kuznecov) **[1]** ('61)⟩ 11 f. ⟨3 f.⟩: Einige Worte über das Buch "Ljudi russkoj nauki"; 21–58: Die sowjetische Wissenschaft im Dienst an der Heimat; 63–82 ⟨9–25⟩: Michail Vasil'evič Lomonosov (1711–1765); 241–49 ⟨277–84⟩: Petr Nikolaevič Lebedev (1866–1912). [Alle Beiträge russ.]. — O sovetskoj socialističeskoj kul'ture [Über die sowjetische sozialistische Kultur] (Moskva '48) 89–120: 30 Jahre sowjetische Wissenschaft [russ.]. — Trudy Soveščanija po istorii estestvoznanija [Arbeiten der Konferenz zur Geschichte der Naturwissenschaften] 1946 (Ch. S. Koštojanc) (Moskva–Leningrad '48) 119: Das Nachtfernrohr von M. V. Lomonosov (Anmerkung) [russ.]. — Nauka i žizn'; Sbornik [Wissenschaft und Leben; Sammelband] (Moskva '49) 3–16: Die sowjetische Wissenschaft im Dienst an der Heimat [russ.] (m. Bildn.); auch in: Vselennaja, zemlja i čelovek, Sbornik statej [Weltall, Erde und Mensch, Sammlung von Aufsätzen] (A. I. Eliseev) **2** (Gor'kij '50) 355–71. — Sovremennye problemy nauki i techniki [Gegenwärtige Probleme der Wissenschaft und Technik] (Moskva '49) 5–18: Lenin und die moderne Physik [russ.]; ukrain. in: Dosjagnennja radjans'kych fizykiv, Chrestomatija [Erfolge sowjetischer Physiker] (Kyïv '50) 13–23. — Naučnaja sessija posvjaščennaja problemam fiziologičeskogo učenija akad. I. P. Pavlova, 1950; Vystupitel'noe slovo, doklady, postanovlenie (Moskva–Leningrad '50) 3–7: Eröffnungsansprache; engl. in: Scientific session on the physiological teachings of academician I. P. Pavlov, 1950; Inaugural address, reports, resolution (Moskva '51) 9–15; span. in: Sesion científica consagrada a los problemas de la doctrina fisiológica del academico I. Pavlov, 1950; Discurso inaugural, informes, resolución ('51) 7–14; französ. in: Session scientifique consacrée aux problèmes de la théorie physiologique de I. Pavlov, 1950; Introduction, rapports, ordre du jour ('51) 7–13; poln. in: Materiały sesji Akademii nauk ZSRR i Akademii nauk lekarskich ZSRR poświeconej nauce Pawłowa; Zagajenie, referaty, uchwała (Warszawa '50) 7–12; rumän. in: Sesiunea Academiei de ştiinţe a URSS şi a Academiei de ştiinţe medicale a URSS, consacrată problemelor învăţăturii fiziologize a academicianului I. P. Pavlov (Bucureşti '52) 5–10; auch in d. grusin. Ausgabe: (Tbilisi '52); Eröffnungsansprache und Schlußwort auch im stenographischen Bericht dieser Tagung: Naučnaja sessija, posvjaščennaja problemam fiziologičeskogo učenija akademika I. P. Pavlova, 1950; Stenografičeskij očet (Moskva '50) 5–8, 519 f. [russ.]; ungar. in: I. P. Pavlov fiziológiai tanitasaival foglalkoró tudományos ülesszak, 1950; Az előadások gyorsírásos jegyzőkönyve (Budapest '53) 7–10, 489 f.; deutsch in: Wissenschaftliche Tagung über die Probleme der physiologischen Lehre I. P. Pawlows, 1950; Stenographischer Bericht (Berlin '54) (Sowjetwissenschaft, Beiheft 40) 7–11, 625 f. — O sovetskom patriotizme. Sbornik statej [Über den sowjetischen Patriotismus. Sammlung von Aufsätzen] (Moskva '50) 438–62: Über die Würde und Ehre des sowjetischen Wissenschaftlers [russ.]; ²('52) 460–84 [~]. — Velikaja sila idej leninizma; Sbornik statej [Die große Kraft der Ideen des Leninismus; Sammlung von Aufsätzen] (Moskva '50) 171–86: Lenin und die philosophischen Probleme der modernen Physik [russ.]; poln. in: Wielka siła idei leninizmu; Zbiór artykułow (Warszawa '51); engl. als Broschüre: Lenin and philosophical problems of modern physics (Moskva '53) 33 S.; französ. als Broschüre: Lénine et les problèmes philosophiques de la physique moderne (Moskva '53) 22 S. — Voprosy mašinovedenija. Sbornik statej, posvjaščennyj šestidesjatiletiju akademika E. A. Čudakova [Fragen der

Maschinenkunde. Sammlung von Aufsätzen zum 60. Geburtstag des Akademiemitglieds E. A. Čudakov] (I. A. Oding) (Moskva '50) 23: Ansprache auf der Sitzung des Präsidiums der Akademie der Wissenschaften der UdSSR am 13. 9. 1950 [russ.]. — Vsesojuznaja konferencija storonnikov mira [Unionskonferenz der Anhänger des Friedens] Moskva 1949 (Moskva '50) 27–30: Zum Vortrag von N. S. Tichonov [russ.]. — Abhandlungen aus der sowjetischen Physik, Folge 1 (Berlin '51) (Sowjetwissenschaft, Beiheft 8) 9–28: Experimentelle Untersuchungen über die Energiewanderung in fluoreszierenden Lösungen [5])[11]). — Glavnyj Turkmenskij kanal. Sbornik statej [Der Turkmenische Hauptkanal. Sammlung von Aufsätzen] (O. Abdalov) (Aščhabad '51) 46–51: Die Kräfte der Wissenschaft im Dienst an der Heimat [russ.]. — Pamjati S. V. Kovalevskoj. Sbornik statej. [S. V. Kovalevskaja zum Gedenken. Sammlung von Aufsätzen] (P. Ja. Polubarinova-Kočina) (Moskva '51) 5f.: Sof'ja Vasil'evna Kovalevskaja – zum 100. Geburtstag [russ.]. — Filosofskie voprosy sovremennoj fiziki [Philosophische Fragen der modernen Physik] (Moskva '52) 5–30: Philosophische Probleme der modernen Physik und die Aufgaben der sowjetischen Physiker im Kampf für eine fortschrittliche Wissenschaft [russ.]. — Gleb Maksimilianovič Kržižanovskij (Moskva '53) (Materialy k biobibliografii učenych SSSR, Ser. techn. Nauk, Ėnergetika 1) 7–9: Das Akademiemitglied G. M. Kržižanovskij – Revolutionär und Wissenschaftler [russ.]. — Nauka i molodež' [Wissenschaft und Jugend] (M. M. Mesjacev) (Moskva '58) 47–51: Wissenschaft und Jugend [russ.] [Orig.: Komsomol'skaja Pravda [Moskva] **1947**, Nr. 81 (5. IV.)]. — Perevodnaja mašina P. P. Trojanskogo. Sbornik materialov o perevodnoj mašine dlja perevoda s odnogo jazyka na drugie, predložennoj P. P. Trojanskim v 1933 g. [Die Übersetzungsmaschine von P. P. Trojanskij. Sammlung von Materialien über eine Übersetzungsmaschine zur Übersetzung aus einer Sprache in eine andere, vorgeschlagen von P. P. Trojanskij 1933] (Moskva '59) 28: Gutachten [russ.]. — Lenin i Akademija nauk [Lenin und die Akademie der Wissenschaften] (Moskva '69) 250f.: Aus Reden im Staatlichen Optischen Institut am 20. Januar 1940 V. I. Lenin zum Gedenken [russ.].

W. Glaz i Solnce (O svete, Solnce i zrenii) [2](Moskva–Leningrad '32) 64 S., [3]('38) 96 S., [4]('41) 85 S., [5]('50) 122 S. (m. Bildn.), ..., [7](Moskva '56) 128 S. (m. Bildn.), ..., [9]('76) 127 S. (m. Bildn.); poln.: Oko i Słońce (Warzsawa '52) 145 S.; slowak.: Oko a Slnko (O svetle, Slnku a energii) (Martin '52) 128 S. (Poznanie, 5); rumän.: Ochiul şi Soarele (Despre lumină, Soare şi vedere) (Bucureşti '53) 141 S.; deutsch: Das Auge und die Sonne (Berlin '53) 100 S.; grusin.: (Tbilisi '53) 196 S.; ukrain.: (Kyïv '53) 124 S.; estn.: (Tallin '54) 123 S.; französ.: L'œil et le Soleil (La lumière, le Soleil et la vue) (Moskva '55) 143 S., (Paris '56) 142 S.; engl.: The eye and the Sun (About light, vision and the Sun) (Moskva '55) 136 S. (m. Bildn.); span.: El ojo y el Sol (La luz, el Sol y el ojo) (Moskva '56) 143 S., [2]('62) 141 S.; litauisch: (Vil'njus '58) 139 S. (m. Bildn.); arab.: (Moskva '58) 176 S.; bulgar.: (Sofija '63) 117 S.; vietnames.: (Moskva '63) 134 S.; russ. Ausgabe zusammen mit: O "teplom" i "cholodnom" svete [siehe unten] ('61) 160 S., engl.: The human eye and the Sun [and] "Hot" and "cold" light (Oxford–London '65) 11 + 156 S. (m. Bildn.). — Cholodnyj svet. Populjarnaja lekcija [Kaltes Licht. Populärwissenschaftliche Vorlesung] (Moskva–Leningrad '42) 32 S. — Isaak N'juton [Isaac Newton] (Moskva–Leningrad '43) 216 S., [2]('45) 230 S., Neuausgabe (m. einigen Aufsätzen Vavilovs über Newton) (I. V. Kuznecov) (Moskva '61) 294 S.; rumän.: (Bucureşti '47) 265 S., ('62) 360 S.; deutsch: (Wien '48) 175 S., (Berlin '51) 8 + 214 S.; slowak.: (Bratislava '52) 179 S.; poln.: (Warszawa '52) 245 S.; italien.: (Torino '54) 361 S. (Piccola biblioteca scientifico-letteraria, 58); bulgar.: (Sofija '65) 340 S. — Lenin i sovremennaja fizika. Stenogramma publičnoj lekcii [Lenin und die moderne Physik. Stenogramm einer öffentlichen Vorlesung] (Moskva '44) 25 S.; Neuausgabe: ('70) 71 S., [2]('77) 72 S.; serbokroat.: Lenin i suvremena fizika (Zagreb–Beograd '48) 22 S. — Lekcija na temu "M. V. Lomonosov i russkaja nauka" [Vorlesung zum Thema "M. V. Lomonosov und die russische Wissenschaft] (Moskva '45) 35 S. — Lomonosov i russkaja nauka. Čitano dlja učaščichsja srednich škol 29 marta 1945 g. v Moskve na "Lomonosovskich čtenijach" [Lomonosov und die russische Wissenschaft. Vorgetragen für Oberschüler am 29. 3. 1945 in Moskau im Rahmen der "Lomonosov-Vorlesungen"] (Moskva '45) 40 S.; Neuausgabe: ('47) 47 S.; auch in: Lomonosov; Sbornik statej i materialov [Lomonosov; Sammlung von Aufsätzen und Materialien] **5**(Moskva–Leningrad '61) 7–24; serbokroat.: Lomonosov i ruska nauka (Beograd '45) 46 S.; grusin.: (Tbilisi '50) 44 S. — Fizičeskij kabinet, Fizičeskaja laboratorija, Fizičeskij institut Akademii nauk za 220 let [Physikalisches Kabinett, Physikalisches Laboratorium, Physikalisches Institut der Akademie der Wissenschaften seit 220 Jahren] (Moskva–Leningrad '45) 74 S. — Sovetskaja nauka na službe Rodine [Die sowjetische Wissenschaft im Dienst des Vaterlands] (Moskva–Leningrad '46) 32 S.; lett.: (Riga '46) 44 S.; engl.: Soviet science in the service of the people (Zusammen mit: *V. L. Komarov, An outline of the history of the Academy) (London '46) [insgesamt] 63 S.; serbokroat.: Sovjetska nauka u službi otadžbine (Beograd '46) 23 S.; bulgar.: (Sofija '47) 32 S. — Tridcat' let sovetskoj nauki [30 Jahre sowjetische Wissenschaft] (Moskva–Leningrad '47) 63 S.; litauisch: (Kaunas '48) 42 S.; lett.: (Riga '48) 60 S.; estn.: (Tallinn '48) 40 S.; deutsch: Die Wissenschaften in der Sowjetunion (Berlin '48) 59 S.; span.: Treinta años de ciencia soviética (Moskva '48) 59 S.; engl.: Soviet science: thirty years (Moskva '48) 52 S., (New York '48) 51 S.; korean.: (Moskva '49) 66 S.; ungar.: A szovjet tudomány három évtizede (Budapest '49) 47 S. — O "teplom" i "cholodnom" svete. (Teplovoe izlučenie i ljuminescencija) [Über "warmes" und "kaltes" Licht. (Wärmestrahlung und Lumineszenz)] (Moskva–Leningrad '49) 79 S., (Moskva '56) 48 S.; poln.: O "ciepłym" i "zimnym" świetle (Warszawa '51) 64 S.; grusin.: (Tbilisi '57) 71 S.; russ. Ausgabe mit "Glas i Solnce" [siehe oben], engl.: The human eye and the Sun [and] "Hot" and "cold" light [siehe oben]. — Nauka stalinskoj ėpochi [Die Wissenschaft der Stalinschen Epoche] (Moskva '50) 103 S., ²('50) 128 S.; tschech. als 1. Teil des Buches: *S. I. Vavilov, *J. Novotny, Věda a školství v SSSR ([Brno '51]) (30 let SSSR, 8). — Mikrostruktura sveta (Issledovanija i očerki) (Moskva '50) 198 S.; poln.: Mikrostruktura swiatła (Warszawa '53) 227 S.; rumän.: Microstructura luminii (Cercetări şi studii) (Bucureşti '53) 187 S.; deutsch: Die Mikrostruktur des Lichts (Untersuchungen und Grundgedanken) (Berlin '54) 7 + 163 S.; ungar.: A fény mikrostruktúrája (Budapest '55) 175 S.; ukrain.: (Kyïv '56) 175 S.; französ.: Microstructure de la lumière (Moskva '62) 217 S. (m. Bildn.). — The progress of soviet science (Moskva '51) 73 S. [russisches Original siehe oben unter Gesammelte Werke: Sobranie sočinenij **3**, 819–49].

Acta physica polon. Die Auslöschung der Fluoreszenz in Lösungen: **5** ('36) 417–31.

Acta physicochim. URSS Some considerations on the molecular viscosity of liquids: **7** ('37) Nr. 1, 49–64.

Atomes Un nouvel aspect de la luminescence: **1946**, Nr. 1, 7f. (m. Bildn.).

Aufbau [Berlin] Lenin und die moderne Physik: **2** ('46) Nr. 7, 712–26.

Bol'ševik Lomonosov und die russische Wissenschaft: **1945**, Nr. 6, 23–36 [russ.]. — Die sowjetische Wissenschaft: **1946**, Nr. 20, 27–37 [~].

Buletin Documentare tehn. Lenin und die moderne Physik: **1** ('49) 545–51 [rumän.].

Bŭlgaro-sŭvetska Družba Die moderne Physik in der Sowjetunion: **1** ('45) Nr. 11/12, 39f. [bulgar.].

Bull. atom. Scientists Open letter to Dr. Einstein - from four Soviet scientists [4][7][12]: **4** ('48) Nr. 2, S. 34.

Chimija i Žizn' [Bisher unveröffentlichte wissenschaftliche Tagebuchnotizen]: **1975**, Nr. 1, 11–15 [russ.] (m. Bildn.).

Chronika Estestvoznanija i Mat. v SSSR 220 Jahre Akademie der Wissenschaften der UdSSR: **1945**, Nr. 7/8, 3–6 [russ.]. — Der Begründer der russischen Wissenschaft (M. V. Lomonosov): Nr. 9, 9f. [~]. — Die Wissenschaft und der neue Fünfjahrplan: Nr. 10, 1–3 [~].

Čitališče Lenin und die Wissenschaft: **24** ('46) Nr. 4, 147–50 [bulgar.].

Cultura soviét. [México] Ciencia: **7** ('47) Nr. 38, 4–8.

Dokl. Akad. Nauk SSSR Über die möglichen Ursachen des blauen γ-Leuchtens von Flüssigkeiten: **1934** II, 457–61 [auch deutsch]. — Die statistische Struktur des Interferenzfeldes [1]: **1934** III, 322–28 [~]. — Über die Genauigkeit der photometrischen Auslöschungsmethode [1]: 405–12 [~]. — Fluoreszenzausbeute und -dauer: **1936** III, 271–76. — Auslöschen der Fluoreszenz durch das Lösungsmittel [13]: 277–82. — Eine Methode zur Bestimmung der wahren Fluoreszenzpolarisation von Lösungen bei großen Konzentrationen: **16** ('37) 263–66. — Fluoreszenzdepolarisation von Lösungen bei großen Konzentrationen [6][2]: 267–69. — Die Natur von elementaren Lichtquellen und Interferenzerscheinungen: **17** ('37) 459–62. — Die Ultraviolettempfindlichkeit der Netzhaut: **21** ('38) 377–79. — Über Phosphoroskopmessungen: **27** ('40) 112–18. — Das Abklingen der Lumineszenz in Lösungen von seltenen Erden [13]: 541–46. — Eine Theorie der Konzentrationsdepolarisation der Fluoreszenz in Lösungen [3]: **34** ('42) 243–47. — Eine Theorie der Konzentrationslöschung der Fluoreszenz in Lösungen: **35** ('42) 110–16; **45** ('44) 7–9. — Depolarisation der Photolumineszenz bei deren Abklingen: **42** ('44) 344–48; **73** ('50) 1145–48. — Lichtemission und -absorption in einem System induktiv gekoppelter Moleküle [5]: **67** ('49) 811–18. — — Alle Arbeiten russ.

Ėlektričestvo [Moskva] Lenin und die moderne Physik: **1944**, Nr. 4, 1–6; Nr. 5/6, 3–7 [russ.]. — Einige Worte über den Begriff und die Bedeutung der Lumineszenz: **1945**, Nr. 1/2, 4f. [~]. — Akademiemitglied L. I. Mandel'štam †: 43 [~]. — Die Lumineszenz und ihre Anwendung in der Lichttechnik: **1947**, Nr. 12, 3–8 [~]. — Die Wissenschaft und die sozialistische Produktion: **1949**, Nr. 8, 3–6 [~].

Fizika v Škole Das Gesetz Lomonosovs: **1951**, Nr. 5, 6–10 [russ.]. — Lenin und die philosophischen Probleme der modernen Physik [Orig.: 1949]: **1969**, Nr. 5, 11–19 [~].

Forum [Berlin] Die Wissenschaft in der Sowjetunion: **2** ('48) Nr. 11, 5–7.

Front Nauki i Techn. Die Rolle der Optik in der wissenschaftlichen Forschung und in der Technik: **1934**, Nr. 4, 44–46 [russ.]. — Die Dialektik der Lichterscheinungen: Nr. 9, 38–45 [~]. — Durch Gammastrahlung hervorgerufenes sichtbares Leuchten: **1935**, Nr. 3, 130–32 [~]. — Einige Vorschläge zur Organisierung wissenschaftlicher Forschungsarbeit: Nr. 7, 39f. [~].

Gorodskoe Chozjajstvo Moskvy Moskau – das Zentrum von Wissenschaft und Kultur: **1947**, Nr. 8, 17–28 [russ.].

International Lit. [Moskva] Soviet science and war: **1943**, Nr. 8, 6–9.

Istoričeskij Ž. 220 Jahre Akademie der Wissenschaften der UdSSR: **1945**, Nr. 5, 70–74 [russ.].

Istorija i Metodol. estestvenn. Nauk Alte und neue Physik [Orig. 1933]: **3** ('65) 3–12 [russ.] (m. Bildn.). — Die Ideologie der modernen Physik und die Aufgaben der sowjetischen Physiker [nach nachgelassenem Manuskript]: **7** ('68) 6–22 [~] (m. Bildn.). — Der Initiator des Optischen Instituts – D. S. Roždestvenskij [Orig. 1938]: **8** ('70) 250–52 [~]. — Grabrede für Akademiemitglied D. S. Roždestvenskij [nach nachgelassenem Manuskript]: 252f. [~].

Izvest. Akad. Nauk SSSR Über einige Fälle von Interferenz natürlicher Strahlenbündel: **1932**, Nr. 10, 1451–59 [russ.]. — Visuelle Messungen der statistischen Photonenschwankungen[1]): **1933**, 919–41 [m. russ. Zusammenfassg.].

Izvest. Akad. Nauk SSSR, Otdel. obščestvenn. Nauk M. V. Lomonosovs Meinungen und Arbeiten über Optik: **1937**, Nr. 1, 235–42 [russ.].

Izvest. Akad. Nauk SSSR, Ser. biol. Eröffnungsrede [auf der 1. Unionskonferenz über Photosynthese, 1946]: **1947**, Nr. 3, 327f. [russ.]. — Eröffnungsansprache [auf der Wissenschaftlichen Tagung zu Problemen der physiologischen Lehre I. P. Pavlovs]: **1950**, Nr. 5, 5–8 [~].

Izvest. Akad. Nauk SSSR, Ser. fizič. Entwicklungslinien des Optischen Instituts: **1936**, 163–88. — Schlußwort [auf der Sitzung der Akademie der Wissenschaften der UdSSR, 20. 3. 1936]: 288–95. — Eröffnungsrede auf der Sitzung der Physikalischen Gruppe der Akademie der Wissenschaften der UdSSR zu Fragen der Spektralanalyse und ihrer Anwendungen: **1937**, 171f. — Bemerkungen über die molekulare Zähigkeit von Flüssigkeiten: 345–57 [m. deutscher Zusammenfassg.]. — Einleitungsrede [bei der Konferenz über den flüssigen Zustand der Materie, Leningrad 1940]: **5** ('41) Nr. 1, 5f. — Über die Grundlagen der spektralen Verwandlung des Lichts: **7** ('43) 3–19. — Photochemische Untersuchungen des Akademiemitglieds P. P. Lazarev: 193–99. — L. I. Mandel'štam †: **9** ('45) 5f. — Eröffnungsansprache [auf der Konferenz zu Fragen der Lumineszenz 1944]: 277–80. — Über Photolumineszenz in Lösungen: 283–304. — Lumineszenzlampen: 487f. — Rede zur Eröffnung der Trauersitzung N. D. Papaleksi zum Gedenken, 21. 4. 1947: **12** ('48) 5f. — 2. Konferenz zu Fragen der Lumineszenz und zur Anwendung von Leuchtstoffen, Moskva 1948: Eröffnungsansprache: **13** ('49) 5–8; Diskussionsbeiträge: 17, 32, 42, 65, 74, 120, 139, 201, 208; Schlußwort: 327. — Experimentelle Untersuchungen über die Energiewanderung in fluoreszierenden Lösungen [5])[11]): 18–32. — V. I. Lenin und die Physik [Orig. 1934]: **34** ('70) 697–700. — — Alle Arbeiten russ.

Izvest. Akad. Nauk SSSR, Ser. Istorii i Filos. Die Physik des Lucretius: **3** ('46) Nr. 1, 3–16 [russ.].

J. Documentat. On books: **4** ('48) Nr. 1, 1–4.

J. Physics, Acad. Sci. USSR The nature of elementary oscillators and the polarization of photoluminescence: **3** ('40) 433–42. — Visual observations of quantum fluctuations of the light field (State Optical Institute): **6** ('42) 224f. — Visual measurements of quantum fluctuations, 1: The threshold of vision as compared with the results of fluctuation measurements [1])[16]): **7** ('43) 1–8; ~ 2: Fluctuations when the eye is light-adapted [18]): 9–11; ~ 3: The dependence of the visual fluctuations on the wavelength [18]): 12–17. — The theory of the influence of concentration on the fluorescence of solutions: 141–52. — Some remarks on the Stokes law: **9** ('45) 68–72. — Photoluminescence and thermodynamics (concerning P. Pringsheim's objections to my paper): **10** ('46) 499–502.

Krasnoarmeec Die Wissenschaft im Dienste an der Heimat: **1946**, Nr. 2, 2f. [russ.].

Kul'tura i Žizn' Die sowjetische Wissenschaft in einer neuen Etappe: **1946**, Nr. 14 [russ.]. — Die Unionsgesellschaft zur Verbreitung politischer und wissenschaftlicher Kenntnisse: **1947**, Nr. 14 [~]. — Ein Triumph der sowjetischen Wissenschaft (30. Jahrestag der Großen Sozialistischen Oktoberrevolution): Nr. 31 [~]. — Politische und wissenschaftliche Kenntnisse – in die Massen!: **1948**, Nr. 3 [~]. — Die dringendsten Aufgaben der Unionsgesellschaft zur Verbreitung politischer und wissenschaftlicher Kenntnisse: **1949**, Nr. 19 [~]. — Ein neues Blatt der Geschichte der sowjetischen Wissenschaft und Technik: **1950**, Nr. 7 [~].

Kvant Überblick über die Entwicklung der Physik in der Akademie der Wissenschaften [Orig. 1945]: **1974**, Nr. 4, 12–17 [russ.] (m. Bildn.).

Lavoro La scienza sovietica (Capitolo del volume "La scienza sovietica ad una nuova tappa"): **4** ('51) Nr. 6, S. 10.

Letopis Matice srpske 30 Jahre sowjetische Wissenschaft: **1947**, Nov., 177–82 [serbokroat.].

Mikroskopie Aktuelle Probleme der Optik: **1** ('46) Nr. 3/4, 73–136.

Mladost 30 Jahre sowjetische Wissenschaft: **3** ('47) Nr. 11, 24–34 [serbokroat.].

Bitte Bemerkung S. 5629 vor dem Buchstaben V beachten!

Myśl współczesna Lenins "Materialismus und Empiriokritizismus" und die philosophischen Probleme der modernen Physik: **1949**, Nr. 11, 152–61 [poln.].

Narodna Prosveta Die Besonderheiten und Perspektiven der sowjetischen Wissenschaft: **1947**, Nr. 2, 8–16 [bulgar.].

Nature [London] L. I. Mandel'stam † [8])[7]): **156** ('45) 105f. — A. A. Glagoleva-Arkad'eva † [7]): **159** ('47) 296f.

Naučno-techn. Bjul. vses. chim. Obšč. im. Mendeleeva A. I. Rabinovič †[u.a]): **1942**, Nr. 5/6, S. 26 [russ.].

Nauka i Tehn. [Beograd] 30 Jahre sowjetische Wissenschaft: **3** ('47) 977–1004 [serbokroat.].

Nauka i Žizn' Die physikalisch-mathematische Abteilung. Arbeitsplan der Akademie der Wissenschaften der UdSSR für das Jahr 1940: **1940**, Nr. 5/6, 64–66. — Die Natur des Lichts [20]): **1941**, Nr. 4, 29–36. — Die Akademie der Wissenschaften der UdSSR: **1945**, Nr. 5/6, 3–7. — Die sowjetische Wissenschaft im Dienste des Vaterlandes: **1947**, Nr. 10, 8–21. — Die wichtigsten Aufgaben der Unionsgesellschaft zur Verbreitung politischer und wissenschaftlicher Kenntnisse: **1949**, Nr. 7, 6–11. — Die Wissenschaft in der Stalinschen Epoche: **1950**, Nr. 1, 10–13. — Zur Verteidigung eines hervorragenden Wissenschaftlers - des leidenschaftlichen Kämpfers für den Frieden Frédéric Joliot-Curie. Interview: Nr. 6, 9–14. — — Alle Arbeiten russ.

Neue Welt [Berlin] Ein Festtag der Sowjetwissenschaft: **2** ('47) Nr. 12, 41–46 (m. Bildn.). — Die Wissenschaft im Lande des Sozialismus: Nr. 21, 99–117.

Nová Mysl Die Große Sowjetenzyklopädie [22]): **3** ('49) Nr. 2, 214–17 [tschech.].

Novoe Vremja Über einige Irrtümer Professor Albert Einsteins. Offener Brief sowjetischer Wissenschaftler [7])[12])[4]): **1947**, Nr. 48, 14–17 [russ.]. — Den sowjetischen Menschen ist der Frieden teuer: **1949**, Nr. 18, 8f. [~]. — Der Frieden besiegt den Krieg: **1950**, Nr. 42, 3f. [~].

Ogonek Über Lenin [aus dem Archiv der Akademie der Wissenschaften der UdSSR]: **1969**, Nr. 39, S. 11 [russ.].

Optiko-mechaničeskaja Promyšl. Der Initiator des Optischen Instituts (D. S. Roždestvenskij): **1938**, Nr. 12, S. 7 [russ.]. — Akademiemitglied D. S. Roždestvenskij †: **1940**, Nr. 6/7, 6f. [~]. — Gruß an die Staatspreisträger der optisch-mechanischen Industrie: **1941**, Nr. 3, S. 3 [~]. — Über einige technische Perspektiven der Entwicklung der optischen Wissenschaft: **1946**, Nr. 1, 3–7 [~].

Pensée La science soviétique: (N. S.) **1947**, Nr. 13, 3–16. — Lénine et la physique moderne: **1949**, Nr. 23, 27–35.

Physikalische Z. Sowjetunion Über die Eigenschaften der Interferenz von weit geöffneten Lichtbündeln [1]): **3** ('33) 103–14. — Über die Abklingungsgesetze der umkehrbaren Lumineszenzerscheinungen: **5** ('34) 369–78. — Die Abklingungsgesetze der Phosphoreszenz von Farbstofflösungen [14]): 379–92.

Planovoe Chozjajstvo Die sowjetische Wissenschaft und die Volkswirtschaft: **1947**, Nr. 5, 69–73 [russ.].

Priroda [SSSR] Physik in Rußland und in der UdSSR: **1932**, Nr. 11/12, 989–1012. — V. I. Lenin und die Physik: **1934**, Nr. 1, 35–38. — Eine photometrische Methode der Auslöschung und ihre Anwendung: **1935**, Nr. 12, 8–16. — Sowjetische Physik. Vortrag auf der März-Sitzung der Akademie der Wissenschaften der UdSSR: **1936**, Nr. 5, 3f. — Die Arbeiten und Messungen M. V. Lomonosovs über Optik: Nr. 12, 121–28. — P. N. Lebedev †: **1937**, Nr. 5, 94–97. — Sowjetische Physik - die Wissenschaft der Jugend: **1938**, Nr. 10, 37f. — 20 Jahre Arbeit des Staatlichen Optischen Instituts: **1939**, Nr. 2, 115–17. — Die Hauptlinien der modernen Physik: **1941**, Nr. 5, 3–17. — Newton und die Gegenwart: **1943**, Nr 1, 75–79. — Jean Perrin, 1870–1942: Nr. 3, 89f. — Ein großer russischer Gelehrter [M. V. Lomonosov]: **1945**, Nr. 3, 74–78. — Über die Elementarprozesse der Strahlung und über die Absorption des Lichts: Nr. 4, 9–22. — Die sowjetische Wissenschaft im Dienst des Vaterlandes: **1946**, Nr. 1, 3–8. — Über die Entwicklungslinien der sowjetischen Wissenschaft: Nr. 2, 3–10. — Sowjetische Wissenschaft (Zum 30. Jahrestag des Großen Oktobers): **1947**, Nr. 10, 3–13; Nachdruck: **1978**, Nr. 2, 23–27 (m. Bildn.). — 800 Jahre Geschichte Moskaus: **1947**, Nr. 10, 18–21. — Die erledigten Aufgaben und die Perspektiven der Wissenschaft von der Lumineszenz: **1948**, Nr. 12, 11–17 (Nachdruck in: Tvorcy' fizičeskoj optiki; Sbornik statej [Die Schöpfer der physikalischen Optik; Sammlung von Aufsätzen] (Moskva '73) 334–45). — Iosif Vissarionovič Stalin und die sowjetische Wissenschaft: **1950**, Nr. 1, 12–19. — — Alle Beiträge russ.

Přítel SSSR Die Unionsgesellschaft zur Popularisierung politischer und wissenschaftlicher Kenntnisse in der Sowjetunion: **6** ('50) 317–19 [tschech.].

Problemy [Warszawa] Der hervorragende Wissenschaftler und unbeugsame Kämpfer für den Frieden Frédéric Joliot-Curie: **6** ('50) 650–55 [poln.].

Propaganda i Agitacija [Leningrad] Die Struktur der Materie: **1940**, Nr. 23, 12–23 [russ.]. — Die Akademie der Wissenschaften der UdSSR und die

Entwicklung der Vaterländischen Wissenschaft [Vortrag]: **1949**, Nr. 5, 19–32 [~].

Radio [Moskva] Das Radio und die Wissenschaft: **1947**, Nr. 5, 8f. [russ.].

Rinascita Lenin e fisica moderna: **6** ('49) Nr. 3, 116–20.

Roland Berlin Zum großen Jahrestag: 30 Jahre Sowjetwissenschaft: **1** ('47) Nr. 24, 4–7.

Science and Culture Soviet science in 1949: **16** ('50) 144–46.

Socialističeskaja Rekonstr. i Nauka Die Rolle der Physik im wissenschaftlichen Werk von D. I. Mendeleev: **1934**, Nr. 4, 3–10 [russ.].

Sovetskaja Kniga Einige Bemerkungen über Bücher: **1947**, Nr. 1, 15–20 [russ.]. — Die 2. Auflage der Großen Sowjetenzyklopädie [22]): **1950**, Nr. 7, 7–17 [~].

Sovetskij Sojuz Im Dienst des Friedens und einer erfolgreichen Entwicklung: **1951**, Nr. 1, S. 5 [russ.] (m. Bildn.).

Sovetskoe Foto Die Umgestaltung der Photoindustrie - eine Aufgabe des Tages: **1935**, Nr. 12, S. 21 [russ.] (m. Bildn.).

Sovetskoe Studenčestvo Seid wagemutig! Brief an die sowjetischen Studenten: **1946**, Nr. 1, 3f. [russ.] (m. Bildn.).

Sowjetliteratur Lenin und die moderne Physik: **1946**, Nr. 1, 100–15 (m. Bildn.).

Synthese [Holland] Thirty years of Soviet science: **6** ('47/48) Nr. 7/8, 318–29.

Techničeskaja Kniga Akademiemitglied N. D. Papaleksi zum 60. Geburtstag: **1940**, Nr. 12, S. 17 [russ.].

Techničeskaja Propaganda Physik und optische Industrie: **1936**, Nr. 8, 28–31 [russ.].

Technika – Molodeži Lenin und die moderne Physik: **1947**, Nr. 5, 1–6. — 30 Jahre sowjetische Wissenschaft: Nr. 11, 4–7; Nr. 12, 1–5. — "Meine jungen Freunde!": **1949**, Nr. 2, S. 7 (m. Bildn.). — Für die Erschließung der Geschichte der vaterländischen Wissenschaft: Nr. 3, S. 7f. — Das Stalinsche Bündnis von Wissenschaft und Arbeit: Nr. 6, S. 1. — Die Kräfte der Wissenschaft im Dienst der Heimat: **1950**, Nr. 11, 1f. — Aufopferungsvoll arbeiten für das Wohl des Vaterlands [Appell an die Jugend]: **1967**, Nr. 10, S. 26 (m. Bildn.). — — Alle Beiträge russ.

Trudy fizič. Inst., Akad. Nauk SSSR Kurzer Überblick über die Geschichte des Physikalischen Kabinetts, des Physikalischen Laboratoriums, des Physikalischen Instituts der Akademie der Wissenschaften der UdSSR: **3** ('45) Nr. 1, 3–24 [russ.].

Trudy gos. opt. Inst. Visuelle Messungen der statistischen Photonenschwankungen [1]): **10** ('34) 919–41. — Die optischen Methoden zur Analyse der Materie: **14** ('41) 9–15 [russ.]. — Die Fluoreszenz von Lösungen und die Konzentration: **20** ('50) 4–20 [~].

Trudy Inst. Istorii Estestvoznanija I. Newtons "Vorlesungen zur Optik": **1** ('47) 315–26 [russ.].

Trudy Inst. Istorii Estestvoznanija i Techn. A. N. Krylov † [Orig.: 1945]: **15** ('56) 4f. [russ.]. — — Ferner 4 Beiträge in **17** ('57), siehe oben: Gedenkbände.

Trudy Inst. Istorii Nauki i Techn., Ser. 1 Bemerkungen zum absoluten System der Maßeinheiten von Gauß: Nr. **3** ('34) 193–96 [russ.].

Učilišćen Pregled Lenin und die moderne Physik: **46** ('47) Nr. 9/10, 840–47 [bulgar.].

Usp. fizič. Nauk Die Entwicklungslinien des Optischen Instituts: **16** ('36) 872–96. — Lenin und die moderne Physik: **26** ('44) 113–32. — Die schöpferische Arbeit des Staatlichen Optischen Instituts (zum 25jährigen Bestehen): **27** ('45) 106–17. — 220 Jahre Physikalisches Kabinett, Physikalisches Laboratorium, Physikalisches Institut der Akademie der Wissenschaften der UdSSR: **28** ('46) Nr. 1, 1–50. — Die Physik des Lucretius: **29** ('46) 161–78. — Der Atomismus I. Newtons: **31** ('47) 1–15. — Experimentelle Untersuchung der Lichtquantenfluktuation mit einem visuellen Verfahren: **36** ('48) 247–83. — Lenin und die philosophischen Probleme der modernen Physik: **38** ('49) 145–52. — Ein neues Blatt der Geschichte der sowjetischen Wissenschaft und Technik: **41** ('50) 3–8. — Galilei in der Geschichte der Optik [Orig.: 1943]: **83** ('64) 583–615. — Die Fluoreszenzausbeute von Farbstofflösungen in Abhängigkeit von der Wellenlänge des absorbierten Lichts [Orig. deutsch: 1924]: **93** ('67) 315–20. — Über die möglichen Ursachen des blauen γ-Leuchtens von Flüssigkeiten [Orig.: 1934]: 383–85. — — Alle Arbeiten russ.

Vestn. Akad. Nauk Kazachsk. SSR Dem Akademiemitglied K. I. Satpaev zum 50. Geburtstag [19]): **1949**, Nr. 4, S. 3 [russ.].

Vestn. Akad. Nauk SSSR Die physikalische Abteilung des Physikalisch-Mathematischen Instituts der Akademie der Wissenschaften: **1933**, Nr. 6, 1–6. — Über die Gesetze des Abklingens der Phosphoreszenz: Nr. 8/9, 25–28. — Zum Vortrag von G. M. Kržižanovskij auf der März-Sitzung der Akademie der Wissenschaften der UdSSR 1936: **1936**, Nr. 4/5, 46f. — Das physikalische Institut "P. N. Lebedev": **1937**, Nr. 10/11, 37–46. — Wissenschaft und Technik in der Zeit der Französischen Revolution: **1939**, Nr. 7, 15–25. — Die Entwicklung der Idee der Materie: **1941**, Nr. 1, 12–28. — Auf Lumineszenz beruhende Lichtquellen: Nr. 7/8, 59–72. — Neuerer der sowjetischen Physik: **1942**, Nr. 4, 49–52. — P. P. Lazarev †: Nr. 7/8, 97–102. — Lenin und die moderne Physik: **1944**, Nr. 3, 33–49. — Unser Präsident [V. L. Komarov zum 75. Geburtstag]: Nr. 10, 106f. — Rede auf der Allgemeinen Versammlung der Akademie der Wissenschaften der UdSSR, 17. Juli 1945: **1945**, Nr. 7/8, 27f. — A. N. Krylov †: Nr. 12, 1f. — V. L. Komarov †: **1946**, Nr. 1, 17f. — Eröffnungsansprache bei der Januarsitzung der Akademie der Wissenschaften der UdSSR: Nr. 2, 24f. — Die Physik des Lucretius: 43–56. — Unsere Pläne, unsere Perspektiven [Gesetz über den Fünfjahrplan 1946–1950]: Nr 3, 9–11. — Eröffnungsansprache bei der Jahresversammlung der Akademie der Wissenschaften der UdSSR, 2. Februar 1946: 12f. — Über die Entwicklungslinien der sowjetischen Wissenschaft: Nr. 4, 3–12. — A. A. Bajkov †: 62f. — Aleksej Nikolaevič Bach †: Nr. 5/6, 23f. — Eröffnungsansprache bei der Julisitzung der Akademie der Wissenschaften der UdSSR: Nr. 8/9, 5f. — Die grundlegenden wissenschaftlichen Probleme der Akademie der Wissenschaften der UdSSR in den nächsten 5 Jahren: 7–16. — Über die Jahresbilanz und über die Wahlen neuer Mitglieder für die Akademie der Wissenschaften der UdSSR: **1947**, Nr. 1, 23–25. — Eröffnungsansprache bei der Gedenksitzung für Akademiemitglied V. L. Komarov: 101f. — Eröffnungsansprache bei der Jahresversammlung der Akademie der Wissenschaften der UdSSR, 1. Februar 1947: Nr. 3, 37–39. — Akademiemitglied N. D. Papaleksi †: 80f. — Einführungsansprache bei der Allgemeinen Versammlung der Akademie der Wissenschaften der UdSSR zum 100. Geburtstag A. P. Karpinskijs: Nr. 4, 9–11. — Aufgaben und Ziele der Unionsgesellschaft zur Verbreitung politischer und wissenschaftlicher Kenntnisse: Nr. 8, 3–11. — 30 Jahre sowjetische Wissenschaft: Nr. 11, 29–55 (m. Bildn.). — Eröffnungsansprache bei der Allgemeinen Versammlung der Akademie der Wissenschaften der UdSSR zum 30. Jahrestag der Großen Sozialistischen Oktoberrevolution, 1947: Nr. 12, 3–10; Schlußwort: 11–13. — Eröffnungsansprache bei der Jahresversammlung der Akademie der Wissenschaften der UdSSR, 10. Februar 1948: **1948**, Nr. 3, 16–19. — Die fortschrittliche sowjetische Wissenschaft: Nr. 5, 3–5. — Ein Freund der Wissenschaft [A. A. Ždanov]: Nr. 8, S. VII. — Eröffnungsansprache bei der Allgemeinen Versammlung der Akademie der Wissenschaften der UdSSR, 8.–11. Juni 1948: 6f. — Eröffnungsansprache bei der erweiterten Präsidialsitzung der Akademie der Wissenschaften, 24.–26. August 1948, zu Fragen des Stands und der Aufgaben der biologischen Wissenschaft in den Instituten und Einrichtungen der Akademie: Nr. 9, 25–27; Schlußwort: 173–76; Vorschläge zum Entwurf der Beschlüsse des Präsidiums: 177–79. — Junge Kräfte der Wissenschaft: Nr. 11, 14–16. — Möge uns das Vorbild Lenins begeistern!: **1949**, Nr. 1, 3f. — Eröffnungsansprache bei der Allgemeinen Versammlung der Akademie der Wissenschaften der UdSSR zur Geschichte der vaterländischen Wissenschaft, 5.–11. Januar 1949: Nr. 2, 6–10; Die Akademie der Wissenschaften der UdSSR und die Entwicklung der vaterländischen Wissenschaft: 38–53; Schlußwort: 124f. — Eröffnungsansprache bei der Jahresversammlung der Akademie der Wissenschaften der UdSSR, 2. Februar 1949: Nr. 3, 5f. — Grußadresse für den Weltkongreß der Friedensanhänger: Nr. 4, 15f. — Begrüßung der Staatspreisträger der UdSSR: Nr. 5, 101. — Ein bedeutendes Unternehmen [Über die größtmögliche Festigung der Verbindung der Wissenschaft mit der Produktion]: Nr. 6, 14–23 (poln. in: Planowanie badań naukowych w ZSSR; Wybór artykułow autorów radzieckich (Warszawa '54) 63–74). — V. I. Lenins "Materialismus und Empiriokritizismus" und die philosophischen Probleme der modernen Physik: 30–39. — Ansprachen bei Festsitzungen der Akademie der Wissenschaften der UdSSR anläßlich des 150. Geburtstags A. S. Puškins sowie zur Eröffnung des Puškin-Museums: Nr. 7, 9–12, 32f., 37f. — Eröffnungsansprache bei der Allgemeinen Versammlung der Akademie der Wissenschaften der UdSSR anläßlich des 200. Geburtstags A. N. Radiščevs: Nr. 10, 13f. — Stalins wissenschaftliches Genie: Nr. 12, 13–27. — Eröffnungsansprache bei der Allgemeinen Versammlung der Akademie der Wissenschaften der UdSSR zur Erörterung des Arbeitsplans für das Jahr 1950: **1950**, Nr. 2, 7–9. — Eröffnungsansprache bei der Jahresversammlung der Akademie der Wissenschaften der UdSSR, 2. Februar 1950: Nr. 3, 14–16. — Eröffnungsansprache bei der Tagung der Akademie der Wissenschaften der UdSSR und der Akademie der Medizinischen Wissenschaften der UdSSR zu Problemen der physiologischen Lehre Pavlovs: Nr. 7, 70–73; Schlußwort: 109f. — Über V. I. Lenin (Aus Erinnerungen von Wissenschaftlern): **1970**, Nr. 4, 32–45. — — Alle Beiträge russ.

Vestn. leningr. Univ. Resonanzwanderung der Anregungsenergie in Fluoreszenzlösungen: **1946**, Nr. 1, 5–12 [russ.].

Vestn. vysšej Školy Einige Fragen zur Entwicklung der sowjetischen Wissenschaft: **1947**, Nr. 2, 1–6 [russ.]. — Einige Anmerkungen zum Physikunterricht an Hochschulen: **1949**, Nr. 1, 11–13 [~]. — Errungenschaften der Wissenschaft - für das Leben: Nr. 6, 6–13 [~].

Vestn. Znanija Die Lichttechnik in der UdSSR: **1934**, 701–05 [russ.].

Vopr. Filos. Einige Worte zu einem Aufsatz von M. A. Markov: **1947**, Nr. 2, 138f. [russ.]. — Vortrag und Schlußwort bei der erweiterten Sitzung des Wissenschaftlichen Rates des Instituts für Philoso-

Bitte Bemerkung S. 5629 vor dem Buchstaben V beachten!

phie der Akademie der Wissenschaften der UdSSR am 24. März 1945: **1960**, Nr. 8, 122–25 [~].

Vopr. Istorii Estestvoznanija i Techn. Die Physik im wissenschaftlichen Werk D. I. Mendeleevs [Orig.: 1937]: **1969**, Nr. 4, 110–16 [russ.].

Z. Physik Über eine neue Methode zur Prüfung der Gesetze der Brownschen Bewegung [1]): **73** ('32) 833–43. — Zur Ableitung der Brownschen Flächenformel [1]): **75** ('32) 746f.

Ž. èksper. i teoret. Fiziki Die Natur der elementaren Oszillatoren und die Polarisation der Photolumineszenz: **10** ('40) 1363–71. — Über die Natur der Elementarstrahlungen: **11** ('41) 195. — Visuelle Messung der Quantenfluktuationen, 1: Vergleich der Sichtbarkeitsschwelle mit den Daten von Fluktuationsmessungen [1])[16]): **12** ('42) 93–104; ~ 2: Fluktuation bei lichtadaptiertem Auge [18]): 105–08; ~ 3: Abhängigkeit der visuellen Fluktuationen von der Wellenlänge [18]): 109–16. — Theorie des Einflusses der Konzentration auf die Fluoreszenz von Lösungen: **13** ('43) 13–32. — — Alle Arbeiten russ.

Ž. vysšej nervnoj Dejatel'nosti im. Pavlova Eröffnungsansprache bei der Sitzung der Akademie der Wissenschaften der UdSSR und der Akademie der Medizinischen Wissenschaften der UdSSR über die physiologische Lehre Pavlovs: **1** ('51) 7–10 [russ.].

Zavodskaja Labor. [Neues auf dem Gebiet der optischen Prüfmethoden]: **1941**, Nr. 1, 4–6 [russ.].

Zbl. Bibliothekswesen Einige Bemerkungen über Bücher: **61** ('47) Nr. 1/2, 4–12.

Pod Znamenem Marksizma Die Dialektik der Lichterscheinungen: **1934**, Nr. 4, 69–79. — Physik [Entwurf des Artikels für die Große Sowjetenzyklopädie]: **1935**, Nr. 1, 124–36. — Zum Erscheinen des Buches von Akademiemitglied V. F. Mitkevič "Osnovnye fizičeskie vozzrenija" [Grundlegende physikalische Auffassungen]: **1937**, Nr. 7, 56–63. — Die neue Physik und der dialektische Materialismus: **1938**, Nr. 12, 27–33. — Wissenschaft und Technik in der Zeit der Französischen Revolution: **1939**, Nr. 8, 140–51. — Die Entwicklung der Idee der Materie: **1941**, Nr. 2, 95–112. — Lenin und die moderne Physik: **1944**, Nr. 2/3, 36–53. — — Alle Beiträge russ.

Znanie – Sila Über V. I. Lenin (Aus Erinnerungen von Wissenschaftlern): **1970**, Nr. 4, S. 13 [russ.].

Ferner Wiedergabe von Vortragsthesen. — Weitere Artikel in Wochenblättern.

Mit: [1]) E. M. Brumberg; [2]) I. A. Chvostikov; [3]) P. P. Feofilov; [4]) A. N. Frumkin; [5]) M. D. Galanin; [6]) P. G. Gluchov; [7]) A. F. Ioffe; [8]) P. Kapica; [9]) A. A. Maksimov; [10]) L. B. Modzalevskij; [11]) F. M. Pekerman; [12]) N. N. Semenov; [13]) A. N. Sevčenko; [14]) A. A. Šišlovskij; [15]) —; [16]) Z. M. Sverdlov; [17]) B. Ja. Svešnikov; [18]) T. V. Timofeeva; [19]) A. V. Topčiev; [20]) L. A. Tumerman; [21]) M. P. Volarovič; [22]) A. Zvorykin.

V, VI **VAVON,** Gustave. Chem.(org.). — 1919 Chargé de Cours, '20–35 Prof., Titulaire de la Chaire de Chim. org., Univ. de Nancy; '35–42 Maître de Conférences, '42– Prof., Titulaire de la Chaire d'Analyse et de Mesures chim., Univ. de Paris; en outre pour quelques ans Prof. à l'Ecole Normale Supérieure et Dir. d'Etudes à l'Ecole Pratique des Hautes Etudes, Paris. — Officier de la Légion d'Honneur (France); Officier de l'Instruct. Publ. (France); '14 Prix Cahours, '17 Médaille Berthelot, '26, '37 Prix Jecker (Acad. Sci. Paris).

* 1884, Dez. 30, Dampierre-sous-Bouhy, Nièvre;

† 1953, Jan. 2, Paris.

Nekr. *A. Châtelet, Annales Univ. Paris **23** ('53) 231–34. — *G. Dupont, Bull. Soc. chim. France **1953**, 657–64 (m. Bildn. u. Schr.verz.). — *C. Prévost, Revue gén. Sci. pures et appl. **60** ('53) 5–7.

Zur Biogr. C.R. hebd. Séances Acad. Sci. Paris **205** ('37) 1290–92.

S. Traité de chimie organique (V. Grignard) **2** (Paris '48) 851–940: Empêchement stérique.

W. Cours de chimie organique: Glucides, corps cyclaniques, terpènes, corps hétérocycliques (Paris '42) 117 S. (Les Cours de Sorbonne. Certificat d'études supérieures de chimie générale). — Notions de stéréochimie, application à l'étude des sucres et des terpènes (Paris '53) 93 S. (~). — Manipulations de chimie organique (m. R. Dulou, N. Lozac'h) (Paris '46) 15 + 272 S.

Annales Office nation. Combustibles liquides Sur la séparation des phénols et des huiles neutres du goudron primaire: **7** ('32) 811–57.

Bull. Soc. chim. France Isomérie cis-trans et empêchement stérique, 13: Etude des o-méthylcyclohexanols [23])[17]): (4) **51** ('32) 644–50. — Contribution à l'étude des cholestanols [18]): **53** ('33) 581–88. — Synthèses asymétriques par le noir de platine [18]): 1111–25. — Sur la vitesse de réaction entre les magnésiens et les éthers-sels [4])[29]): (5) **1** ('34) 806–14. — Sur l'α-cyclopentanone-carbonate d'éthyle et les α-éthylcyclopentanols "cis" et "trans" [17]): 1703–13. — Sur les di-o-propylcyclohexanols [3]): **4** ('37) 1080–84. — Sur l'oximation des aldéhydes et des cétones [3]): 2026–37. — Condensation des éthers chloro- et bromométhyliques sur les noyaux aromatiques [5])[8]):

6 ('39) 1025–33. — Vitesses de réactions et structure des aldéhydes aromatiques o-hydroxylés ou méthoxylés [21]): 7 ('40) 551–60. — Influence du solvant sur la vitesse de condensation de la menthylamine et des aldéhydes aromatiques [21]): 560–65. — Sur les acides camphane carboniques [25]): 10 ('43) 221, 460–65. — Saponification de quelques esters maloniques substitués [14]): 325–29. — L'empêchement stérique et l'action des composés organo-magnésiens sur les chlorures d'acides [13]): 11 ('44) 373–75. — Alcoylation par les benzènesulfonates polysubstitués [28]): 16 ('49) 195–. — Réponse à la réclamation ci-dessus [par R. Bousset] [25])[1]): 17 ('50) 412. — Sur la structure du magnésien du chlorhydrate de pinène et des acides camphane carboniques [25])[14])[6]): 18 ('51) C35–C39. — Essais de synthèses asymétriques par réactions magnésiennes, I [26]): 1955, 357–59.

C.R. hebd. Séances Acad. Sci., Paris Synthèses asymétriques par hydrogénation au noir de platine [18]): **196** ('33) 1614–17. — Réactivité et structure des amines primaires: Amines aromatiques [7]): **202** ('36) 1446–48; ~: Amines aliphatiques [7]): 1593–95. — Structure des menthylamines [10]): **203** ('36) 1526–28. — Sur les bornylamines [10]): **204** ('37) 53–55. — Condensation des carbures benzéniques avec l'éther chlorométhylique. Méthode d'alcoylation des noyaux aromatiques [5]): 1826–28. — Sur l'hydrogénation des dérivés halogénés par le noir de platine [19]): **206** ('38) 1387–89. — Sur la vitesse de formation des oximes, phénylhydrazones et semicarbazones des aldéhydes-phénols [21]): **207** ('38) 926f. — Action des dérivés halogénés sur les magnésiens [8])[15]): **208** ('39) 203–05. — Sur le magnésien du chlorhydrate de pinène et les acides camphane carboniques [25]): **213** ('41) 1016–18. — Sur la préparation de quelques cétones à partir des chlorures d'acides et des magnésiens [13]): **214** ('42) 360–62. — Stéréochimie des acides camphane carboniques [25]): **216** ('43) 251f. — Etude polarimétrique de l'alcoolyse sur le formiate de menthyle [14]): **218** ('44) 412f. — Action des dérivés halogénés sur les magnésiens aromatiques en présence de chlorure ferrique [22]): 557–59. — Action du formiate, du chloroformiate et du carbonate d'éthyle sur le magnésien du chlorhydrate de pinène [25]): **220** ('45) 286–88. — Action du bromure de benzyle sur les magnésiens [9])[24]): 850–52. — De l'action comparée des lithiens et des magnésiens sur les cétones [11]): **222** ('46) 801–03. — Synthèse asymétrique. Hydrogénation de l'acétophénone en méthylphénylcarbinol par le magnésien du chlorure d'isobornyle [25])[1]): 959–61. — Sur l'alcoylation des cétones [12]): **223** ('46) 157f. — Alcoylation de quelques cétones par l'amylate tertiaire de sodium [12]): 245–47. — Réactivité comparée des acétates d'hydroxybenzaldéhydes aromatiques [27]): 1144f. — Synthèse asymétrique de quelques alcoylphénylcarbinols [1]): **224** ('47) 1435–37. — Séparation par chromatographie des isomères cyclaniques cis et trans. Cas des bornéol, isobornéol et des menthol, néomenthol [16]): **226** ('48) 1201–03. — Rôle du facteur stérique dans la séparation chromatographique des cétones et de leurs oximes [16]): **228** ('49) 1236f. — Structure et chromatographie. Rôle du facteur stérique dans la séparation des amines et de leurs dérivés [20]): **229** ('49) 655–57. — Sur les acides camphane carboniques. Individualité chimique des prismes et des aiguilles [6]): **230** ('50) 1288–90. — Synthèse asymétrique par échange fonctionnel. Cas de l'acide phénylglyoxylique et de son ester menthylique opposés au menthol [2]): 1870–72. — Rôle du facteur stérique en chromatographie. Cas du couple menthol-néomenthol sur différents adsorbants [16]): **231** ('50) 1151–53. — Synthèse asymétrique par échange fonctionnel. Cas des acides phényl- et α-naphtylglyoxyliques opposés aux menthol, néomenthol et isobornéol actifs [2]): **232** ('51) 1120–22. — Préparation de β-dicétones par condensation de monocétones et de chlorures d'acide à l'aide de t-amylate de sodium [12]): **233** ('51) 876f. — Carbonatation de lithiens encombrés. Rôle du facteur stérique [30]): 1290–92. — Préparation de mono-arylidènecyclanones à l'aide de t-amylate de sodium [12]): **234** ('52) 526–28. — Sur les acides camphane carboniques bornylique et isobornylique [6]): 2077–79. — Sur l'isomère bornylique de l'acide camphane carbonique [6]): **236** ('53) 290–92. — Synthèses asymétriques par réaction des organomagnésiens sur l'oxalate mixte d'éthyle et de L-menthyle [24])[26]): **237** ('53) 617–19. — Sur l'isomérie des acides camphane carboniques [6]): 729–31.

Mit: [1]) B. Angelo; [2]) A. Antonini; [3]) P. Anziani; [4]) M. Barbier; [5]) J. Bollé; [6]) M. de Botton; [7]) L. Bourgeois; [8]) J. Calin; [9]) C. Chaminade; [10]) I. Chilouet; [11]) H. Colin; [12]) J. Conia; [13]) J. Décombe; [14]) J. Ducasse; [15]) J. Fouchier; [16]) B. Gastambide; [17]) A. Horeau; [18]) B. Jakubowicz; [19]) R. Mathieu; [20]) G. Medynski; [21]) P. Monthéard; [22]) P. Mottez; [23]) A. Perlin; [24]) G. Quesnel; [25]) C. Rivière; [26]) Y. Runavot; [27]) J. Scandel; [28]) J. Testard; [29]) G. Thiébaut; [30]) J. Thiec.

V, VI **VEBLEN,** Oswald. Math. — 1905–10 Preceptor, '10–26 Prof., '26–32 Henry Burchard Fine Research Prof., Princeton Univ., Princeton, N.J.; '32–50 Prof., '50 Prof. Emer., '34–51 Trustee, '51–60 Hon. Trustee, Inst. for Advanced Study, Princeton, N.J.; '28–29 Exchange Prof., Univ. of Oxford; '32 Visiting Prof.: Univ. Göttingen, Univ. Berlin, Univ. Hamburg; '23–24 Pres., Amer. Math. Soc. — '29 Hon. Sc.D. (Univ. of Oxford); '29 Dr. phil. h.c. (Univ. Oslo); '33 Dr. phil. h.c. (Univ. Hamburg); '41 Hon. D.Sc. (Univ. of Chicago, Ill.); '51 Hon. LL.D. (Univ. of Glasgow); further hon. degrees (Princeton Univ., Princeton,

N.J.; Univ. of Edinburgh). — Ridder av 1ste klasse, Kongel. Sanct Olavs Orden (Norge).
* 1880, Juni 24, Decorah, Ia;
† 1960, Aug. 10, Brooklin, Me.

Bildn. Abh. math. Semin. Univ. Hamburg **12** ('38) vor S. 1 (m. Faks.).

Zur Biogr. *R. C. Archibald, Semicentennial Publ., Amer. math. Soc. **1** ('38) 206–11 (m. Bildn., Faks., Schr.verz.).

Nekr. *B. Castrucci, Boletim Soc. paranaense Mat. **4** ('61) 29–31. — *W. V. D. Hodge, J. London math. Soc. **36** ('61) 507–12 (m. Schr.verz.). — *S. McLane, Biographical Mem., Nation. Acad. Sci. USA **37** ('64) 325–41 (m. Bildn., Faks., Schr.verz.). — *D. Montgomery, Bull. amer. math. Soc. **69** ('63) 26–36 (m. Schr.verz.). — *H. S. Ruse, Yearb. roy. Soc. Edinburgh **1960/61** ('62) 52–59 (m. Schr.verz.).

MHZ. Mathematical Rev. **5** ('44)–**8** ('47).

S. C.R. Congrès international des mathématiciens, Oslo 1936, **1** (Oslo '37) 111–27: Spinors and projective geometry. — G. D. Birkhoff, Collected mathematical papers, **1** (New York '50) XV–XXI: George David Birkhoff, 1884–1944; ²('51). — Proc. International congress of mathematicians, Cambridge, Mass., 1950, **1** (Providence, R.I. '52) 124f.: Opening address. — Monographs on topics of modern mathematics, relevant to the elementary field (J. W. Young) (New York '55) 3–51: The foundations of geometry. — Encyclopaedia Britannica; a new survey of universal knowledge, **7** (Chicago, Ill.–London–Toronto '57) 364f.: Differential forms [1]); **18** ('57) 572: Projection, in mathematics; 572–76: Projective geometry. [Alle Beiträge auch in anderen Auflagen].

W. The foundations of differential geometry (m. J. H. C. Whitehead) (Cambridge '32) 9 + 96 S. (Cambridge tracts in mathematics and mathematical physics, 29); japan.: (Tokyo '50) 104 S. — Invariants of quadratic differential forms. Neudrucke: (Cambridge '33) 8 + 102 S. (~ 24), ('52) 7 + 102 S., ('62) 102 S.; japan.: (Tokyo '51) 144 S. — Projektive Relativitätstheorie (Berlin '33) 5 + 73 S. (Ergebnisse der Mathematik und ihrer Grenzgebiete, 2,1). — Introduction to infinitesimal analysis; functions of one real variable (m. N. J. Lennes). Neudruck: (New York '35) 7 + 227 S. — Geometry of complex domains, a seminar 1935/36 (m. J. von Neumann, J. W. Givens) (Princeton, N.J. '37) 231 S.; Neudruck: ('55) 3 + 259 S. — Projective geometry (m. J. W. Young). Neudrucke: **1.2** (New York ['38]), **1** (NewYork–Toronto–London '65) 10 + 345 S., **2** ('65) 10 + 511 S. — Analysis situs. Neudruck: (Providence, R.I. '60) 10 + 194 S. (American Mathematical Society, Colloquium publications, 5,2).

Bull. amer. math. Soc. Nels Johann Lennes † [2]): **60** ('54) 264f.

J. Washington Acad. Sci. Spinors: **24** ('34) 281–90.

Proc. nation. Acad. Sci. USA Geometry of two-component spinors: **19** ('33) 462–74. — Geometry of four-component spinors: 503–17. — Spinors in projective relativity: 979–89. — Projective differentiation of spinors [4]): **20** ('34) 85–92. — The Dirac equation in projective relativity [4])[3]): 383–88. — Formalism for conformal geometry: **21** ('35) 168–73. — A conformal wave equation: 484–87.

Rice Inst. Pamphlet Certain aspects of modern geometry; a course of three lectures, 1: The modern approach to elementary geometry: **21** ('34) 207–23; ~ 2: Analysis situs: 223–36; ~ 3: Modern differential geometry: 237–55.

Science [USA] Spinors: **80** ('34) 415–19.

Yearb., Amer. philos. Soc. George David Birkhoff, 1884–1944: **1946** ('47) 279–85.

Mit: [1]) A. D. Michal; [2]) D. Montgomery; [3]) J. von Neumann; [4]) A. H. Taub.

VI **VECCHIOTTI (VECCHIOTTI ANTALDI),** Luigi. Chem. (analyt., pharm., toxikol.). — 1907 Dr en sci.phys., Univ. de Genève; '08 Laureato in Chim. pura, Univ. di Pisa; '08–09 Assist., Univ. di Urbino; '09–10 Assist., Univ. di Napoli; '10–21 Assist., '22–32 Libero Doc. → Prof. incar., Univ. di Bologna; '33–36 Prof. straord. → Prof. ord. e Dir. dell'Ist. di Chim. farm., '35–36 Pres. della Fac. di Farm., Univ. di Urbino.
* 1876, Aug. 12, Urbino;
† 1936, Febr. 2, Urbino.

Nekr. *M. Betti, Annuario, Univ. Studi Urbino **1936/37**, S. 143 (m. Bildn.).

Atti Soc. ital. Progr. Sci. Sopra alcune ossidazioni provocate da nitroderivati aromatici, sotto l'influenza della luce solare: **21**.1932 II ('33) 350f. — Nuova reazione fra l'o-toluidina e l'acetato mercurico: **23**.1934 II ('35) 509f.

Gazz. chim. ital. Sulla formazione di un anello eterociclico chiuso da atomi di mercurio, 3 [3]): **63** ('33) 110f. — Reazioni chimiche provocate dalla luce, 4 [2]): 112–15; ~ 5 [2]): 319–22. — Nuove ricerche sul comportamento dell'o-toluidina con l'acetato mercurico [1]): **65** ('35) 832–36.

Giorn. Biol. appl. Industria chim. ed aliment. Über einige Schreibtinten, 1 [3]): **3** ('32) 93–96 [italien.].

Mit: [1]) A. Ajuto; [2]) C. Piccinini; [3]) C. Silvestrini.

Bitte Bemerkung S. 5629 vor dem Buchstaben V beachten!

V, VI **van VEEN,** Hendrik Johan. Math.(reine u. angew.), Mech. — 1905–07, '13–18 Doz., Königl. Militärakad. Breda; '07–09 Prof., Ingenieurschule Valparaiso, Chile; '09–13 Lehrer, Höhere Bürgerschule, Delft; '19–48 Prof., Techn. Hochsch. Delft.
* 1879, Sept. 12, Meppel;
† 1962, März 21, Delft [?].

W. Inleiding tot de nomographie (Groningen '37) 239 S.; ²('52) 197 S. — Beknopt leerboek der beschrijvende meetkunde ²(Groningen '41) 356 S. (m. Atlas 134 S.); ³('46); ⁴('49) 16 + 356 S. + 134 S. — Systematische verzameling van opgaven over analytische meetkunde ²(Groningen '42) 72 S. (m. Antworten 37 S.); ³('47) 6 + 68 S. + 35 S.; ⁴('51) 72 S. + 35 S.

Ferner Mitarbeit an der Überarbeitung von *P. A. Diels, *P. Tazelaar, Taalwerkboeken voor de lagere school (Groningen '41).

VI **van VEEN,** Simon Cornelis. Math., Mech. — 1921–46 Lehrer, Christl. Höhere Bürgerschule, Dordrecht; '46–66 Prof., Techn. Hochsch. Delft.
* 1896, Juni 8, Rotterdam;
† 1978, Rotterdam.

Zum 50jähr. Doktorjubiläum *O. Bottema, Nieuw Arch. Wiskunde (3) **25** ('77) 339–50 (m. Schr.verz.).

MHZ. Mathematica [Zutphen] (→ ~ A und B) **1** ('32/33)–**13** ('44/46). — Nieuw Arch. Wiskunde (2) **20** ('39)–(3) **26** ('78) Nr. 2.

W. Passermeetkunde, de constructies van Mascheroni (Gorinchem '51) 184 S. (Noorduijn's wetenschappelijke reeks, 37).

Euclides [Groningen] Gauß und seine Umgebung: **37** ('62) 161–83 [niederländ.].

Handelingen nederl. natuur- en geneeskund. Congr. Das verallgemeinerte Lemma von Gauss: **24** ('33) 115–17 [niederländ.]. — Über die Möglichkeiten der Konvergenz bei der Anwendung von elliptischen Integralen: **29** ('43) 6 S. [~].

Indagationes math. [Amsterdam] Asymptotic expansion of the generalized Bernoulli numbers $B_n(n-1)$ for large values of n (n integer): **13** ('51) 335–41.

Jahresber. dtsch. Mathematiker-Vereinig. Lösung der Aufgabe 137 von O. Blumenthal: **43** ('34) 34–36(kursiv); ~ 150 von H. Kober: **44** ('34) 34–35(kursiv). — Zusatz zu W. Hahn „Bericht über die Nullstellen der Laguerreschen und der Hermiteschen Polynome": 236–38.

Mathematica [Zutphen] Über das Reziprozitätsgesetz für quadratische Reste: **1** ('32/33) 148–53. — Implizite Funktionen [,1]: 215–19; ~ 2: **2** ('33/34) 263–. — Karl Friedrich Gauss (1777–1855): **3** ('34/35) 1–14. — Ungleichungen, 1: 222–31. — — Alle Arbeiten niederländ.

Mathematica [Zutphen], A Zum Problem von Sems und Dou: **4** ('35/36) 110–13 [oder 184–90?]. — Einige Anwendungen der Geometrie der Kegelschnitte. Eigenschaften der Brennpunkte von einem Viereck einbeschriebenen Kegelschnitten: **5** ('36/37) 1–14. — Die Umkehrung des Grenzwertsatzes von Cauchy: **7** ('38/39) 1–5. — Konstruktionen im Zusammenhang mit einem bekannten Minimumproblem: 214–29. — Angenäherte Dreiteilung: 229–37. — Ein Reflexionsproblem, 1: 279–85; ~ 2: **8** ('39/40) 4–14. — Über die Lage der Nullstellen von f'(z), wenn f(z) ein Polynom dritten Grades ist: 14–16. — Konstruktionen auf einer massiven Kugel. Die Eckpunkte der 5 regelmäßigen einbeschriebenen Polyeder: **13** ('44/46) 15–20. — — Alle Arbeiten niederländ.

Mathematica [Zutphen], B Über Grenzwerte von uneigentlichen Integralen, die einen Parameter enthalten: **5** ('36/37) 130–46; **6** ('37/38) 4–13, 69–80, 154–64; **7** ('38/39) 10–16. — Das Gibbssche Phänomen: 64–73. — Über die Summen

$$\sum_{p \leq x} \frac{\log p}{p} \text{ und } \sum_{p \leq x} \frac{1}{p}:$$

8 ('39/40) 135–45. — Hyperboloidische Vierer bei Tetraedern: **9** ('40/41) 90–94. — Riemannsche Doppelintegrale: **10** ('41/42) 1–17, 40–52, 100–19; **11** ('42/43) 1–20, 27–34. — Analytische Fortsetzung im reellen Gebiet: 129–32. — In memoriam David Hilbert (1862–1943): 159–69. — Historische Besonderheiten über $\int_0^\infty e^{-x^2}\,dx$: **12** ('43/44) 1–4. — Über vollständige elliptische Integrale, die durch Γ-Funktionen ausgedrückt werden: 69–75 [deutsch]. — In memoriam Schaake, Wolff, Blumenthal und Nieland: **13** ('44/46) 52–58. — Reine und angewandte Mathematik und ihre Bedeutung für den Ingenieur. (Rede, Technische Hochschule Delft, 1946): 128–41 (auch selbständig als Broschüre: Zuivere en toegepaste wiskunde en haar betekenis voor den ingenieur (Zutphen '46) 17 S.). — — Alle Arbeiten (außer **12** ('43/44) 69) niederländ.

Nieuw Arch. Wiskunde Eine Eigenschaft der Zahl 3: (2) **17** ('32) 119. — Wahrscheinlichkeitsprobleme bei Würfeln, 1: 120–36 [niederländ.]; ~ 2: 209–39 [~]. — Elementarer Beweis eines Halphenschen Satzes über die Bewegung des sphärischen Pendels: **21** ('41) 119–23. — Berechnung der Wahrscheinlichkeit im Billardspiel, 1 ¹): **22** ('43) 15–33 [niederländ.]; ~ 2 ¹): 123–58 [~].

Nieuw Tijdschr. Wiskunde Die elementare Berechnung von π: **50** ('62/63) 243–54 [niederländ.].

Orgaan christel. Vereenig. Natuur- en Geneeskundigen Nederland Die Entdeckung des Gravitationsgesetzes durch Newton: **1939**, 3–39 [niederländ.].

Proc., Koninkl. nederl. Akad. Wet. Die Entwicklung des vollständigen elliptischen Integrales erster Art in der Nähe von k = 1, 1: **44** ('41) 606–13; Annäherungsformeln für das vollständige elliptische Integral erster Art in der Nähe von k = 1, 2: 614–18; ~ 3: 825–30. — Stark konvergente Entwicklungen für die vollständigen elliptischen Integrale erster und zweiter Art, 1: 964–73; ~ 2: 1077–84; ~ 3: 1198–205; ~ 4: **45** ('42) 32–36. — Über die Entwicklung der unvollständigen elliptischen Integrale erster und zweiter Art in stark konvergenten Reihen, 1: **44** ('41) 974–77; ~ 2: 1085–91; ~ 3: 1206–09; ~ 4: **45** ('42) 37–42. — Die Berechnung der vollständigen elliptischen Integrale erster und zweiter Art für große Werte von |k|: 171–75. — Stark konvergente Entwicklungen für die Funktionen D(k) und C(k): 240–48.

Proc., Koninkl. nederl. Akad. Wet., Ser. A Asymptotic expansion of the generalized Bernoulli numbers $B_n(n - 1)$ for large values of n (n integer): **54** ('51) 335–41.

Rapport, Math. Centrum, Amsterdam Elementares vom höheren Standpunkt aus: Theorie der Kreisteilung: **ZW 1950–008** ('50) 7 S. [niederländ.].

Simon Stevin In memoriam Prof. Dr. J. Haantjes: **31** ('56) 3f. [niederländ.].

Wiskundige Opgaven met Oplossingen Aufgabe XXIII (mit Lösungen von H. Freudenthal und E. Trost): **16** ('33) 62–64 [niederländ.]; Aufgabe XXV (mit Lösungen von L. de Jong und E. Trost): 70–74 [~].

Mit: [1]) O. Bottema.

V, VI **VEGARD,** Lars. Physik(exper.). — 1913–17 Doz., '18–52 Prof. u. Dir. d. Physikal. Inst., '37–41 Dekan d. Math.-Naturwiss. Fak., '52 Prof. emer., Univ. Kristiania → Oslo; '30 Mitbegründer, '30–55 Dir. d. Nordlichtobservat., Tromsø; '28–34 Vorsitzender d. Präsidiums, '35–38 Vizepräs., '39–55 Präs., Norweg. Inst. f. kosm. Physik; '31– Vizepräs., Int. Physikal. Union; '35– Vizepräs., Norweg. Akad. Wiss., Oslo. — '52 Kommandeur, Königl. Norweg. Sanct-Olavs-Orden.

* 1880, Febr. 3, Vegardsheien (→ Vegårshei);

† 1963, Dez. 21, Oslo.

Entdeckungen Vegardsche Regel, Vegardsche Kurve (betr. Gitterkonstanten in Mischkristallreihen) 1928 (m. H.-J. Dal). — Vegard-Kaplan-Bande (Spektralbande des Stickstoffs bei geringem Partialdruck).

Zum 60. Geb.tag *E. A. Hylleraas, Fysikkens Verden **2** ('40) 1–5.

Zum 70. Geb.tag *J. Holtsmark, Fysikkens Verden **11** ('49) [oder **12** ('50)] 193–96 (m. Bildn.).

Zum 80. Geb.tag *E. A. Hylleraas, Fysikkens Verden **21** ('59) 241–44 (m. Bildn.).

Zur Biogr. Universitetet i Oslo 1911–1961, **1**(Oslo '62) 517f. (m. Bildn.).

Nekr. *G. Kvifte, Fysikkens Verden **26** ('64) 1–4 (m. Bildn.).

S. 6e Congrès international du froid, Buenos Aires 1932. 1ère Commission internationale (Commission Kamerling Onnes) de l'Institut International du Froid. Rapports et communications issus du Laboratoire Kamerling Onnes (Leiden '32) 244–69: The luminescence and crystal structure of solidified gases. — Elektroteknikk. Brensel og metaller. Kulturplantenes livsbetingelser (Oslo '33) (Videnskapen og det praktiske liv) 5–17: Physik und Elektrotechnik [norweg.]. — Nytt fra fysikkens område (Oslo '34) 5–40: Bahnbrechende Entdeckungen auf dem Gebiet der Physik in neucrer Zeit [norweg.]. — 1865 - 25 Mei - 1935. Verhandelingen, op 25 Mei 1935 aangeboden aan P. Zeeman ('s-Gravenhage '35) 225–35: The influence of van der Waals forces on the energy states of molecules as revealed by the luminescence from solidified gases. — Pohjoismainen (19. skandinaavinen) luonnontutkijain kokous, Helsinki 1936 (Helsinki '36) 1f. [?]: Lichtemission und Struktur kristallisierter Gase [norweg.]; 335–37: Nordlicht und Nachthimmelleuchten, Veränderungen des Nordlichtspektrums sowie Nachweis typischer Verschiebungen bei der spektralen Intensitätsverteilung bei sonnenbeschienenem Nordlicht [~]. — Actes du 7e Congrès international du froid, LaHaye–Amsterdam 1936, **1** (Utrecht '37) 311–20: Recent cryogenic work at Oslo. — International Union of Geodesy and Geophysics, Association of Terrestrial Magnetism and Electricity, Trans. of Edinburgh meeting, 1936 (D. la Cour u. a.) (København '37) ([IATME] Bulletin No. 10) 371–73: Report on conspicuous intensity variations within the auroral spectrum due to sunlight and other causes. — International Association of Terrestrial Magnetism and Electricity, Trans. of Oslo meeting, 1948 (J. W. Joyce) (Washington, D.C. '50) (IATME Bulletin No. 13) 188–95: Report on investigations on the physics of the ionosphere and its relation to solar phenomena; 351–55: A discussion on physical aspect of the influence of solar activity on terrestrial magnetism: Introductory remarks; 366–68: ~ : Sug-

 Bitte Bemerkung S. 5629 vor dem Buchstaben V beachten!

gested lines for further investigations and studies; 479–90: Properties of the upper atmosphere revealed through spectral analyses of aurorae and twilight. — International Association of Terrestrial Magnetism and Electricity, Trans. of Brussels meeting, 1951 (J. W. Joyce) (Washington, D.C. '54) (~ 14) 235–42: On auroral spectroscopy and properties of the ionosphere. — Physics of the Earth, **8**: Terrestrial magnetism and electricity (J. A. Fleming) (New York '39) 573–656: The aurora polaris and the upper atmosphere. — Naturvitenskapelig erkjennelse og vår livsinnstilling (Oslo '39) (Norsk Rikskringkasting, Universitetets radioforedrag, 42) 5–20: Der Weg zur Naturerkenntnis [norweg.]; 21–44: Das Weltbild der Physik [~]; 45–60: Die Grundprinzipien der Physik und unsere Lebenseinstellung [~]. — 5ᵉ Rapport de la Commission pour l'Etude des Relations entre les Phénomènes Solaires et Terrestres (Conseil International des Unions Scientifiques) (Firenze '39) 136–49: The auroral spectrum and the upper atmosphere. — The emission spectra of the night sky and aurorae. Papers read at an international conference held under the auspices of the Gassiot Committee of the Royal Society, London 1947 (London '48) 82–91: Report on recent work on ionospheric phenomena and on solar and terrestrial relationships. — Relations entre les phénomènes solaires et géophysiques. Colloque international, Lyon 1947 (Paris '49) (Questions d'actualité, 1) 109–16: Ionospheric properties and the solar corona; 193–204: Recent advances relating to the analysis of the auroral spectrum and its variability; 254–60: The influence of atmospheric ozone on the appearance of the sodium line in twilight; 265–69: Experimental determination of the probability for an O-atom to lose its excitation energy through collision with O_2-molecules and Ne-atoms. — International Council of Scientific Unions, Mixed Commission on Ionosphere, Proc. 1ˢᵗ Meeting, Brussels 1948 (Bruxelles '49) 18–22: Introduction to discussion on: Knowledge of the ionosphere from studies of aurorae; 111–42: Report to the International Mixed Commission on the Ionosphere. — International Council of Scientific Unions, Mixed Commission on the Ionosphere, Proc. 3ʳᵈ Meeting, Canberra 1952 (Bruxelles '53) 135–44: The Doppler displacement of the ionospheric hydrogen lines and its bearing on the auroral theory and solar–terrestrial relationships. — International Council of Scientific Unions, Mixed Commission on Ionosphere, Proc. 4ᵗʰ Meeting, Brussels 1954 (Bruxelles '55) 88–102: Facts to be taken into account in the interpretation of ionospheric processes. — Conseil International des Unions Scientifiques, Commission Mixte pour l'Etude des Relations entre les Phénomènes Solaires et Terrestres, Réunion à Rome 1952 ([Erscheinungsort u. -jahr nicht nachgewiesen]) 33–35: Auroral spectroscopy and its bearing on the physics of the ionosphere and on solar–terrestrial relationships. — *K. A. Olsen, Norsk Hydro gjennom 50 år; et eventyr fra realitetenes verden, 1905–1955 (Oslo '55) 579–85: K. Birkeland [norweg.]. — Solar eclipses and the ionosphere; a symposium, London 1955 (W. J. G. Beynon, G. M. Brown) (London–NewYork '56) (J. atmospher. and terrestr. Physics, Spec. Suppl. 6) 300f.: Phenomena caused by solar x-rays and properties of the solar electric ray bundles producing the aurora. — The threshold of space. Proc. of the Conference on chemical aeronomy, Cambridge, Mass., 1956 (M. Zelikoff) (London '57) 22–31: Solar and terrestrial phenomena resulting from photoelectric effect of solar x-rays. — Tagungsbericht Geomagnetismus und Aeronomie (Berlin '62) (Deutsche Akademie der Wissenschaften zu Berlin, Geomagnetisches Institut Potsdam, Abhandlung Nr. 29) 299–303: The theory of aurorae and other solar and terrestrial phenomena resulting from coronal-effects of solar x-rays; 304–06: Separation and identification of positive ions in the neutralized bundles which produce the aurorae.

W. Vann i Aker og Oslo. Hvor skal vi ta det fra? (Akers venstre) (Oslo '35) 15 S. — Forelesninger over elektrisitet og magnetisme, **1** (Oslo '37) 4 + 182 S. [Vorlesungsskript], ('51) 3 + 182 S. [~]; **2** ('38) 4 S. + S. 183–392 [~]; **3** ('39) 3 S. + S. 393–525 [~]. — The composition and physical state of the upper atmosphere as revealed by auroral and night sky luminescence (Paris '39) 20 S. (Mémoire présenté à l'Association de Météorologie de l'Union Géodésique et Géophysique Internationale, Edimbourg 1936). — Reguleringen av Barduelv og dens innflytelse på isforholdene i vassdraget nedover fra Altevatn (Oslo '56) 71 + 5 S. (Bibliotekkontoret, Universitetet Blindern) [Skript]. — Om den innflytelse som Aursundreguleringen har på jord og plantevekst i Tynset og Alvdal (Oslo '58) 29 S. [Skript]. — Nordlysobservatoriet og de dermed tilknyttede institusjoners tilblivelse og virksomhet, Tale ved 25-årsjubiléet i Tromsø den 30. juli 1955 (Oslo '61) 18 S.

Annales Géophysique Nouveaux résultats importants dans l'étude du spectre des aurores boréales et la physique de l'ionosphère: **6** ('50) 157–63. — Recent advances in auroral spectroscopy and in our knowledge of the upper atmosphere: **8** ('52) 91–99 [m. französ. Zusammenfassg.].

Årbok, Norske Vid.-Akad. Oslo Rede zum Gedenken an den Direktor für Eichwesen Daniel Isaachsen: **1940** ('41) 73–76 [norweg.]. — Fortschritt in der Nordlichtforschung: **1958** ('59) 16–21 [~].

Archiv Math. og Naturvid. Röntgenometrische Untersuchungen der aus den Substanzen CuCl, CuBr und CuJ gebildeten binären Mischkristallsysteme [22]): **45** ('42) 163–92.

Avh. norske Vid.-Akad. Oslo, I Die Struktur von festem Kohlenoxysulfid (COS) bei der Temperatur

Bitte Bemerkung S. 5629 vor dem Buchstaben V beachten!

von flüssiger Luft: **1931**, Nr. 6 ('32) 18 S. — Die Kristallstruktur der Nitrate von Ca, Sr, Ba und Pb. Ergänzende Untersuchungen[4]): Nr. 12 ('32) 22 S. — On the determination of temperature by means of band spectra: **1934**, Nr. 12 ('35) 29 S. — Determination of the temperature by means of bands taken with spectrographs of small dispersion [18])[2]): Nr. 13 ('34) 12 S. — The influence of van der Waals forces on the energy states of molecules as revealed by the luminescence from solidified gases: **1935**, Nr. 2, 14 S. — The temperature of the negative glow determined by band spectra [6]): **1936**, Nr. 1, 17 S. — The variation of the relative intensity of the green and red lines in the auroral spectrum and its physical explanation: **1937**, Nr. 3, 17 S. — On some recently detected important variations within the auroral spectrum: **1939**, Nr. 8 ('40) 11 S. — Lichterzeugung durch Deuterium- und Wasserstoff-Kanalstrahlen [1]): **1941**, Nr. 13, 28 S. — Verfahren zur röntgenometrischen Bestimmung des Temperatureinflusses auf Kristallgitter mit Anwendung auf Nitrate zweiwertiger Metalle [19]): Nr. 17 ('42) 18 S. — Der Isotopeneffekt beim Austausch von Wasserstoff durch Deuterium in festem Schwefel- und Selen-Wasserstoff[27]): **1942**, Nr. 7, 19 S.; **1943**, Nr. 6, 12 S. — Die Strukturen einiger Deuterium-Verbindungen und ihr Vergleich mit denjenigen der entsprechenden Wasserstoffverbindungen[9]): **1942**, Nr. 8, 24 S. — Röntgenstrahlanalyse von Mischkristallen innerhalb der Spinellgruppe [5]): **1943**, Nr. 5, 19 S. — The green auroral line as an initiator of phosphorescence in condensed systems [12]): **1948**, Nr. 4, 5 S. — Continued investigations on the excitation functions of nitrogen bands [7]): **1949**, Nr. 4, 14 S. — Phenomena in planetary and space physics governed by the coronal effect of solar x-rays: **1960**, Nr. 1, 35 S.

Čas. českoslov. Ústavů astron. Über die Spektren von Polarlichtern: **3** ('53) Nr. 4, 59– [tschech.].

C.R. hebd. Séances Acad. Sci., Paris Nouvelles recherches sur le spectre des aurores boréales: **230** ('50) 1884–86.

Ergebn. der exakten Naturwiss. Die Deutung der Nordlichterscheinungen und die Struktur der Ionosphäre: **17** ('38) 229–81.

Fysikkens Verden Korona-Erscheinungen und ihr Zusammenhang mit Sonnen- und Erdprozessen: **6** ('44) 19–32 [norweg.]. — Dozent Dr. Olaf Edvin Frivold †: 129–32 [~]. — Die Atomtheorie im Dienst der Nordlichtforschung: **7** ('45) 208–22 [~].

Geofysiske Publ., Norske Vid.-Akad. Oslo Results of investigations of the auroral spectrum during the years 1921–1926: **9**, Nr. 11 ('32) 71 S. — Investigations of the auroral spectrum based on observations from the Auroral Observatory, Tromsø: **10**, Nr. 4 ('33) 62 S. — The auroral spectrum in the region of long waves [8]): Nr. 5 ('33) 13 S. — The wavelength of the green auroral line determined by an interferometer method [8]): **11**, Nr. 1 ('34) 17 S. — Continued investigations on the temperature of the upper atmosphere determined by means of bands appearing in the auroral spectrum [25]): Nr. 2 ('35) 14 S. — Recent results regarding the spectral analysis of the auroral luminescence [8]): Nr. 15 ('37) 23 S. — Variations of the intensity distribution within the auroral spectrum [25]): Nr. 16 ('37) 36 S. — The temperature of the auroral region determined from band spectra [25]): **12**, Nr. 3 ('38) 9 S. — Vorgänge und Zustände in der Nordlichtregion: Nr. 5 ('38) 23 S. — Weak bands and atomic lines in the auroral spectrum: Nr. 8 ('38) 10 S. — The excitation functions of nitrogen bands and their bearing on auroral problems [20]): Nr. 12 ('40) 20 S. — Continued investigations on the auroral luminescence and the upper atmosphere: Nr. 14 ('40) 24 S. — Investigations on the auroral and twilight luminescence including temperature measurements in the ionosphere [25]): **13**, Nr. 1 ('40) 22 S. — New important results relating to the auroral spectrum and the state of the upper atmosphere [25]): Nr. 5 ('41) 21 S. — Coronal phenomena and their relation to solar and terrestrial processes: **16**, Nr. 1 ('44) 13 S. — Results of auroral spectrograms obtained at Tromsø Observatory during the winters 1941/42 and 1942/43 [25]): Nr. 2 ('44) 11 S. — Spectral investigations of aurorae and twilight [12]): Nr. 7 ('46) 29 S. — On the emission of the forbidden lines from the metastable groundstates $^1S_0$ and $^1D_2$ of the neutral oxygen atom [12]): **17**, Nr. 1 ('47) 34 S. — The intensity distribution within the nitrogen spectrum from canal rays and negative glow, with reference to the auroral luminescence [17]): Nr. 7 ('50) 15 S. — An auroral spectrogram and the results derived from it [12]): **18**, Nr. 3 ('51) 23 S. — Continued investigations on the spectra of aurora and twilight and the ionospheric temperature [25])[12]): Nr. 4 ('51) 16 S. — Doppler displacement of auroral hydrogen lines and its bearing on the theory of aurora and magnetic disturbances: Nr. 5 ('52) 15 S. — Results from auroral spectrograms obtained at Tromsø during the winter 1950/51 [25]): Nr. 8 ('52) 20 S. — Theory and observations of the enhancement of auroral hydrogen lines with increasing distance from the magnetic axis point [12]): **19**, Nr. 2 ('54) 10 S. — Studies of the twilight sodium lines from observations at Oslo and Tromsø, and results of auroral spectrograms from Oslo [12]) [15])[13]): Nr. 3 ('55) 1–18; Appendix: Cosmic-physical consequences of the results regarding the sodium D-line in twilight: 19–22. — Intensity variations of auroral hydrogen lines and the influence of the solar proton radiation on the auroral luminescence: Nr. 4 ('55) 10 S. — Composition, variations and excitation of the auroral luminescence spectra: Nr. 9 ('56) 51 S. — Recent progress relating to the study of aurorae and kindred phenomena: **20**, Nr. 4 ('58)

16 S. — Results of auroral observations at Tromsø and Oslo from the four winters 1953/54 to 1956/57 [3][14]: Nr. 9 ('58) 36 S. — Auroral investigations during the winter seasons 1957/58 to 1959/60 and their bearing on solar terrestrial relationships: **22**, Nr. 6 ('61) 50 S.

Gerlands Beitr. Geophysik Neue Ergebnisse betreffs des Auftretens von Atomlinien im Nordlicht [25]: **57** ('41) 289–309.

J. atmospher. and terrestr. Physics International Council of Scientific Unions, Mixed commissions on the ionosphere, Proceedings of 5th meeting: Report on spectrographic work at Tromsø and Oslo: **15** ('59) 175.

J. roy. astron. Soc. Canada The auroral spectrum and its interpretation: **27** ('33) 341–43.

Météorologie Résultats récents concernant le spectre auroral et l'état de la haute atmosphère: **1938**, 141–54, 203–16.

Nature [London] Wave-length of the green auroral line determined by the interferometer: **129** ('32) 23. — Spectrographic observations of infra-red lines in the auroral spectrum: 468. — The auroral spectrum and the upper atmosphere: **132** ('33) 682. — Situation of the A (3Σ) level in the nitrogen molecule: **134** ('34) 697. — Interferometer measurements of the red auroral line 6300 [8]: **135** ('35) 542f. — The phosphorescence process as revealed by the luminescence from solid nitrogen: 1073. — Structure of solid oxygen: **136** ('35) 720f. — Enhancement of red lines and bands in the auroral spectrum from a sunlit atmosphere [25]: **137** ('36) 778f. — Red and sunlit auroras and the state of the upper atmosphere: **138** ('36) 930f. — Auroral phenomena and the behaviour of the ionosphere during a total solar eclipse: 974. — Altitude effects in the red part of the auroral spectrum and the two types of red auroras: **141** ('38) 200. — Atomic lines in the auroral spectrum: **142** ('38) 670. — Very small intensity of the red OI triplet during the auroral displays of September 14–16: 831f. — Hydrogen showers in the auroral region: **144** ('39) 1089f. — Origin of the yellow line in twilight and the night sky luminescence [25]: **145** ('40) 588f. — The atmospheric layer from which the yellow line in twilight originates: 623. — Thickness and height of the sodium layer responsible for the strong yellow line in twilight: **162** ('48) 300. — The green auroral line as an initiator of phosphorescence in condensed systems [12]: 967f. — An auroral spectrogram obtained at Oslo on February 23: **165** ('50) 1012f. — Great intensity variations of H_α and effects in auroral spectrograms taken in rapid succession: **170** ('52) 536f. — Enhancement of auroral hydrogen lines towards lower latitudes: 1120f.

Naturen Der Atomkern: **1933**, 321–28. — Lord Rutherford und sein Lebenswerk: **1938**, 97–107. — Korona-Erscheinungen und ihre physikalische Erklärung: **1944**, 161–76. — Wasserstoffionen (Protonen) von der Sonne und ihre Bedeutung für die Nordlichttheorie: **1952**, 514–28. — Heike Kamerlingh Onnes, Professor der Physik an der Universität Leiden 1882–1926: **1954**, 290–300. — — Alle Arbeiten norweg.

Naturwissenschaften Spektralaufnahmen von ultraroten Linien im Nordlichtspektrum: **20** ('32) 268f. — Zu der Zusammenstellung von den Herren C. Ramsauer und A. Kalähne über die Untersuchung des infraroten Teils des Nordlichtes: 720f. — Das Nordlichtspektrum und der Zustand der Nordlichtregion: **26** ('38) 639–44. — Zu F. W. Paul Götz: "Eine neue Strahlung im Nordlicht des 18./19. September 1941": **30** ('42) 752, 752f.

Philosophical Mag. The temperature distribution within the auroral region of the atmosphere: (7) **24** ('37) 588–98.

Physica Spectroscopy of the higher atmosphere: **12** ('46) 606–14.

Proc. Koninkl. Akad. Wet. Amsterdam Continued investigations on the luminescence and crystal structure of solidified gases: **37** ('34) 780–88.

Publ. Observat. Lyon, Sér. 1 [Diskussion zu] *J. Dufay, *J. Gauzit, La raie 5577 Å de l'oxygène au crépuscule: **5**, Nr. 3 ('49) 4. — [~] *R. Herman, *L. Herman, Excitation au laboratoire des bandes Vegard-Kaplan de l'azote correspondant à des niveaux de vibration élevés: Nr. 5 ('49) 9f. — [~] *J. Dufay, Lumière zodiacale et activité solaire: Nr. 8 ('49) 2f.

Publikasjoner norske Inst. kosmisk Fysikk The Auroral Observatory at Tromsø [8][11][24][21]: Nr. **1** ('32) 26 S. — The Auroral Observatory at Tromsø: Observations 1951 [8][26][25]: Nr. **34** ('53) 31 S.

Science [USA] The phosphorescence of solid nitrogen and its relation to crystal structure: (N.S.) **77** ('33) 588f.

Science Progr. [London] The northern lights and the story they tell: **28** ('33/34) 593–609.

Scientia The northern lights and the ionosphere: (4) **67** ('40) 37–43; französ.: Suppl. S. 17–21. — Coronal phenomena and their relation to solar and terrestrial processes: **76** ('44) 54–59.

Skr. norske Vid.-Akad. Oslo The properties of the ε-system (Vegard-bands) derived from new and previous measurements [23]: **1935**, Nr. 9, 57 S. — Investigations into the structure and properties of solid matter with the help of x-rays: **1947**, Nr. 2, 83 S. — The forbidden OI-lines and phosphorescence bands emitted from inert gases containing traces of oxygen [12]: **1955**, Nr. 2 ('56) 20 S.

Bitte Bemerkung S. 5629 vor dem Buchstaben V beachten!

Terrestrial Magnetism and atmospher. Electr. The temperature of the auroral region determined by the rotational series of the negative nitrogen bands: **37** ('32) 389–98. — Ole Krogness and his work: **39** ('34) 347–49. — On some recently detected important variations within the auroral spectrum: **45** ('40) 5–12.

Trans. amer. geophysic. Union Auroral spectrum and its interpretation: **14** ('33) 68f. — The aurora and night-sky spectra and the upper atmosphere. Report on recent work: **16** ('35) 38–40.

Z. Kristallogr., Mineral. u. Petrogr., Abt. A Gold-Kupfer-Legierungen, insbesondere bei hohen Temperaturen [10]): **89** ('34) 560–74.

Z. Physik Ergebnisse fortgesetzter Untersuchungen über das Leuchten verfestigter Gase. Beziehungen zu den Elektronenzuständen und dem Nachleuchten des gasförmigen Stickstoffs: **75** ('32) 30–62. — Der sichtbare Teil des Nordlichtspektrums: **78** ('32) 567–75; **81** ('33) 556–59. — Die Struktur von β-Stickstoff und die verschiedene Phosphoreszenzfähigkeit der beiden Formen des festen Stickstoffs: **79** ('32) 471–91. — Die Struktur der β-Form des festen Kohlenoxyds: **88** ('34) 235–41. — Die spektrale Intensitätsverteilung im Nachthimmellicht und Nordlicht [25]): 709–26. — Nachthimmellicht und Nordlicht im langwelligen Spektralgebiet [25]): **94** ('35) 413–33. — Die Kristallstruktur von festem Sauerstoff: **98** ('35/36) 1–16. — Intensitätsänderungen der grünen und roten Sauerstofflinien und das Auftreten des ε-Systems im Nordlicht und Nachthimmellicht: **106** ('37) 108–31.

Mit: [1]) E. Aas; [2]) A. Benedicks; [3]) S. Berger; [4]) L. Bilberg; [5]) A. Borlaug; [6]) K. G. Dørum; [7]) H. Foss; [8]) L. Harang; [9]) S. Hillesund; [10]) A. Kloster; [11]) O. Krogness; [12]) G. Kvifte; [13]) S. Larsen; [14]) A. Nundal; [15]) A. Omholt; [16]) —; [17]) H. Raastad; [18]) H. T. Ringdal; [19]) K. I. Roer; [20]) B. Rypdal; [21]) S. Sæland; [22]) G. Skofteland; [23]) S. Stensholt; [24]) C. Størmer; [25]) E. Tønsberg; [26]) J. A. Frøshaug; [27]) L. Sinding Oserød.

VI **VEIBEL,** Stig Erik. Chem.(org.). — 1932–44 Lektor, '44–68 Prof., '66–68 Dir. d. Org.-Chem. Labor., Abt. f. chem. Ingenieurwiss., '68 Prof. emer., Dän. Techn. Hochsch., København → ('66) Lundtofte; '22–34 Sekretär, Int. Union f. Reine u. Angew. Chem. (IUPAC); '47– Präs. d. Gemeinschaftsrates f. int. Zusammenarbeit (mit IUPAC), '47–50 Vorsitzender, Dän. Chem. Vereinig.; '32–33 Vorsitzender, Studentenges., København; '53– Präs., Dän.-Tschechoslowak. Ges.; '71 Präs., Dän.-Französ. Naturwiss. Ges. — '61 Dr. phil. h.c. (Univ. de Bordeaux). — '22 Goldmedaille (Univ. København).
* 1898, Apr. 19, Korsør;
† 1976, Mai 15, Gentofte.

Nekr. *A. Kjær, Dansk Kemi **57** ('76) 280. — *H. Lund, Oversigt Selsk. Virksomhed, Kgl. danske Vid. Selsk. **1976/77** ('77) 107–12 (m. Bildn. u. Faks.).

S. Pohjoismainen (19. skandinaavinen) luonnontutkijain kokous, Helsinki 1936 (Helsinki '36) 387f.: Phytochemische Reduktion von Diketonen [dän.] [4]). — Forhandlinger, Det 5. Nordiske kemikermøde, København 1939 (N. Berg) (København '40) 223–25: Anwendung von Carboxyphenylhydrazonen zur Identifizierung von Carbonylverbindungen [dän.] [6]) [44]); 249–51: Dismutation von p-Tolylglyoxal [~] [9]). — Berättelse och föredrag, 6. Nordiska kemistmötet, Lund 1947 (Lund '48) 287–89: Identifizierung von 3- und 5-Pyrazolonen durch potentiometrische Titration [dän.]. — Mötesberättelse och föredrag, 7. Nordiska kemistmötet, Helsingfors 1950 (Helsinki '51) 188f.: Beitrag zur Chemie der Pyrazolone [dän.]. — Alverdens viden om naturen og menneskelivet. Dansk kulturbibliotek (J. Byskov, T. Døssing, A. Bindslev) **6**: Naturvidenskab (Odense '40) 99–114: Grundzüge der Entwicklung der Chemie [dän.]. — Danmark 1940 (M. Vahl, H. Jensen, S. P. Fornjotur) (København '40) 173–83: Die dänische Wissenschaft heute [dän.]. — Die Methoden der Fermentforschung (E. Bamann, K. Myrbäck) **2**(Leipzig '41) 1759–86: β-Glucosidase; 1787–92: Galaktosidasen; 1793–95: Mannosidase; 1796–99: Trehalase; 1828–34: Glucuronidase. — Holland Danmark. Forbindelserne mellem de to lande gennem tiderne (K. Fabricius, L. L. Hammerich, V. Lorenzen) **2**(København '45) 286–326: Die Naturwissenschaften [dän.]. — Proc. 11th International congress of pure and applied chemistry, London 1947, **2**(London '50) 329–32: Identification of 5- and 3-pyrazolones by potentiometric titration [21]). — The enzymes; chemistry and mechanism of action (J. B. Sumner, K. Myrbäck) **1**,1(New York '50) 583–620: β-Glucosidase; 621–34: Hydrolysis of galactosides, mannosides, and thioglucosides. — Résumés des communications, 14e Congrès international de chimie pure et appliquée, Zürich 1955 (Paris '55) 274f.: Anhydrides of 1-(o-carboxyphenyl)-3-methylpyrazol-5-ones and 1-(o-carboxyphenyl)-5-methylpyrazol-3-ones [36])[25]). — Encyclopédie française **12**: Chimie (Paris '58) 12·16, 3–5: Les méthodes expérimentales d'étude des espèces, 2: L'identification. — Handbuch der Pflanzenphysiologie (W. Ruhland) **6** (Berlin–Göttingen–Heidelberg '58) 780–98: Die Fermente des Auf- und Abbaus (besonders die speziellen Heterosidasen). — Proc. International symposium on microchemistry, Birmingham 1958 (D. W. Wilson) (Oxford–London–NewYork–Paris '60) 159–62: Survey of methods useful in functional group

Bitte Bemerkung S. 5629 vor dem Buchstaben V beachten!

determination of organic substances. — Actas do 15° Congresso internacional de química pura e aplicada, Lisboa 1956, **3** (Lisboa '61) 925–32: Etudes sur la détection, la caractérisation et le dosage des aldéhydes [23]).

W. Kan klorlageret paa Islands Brygge betyde en giftgaskatastrofe over København? (Landsforbundet "Aldrig mere Krig" i Danmark) (Vanløse '37) 20 S. — Vejledning i organiske stoffers identifikation [2](København '37) 180 S.; [3]('47) 206 S.; engl.: The identification of organic compounds, a manual of qualitative and quantitative methods (København '54) 346 S., Neuauflagen: ('61) 16 + 426 S., ('66) 468 S., ('71) 16 + 471 S., (Stockholm '55) 346 S.; französ.: Identification des substances organiques, un manuel des méthodes qualitatives et quantitatives (Paris '57) 16 + 311 S. (Collection de monographies de chimie organique, 1); russ.: Identifikacija organičeskich soedinenij (Moskva '57) 341 S.; deutsch: Analytik organischer Verbindungen (Berlin '60) 19 + 320 S. — Kemien i Danmark, **1**: Kemiens historie i Danmark (København '39) 250 S.; **2**: Dansk kemisk bibliografi 1800–1935 ('43) 504 S.; **3**: [siehe Pogg. VIII]. — Udkast til rapport fra pektinudvalget (København '53) 71 S. (Akademiet for de Tekniske Videnskaber, Beretning 22). — Organisk kemi, **1.2** (København '51) 936 S.; [2]('58/59) 878 S.

Acta chem. scand. On the application of p-carboxyphenylhydrazones in the identification of carbonyl compounds: **1** ('47) 54–68. — The diagnostic value of the titration curves of the p-carboxyphenylhydrazones of hydroxysubstituted aromatic aldehydes and ketones [39]): **2** ('48) 545–49. — Pyrazole studies, 1: On the pyrazoisocoumarazones of A. Michaelis [3]): 914–20; ~ 2: The anhydrides of 1-(2'-carboxyphenyl)-3-phenyl-pyrazole-5 and 1-(2'-carboxyphenyl)-3-methyl-4-ethyl-pyrazolone-5 [3]): 921–26; ~ 3: Further investigations on the α- and β-lactones of some 1-(2'-carboxyphenyl)-pyrazolones-5 [37])[14]): 927–32; ~ 4: Potentiometric titrations of 1-arylpyrazolones [21])[36]): **5** ('51) 1283–88; ~ 5: The oxidation by air of some 3,4-dialkylsubstituted 1-phenylpyrazolones-5 [48]): **7** ('53) 119–27; ~ 6: Variation of the basic properties of pyrazolones with substitution in the pyrazolone nucleus [11])[26]): **8** ('54) 768–76; ~ 7: The kinetics of oxidation by air of 4-alkylsubstituted pyrazol-5-ones to 4-alkyl-4-hydroxysubstituted pyrazol-5-ones [26]): 1007–16; ~ 8: Oxidation of 4-alkylsubstituted pyrazol-5-ones with tertiary butylhydroperoxide [26]): 1383–88; ~ 9: The kinetics of oxidation by oxygen of 1,3,4-substituted pyrazol-5-ones in the presence of hydroxyl or alkoxyl ions [26]): **9** ('55) 963–69; ~ 10: The kinetics of oxidation by oxygen of 3,4-substituted pyrazol-5-ones in the presence of alkanolate ions [26]): 970–74; ~ 11: Oxidation by air of 1,4-disubstituted pyrazolidine-3,5-diones [27])[42]): **12** ('58) 1359–63; ~ 12: The hydrazobenzene-catalysed oxidation of 1,2-diphenyl-4-butylpyrazolidine-3,5-dione [Butazolidine] [27])[42]): 1364–66; ~ 13: Oxidation by air of 4-substituted pyrazol-5-ones and stereochemistry of the oxidation products: **26** ('72) 3685–90. — Titration of pyrazolones with perchloric acid in glacial acetic acid [11])[26]): **6** ('52) 1066–72. — Acid and enzymic hydrolysis of β-glucosides, 2 [18]): 1353–65; ~ 3 [49]): 1366–73. — The stoichiometry of the reaction between hydrazoic acid and phenanthrenequinone [5]): **7** ('53) 1127f. — The preparation of S-alkylthiuronium picrates and a new method for the estimation of tertiary alcohols [40]): 1357–63. — Synthèse des esters acides d'acides dicarboxyliques par action de l'alcoolate de sodium ou de potassium sur les anhydrides d'acide correspondants [35]): **9** ('55) 1674–84. — Identification of dialkylsulfides as dialkyl-p-bromophenacyl sulfonium picrates [30]): **10** ('56) 1488–90. — A study of the pyrazoles formed by reaction between p-carboxyphenylhydrazine and some β-diketones [30])[38]): **12** ('58) 934–38.

Acta chim. Acad. Sci. hungar. Untersuchungen über 3-Amino-5-pyrazolone [8]): **18** ('59) 493–98 [m. engl. u. russ. Zusammenfassg.].

Acta physiol. scand. On the glucosidases of the intestines of the pig [43]): **6** ('43) 62–66.

Analytica chim. Acta Etudes sur la détection, la caractérisation et le dosage des aldéhydes, 1: Méthodes d'oximation [23]): **14** ('56) 320–24; ~ 2: Dérivés formés par réaction avec le bis-(p-methoxybenzylamino)-1,2-éthane ou bis-phénylamino-1,2-éthane [23]): **15** ('56) 15–20.

Analytical Chem. Determination of functionality in organic compounds: **23** ('51) 665–67.

Biochemical J. Studies of the action of emulsion, 2: **28** ('34) 1733–45; ~ 3: Some sources of error in the polarimetric examination of enzymic hydrolysis of β-glucosides [12]): **30** ('36) 163–67. — Polylaevans formed by the carbohydrate metabolism of certain bacteria: **32** ('38) 1949–52.

Biochemische Z. Über den Trehalosegehalt und das Trehalosebildungsvermögen der Unterhefe: **252** ('32) 305–08. — Studien über Emulsinwirkung, 1: Spaltung von 3-Methyl-pentanol-1-β-D-glucosid mittels Emulsion [4]): 401–05.

Biochimica et biophysica Acta Investigation on the β-galactosidase of alfalfa seed emulsin [33]): **1** ('47) 1–12 [m. französ. u. deutscher Zusammenfassg.]. — On the difference between β-glucosidase and β-galactosidase [47])[33]): 126–38 [~].

Bull. Soc. chim. France Synthèses et propriétés de quelques alcoylglucosides-β[, 1] [12]): (5) **3** ('36) 277–83; ~ 2: Glucosides des 5 alcools butyliques et des alcools pentylique, hexylique et heptylique tertiaires [23]): **5** ('38) 494–502. — La benzyl-isothio-urée et son application pour l'identification des acides organiques [25]): 1153–58; ~ [34]): **6** ('39) 1434f. — Iden-

Bitte Bemerkung S. 5629 vor dem Buchstaben V beachten!

tification et dosage des substances à fonction carbonyle à l'aide de l'acide hydrazinobenzoïque [17]): **5** ('38) 1506–09. — Sur la préparation des alcools primaires à l'aide des organomagnésiens [28])[1])[13]): **6** ('39) 990–98. — Quelques traits de la chimie des pyrazolones: **1955**, 307–13.

Canadian J. Chem. Benzidine-rearrangement during the titration of azo-compounds with titanous chloride: **32** ('54) 638f.

Chemia analit. [Warszawa] Organische Analyse auf Grund funktioneller Gruppen: **3** ('58) 207–21 [m. poln. Zusammenfassg.].

Chemické Listy Organische Analyse mittels funktioneller Gruppen: **54** ('60) 820–33 [tschech.].

Chemische Ber. Notiz über Derivate des 6,8a-Diazabenzo[h]-azulens [,1] [19]): **93** ('60) 2752–54.

Chimie analyt. Nouvelles méthodes pour l'identification des substances organiques à l'aide des groupements fonctionnels: (4) **36** ('54) 145–52. — Vue d'ensemble sur la caractérisation et le dosage des acides et des anhydrides d'acides: **41** ('59) 12–17, 49–53. — Rationalisation de l'expression des résultats analytiques. Indice moléculaire ou poids d'équivalence: **43** ('61) 189f.

Chimija i Industrija Die funktionelle organische Analyse beim Chemiestudium: **33** ('61) 50–53 [bulgar.].

C.R. hebd. Séances Acad. Sci., Paris Un cas de β-glucoside non hydrolysable [31]): **203** ('36) 126–28. — L'influence de l'aglucone sur la vitesse d'hydrolyse des glucosides-β par l'émulsine [12]): 390–92. — Hydrolyse fermentative de quelques glucosides-β d'alcools tertiaires [25]): 692–94.

C.R. Trav. Labor. Carlsberg, Sér. chim. Über den Toluol-Effekt bei der fermentativen Hydrolyse von β-D-Glucosiden: **22** ('38) 513–18.

Dansk Tidsskr. Farm. Über die alkoholische Gärung: **5** ('31) 201–18. — Über die Anwendung von p-Carboxyphenylhydrazin zur Identifizierung von Carbonylverbindungen [6])[44]): **14** ('40) 184–200. — Über die Identifizierung von Hydroxylverbindungen mittels m-Nitrobenzazid[, 1] [25]): 236–42; ~ 2 [25])[47]): **17** ('43) 183–88. — Über die Reaktion zwischen p-Carboxyphenylhydrazin und Senfölen: 42–48. — Über die Reaktion zwischen p-Carboxyphenylhydrazin und α-Oxy- oder α-Halogenketonen [46]): 112–22. — — Alle Arbeiten dän., zum Teil m. französ. Zusammenfassg.

Dialog [København] Vernichtung oder Fortschritt?: **7** ('57) Nr. 4, 2–6 [dän.].

Enzymologia Enzymatische Synthese von Alkylglucosiden: **1** ('36/37) 124–32 [m. engl. Zusammenfassg.]. — Über den Toluol-Effekt bei der fermentativen Hydrolyse von β-D-Glucosiden: **2** ('37/38) 367–72. — Enzymatische Hydrolyse von Trimethylcarbinol-β-D-Glucosid: **3** ('37) 147–52. — Über die Standardisierung von β-Glucosidase [25]): **5** ('38/39) 129–36. — Über die Dismutation von p-Tolylglyoxal[, 1] [9]): **7** ('39) 348–52; ~ 2 [16]): **9** ('40/41) 180–84. — Zur Methodik der Untersuchung von β-Glucosidase [25]): 161–79.

Farmaceutisk Tid. Prof. Baggesgaard 70 Jahre alt: **68** ('58) 407–09 [dän.].

Helvetica chim. Acta Sur les glucosides formés par addition des alcools au triacétyl-glucosane-α⟨1,2⟩β⟨1,5⟩: **31** ('48) 736.

Hoppe-Seyler's Z. physiol. Chem. Die enzymatische Hydrolyse von Triäthylcarbinol-β-D-Glucosid [25]): **253** ('38) 55–63.

Ingeniøren Aus der neueren Entwicklung der Enzymchemie: **51** ('42) Nr. 11, K9–K14 [dän.]. — Prof. Dr. phil. Einar Biilmann †: **55** ('46) Nr. 42, K110–K112 [~]. — Der Gemeinschaftsrat für internationale Zusammenarbeit der Dänischen Chemischen Vereinigungen: **64** ('55) Nr. 4, 103f. [~].

Ingeniørens Ugebl. Chemische Nomenklatur [20]): **1961**, Nr. 6, 18f. [dän.].

J. amer. chem. Soc. S-Benzylthiuronium salts of sulfobenzoic acids: **67** ('45) 1867.

J. chem. Educat. Johan Kjeldahl, 1849–1900: **26** ('49) 459–61.

J. chem. Soc., London Einar Christian Saxtorph Biilmann, 1873–1946 [41]): **1949**, 534f.

J. Pharm. et Chim. Sur le dosage des sémicarbazones: (8) **24** ('36) 499–502.

Kemisk Maanedsbl. og Nordisk Handelsbl. kem. Industri Enzymatische und saure Hydrolyse von Glucosiden: **20** ('39) 253–58 [dän.].

Magyar tudományos Akad. kém. Tudományok Osztályának, Közleményei Die Bedeutung der organischen Gruppenanalyse in der Forschung und im Unterricht: **16** ('61) 397–405 [ungar.].

Mathematisk-fys. Medd., Kgl. danske Vid. Selsk. Enzymic hydrolysis of glucosides, 1: Hydrolysis of methyl- and ethyl-β-D-glucosides [12]): **13**, Nr. 17 ('36) 28 S.; ~ 2: Hydrolysis of propyl- and isopropyl-β-D-glucosides and some considerations on the mechanism of the enzymic hydrolysis of β-glucosides [12]): **14**, Nr. 15 ('37) 43 S.; ~ 3: Hydrolysis of the 5 butyl-β-D-glucosides [25]): **17**, Nr. 6 ('40) 47 S. — Phytochemische Reduktion von Diketonen [4]): **13**, Nr. 18 ('36) 19 S. — L'hydrolyse acide et fermentative des glucosides-β[, 1] [13]): **19**, Nr. 1 ('42) 38 S.

Matematisk-fys. Medd., Kgl. danske Vid. Selsk. Investigations on the glycosidases of milk-sugar yeast emulsin [29])[47]): **22**, Nr. 2 ('45) 24 S.; [2]('55) 24 S.

Bitte Bemerkung S. 5629 vor dem Buchstaben V beachten!

Monatsh. Chem. Identifizierung von Carbonylverbindungen als Carboxyphenylhydrazone: **81** ('50) 330–32.

Parfumeri, Cosmét., Savons Aperçu des méthodes utiles pour la découverte, la caractérisation et le dosage des substances à fonction hydroxyle (aliphatique, aromatique ou hétérocyclique): **2** ('59) 2–9 [m. engl., deutscher u. span. Zusammenfassg.].

Socker, Handl. II Formation of potassium iminodisulfate in old beet molasses [7]): **2** ('46) 373–77.

Spisanie bŭlgarsk, Akad. Nauk. Neue Methoden der funktionellen organischen Analyse: **1961**, Nr. 3, 52–69 [bulgar.].

Suomen Kemistilehti Etude sur la détection, la caractérisation et le dosage des aldéhydes, 3 [23])[30]): **31** ('58) B10–B13.

Tetrahedron The preparation and properties of substituted benzo[c]pyrazolo[1,2-a]pyrazol-1,9-diones (Michaelis' benzobispyrazolones) [25]): **1** ('57) 201–03.

Mit: [1]) F. Andersen; [2]) —; [3]) N. H. Arnfred; [4]) E. Bach; [5]) T. Bak; [6]) A. Blaaberg; [7]) A. Brieghel-Müller; [8]) S. Brøndum; [9]) S. Darling; [10]) A. K. Dhamoon; [11]) K. Eggersen; [12]) F. Eriksen; [13]) E. Frederiksen; [14]) A. Friediger; [15]) —; [16]) H. W. Hansen; [17]) N. Hauge; [18]) E. Hjorth; [19]) S. F. Hromadko; [20]) K. A. Jensen; [21]) J. Kjær; [22]) —; [23]) I. G. Krogh Andersen; [24]) —; [25]) H. Lillelund; [26]) S. C. Linholt; [27]) S. Linholter; [28]) F. Lundquist; [29]) C. Møller; [30]) B. J. Nielsen; [31]) E. Nielsen; [32]) —; [33]) G. Østrup; [34]) K. Ottung; [35]) C. Pedersen; [36]) E. Plejl; [37]) I. Refn; [38]) S. Refn; [39]) H. W. Schmidt; [40]) L. Schotte; [41]) J. L. Simonsen; [42]) P. Sørensen; [43]) G. Steensholt; [44]) H. H. Stevns; [45]) J. H. Vestergaard; [46]) T. Vrang; [47]) J. Wangel; [48]) G. Westöö; [49]) Shin-lin Yang.

VI **VEIL,** Suzanne Zélie Pauline. Chem. — Chef de Travaux, Ecole prat. des Hautes Etudes, Paris; en même temps Chargée de Recherches, Caisse Nation. des Recherches, Paris; puis Chef de Travaux → Prof. [?], Fac. des Sci., Univ. de Paris. — Prix Cahours, '24 Médaille Berthelot (Acad. Sci. Paris). — — Genauere Daten nicht bekannt.

* 1886, Apr. 28, Paris;

†

Ue. *C. E. Beynon, La structure physique des alliages; introduction aux théories physico-chimiques modernes [The physical structure of alloys; an introduction to modern physico-chemical theories] (Paris '47) 6 + 106 S. — *J. A. Crowther, Manuel de radiologie industrielle [Handbook of industrial radiology] (Paris '48) 256 S.

S. Traité de chimie minérale (P. Pascal) **7** (Paris '32) 309–436: Aluminium; **10** ('33) 439–596: Chrome. — La science. Ses progrès, ses applications (G. Urbain, M. Boll) (Paris '33): L'électricité et le magnétisme au 19ᵉ siècle (38 S.).

W. Les phénomènes périodiques de la chimie, **1**: Les périodicités de structure (Paris '34) 41 S. (Actualités scientifiques et industrielles, 104 = Exposés de chimie générale et minérale, 3); **2**: Les périodicités cinétiques ('34) 32 S. (~154 = ≈4).

Bull. Soc. chim. France Sur la précipitation rythmique des sels de zinc par les chromates alcalins: (5) **1** ('34) 911. — Sur la précipitation des sels de zinc par les chromates alcalins au sein de la gélatine. Discrimination du zinc et du cadmium: 1358f. — Sur la distribution des structures chimiques périodiques: **2** ('35) 19f. — Sur la morphologie des essais aux ferricyanures dans la gélatine. Rythmicité observée dans le cas du cobalt: 1091. — Sur la diffusion des matières colorantes dans la gélatine et la morphologie de leurs réactions aux électrolytes: 1830–32. — Le contrôle électrométrique des attaques de métaux en milieu électrolytique et l'origine de la force électromotrice des piles dites chimiques: **3** ('36) 540f. — Piles hydroélectriques et piles de contact: 860–65. — Examen électrostatique comparé des électrolytes sur gélatine. Notion de potentiel électrométrique des solutions: **4** ('37) 608f. — Etude électrostatique des solutions électrolytiques par la considérations des chaînes Pt–eau–solution–Pt: 1501–06. — Rythmicité de précipitation de quelques pyrophosphates: **5** ('38) 1072f. — Précipitation rythmique de l'iodate de plomb dans la gélatine et interprétation interfaciale des périodicités chimiques de structure: 1393f. — Sur des périodicités d'emprunt, dérivées de la précipitation spontanée périodiquement du chromate d'argent par substitution localisée: **6** ('39) 700–02. — Précipitations périodiques et polypériodiques: **1950**, 222–26.

C.R. hebd. Séances Acad. Sci., Paris Action du champ électrique sur la gélatine. Effet de la présence d'un indicateur: **194** ('32) 454–56, 1283. — Sur la diffusion individuelle des réactifs de Liesegang au sein de la gélatine: 1155–57. — Précipitation du bleu de méthylène par divers électrolytes au sein de la gélatine: 1932–34. — Sur la précipitation périodique de quelques sels d'argent: **195** ('32) 606–08. — Rythmicités observées dans la précipitation électrolytique de matières colorantes: 781–83. — Sur les rythmicités de cristallisation provoquées par la diffusion des carbonates alcalins au sein de la gélatine: **196** ('33) 109f. — Sur la précipitation périodique de l'iodure mercurique: 266–68. — Sur la précipitation rayonnée du carbonate de strontium: 1491f. — Diffusions discontinues au sein de la gélatine: **197** ('33) 756–58. — Sur la conduction électrique de la gélatine: 1044–46. — Action du champ électrique sur la diffusion stratifiée des carbonates alcalins au sein de la gélatine: **198** ('34) 258–60. — Sur quelques oxydations anodiques au sein de la gélatine: 1396–98. — Recherche systématique des périodicités de précipitation par la méthode des deux gouttes: 1854–56. — Observations chimiques qualitatives dans la gélatine en couche plane: **199** ('34) 611–13. — Localisation autophotographique des ions radioactifs dans la gélatine: 1044–46. — Sur la gélatine évoluée dans le champ électrique: **200** ('35) 550–52. — Phénomènes électriques liés aux confrontations chimiques dans les gels: 1318f. — Sur les piles de contact et leur mise en court-circuit: 2013–15. — Forces électromotrices dues aux confrontations de métaux dans la gélatine et importance de l'effet Volta dans les piles: **201** ('35) 551f. — Sur un contrôle électrométrique des réactions de déplacement: 885–87. — Effet Volta des solutions électrolytiques contre l'eau et caractères d'acidité et de basicité: **202** ('36) 121–23. — Potentiel électrométrique et concentration des électrolytes: 1665f. — Périodicité de Liesegang et concentration du réactif-goutte: 2078f. — Potentiel électrométrique et constitution des électrolytes: **203** ('36) 928–30. — Construction systématique de piles à deux liquides sur gélatine: 1060f. — Sur quelques piles à électrodes dissemblables: **204** ('37) 242–44. — Sur le gradient de potentiel de la gélatine sous tension: 1645f. — Sur la présence d'iode dissous dans l'iodure de potassium aqueux et les propriétés électriques du milieu: **205** ('37) 544f. — Sur les confrontations des métaux au platine dans les solutions de leurs propres sels: 1371–73. — Sur les confrontations de l'argent au platine et au nickel dans l'iodure de potassium aqueux, et leur aspect électrostatique: **206** ('38) 1625–27. — Sur quelques circonstances de la co-précipitation du bromure et du chromate d'argent: 1896f. — Confrontations argent–platine dans les iodures aqueux et électrostatique du contact Ag–I^-: **207** ('38) 1388–90. — Introduction de solutés ultérieurs dans l'iodure de potassium aqueux, et répercussion électrostatique: **208** ('39) 1306f. — Sur des périodicités de Liesegang obtenues par attaque, dans la gélatine, de suspensions solides grossières: 1496–98. — Sur la répulsion apparente de diffusions antagonistes de nitrate d'argent, dans la gélatine pure et dans la gélatine bichromatée: **210** ('40) 434f. — Sur la périodicité de la réaction de déplacement Sn–NO_3Ag: **221** ('45) 497f. — Sur la précipitation de Liesegang et la formation éventuelle d'une deuxième famille d'anneaux principaux: **223** ('46) 84f. — Sur des anneaux multiples de Liesegang: **224** ('47) 115f. — Sur les anneaux doubles du phosphate de baryum: 740f. — Sur les anneaux de Liesegang, obtenus sous gradient de concentration du réactif incorporé: 1771–73. — Sur le jeu mutuel des réactifs de Liesegang. Eventualité d'anneaux de distribution anormale: **225** ('47) 804f. — Sur la précipitation double des sels manganeux par les chromates alcalins: **226** ('48) 336f. — Interférences de Liesegang et répartition individuelle des réactifs: 1603–05. — Sur les périodicités liées à la précipitation alcaline des sels de plomb: **227** ('48) 125f. — Sur la succion chimique de $Cr_2O_7K_2$ dans la précipitation de Liesegang, son contrôle par effet de bord, et son rôle dans la génération des anneaux: 1359–61. — Détection, par analyse plane, de formations instables de la chimie des cobaltihexammines: **228** ('49) 1429f. — Sur la rythmicité de la précipitation des sels cuivriques par les arséniates alcalins: **229** ('49) 1230f. — Distributions rythmiques anormales et succions chimiques responsables: **230** ('50) 1769–71. — Sur les succions observables par interversion des réactifs de Liesegang, et sur l'existence de succions de précipitation: **233** ('51) 45f. — Sur l'importance des rôles dévolus aux réactifs dans les précipitations rythmiques et dans les doubles décompositions en général: **234** ('52) 726–28. — Sur des anneaux composés de Liesegang: 1879f. — Etude, à la périodicité, de l'influence mutuelle des diffusions dans les gels: **236** ('53) 1160f.

J. Chim. physique et Rev. gén. Colloïdes Propriétés et réactions de matières colorantes observées sous deux dimensions: **30** ('33) 266–73. — Sur la diffusion de quelques électrolytes au sein de la gélatine: **31** ('34) 407–10.

J. Physique et Radium Etude statique et cinétique des anneaux de Liesegang: (7) **3** ('32) 302–13. — Sur la précipitation de quelques colorants au sein de la gélatine: 155Sf. — Etude des propriétés de la gélatine dans le champ électrique: **4** ('33) 362–67. — Sur les propriétés de la gélatine dans le champ électrique: 98Sf. — Caractères de quelques rythmicités chimiques de structure: **5** ('34) 141–44. — Sur quelques rythmicités chimiques de structure: 34Sf. — Morphologie des phénomènes chimiques dans les gels. Application à l'analyse: **6** ('35) 12Sf.

Revue gén. Sci. pures et appl. Périodicité chimique: **43** ('33) 535–40.

Revue sci. La chimie à deux dimensions: **71** ('33) 230–35. — Les isotopes de l'hydrogène et leur séparation effective: **72** ('34) 174–77. — L'œuvre de Langmuir dans le domaine de l'adsorption: **76** ('38) 271–76. — Les autodiffusions dans les solides et leur controle par indicateurs radioactifs: **77** ('39) 8–11. — Sur la résolution éventuelle, en entités cristallines, des strates de précipitation périodique: 263. — La spectrographie électronique et son application au contrôle des structures superficielles: 417. — Diffusion discontinue du nitrate de thorium au sein de la gélatine et contrôle autophotographique: 500.

VI **VEITCH,** Fletcher Pearre. Chem. — 1927–35 Chemist in charge of Divis. of Industr. Farm Products, '35–38 Chief of

Naval Stores Research Divis., U.S. Bureau of Chem. and Soils, Washington, D.C.; '35–38 Chief of Naval Stores Divis., U.S. Food and Drug Administrat., Washington, D. C.; '22 Pres., Assoc. of Agricultural Chemists. (☒)
* 1868, Mai 22, Baltimore, Md.;
† 1943, Okt. 15.

Zur Biogr. *W. W. Skinner, Industrial and Engng. Chem., News Edit. **14** ('36) 153f.

Nekr. *J. S. Rogers, J. amer. Leather Chemists Assoc. **39** ('44) 2f. — *C. F. Speh, J. Assoc. offic. agric. Chemists **27** ('44) VII–.

W. The Naval Stores Research Division; its objectives, program and progress (m. C. F. Speh) (Washington, D.C. '37) 28 S. (U.S. Bureau of Chemistry and Soils, MC-21) [Skript].

Farmers' Bull., U.S. Dep. Agric. Country hides and skins; skinning, curing and marketing [2][4][9]: Nr. **1055** ('19, Neuausgaben '20, '22, '26, '40, '42) 50 S. — Home tanning of leather and small fur skins [2][1]: Nr. **1334** ('23, Neuausgaben '30, '41, '47) 2 + 24 S. — Leather shoes; selection and care [2][5][8][1]: Nr. **1523** ('27, Neuausg. '52) 16 S.

Industrial Standardizat. and commerc. Standards Monthly Standards for the types and qualities of turpentine oils: **9** ('38) 1–4.

J. Assoc. offic. agric. Chemists Maryland's early fertilizer laws and her first state agricultural chemist: **17** ('34) 473–83. — Report on [the analysis of] naval stores: **19** ('36) 390–92; **21** ('38) 378–81.

Miscellaneous Publ., U.S. Dep. Agric. The naval stores station of the Bureau of Chemistry and Soils: **206** ('34) 11 S.

Paper Trade J. Effect of inorganic acids on the physical properties of waterleaf rag bond paper [6][3]: **95** ('32) 158–63.

Proc. amer. Soc. Testing Mater. Naval stores: **40** ('40) 420–22.

Technical Bull., U.S. Dep. Agric. The effect of inorganic acids on the physical properties of waterleaf rag bond paper [6][3]: **334** ('32) 16 S. — Deterioration of book and record papers [6][3]: **541** ('36) 20 S. — Deterioration of paper as indicated by gas-chamber tests [6][3]: **605** ('38) 21 S.

Ferner Jahresberichte: Naval stores report on production, distribution, consumption and stocks of turpentine and rosin of the United States, 1934/1935ff. (Washington, D.C. '35ff.).

Mit: [1]) I. D. Clarke; [2]) R. W. Frey; [3]) J. M. Hankins; [4]) R. W. Hickman; [5]) H. P. Holman; [6]) T. D. Jarrell; [7]) —; [8]) S. Rogers; [9]) C. V. Whalin.

IV–VI **VEJNBERG,** Boris Petrovič. Physik, Geophysik. — 1909–24 Prof., Technol. Inst. Tomsk; '24–25 Dir., dann ord. Mitglied, Geophysik. Hauptobservat., Leningrad; '40–42 Leiter d. Abt. f. theoret. Forschung, Forschungsinst. f. Erdmagnetismus.
* 1871, Aug. 1 (Juli 20), Peterhof;
† 1942, Leningrad.

Nekr. *Ju. D. Kalinin, Meteorologija i Gidrol. **1947**, Nr. 6, 97f. — *T. P. Kravec, Usp. fizič. Nauk **27** ('45) Nr. 1.

Schriftenverzeichnis Spisok pečatnych trudov professora B. P. Vejnberga. Izdan v oznamenovanie 40-letija naučnoj dejatel'nosti [Verzeichnis der gedruckten Arbeiten von Professor B. P. Vejnberg; herausgegeben zur 40-Jahrfeier seiner wissenschaftlichen Tätigkeit] (Leningrad '32).

H. (Redakt.) Katalog magnitnych opredelenij v SSSR i sopredel'nych stranach s 1556 po 1926 god; Catalogue of magnetic determinations in U.S.S.R. and in adjacent countries from 1556 to 1926. **2**(Leningrad '32). — Zemnoj magnetizm [Erdmagnetismus] **3**(Leningrad–Moskva '38) (Trudy Glavnoj geofizičeskoj observatorii, 17); darin eig. Beitr. S. 109–15: Über den Erhalt eines gleichartigen Magnetfeldes [russ.]. — (Redakt.) Raboty po ledovedeniju [Arbeiten über Eisführung] **1** (Leningrad '38) (Trudy Arktičeskogo naučno-issledovatel'skogo instituta Glavnogo upravlenija Severnogo morskogo puti pri SNK SSSR, 110); darin eig. Beitr. S. 5–13: On the regelation of ice and snow [russ. m. engl. Zusammenfassg.]. — (Bandredakt.) D. I. Mendeleev, Sočinenija [Werke] (V. E. Tiščenko) **6**(Leningrad–Moskva '39).

MH. (Mitredakt.) Katalog magnitnych opredelenij v SSSR i sopredel'nych stranach; Catalogue of magnetic determinations in U.S.S.R. and in adjacent countries. **3**: Opredelenija, sdelannye s 1926 po 1930 god; Determinations from 1926 to 1930 (Leningrad '33); Priloženie; Supplement ('33).

S. Zemnoj magnetizm [Erdmagnetismus] **[2]** (N. V. Roze) (Leningrad '36) (Trudy Glavnoj geofizičeskoj observatorii, 5) 23–29: Die Größe der lokalen magnetischen Störungen in der UdSSR und in den angrenzenden Gebieten gemäß magnetischen Bestimmungen, durchgeführt bis 1931 [russ. m. deutscher u. engl. Zusammenfassg.]; 30–35: Über die Abhängigkeit der optimalen Entfernung der Beobachtungspunkte bei Mikrovermessungen des magnetischen Feldes von der Genauigkeit der Messungen [~].

W. Solnečnye opresniteli [Geräte zur Wasserentsalzung mittels Sonnenenergie] (m. V. B. Vejnberg) (Leningrad '33) 54 + 2 S. — Solnce - dvigatel' i solnce - teplota [Die Sonne als Kraftspeicher und Wärmequelle] (Moskva–Leningrad '33) 61 S. (Junošeskaja naučno-techničeskaja biblioteka). — Solnce – istočnik mechaničeskoj ėnergii [Die Sonne als Quelle mechanischer Energie] (Moskva–Leningrad '34) 59 S. (Populjarnaja biblioteka po fizike). — Sneg, inej, grad, led i ledniki [Schnee, Reif, Hagel, Eis und Gletscher] ²(Moskva–Leningrad '36) 231 S. — Led; svojstva, vozniknovenie i isčeznovenie l'da [Eis; Eigenschaften, Entstehung und Verschwinden des Eises] (m. anderen) (Moskva–Leningrad '40) 524 S.

Bjul. arktičesk. Inst. SSSR Studies on the properties of ice and the mastery of the Soviet Arctic: **6** ('36) 369–75 [russ.], 430f. [engl. Zusammenfassg.].

Bull., Assoc. int. Hydrol. sci. The rôle of regelation in the condensation of the snow cover: Nr. **23**,2 ('38) 493–508. — Mechanical properties of ice: 509–36. — An attempt at a program of theoretical and experimental investigations of the properties of snow and ice: 537–44.

Dokl. Akad. Nauk SSSR Über die Stabilität der lokalen Störungen und das Vorhandensein von Nestern jährlicher Änderungen der magnetischen Elemente [5]): **27** ('40) 788–91 [russ.]. — Die Symmetrie des Magnetfelds in den Polargebieten: **31** ('41) 118f. [~].

Informacionnyj Sborn. po zemnomu Magnetizmi i Ėlektričestvu Über die Grundlagen der Kartographie des Magnetfeldes: **1936**, Nr. 2, 19f. [russ.]. — Methodik der Aufteilung des erdmagnetischen Feldes in ein normales und ein anomales: Nr. **6** ('44) 3–32 [~].

Izvest. Akad. Nauk SSSR Die Periode der säkularen Veränderung der magnetischen Deklination [6]): **1935**, 927–32 [russ.].

Izvest. glavn. geofizič. Observat. Kriterien für die genügende Kleinheit des Abstands zwischen den Beobachtungspunkten bei Mikrovermessungen: **1932**, Nr. 1/2, 19–29 [russ.]. — Bemerkung über die Berechnung der Anzahl der Singularitäten der Glieder einer Beobachtungsreihe bei Gleichheit einiger aufeinanderfolgender Glieder der Reihe: Nr. 3, 11–13 [~]. — Versuch der Klarstellung der größten zulässigen Entfernung zwischen den Punkten der Beobachtung der Lufttemperatur auf Grund der Kriterien der Zufälligkeit einer Reihe von Beobachtungen [7]): **1933**, Nr. 1, 17–22 [~]. — Verfahren, das die Berechnung von Mittelwerten und ihrer Fehler beim Hinzufügen neuer Daten erleichtert: **1934**, Nr. 2/3, 38–41 [~]. — Bemerkung über den vierundzwanzigstündigen Verlauf aperiodischer magnetischer Störungen: 52–54 [~]. — Das Daltonsche Gesetz in Anwendung auf Wasserdämpfe in der Atmosphäre: **1935**, Nr. 2/3, S. 77 [~].

Klimat i Pogoda Das Geschenk der sowjetischen Magnetometrie zum 16. Jahrestag der Oktoberrevolution: **1933**, Nr. 4/5, 125f. [russ.]. — Auf der Suche nach leichtem und schwerem Wasser: **1934**, Nr. 4, 30–33 [~]. — Eisblumen an den Fenstern: **1935**, Nr. 11, 17–21 [~].

Meteorologičeskij Vestn. L. A. Bauer †: **1932**, Nr. 6/7, 210f. [russ.]. — Das Herz des Menschen und der Luftdruck. Thema für eine wissenschaftliche Untersuchung: **1933**, Nr. 1/2, 24–27 [russ.]. — Tabelle für die Vorausberechnung der Menge der Streustrahlung: Nr. 5/7, 144f. — Versuch der klimatologischen Charakteristik eines Gebiets hinsichtlich der Befriedigung der Bedürfnisse der Heliotechnik [8]): **1934**, Nr. 1/3, 35–38 [~]. — Mendeleev und die Meteorologie: Nr. 4/7, 85–96 [~].

Meteorologija i Gidrol. Prinzipien der Bestimmung der genügenden Genauigkeit von Beobachtungen: **1936**, Nr. 1, 79f. — Über die Untersuchung der Bruchfestigkeit des Eises unter natürlichen Bedingungen: Nr. 11, 89f. — Die erste Magnetfeldvermessung und der erste Katalog der Magnetfeldbestimmungen auf dem Festland im Weltmaßstab: **1937**, Nr. 3, 105–08. — Das Problem des arktischen Packeises: Nr. 6, 59–65. — Über den Genauigkeitsgrad der Schlußfolgerungen aus Beobachtungsergebnissen: **1938**, Nr. 1, 38–41. — Welche geophysikalischen (insbesondere magnetischen) Beobachtungen müssen unbedingt veröffentlicht werden?: **1939**, Nr. 2, 133–35. — Prof. P. M. Erochin †: 136–38. — Zu den Aufgaben des Hydrometeorologischen Dienstes der UdSSR: Nr. 3, 107–10. — Über den Grad der Übereinstimmung der Ansichten Prof. V. Ja. Al'tbergs mit den Versuchsdaten im Hinblick auf die Vorgänge bei der Kristallisation unterkühlten Wassers: Nr. 9, 3–20. — Die vermutliche Entwicklung des Hydrometeorologischen Dienstes der UdSSR: 126. — Über die Speicherung und Verwertung der wissenschaftlichen Ergebnisse: Nr. 12, 131f. — — Alle Arbeiten russ.

Mirovedenie Woran fehlt es zur Verwertung der Strahlungsenergie der Sonne beim sozialistischen Aufbau?: **23** ('34) 335–44 [russ.].

Priroda [SSSR] Magnetische Messungen in der Arktis: **1933**, Nr. 5/6, 94–98. — Schmelzwasser oder Wasser in statu nascendi?: **1936**, Nr. 4, 84–86. — Zum 75-jährigen Jubiläum der klassischen Versuche Dufours über die Unterkühlung des Wassers: **1937**, Nr. 1, 109–12. — Materielle Denkmäler der magnetischen Vergangenheit der UdSSR: **1940**, Nr. 2, 3–7. — Die Jubiläen der Weltkataloge des Magnetfelds von Hansteen, Sabine und van Bemmelen: 100–04. — Die Gestalt der Erde: Nr. 10, 25–31. — — Alle Arbeiten russ.

Problemy Arktiki Magnetic declination, inclination and horizontal intensity beyond 83° of north latitude: **1937**, Nr. 5, 41–48 [russ. m. engl. Zusammenfassg.]. — The slipperiness of snow: 49–54 [~].

Bitte Bemerkung S. 5629 vor dem Buchstaben V beachten!

— Zu dem Aufsatz von V. Ja. Al'tberg und V. V. Lavrov: **1939**, Nr. 6, 53f. [russ.]. — Die wahrscheinliche Verteilung der magnetischen Deklination auf dem unerforschten Teil des arktischen Beckens: **1943**, Nr. 3, 200–06 [~].

Severnyj morsk. Put' On the construction of a floating magnetic observatory for the Soviet Arctic [4]): Nr. **1** ('34) 68–74 [russ. m. engl. Zusammenfassg.].

Socialističeskaja Rekonstr. i Nauka Beziehungen zwischen Heliotechnik und Agrotechnik im Lichte der Intensivierung des Pflanzenbaus: **1933**, Nr. 1, 148–60 [russ.]. — D. I. Mendeleev: Nr. 4, 106–15 [~]. — Neues auf dem Gebiet der Methodik der Vermessung des erdmagnetischen Feldes: **1934**, Nr. 3, 99–103 [~]. — Belebung an der Eisfront: Nr. 5, 73–75 [~]. — Das vierte Jahr der Vermessung des erdmagnetischen Feldes in der UdSSR: Nr. 8, 74–77 [~].

Technika - Molodeži Fehler der Erdkugel: **1934**, Nr. 9, 22–25 [russ.]. — Methoden der Korrektur der Erdkugel: Nr. 10, 14–18 [~].

Terrestrial Magnetism and atmospher. Electr. On the principles of magnetic cartography: **40** ('35) 325–31. — Suggested magnetic nomenclature: **42** ('37) 214. — On prediction and mutual correlations of the maps of distribution of magnetic elements and their annual changes: **44** ('39) 277–82.

Trans. amer. geophysic. Union List of latest publications of U.S.S.R. on ice and snow: **21** ('40) 757–79.

Tridcat' Dnej Über die Polargebiete [Geographische Daten]: **1938**, Nr. 3, 61–64 [russ.].

Trudy central'n. naučno-issled. geologorazvedočn. Inst. The magnitude of the local magnetic disturbances in USSR and adjacent countries as deduced from magnetic determinations made up to 1931: **1936**, Nr. 5, 23–29 [russ. m. engl. Zusammenfassg.]. — On the dependence of the optimal distance between the points of observations at magnetic microsurveys from the precision of the determinations: 30–35 [~].

Trudy glavn. geofizič. Observat. Kennzeichen für die Systematik einer Reihe von Beobachtungen in Anwendung auf die Analyse der Aufzeichnungen geophysikalischer Registriergeräte [3]): **10** ('36) 92–99 [russ.].

Trudy leningr. Otdel. vses. naučn. inženerno-techn. Obšč. vodn. Transporta Die Notwendigkeit der Erforschung der Eisprobleme für den Transport auf dem Wasserwege [2]): **2/3** ('38) 3–6 [russ.].

Trudy sibirsk. fiziko-techn. Inst. tomsk. gos. Univ. im. Kujbyševa Die Plastizitätsgrenze des Flußeises [1]): **5**, Nr. 3 ('39) 15–31 [russ.].

Vestn. Znanija Die Eisbildung: **1939**, Nr. 2, 48–55 [russ.].

Ž. èksper. i teoret. Fiziki Über die Genauigkeit der Temperatur- und Druckbestimmung am Tripelpunkt des Wassers: **9** ('39) 106–13 [russ.]. — Der Versuch von Bottomley als experimentum crucis für die Erklärung der Regelation: 763–69 [~]. — Über den Einfluß der Temperatur auf die physikalischen Eigenschaften einiger Zweiphasen-Zweikomponenten-Systeme: **10** ('40) 921–28 [~].

Ž. Geofiz. Suggestions concerning field magnetic determinations in polar regions: **2** ('32) 251–53 [m. russ. Zusammenfassg.]. — Preliminary summary of data on the present distribution of magnetic declination in the Arctic zone: 254–60 [~]. — Distribution of magnetic elements and of their annual changes in the vicinity of the magnetic poles: 342–46 [~]. — Karten mit Iso-Linien oder Tabellen mit Werten an gleich weit voneinander entfernten Punkten?: **4** ('34) 121–27 [russ.]. — Die Karten der Wasserhaushaltzonen von I. I. Kasatkin unter dem Gesichtspunkt der Merkmale der Zufälligkeit einer Reihe von Beobachtungen [8]): 287–93. — Das Problem der Isobathen-Karten von Gesteinsschichten: 482–89 [~].

Ž. techn. Fiziki Versuch der Theorie einer Solarenergieanlage, die ohne Wärmeabführung arbeitet: **3** ('33) 1281–89 [russ.]. — Zur Theorie von Solarenergieanlagen, die mit Wärmeabführung arbeiten (Heliothermogeneratoren): **4** ('34) 635–38 [~].

Zap. gos. gidrol. Inst. Der Mittelwert der mittleren Masse: **10** ('33) 17–20 [russ.].

Mit: [1]) S. M. Andreev; [2]) V. N. Efreinov; [3]) M. A. Kaplun; [4]) I. M. Rogačev; [5]) V. P. Šibaev; [6]) K. B. Vejnberg; [7]) M. N. Plamenevskij; [8]) R. È. Solovejčik.

VI **van de VELDE,** Albert Jacques Joseph. Chem. (Biochem., Lebensmittelchem.), Physiol., Geschichte d. Wiss. — 1889–93 Stud., 1891–99 Präparator → Assist., 1893 Dr. d. Naturwiss., 1925–32 Doz., '32–41 ord. Prof., '38– Dekan d. med. Fak., '41 Prof. emer., Univ. Gent; 1900–32 Leiter d. Städt. Chem.-Bakteriol. Labor., Gent; gleichzeitig Lehrer an versch. Gewerbeschulen, Gent; '19–32 Leiter d. Brauereischule → Hochsch. f. d. Gärungsgewerbe, Gent; '20–41 Doz., '41 Doz. emer., Staatl. Landwirtsch. Hochsch., Gent; '03–04 Prés., Soc. chim. de Belgique; '09 Prés., Commiss. permanente belge de l'Alimentat. humaine; '09 Secrétaire-général, Commiss. int. d'Unificat. des Méthodes d'Analyse des Denrées alimentaires; '29–

Dir., später Vorsitzender d. Ständ. Kommiss. f. Geschichte d. Wissenschaften, Königl. Fläm. Akad. Wiss.; '33 Prés., Centre sci. d'Economie ménagère; '37 Vorsitzender d. MacLeod-Stiftung; '41–44 Stellvertr. Provinzialvorsitzender, '44–48 Provinzialvorsitzender, '48–52 Vorsitzender, '52–56 Ehrenvorsitzender, Rotes Kreuz von Belgien; '49 Vorsitzender, Belg. Ges. f. Logik u. Philos. d. Wissenschaften. — '47 Ing. d. Gärungsgewerbes h.c. — '19 Ritter u. '29 Offizier u. '40 Kommandeur d. Leopoldsordens, Ritter u. '23 Offizier u. '34 Kommandeur u. '47 Großoffizier d. Kronenordens, '20 Zivilmedaille 1. Kl., '30 Zivilkreuz 1. Kl. (Belgien); '22 Chevalier du Mérite agricole de France; '46, '50 Ehrenzeichen 1. Kl. m. Goldspange (Rotes Kreuz); '50 Medaille (Stadt Gent).

* 1871, Juli 28, Gent;
† 1956, Apr. 17, Gent.

Ehrung Bronzebüste, Königlich Flämische Akademie für Wissenschaften, Literatur und Schöne Künste von Belgien, Brussel (Abguß im Museum Historiae Scientiarum, Gent) (Siehe: Jaarb., Koninkl. vlaamse Acad. Wet., Letteren en schone Kunsten België **1955**, 171–77).

Nekr. *B. Cuvelier, Chemisch Weekbl. **53** ('57) 337f. — *W. P. Jorissen, ibid. 507f.; Mededelingen vlaamse chem. Verenig. **18** ('56) 33–37. — *G. J. van Meurs, Voeding **19** ('58) 39–42 (m. Bildn.). — *P. van Oye, Jaarb., Koninkl. vlaamse Acad. Wet., Letteren en schone Kunsten België **1956**, 225–28 (m. Bildn.).

Zur Biogr. *A. de Clercq, Natuurwetenschappelijk Tijdschr. **19** ('37) 3f. (m. Bildn.). — *R. Zaunick, Mitt. Geschichte Med. u. Naturwiss. **41** ('61/64) 184. — Liber Memorialis 1913–1960, Rijksuniversiteit te Gent (T. Luykx) **2** (Gent '60) 205–25 (m. Bildn. u. Schr.verz.).

H. Geschriften van Julius Mac Leod (Antwerpen '42) (Klassieke Galerij, 13); darin eig. Beiträge: Einleitung, Anmerkungen [niederländ.].

HZ. (Redakt.) Bull. Soc. chim. Belgique 1907–1923.

S. C.R. Congrès international de l'enseignement technique, Bruxelles 1932, **2** (Paris '32) 69–73: Rapport sur l'enseignement technique. — Volume jubilaire en l'honneur du professeur Charles Porcher pour son soixantième anniversaire (Chambéry '32) 649–59: L'action des microbes sur le lait additionné de carbamide. — C.R. Congrès de pharmacie à l'occasion du cinquantenaire de l'Institut de Pharmacie A. Gilkinet de l'Université de Liège 1934 (Liège '35) 243–45: Helmontiana. — Handelingen van het 3e Wetenschappelijk vlaamsch congres voor boek- en bibliotheekwezen, Leuven 1934 (Gent '35) 93–101: Polymorphism in scientific periodical literature [niederländ. m. engl. Zusammenfassg.]. — Handelingen van het 6e ~, Gent 1940 (Antwerpen '41) 133–45: Some bibliographical editions concerning natural and medical science before the year 1800 [niederländ. m. engl. Zusammenfassg.]; 147–50: The present state of the bibliography of books on natural science and medicine edited in Dutch before 1800 [~]. — C.R. 12e Congrès international de pharmacie, Bruxelles 1935 (Bruxelles '35): Recherches sur la stérilisation et sur le contrôle biochimique des produits pharmaceutiques (10 S.). — De land- en huishoudelijke opvoeding (Brussel '35) 41–: Die Anfangsgründe der Ernährungswirtschaft [niederländ.]; französ. in: L'éducation ménagère et agricole (Bruxelles '35) 27–. — Rapports 1er Congrès international de la mer, Ostende 1936 (Bruxelles '36) 405–07: Recherches nouvelles sur la détermination de l'état de fraîcheur du poisson de mer. — Rapports 2e ~, Liège 1939 (Bruxelles '39) 418–21: L'anatomie chimique de la moule marine; 422–24: La détermination du degré de fraîcheur du poisson de mer. — Rapports 3e ~, Ostende 1946 (Bruxelles '46) 393–96: La valeur alimentaire du poisson de mer. — Rapports 4e ~, Ostende 1951, **2** (Bruxelles '52) 680–89: Le chapitre des poissons dans quelques anciens compendia des sciences de la nature. — Verslagen 2e Nationaal congres van de zee, Gent 1938 [oder: Antwerpen 1937? Zitat unsicher!] (Brussel '38) 296–98: Über den Nährwert von Muscheln [niederländ.]; 303–06: Weitere Untersuchungen über den Frischegrad von Meeresfisch [~]. — 100 Groote Vlamingen. Vlaanderens roem en grootheid in zijn beroemde mannen (L. Elaut, L. Grootaers, R. van Roosbroeck, A. Vermeylen) (Antwerpen '41) 207–10: Joan Baptiste van Helmont [niederländ.]; 395–98: Julius Mac Leod [~]. — Lode Baekelmans ter eere 1945 (Antwerpen '46) 170–73: Ein flämisches Museum für die Wissenschaft [niederländ.]. — Congrès national de la rénovation agricole, Bruxelles 1945 **[1]**: Rapports (Louvain '46 [?]) 552f.: Aphorismen für den Landwirtschafts-Unterricht. — Vlaanderen door de eeuwen heen (M. Lamberty, R. F. Lissens) **2** 3(Brussel–Amsterdam '52) 373–86: Die Naturwissenschaften [niederländ.]. — Actes 6e Congrès international d'histoire des sciences, Amsterdam 1950, **2** (Paris '53) (Académie internationale d'histoire des sciences, Collection des sciences, 6 II) 469–77: Les compendia de chimie au 17e siècle. — Actes 7e Congrès international d'histoire des sciences, Jérusalem 1953 (Paris '53) (~ 8) 615–19: Le compendium du 7e siècle, œuvre de Isidorus Hispalensis. — Nicolaas-Beets- en Rembert-Dodoens-Hulde op 16 en 17 October 1953 (Brussel '54) 44–50: Rembert Dodoens (1517–1585) als Mensch [niederländ.]. — Ars folklorica Belgica (P. de Keyser) **2** (Anwerpen '56) 165–80: Die Monstrorum Historia von Ulysses Aldrovandi (1522–1607) als Quelle für die Folkore der "Vliegende Blaadjes" [niederländ.].

W. De bibliographie in de geschiedenis der natuurlijke wetenschappen (27e Vlaamsch natuur- en geneeskundig congres, Gent 1932) (Gent '32) 8 S. — Vade mecum voor chemisch en bacteriologisch onderzoek van lebensmiddelen (Antwerpen '33) 168 S.; [2]('43) 191 S. — Het rijk der microben (Mechelen–Amsterdam '34) 228 S.; [2](Antwerpen '43) 234 S., [3]('46) 226 S.; [2](Amsterdam '46), [3]('48) 231 S. — Handboek voor voedingsleer (Antwerpen–Amsterdam '35) 285 S. — Hygiene en voeding (Brussel '37) 28 S. — Lichtzuilen uit het verleden (Gent '45) 251 S. — Catalogus van het Museum voor de Geschiedenis der Wetenschappen (Museum Historiae Scientiarum) te Gent (Gent '51) [nicht nachgewiesen u. Autor des Katalogs nicht gesichert]; le Bijvoegsel, Januari 1952 ('52) 8 S.; 2de ~, 1952 ('53) 23 S.; 3de ~, 1953 ('54) 27 S.; 4de ~, 1954 ('55) 28 S.; 5de ~, 1955 ('56) 27 S.

Alberteum [Bruxelles] Microbe et énergie: **1** ('35) 14. Juli.

Alumni [Bruxelles] Mensch und Nahrung: **18** ('49) 280–91 [niederländ.].

Annales Soc. Brasseurs Enseignement profess. La germination des graines: **41** ('32) No. 9, 134–37 [Zitat unsicher].

Biologisch Jaarb. Die Sterilisation wirksamer Pulver ohne Beeinträchtigung ihrer biologischen Eigenschaften: **3** ('36) 95–115 [niederländ.]. — Jan Swammerdam; drei Jahrhunderte nach seiner Geburt: **4** ('37) 129–36 [~]. — Boerhaaviana: **5** ('38) 121–65 [~]. — Julius Verschaffelt: **6** ('39) 7–11 [~]. — Louis Pasteur und Robert Koch, die Begründer der Bakteriologie und der Hygiene. Chronologisch bearbeitet: **9** ('42) 57[?]–70 [~]. — Die chemische Zusammensetzung der Blätter: **10** ('43) 103–17 [~]. — In memoriam L. H. Baekeland: **11** ('44) 8–13 [~]. — Über die Wirkung von zyklischen Kohlenwasserstoffen auf das Urease-Enzym: **13** ('46) 327–31 [~]. — Über die Trockensubstanz der Pflanzenblätter: **15** ('48) 69–72 [~]. — Erinnerung an Edward Jenner: **17** ('50) 189–94 [~]. — Les livres des sciences de la nature de Conrad Gesner et Ulysse Aldrovandi: 195–99. — L'enfance de la microbiologie, période historique de Moïse et Homère à van Leeuwenhoek 1674: **20** ('53) 219–34. — Jan Goedart, 1617–1668, der Insektenkenner von Middelburg: **22** ('55) 213–26 [niederländ.]. — Peter Simon Pallas, 1741–1811, naturaliste et voyageur: 227–42.

Botanisch Jaarboek Die chemische Anatomie des Fisches, 1: Der Fisch in der Ernährung: **24** ('33) 86–91 [niederländ.]. — Die Zusammensetzung des Herings mit leeren Gonaden: 179–93 [~].

Bruxelles-médical La détermination du degré de fraîcheur du poisson de mer: **19** ('39) 1413–[Zitat unsicher].

Bull. Cl. Sci., Acad. roy. Belgique Recherches sur l'adsorption des enzymes: (5) **18** ('32) 1095–115. — La stérilisation des poudres biologiques, 5: Stérilisation de la terre arable: **20** ('34) 816–23.

Centaurus [København] Un Musée de l'Histoire des Sciences en Belgique: **1** ('51) 366–76.

Chemisch Weekbl. Die chemische Zusammensetzung von Fisch, 3: **29** ('32) 275 [niederländ.]. — Brotanalyse: **42** ('46) 375f. [~].

Fermentatio [Gand] Die Evolution eines Geistes: **1** ('39) 140–48 [niederländ. u. französ.].

Gulden Passer Einige bibliographische Ausgaben über Naturwissenschaft und Medizin vor 1800: **18** ('40) 19–30 [niederländ.].

Hooger Leven Chemische Stoffe im Krieg: **9** ('35) 29. Sept. [niederländ.].

Isis Jean Palfijn, 1650–1730, chirurgien de Gand: **43** ('52) 246–50.

J. chem. Educat. A chart for the rational study of chemistry: **12** ('35) 70–72.

J. Pharm. Belgique Dosages biochimiques: **15** ('33) 495–98, 511–15. — La détermination quantitative de la valeur biologique des levures médicinales: **17** ('35) 1–6, 21–24. — Contribution à la standardisation du dosage des matières organiques dans les eaux potables et résiduaires: **19** ('37) 919–23, 937–41.

Jaarb., Koninkl. vlaamse Acad. Wet., Letteren en schone Kunsten België Paracelsus. Zu seinem 400. Todestag am 24. September: **3** ('41) 131–65. — Robert Boyle. Zu seinem 250. Todestag am 30. Dezember: 166–211. — Bausteine für die Bibliographia Belgica und für ein Flämisches Museum für die Wissenschaften: **4** ('42) 134–51. — Roger Bacon. Zu seinem 650. Todestag: 190–230. — Zwei Jahrhunderte nach der Geburt von Carl Wilhelm Scheele: 231–72. — Geburt und Tod von J. B. van Helmont: **5** ('43) 131–36. — Erinnerung an Johan-Baptista van Helmont, drei Jahrhunderte nach seinem Tod, 1644–1944: **6** ('44) 99–123. — Für ein ausgiebigeres Interesse der Intellektuellen an der Geschichte der Wissenschaften. Appell an ihre Mitarbeit: **7** ('45) 141–47. — Biobibliographische Notizen Quetelet, van Aelbroeck und Donny betreffend, chronologisch geordnet: **8** ('46) 174–96. — Die Genealogie der Familie Quetelet; anläßlich der Feier am 23. Februar 1947 zu Gent: **9** ('47) 191–212. — Festrede zur Eröffnung des Museums für die Geschichte der Wissenschaften zu Gent, 28. November 1948: **10** ('48) 191–98. — — Alle Arbeiten niederländ.

Medede(e)lingen koninkl. vlaams(ch)e Acad. Wet., Letteren en scho(o)ne Kunsten België Das Wachsen von Schimmel auf Fischproteiden [6]): **1** ('39) Nr. 1 [oder 11?], 20 S. — Der Proteidstickstoffkoeffizient für die Proteide B: **2** ('40) Nr. 8, 13 S. — Über die Wirkung zyklischer Kohlenwasserstoffe auf Mikroben: **3** ('41) Nr. 2, 10 S. — Hydrolyse der Proteide B mit Pepsinase: Nr. 11, 30 S. — Untersuchungen über die B-Proteide, 8: **5** ('43) Nr. 13, 17 S. — Über Metallsubstitution von Kupfer durch Magnesium: **6** ('44) Nr. 1, 22 S. — Über Metallsubstitution von Kupfer durch Eisen: **9** ('47) Nr. 8, 18 S. — Über die Wirkung neutraler Stoffe auf das Ureaseenzym, 2: Nr. 12, 13 S.; ~ 3: **10** ('48) Nr. 3, 16 S.; ~ 4: **11** ('49) Nr. 11, 22 S.; ~ 5: **12** ('50) Nr. 15, 15 S. — Das Atom in der Geschichte bis zu John Dalton: **10** ('48) Nr. 1, 70 S. — Jan Pieter Minckelers und das Steinkohlengas. Anläßlich des 200. Geburtstags von Minckelers: Nr. 6, 27 S. — Joseph Plateau, 1801–1883; Briefwechsel mit Adolphe Quetelet, Chronologie und Genealogie: Nr. 8, 56 S. — Simon Stevin, 1548–1948 [3])[2])[5]): Nr. 10. — Die Wissenschaften in Belgien zwischen 1814 und 1831: **12** ('50) Nr. 5, 16 S. — J. B. A. Dumas, Fr. Wöhler, zwei berühmte 1800 geborene Chemiker: Nr. 12, 12 S. — Das Museum für die Geschichte der Wissenschaften: **13** ('51) Nr. 4, 48 S. [Aufsätze hierüber auch in einigen anderen Zeitschriften]. — Hieronymus Cardanus, 1501–1576, Erinnerung 450 Jahre nach seiner Geburt: Nr. 9, 24 S. — Rond Gesners Historiae animalium, Liber I von 1551: Nr. 17, 44 S. — Fünf im Jahre 1852 geborene große Männer (Becquerel, Fischer, Moissan, Ramsay, van't Hoff): **14** ('52) Nr. 6, 17 S. — Rede anläßlich Avicennas Geburt vor etwa 1000 Jahren: Nr. 11, 6 S. — Die Naturwissenschaften in den Kompendien des 13. Jahrhunderts: **15** ('53) Nr. 8, 52 S. — Prof. Albert Reychler, 1854–1938, zum 100. Geburtstag am 6. Mai: **16** ('54) Nr. 6, 43 S. — Die Handbücher von Matthioli (1501–1577) und von Lonicer (1528–1586): **17** ('55) Nr. 7, 14 S. — — Alle Arbeiten niederländ., zum Teil m. französ. Zusammenfassg.

Mededeelingen Landbouwhoogeschool Gent Normallösung für die Bestimmung der Wasserstoffionenkonzentration: **2** ('34) 45–48. — Über das Sterilisieren des Ackerbodens: 85–95. — Der Fisch in der Landwirtschaft, mit Einzelheiten über Scyllium canicula [1]): 129–49. — Die Bakterien des Verkalbens und des schwankenden Fiebers: **3** ('35) 165–75. — Die oligodynamische Wirkung von Sulfuriden und Azotiden auf die Mikroben: **4** ('36) 14–27. — — Alle Arbeiten niederländ. m. deutscher, engl. u. französ. Zusammenfassg.

Medede(e)lingen vlaams(ch)e chem. Vere(e)nig. Übersicht über meine biochemischen Untersuchungen in den Jahren 1894 bis 1944: **7** ('45) 283–99. — Der Anteil der Laboratoriumsforscher in der Geschichte der Chemie: **8** ('46) 66–73. — Johann Wolfgang Doebereiner, 1780–1849: **14** ('52) 20–22. — Jean Servais Stas, 1813–1891: 98–104. — Ein Brief von J. S. Stas vom 27. Oktober 1886: 165–71. — Leben und Werk von J. B. van Mons, 1765–1842: **15** ('53) 198–206. — Humphry Davy (1778–1829) und Michael Faraday (1791–1867). Geschichtliche Skizze: **16** ('54) 148–57. — Justus Liebig, die Chemie und die Chemiker: **17** ('55) 92–99. — — Alle Arbeiten niederländ.

Meunerie belge Remarques au sujet de la valeur alimentaire et hygiénique des farines: **28** ('32) Aug.-Nr. — La stérilisation de la farine: **29** ('33) Juni-Nr., 8 S. — Réflexions sur la valeur nutritive des aliments: **30** ('34) Juni-Nr., 7 S. — Détermination de la valeur calorifique des charbons: **32** ('36) Febr.-Nr., 3 S. — Hommage à Alphonse Vankan, † 1952: **49** ('53) 61–68.

Natuurwetenschappelijk Tijdschr. Biochemische Untersuchungen an fruchtbarem Boden, 7: Bodenbakterien und Keimpflanzen [6]): **14** ('32) 11–16. — Untersuchungen über die chemische Zusammensetzung von Fischen, 3: Chemische Zusammensetzung von Pleuronectes und Scomber: 178–87; ~ 9: Merlangus vulgaris [1]): **16** ('34) 81–83. — Über carbamidhaltige Kulturböden für Mikroben, 5: **15** ('33) 55–61; ~ 6: 192–98; ~ 7: **17** ('35) 57–63. — Über die Aufbewahrung von Fischen für die chemische Untersuchung: 190–96. — Über Oxydation mit Kaliumpermanganat: **18** ('36) 191–98. — Biochemische Eigenschaften von frischem und verdorbenem Fischfleisch: **19** ('37) 41–48. — Über die Reduktion von Kaliumpermanganat durch zyklische Kohlenwasserstoffe: **20** ('38) 124–27. — Die chemische Zusammensetzung der Miesmuschel, Mytilus edulis: **21** ('39/40) 32–46. — Hydrolyse von Fischproteiden, 1: 223–32; ~ 2: Alkalische Hydrolyse von Fischproteiden: **22** ('40) 7–20; ~ 3: 81–92; ~ 4: **23** ('41/42) 12–25; ~ 5: Die quantitative Ausflockung der Proteide B: 175–85. — Die chemische Zusammensetzung von Cardium edule: **24** ('42) 202–10. — — Alle Arbeiten niederländ., zum Teil m. französ. Zusammenfassg.

Oostvlaamsche Zanten Naturwissenschaft und Folklore: **13** ('38) 33–46 [niederländ.].

Pharmaceutisch Tijdschr. België Der Wert der biologischen Untersuchungen in den pharmazeutischen Wissenschaften: **11** ('33) Nr. 4, 61–71 [niederländ.].

Recueil Trav. chim. Pays-Bas Sur l'hydrolyse de la fibrine par l'hydroxyde de sodium: **59** ('40) 475–79.

Revue belge Documentat. méd. Das Leben und der Tod: **1947**, 121–35 [niederländ.].

Revue Hist. Sci. et Appl. Le Musée de l'Histoire des Sciences à Gand: **4** ('51) 183f. — Le Liber I

 Bitte Bemerkung S. 5629 vor dem Buchstaben V beachten!

Historiae Animalium de 1551 de Conrad Gesner: **5** ('52) 265–69. — L'histoire des sciences et la division de l'histoire de l'humanité: **8** ('55) 97–102.

Revue Microbiol. appl. Agric. Hyg. et Industrie L'analyse biochimique des levures médicinales: **1** ('35) 509–17.

Tijdschr. Land- en Tuinbouw Untersuchungen über den fruchtbaren Boden [6])[2]): **1932**, 22–39 [niederländ.].

Verhandelingen koninkl. vlaamse Acad. Geneeskunde België Petrus J. van Bavegem, Arzt, und Petrus van Baveghem, Apotheker: **8** ('46) 74–88. — Die Epitome von Vesalius und seine 3 niederländischen Ausgaben: **9** ('47) 5–23. — Über die Bestimmung der Giftigkeit der Alkohole: 414–24. — Der Beitrag der niederländischen wissenschaftlichen Literatur zur Lehre der Anatomie bis 1800: **10** ('48) 117–228. — Über den Nährwert von tierischen Meeresprodukten: **11** ('49) 338–54. — Jean Pascal, Doktor der Medizin, und die Fermente: 500–22. — Stephanus Blankaart, Doktor der Medizin und Rechtskonsulent; zu seinem 300. Geburtstag: **12** ('50/51) 137–63. — Jan Palfijn, biobibliographisch: 469–85. — Die Anatomielektion: **14** ('52) 297–312; ~ 2: 203–19; ~ 3: **17** ('55) 331–90. — Adolphe Burggraeve, 1806–1902, der vielseitige Genter Gelehrte: **14** ('52) 393–422. — — Alle Arbeiten niederländ.

Verhandelingen koninkl. vlaamse Acad. Wet., Letteren en schone Kunsten België Der Einfluß von Kalium- und Natriumchlorid auf chemische Prozesse: (2) Nr. **5** ('42) 58 S. — A. L. Lavoisier, zum 200. Geburtstag am 26. August. Vortrag am 11. September 1943: Nr. **8** ('43) 51 S. — John Dalton und die Atomtheorie: Nr. **11** ('44) 40 S. — Der Flämische Naturwissenschaftliche und Medizinische Kongreß von seinem Ursprung 1897 bis 1944. Historische Skizze: Nr. **12** ('44) 131 S. — Elie Metchnikoff (zum 100. Geburtstag): Nr. **14** ('45) 31 S. — Erinnerungen an die Entdeckungen von Claude Bernard (1846), Victor Regnault (1846) und Walthère Spring (1896): Nr. **21** ('46) 26 S. — Georg Ernst Stahl, 1660–1734. Das Phlogiston und der Vitalismus: Nr. **22** ('47) 26 S. — — Alle Arbeiten niederländ., zum Teil m. französ. Zusammenfassg.

Versl. en Meded., Koninkl. vlaams(ch)e Acad. Taal- en Letterkunde Helmontiana, 4: **1932**, 108–22; ~ 5: **1936**, 339–87. — Über Yperman, ergänzende Notiz: **1932**, 207f. — Leeuwenhookiana, 10 [4]): 209–46. — Literatur und Wissenschaft: 329–64. — Rede zur Ehrung von Boetius de Brodt zu Brügge: 1005–07. — Biobibliographische Notizen zu Johan van Beverwijck (1594–1647): **1933**, 71–121; **1934**, 35–47. — Bromatologicon oder Bibliographie der seit 1800 publizierten Schriften über Lebensmittel, 1: **1933**, 247–77; ~ 2: **1934**, 1031–96; ~ 3: **1935**, 347–90; ~ 4: 1095–164; ~ 5: **1936**, 265–313; ~ 6: 527–70. — Die Ausdrücke "Technisch, beroeps- en ambachtsonderwijs" [etwa: Technischer Unterricht, Berufs- und Gewerbeschulunterricht]: **1933**, 375–85. — Das Werk des [Stadt-]Arztes Carel Baten, *Gent 1540 ?, † Amsterdam 1617 ?: 529–60. — Warenkunde in der Pharmazie im Verhältnis zur theoretischen Pflanzenkunde [1]): **1934**, 61–94. — Beitrag zum Wortschatz: Ein mikrobiologisches Wörterverzeichnis: 185–223. — Der Sauerstoff und der Mensch: 1113–52. — Versuch einer Chronologie bis 1920 über die Kolloidlehre, eine starke Stütze bei der Erforschung des Lebens: 1175–95. — Das Theatrum sympatheticum und das Theatrum chimicum von Kenelm Digby: **1935**, 695–744. — Faradays leichtes Joch: 997–1028. — Charles Nicolle, Philologe und Mikrobiologe: **1936**, 645–98. — Das Leiden vier berühmter Mikrobiologen: **1937**, 227–54. — Süd- und nordniederländische Bibliographie über Naturwissenschaft und Medizin bis 1800, 1: 255–301; ~ 2: 425–87; ~ 3: 659–700; ~ 4: **1938**, 199–265; ~ 5: 439–505; ~ 6: **1939**, 47–111; ~ 7: 173–261; ~ 8: 525–603; ~ 9: 827–87; ~ 10: **1940**, 53–133; ~ 11: 365–443; ~ 12: **1941**, 195–301; Beilage: **1947**, 47–64. — Technische Wörter, 5: **1937**, 359–81; ~ 6: **1938**, 374–403; ~ 7: **1939**, 917–44; ~ 8: Beiträge zum Lapidarium von Albertus Magnus, 1: **1941**, 469–505; ~ 9: ≈ 2: **1942**, 39–89; ~ 10: ≈ 3: 467–509; ~ 11: ≈ 4: **1943**, 33–130; ~ 12: Das Lapidarium von Vondel, 1: 337–99; ~ [13]: ≈ 2: **1945**, 53–84. — Antoine-Augustin Permentier und seine Vorgänger: **1937**, 841–92. — Julius Mac Leod, der erste flämische Naturwissenschaftler, Mitglied der Flämischen Königlichen Akademie: **1939**, 439–63. — Fünfhundert Jahre Buchdruckerkunst: **1940**, 445–505. — Der Chemico-Medicus Rhazes, der ungefähr 940 starb: **1941**, 706–36. — Aus der Geschichte der Alchemie: **1942**, 165–216. — Die akademische Kommission für technische Fachsprache: **1943**, 131–42. — Das Hygiasticon von Leonardus Lessius: 201–43. — Das chemische Compendium von Carlo Lancillot und Jacob Leeuw: **1946**, 97–125. — Simon Stevin, 1548–1620, und die Sprach- und Literaturwissenschaft: **1948**, 23–41. — Norbert Cornelissen und seine Zeit: **1952**, 847–81. — Die niederländische Übersetzung 1701 von "De rerum natura" von Lucretius: **1954**, 759–93. — Die Lapidaria von Matthioli und Lonicer: **1955**, 507–29. — — Alle Arbeiten niederländ.

Visscherijbl. Seefisch als Nahrung: **1933**, 23 S. [niederländ.].

Vlaamsch geneeskund. Tijdschr. Die Enthüllung eines Gedenksteins für Jan Yperman: **13** ('32) 221–35. — Chemische Stoffe im Krieg: 954–65, 981–86. — Versuch einer Chronologie der Mikrobenlehre, 1: Von Homeros bis 1860: **1935**, CXVI–CLII, CLV–CLX, CLXII–CLXIII; ~ 2: 1861 bis 1888: CCXXII–CCXXIV, CCXXVI–CCXXVIII, CCXXX–CCXXXII, CCXXXIV–CCXXXVI, CCXXXVIII–

CCXL, CCXLII; ~ 3: 1889–1900: CCLVIII–CCLX, CCLXII–CCLXIV, CCLXVI–CCLXVIII, CCLXX–CCLXXII, CCLXXIV–CCLXXVI, CCLXXVIII–CCLXXX, CCLXXXII–CCLXXXIV. — — Alle Arbeiten niederländ.

Wetenschap in Vlaanderen Das wissenschaftliche Leben von Julius Mac Leod: **1** ('35) Okt.-Nr., 28–31 [niederländ.].

Einige kleine Schriften, vermutlich zum Teil als Manuskript gedruckt: Honderd practische oefeningen over warenkunde (Gent '33) 9 S.; Practische oefeningen over microbenleer (Gent '33) 20 S.; Onderzoekingen over de voedingswaarde van zeevisch: De chemische anatomie van Merlangus vulgaris (Wijting) (m. A. De Clercq) (Oostende [?] '34) 19 S. [auch französ.] (Propagandacommissie voor Zeevisch); Alimentation en période d'approvisionnement limité (m. I. van de Keere) (Bruxelles '40) 48 S., [2]('41) 60 S. (Croix Rouge de Belgique), auch Ausgaben in niederländ. Sprache: Voeding bij beperkte bevoorrading ('40), [2]('41); Volksopleiding volgens de opvattingen van een beoefenaar der wetenschappen (Brussel [?] '40) 24 S. (Hoge Raad voor Volksopleiding); Herinnering aan het verschijnen van de eerste vlaamse uitgave van het Cruijde Boek van Rembert Dodoens te Antwerpen in 1554 (Gent '54) 12 S. (Museum Historiae Scientiarum). — Abdruck einer Festrede, gehalten auf dem 33. Flämischen naturwissenschaftlich-medizinischen Kongreß in Gent, September 1947. — Weitere Beiträge in Periodica wie "De Ingenieur agronoom [?]" (1935), "Mededelingen aan het Personeel van het Huishoudonderwijs" (1933), "Mieux Vivre" (1939), "Moeder en Kind" (1932, 1933), "Mooier Leven (en Binnenhuis)" (1938, 1939) u. a. sowie in Veröffentlichungen des Institut Supérieure des Fermentations de Gand (1932, 1937).

Mit: [1]) A. De Clercq; [2]) L. Dekoker; [3]) J. de Smedt; [4]) I. Vandekeere; [5]) J. A. Van Houtte; [6]) A. Verbelen.

III–VI **VELEY,** Victor Hubert (nicht: Herbert!). Chem. — 1879–1905 Assist. Prof., Univ. of Oxford; '13–25 Councillor of the Borough of St. Marylebone.
* 1856, Febr. 10, Chelmsford;
† 1933, Aug. 20, London [?].

Nekr. *J. A. Gardner, J. chem. Soc., London **1934**, 570–73; Obituary Notices Fellows roy. Soc. London **1** ('34) Nr. 3, 229–35 (m. Bildn. u. Faks.). — *M. E. Sadler, Nature [London] **132** ('33) 377. — *J. A. Tinne, ibid. 376f.

VI **VELÍŠEK,** Josef. Physik, Chem.(physikal.). — 1915–20 Stud. Math. u. Physik, '20 Dr. rer. nat., Karls-Univ., Praha; '18–20 Assist., Tschech. Techn. Hochsch., Praha; '20–28 Assist., '28–34 außerord. Prof., '34–47 ord. Prof., '34–36 Dekan d. Abt. f. Techn. Chem., '45–46 Dekan d. Abt. f. Maschinenwesen, '46–47 Dir. d. Physikal. Inst., Tschech. Techn. Hochsch., Brno; '34–38 Vors. d. Tschechoslovak. Ges. f. wiss. Kinematographie; bis '38 Vorsitzender d. Mährischen Naturwiss. Ges., Brno.
* 1896, Juli 28, Klatovy;
† 1947, Febr. 2, Brno.

Nekr. *J. G. F. Druce, Nature [London] **159** ('47) 835. — *V. Trkal, Čas. Pěst. Mat. a Fysiky **72** ('47) D50–D53 (m. Bildn. vor S. D49 u. Schr.verz. 63 Nrn.). — *A. Vašíček, Chemické Listy pro Vědu a Průmysl **41** ('47) 125f. (m. Bildn. u. Schr.-verz. 42 Nrn.).

S. Práce elektrotechniků (v r. 1941) (V. Ptáček) (Praha '42): Natürliche und künstliche Radioaktivität [tschech.].

W. Úzky film ve škole a lidovýchově (m. A. Vašíček) (Praha '34) 42 S. (Knihovna ZRAK, Spisy Dědictví Komenského, 343). — Elektroforesa, elektroosmosa a zjevy inversní (Praha '52) 138 S.

Biologické Listy Über die Struktur der Materie und ihre Veränderungen: **18** ('33) Nr. 1/2, 91–101 [tschech.].

Čas. Lékařů česk. Über die Verwendung der Calciumelektroden 3. Art in der Medizin [2]): **72** ('33) 624–27 [tschech.].

Čas. Pěst. Mat. a Fysiky Prof. Dr. Josef Sahánek †: **71** ('46) D17–D22. — Prof. Dr. Jiří Baborovský †: D22–D24. — Prof. Dr. Vladimír Novák †: D42–D45. — — Alle Arbeiten tschech.

Chemické Listy pro Vědu a Průmysl Beitrag zur Untersuchung der Elektroosmose auf keramischen Diaphragmen in wässerigen verdünnten Kaliumchloridlösungen [2]): **26** ('32) 507–12. — Zur Frage der Calciumelektroden 3. Art: **27** ('33) 3–8. — Die Fortschritte der modernen Alchemie: 66–69, 84–88. — Die elektroosmotische Überführung und das elektrokinetische Potential in wässerigen Lösungen der Chloride des Lithiums, Natriums und Kaliums, sowie von Kaliumbromid und Kaliumjodid [2]): 361–64. — Beitrag zur Untersuchung der Elektroosmose an einigen keramischen Diaphragmen [2]): **29** ('35) 250–53. — Prof. Dr. Jiří Baborovský 70 Jahre alt: **39** ('45) 33f. — Erinnerung an das wissenschaftliche Werk des Professors Baborovský: **41** ('47) 4f. — — Alle Arbeiten tschech.

 Bitte Bemerkung S. 5629 vor dem Buchstaben V beachten!

Collection czechoslov. chem. Commun. Electro-osmosis on a ceramic diaphragm in aqueous solutions of some alkali halides [2]): **4** ('32) 428–43. — On the calcium electrodes of the third order [2]): **5** ('33) 10–20. — A contribution to the study of electro-osmosis on some ceramic diaphragms [2]): **7** ('35) 451–56.

Elektrotechnický Obzor Neuere Erkenntnisse über den Aufbau der Materie: **23** ('34) Nr. 32, 4 S. [tschech.]. — Das elektromagnetische Spektrum: **29** ('40) 305–09 [~].

Kolloid-Z. Studien über die Struktur von keramischen Diaphragmen mittels elektrischer Messungen [2]): **71** ('35) 36–48.

Nové Školy Das Diapositiv kleinen Formats in der Schule: **1935** [oder **1933**?] 8 S. [tschech.].

Objektiv [Zlín] Die stereoskopische Projektion des Diapositivs und des Films: **1942** [tschech.]. — Die vernachlässigte Stereophotographie: ibid. [~].

Príroda [Brno] Über das elektrokinetische Potential: **25** ('32) 128–, 159–67 [tschech.].

Sklářské Rozhledy Der Polarisationsfilter und seine Verwendung: **18** ('41) 97–105, 131–39 [tschech. m. deutscher Zusammenfassg.]. — Optische Messung hoher Temperaturen: **19** ('42) 25–31 [~]. — Über die Natur des Glanzes und die Methoden seiner Messung: **20** ('43) 4–12 [~].

Slévárenské Zprávy odborn. Spolku slévárensk. Die Alchemie früher und heute: **9** ('41) 38f. [tschech.].

Stavivo Bedeutung und Programm der Bauakustik: **14** ('33) 9–15. — Die physikalischen Grundlagen der Wasserbewegung innerhalb des keramischen Scherbens: **21** ('40) 29–31. — Die Temperatur und ihre Messung: 332–35. — Physikalische Grundlagen für das Haften löslicher Stoffe in Kapillarräumen und an der Oberfläche des keramischen Scherbens: **22** ('41) 1–3, 17–19, 29–31. — Methoden und Apparate zur Temperaturmessung: 77–80, 93–95. — — Alle Arbeiten tschech.

Strojnický Obzor Die Atomstruktur der Materie: **21** ('41) 122–28 [tschech.]; [vermutlich 2 Fortsetzungen in späteren Heften]. — Die fotometrische Eigenschaft des Glanzes: **23** ('43) 162–68 [~].

Technická Hlídka koželužská Über die Farbenmessung: **17** ('41) 21 S. zwischen S. 21 u. S. 98 [tschech. m. deutscher Zusammenfassg.].

Technický Přehled Die Atomstruktur der Materie: **9** ('42) [tschech.]. — Die Struktur der Metalle und der Legierungen: ibid. [~].

Technický Průvodce Die Elektronik [1]): **12** ('42) 34–38 [tschech.].

Teplo a Světlo Methoden und Geräte zur Temperaturmessung: **15** ('42) 122–26 [tschech.].

Textilní Obzor [Drei] Kapitel über die Farbenmessung: **40** ('42) 148–50, 201–03, 269–71 [tschech.].

Věda a Život Warum sind Farben farbig ?: **15** ('41) 85–88 [tschech.]. — Theophrastus Paracelsus: 121–23 [~].

Výroční Zpráva moravské přírod. Spol. Elektroosmose und verwandte Erscheinungen: **17** ('41) 23–39 [tschech.].

Z. physik. Chem., Abt. A Ist das nach der elektroosmotischen Methode an keramischen Diaphragmen gemessene elektrokinetische Potential von der Stromstärke abhängig? [2]): **171** ('34) 281–85.

Ferner einige Vorlesungsskripten und andere Lehrmaterialien: Přednášky o fysice technické **1** (Brno '35) 84 S., **2** ('35) 183 S.; Vektorrechnung [tschech.?] (Zlín '43); Einführung in die höhere Mathematik [tschech.?] (Zlín '44); Fysikální praktikum **1** (Brno '45) 198 S., **2** ('45) 177 S.; Fysika technická (Brno '46) 360 S.

Mit: [1]) V. List; [2]) A. Vašíček.

VI **VELLINGER,** Edmond Marie Jean. Petrolchem. (physik.). — 1935 Dr-Ing., Univ. de Strasbourg; '26–28 Assist., '28– Chef de Labor., '31– Prof., '40–52 Sous-Dir. et '52–61 Dir. adjoint et '61– Dir. du Centre d'Etudes Supér. de Forage et Exploitat. des Gisements, Ecole Nation. du Pétrole et des Combustibles Liquides, Univ. de Strasbourg → Ecole Nation. Supér. du Pétrole et des Moteurs à Combustion Interne, Rueil-Malmaison, Seine-et-Oise; '35–39 Prof., Ecole Nation. des Moteurs, Paris; '41–56 Prof., Ecole Nation. Supér. de l'Aéronautique, Paris. — '35 Prix Houzeau, '35 Médaille Berthelot (Acad. Sci. Paris).
* 1901, Apr. 11, Metz;
† 1976, Okt. 23.

S. Proc. 1st World petroleum congress, London 1933 (A. E. Dunstan, G. Sell) **2** (London '34) 103–07: Recherches physico-chimiques sur l'oxydation de l'essence de cracking [19]); 407–11: Le contrôle du raffinage des huiles minérales par des mesures de tension interfaciale [19]); 423–30: Recherches physico-chimiques sur l'altération des huiles minérales, 1: Définitions et techniques [25])[2])[5])[14])[19]). — 2e Congrès mondial du pétrole, Paris 1937, **2**, Sect. 2: Physique, chimie, raffinage (Paris '37) 659–64: Recherche physico-chimique des émulsions de bitume

[19]); 707–12: L'emploi des antioxygènes dans les huiles pour transformateurs [20]); 871–78: La température critique de dissolution des huiles minérales dans l'acétone [8])[12]); 1142–65: Rapport d'ensemble sur l'asphalte et sur les bitumes 1933–1937 [19]); **3**, Sect. 4: Utilisation ('37) 820f.: L'emploi de l'essence de craquage dans les moteurs d'aviation [19]). — Proc. 3rd World petroleum congress, Den Haag 1951, Sect. **2**: Drilling and production (Leiden '51): Les ciments de laitier au clinker à prise retardée et leur comportement dans les conditions des sondages profonds [21])[15]).

W. Recherches photochimiques sur les huiles minérales (Paris '36) 98 S. [Dissertation].

Annales Mines et Carburants, Mém. La mesure de la porosité des roches magasins sur les chantiers de pétrole: **134** ('45) 300–03.

Annales Office nation. Combustibles liquides Sur la solubilité de l'oxygène dans les huiles minérales [11])[23]): **7** ('32) 7–14. — Sur quelques propriétés physico-chimiques d'émulsions de bitume [6]): 217–24. — Recherches physico-chimiques sur l'acidité des huiles minérales altérées [9]): **8** ('33) 301–12. — Sur la photolyse d'essences de cracking [19]): 883–85. — Le contrôle du raffinage des huiles minérales par des mesures de tension interfaciale [19]): **9** ('34) 279–94. — Sur une méthode économique du raffinage d'essences de cracking [19]): 499–510. — Applications de l'électrode d'antimoine à la mesure du pH et au titrage acidimétrique en solution aqueuse ou dans les solvants organiques: 673–701. — Recherches physico-chimiques sur l'oxydation de l'essence de cracking [19]): 901–24. — Absorption ultraviolette, 4 [9]): **10** ('35) 79–93. — L'influence des impuretés superficielles sur les mesures de la tension interfaciale [7]): **12** ('37) 37–39. — Recherches photochimiques sur les huiles, 1: La photo-oxydation des huiles minérales: 195–249; ~ 2: Le spectre d'absorption des hydrocarbures et des huiles minérales: 250–81. — Sur quelques propriétés des solutions de bitume [19])[17]): **13** ('38) 459–71.

Avenirs La formation des spécialistes du pétrole: No. **99/100** ('59) 122–33.

Bull. Assoc. franç. Techniciens Pétrole Les émulsions de bitume: No. **46** ('38) 149–65. — La fabrication des combustibles à haut pouvoir antidétonnant dans les raffineries américaines: No. **47** ('39) 61–85. — Les propriétés thermodynamiques du gaz naturel. Applications aux gisements de gaz dits à "condensat": **1944**, 3. Mai. — Le rôle du physicien dans l'industrie extractive du pétrole: **1946**, 21. Jan.

Bull. Soc. chim. France Influence des impuretés superficielles sur les mesures de la tension interfaciale [7]): (5) **4** ('37) 716f.

Chimie et Industrie Application de l'électrode d'antimoine à la mesure du pH ou au titrage acidimétrique en solution aqueuse et dans les solvants organiques: **29** ('33) No. spéc. 6 bis, 218–30.

C.R. hebd. Séances Acad. Sci., Paris Le pouvoir rotatoire de quelques acides aminés en fonction de l'acidité (pH): **194** ('32) 718–20. — Contribution à l'étude des phénomènes de dissociation dans les milieux organiques: 1820–22. — Sur les propriétés superficielles du caoutchouc: **195** ('32) 788–90. — Sur l'affinité superficielle du caoutchouc pour la charge: 1015f., 1184. — Sur la photolyse de l'essence de cracking [19]): **196** ('33) 1495–98, 1632. — Sur des constituants antioxydants ou antioxygènes de l'essence de cracking [19]): **197** ('33) 417f. — Sur les propriétés superficielles de certaines matières colorantes [3]): **198** ('34) 2084–86, 2216. — Sur l'oxydation des huiles minérales par l'oxygène atmosphérique à des températures modérées [14]): 2252–54. — Sur l'emploi de l'essence de craquage dans les moteurs à explosion [19]): **200** ('35) 1858–60. — Sur la température critique de dissolution des huiles minérales [8]): **201** ('35) 780–82. — Sur le spectre d'absorption ultraviolet des huiles minérales de synthèse [22]): **209** ('39) 882–84. — Sur le spectre ultraviolet des paraffines et des vaselines [22]): **210** ('40) 296f. — Sur la solubilité de l'azote dans le méthane et le propane liquides [18]): **217** ('43) 689–91.

C.R. (hebd.) Séances (et Mém.) Soc. Biol. Sur les propriétés spectrales de la pyocyanine sécrétée par le Bacille de Gessard: **112** ('33) 303–05. — Sur les propriétés spectrales de la pyoflavine qui accompagne normalement la pyocyanine dans les cultures du Bacille de Gessard: 306–08.

Petroleum [Berlin] Die Zwischenphasenspannungen in der Erdölindustrie: **31** ('35) Nr. 34, 17–21.

Revue Inst. franç. Pétrole et Ann. Combustibles liquides La détection des hydrocarbures légers dans la boue de forage: **1** ('46) 141–44. — Etude du détecteur d'hydrocarbures à pont de Wheatstone [13]): **5** ('50) 271–85. — Le carottage par les boues de forage: **6** ('51) 399–402. — Le matériel I.F.P. pour la détection des hydrocarbures [10])[13]): 403–12. — Recherches sur le carottage géochimique, 1 [1])[4])[15])[16])[24]): **7** ('52) 239–49.

Revue pétrolifère Considérations sur l'adhésivité du bitume: No. **828** ('39) 344–46.

Rubber Chem. and Technol. The surface properties of rubber: **6** ('33) 261f. — The surface affinity of rubber for a filler: 263f.

Science et Industrie Die Trennung und Identifizierung der Kohlenwasserstoffe, die das Rohöl zusammensetzen, durch das Bureau of Standards: No. spéc. **278** bis ('39) 57f. [französ.]. — Nouvelles synthèses des carburants "iso": No. spéc. **290** bis ('40) 37–.

Mit: [1]) de A. Acker; [2]) F. Buffetault; [3]) R. Delion; [4]) B.

Fagegaltier; [5]) J. Ferraud; [6]) R. Flavigny; [7]) A. Grégoire; [8]) J. D. Herrenschmidt; [9]) A. Klinkenberg; [10]) C. Labbe; [11]) A. Maillard; [12]) M. Marchand; [13]) R. Monicard; [14]) G. Muller; [15]) M. Parratte; [16]) Phung; [17]) H. Picot; [18]) E. Pons; [19]) G. Radulesco; [20]) M. Saito; [21]) Sourisse; [22]) B. Thomas; [23]) R. Verdier; [24]) V. Vichniakoff; [25]) H. Weiss.

IV, VI **VENABLE,** Francis Preston. Chem. (anorg.). — 1880–1930 Prof., 1900–14 Pres., '30 Prof. Emer., Univ. of North Carolina, Chapel Hill, N.C.
* 1856, Nov. 17, Farmville, Prince Edward Co., Va.;
† 1934, März 17, Richmond, Va.

Nekr. *F. K. Cameron, J. amer. chem. Soc. **59** ('37) Proc., S. 27–32 (m. Bildn. u. Schr.verz.).

Zum 100. Geb.tag *A. C. Howell, The Kenan professorships (Chapel Hill, N.C. '56) 171–74 (m. Bildn. [?]).

VI **VENABLE,** William Mayo. Physik, Bauingenieurwesen. — 1912– Consult. Engr., Blaw-Knox Co., Pittsburgh, Pa. — '16– Vice-Pres., Amer. Rights League. (⊠)
* 1871, Febr. 14, Cincinnati, O.;
† 1955, Juni 3, Pittsburgh, Pa.

Todesanzeige J. opt. Soc. America **45** ('55) 1088.

W. The sub-atoms; an interpretation of spectra in conformity with the principles of mechanics (Baltimore, Md. '33), (London '34) 8 + 148 S. — The spectrum of hydrogen (Pittsburgh, Pa. '42) 3 + 184 S. [Skript]; Kapitel 4 erweitert separat erschienen u. d. T.: Computation of the frequency of the first Lyman line of hydrogen from theoretical principles not inconsistent with electromagnetic theory (Pittsburgh, Pa. '43) 3 + 14 S. [Skript]. — Spectroscopic evidences of the presence of deuterium in helium and of helium in lithium (Pittsburgh, Pa. [?] '42) 2 + 26 S. [Skript]. — The interpretation of spectra (New York '48) 5 + 200 S.; Supplement Nr. **1**('51) – **4**('54). — Hydrogen in chemical atoms; analysis of spectral levels, from Li I to O VII (Pittsburgh, Pa. '50) 5 + 156 S.; Suppl. [Nr. **1/2**] including analysis of the levels of N II, O II, F I, Ne I, Na I ('51) 87 S.; Suppl. Nr. **3**: Dissociation products of magnesium, and A note on the Lyman bands ('51) 20 S. — The sources of the primary lines of hydrogen (Pittsburgh, Pa. '54) 48 S.

Concrete, Cement Mill Edit. Rapid determination of moisture in fine-grained additions: **42** ('34) Nr. 4, 7 f.

J. opt. Soc. America Analysis of the spectrum of hydrogen: **27** ('37) 155–58.

VI **VENDL,** Aladár. Geol., Mineral. — 1922–27 Außerord. Prof., '27–60 ord. Prof., '35–36 Dekan d. Fak. f. Maschinen-Ingenieurwesen u. f. Chem., '40–41 Rektor, '60 Prof. emer., Königl. Techn. Hochsch. → ('34) Ungar. Univ. f. Techn. u. Wirtschaftswissenschaften, Budapest; '32–40 Präs., Ungar. Geol. Ges. — '36 József-Szabó-Medaille (Ungar. Geol. Ges.).
* 1886, Nov. 18, Gyergyó-Ditró;
† 1971, Jan. 9, Budapest.

Zum 70. Geb.tag Földtani Közlöny **86** ('56) 349 f.

Nekr. *G. Bidló, Földtani Közlöny **101** ('71) 356–62 (m. Schr.verz.). — *E. Szádeczky-Kardoss, Magyar Tudomány (N.S.) **16** ('71) 477–80 (m. Bildn.); Magyar tudományos Akad. Föld- és Bányászati Tudományok Osztályának Közleményei **3** ('70/71) 363–65. — *G. Vitális, Hidrológiai Közlöny **51** ('71) 293 f.

S. Jahresbericht der Königlichen Ungarischen Geologischen Anstalt für 1917–1924 (Budapest '34) 43–46: Reambulation in der Umgebung von Budaőrs (Auszug aus dem Bericht über die geologische Aufnahme im Sommer 1919); 101–92: Über die Umgebung von Szentendre, Leányfalú, Dunabogdány und Pomáz. — A cserépfalui Mussolini barlang (Subalyuk) (Budapest '38) (Geologica Hungarica, Ser. palaeontologica, 14) 155–81: Gesteinsmaterial der Paläolithe [ungar.].

W. Das Kristallin des Sebeser und Zibins [=Cibiner]-Gebirges (Budapest '32) 19 + 365 S. [m. ungar. Zusammenfassg.] (Geologica Hungarica, Ser. geologica, 4). — Válogatott fejezetek a geológiából (m. F. Papp) (Budapest '42) 68 S. (Mérnöki Továbbképző Intézet kiadvány 2,6). — A budapesti keserűvizes telepek hidrogeológiája (Budapesti Központi Gyógy- és Üdülőhelyi Bizottság, Rheuma- és Fürdőkutató Intézet) (Budapest '48) 96 S. — Geológia. Egyetemi tankönyv **1** (Budapest '51) 655 S., [2]('53) 623 S., [3]('57) 623 S., [4]('62) 591 S.; **2** ('52) 559 S., [2]('57) 638 S., [3]('63) 567 S. — Schafarzik Ferenc, a hazai műszaki földtan megalapítója, 1854–1927 (Budapest '54) 51 S. (Műszaki tudománytörténeti kiadványok, 4). — A budapesti Műszaki Egyetem ásvány- és földtani tanszékének története. The history of the Mineralogical and Geological Institute of the Technical University, Budapest (Budapest '57) 98 S. [m. engl. Zusammenfassg.] (~ 7). — A százéves Magyarhoni Földtani Társulat története (Budapest '58) 276 S. [m. deutscher u.

russ. Zusammenfassg.] (~9). — Geológiai kirándulások Budapest környékén (m. F. Schafarzik, F. Papp) (Budapest '62) 224 S.; Neuaufl.: ('64) 295 S.

Acta mineral.-petrogr. [Szeged] Vorkommen von Fluorit bei Levice: **7** ('53/54) 68. — Schnellmethode zur Unterscheidung von Pyrit und Markasit [3]): **8** ('55) 63–70. — Über die blaue Farbe einiger Mineralien [3]): **11** ('58) 61–67. — Über einen Apatit: **13** ('60) 73f.

Acta techn. Acad. Sci. hungar. Über sulfathaltige Grundwässer [1]): **5** ('52) 125–52 [m. russ. Zusammenfassg.]. — Untersuchungen über die Verwitterung von Eruptivgesteinen: **17** ('57) 311–39 [m. engl., französ. u. russ. Zusammenfassg.].

Akadémiai Értesítő Über den von der Residenzhauptstadt Budapest gespendeten naturwissenschaftlichen Preis [7])[6]): **45** ('35) 239–45 [ungar.].

Földtani Közlöny Eröffnungsansprache zur 83. Generalversammlung der Ungarischen Geologischen Gesellschaft [Würdigung des Geologen Charles Lyell anläßlich des 100. Jahrestages der Herausgabe seines Werkes "Principles of geology"]: **63** ('33) 99–105. — Eröffnungsansprache zur 84. ~ [Nekrologe auf Ferenc Nopcsa, Mihály Rózsa und Vilmos Illés; Über die Entstehung der kristallinischen Schiefer (anläßlich des Erscheinens des geologischen Lehrbuchs von József Szabó vor 50 Jahren)]: **64** ('34) 46–57. — Eröffnungsansprache zur 85. ~ [Nekrologe auf Lajos Grósz und Radó Kövesligethy; Auswirkungen der Forschungen über Radioaktivität auf die Geologie]: **65** ('35) 54–67. — Eröffnungsansprache zur 86. ~ [Über die neuesten Ergebnisse hinsichtlich der Theorien über die Entstehung des Petroleums]: **66** ('36) 72–77. — Eröffnungsansprache zur 87. ~ [Nekrolog auf Kálmán Lambrecht; Zum 250. Todestag von Nicolaus Steno (Niels Stensen)]: **67** ('37) 77–84. — Eröffnungsansprache zur 88. ~ [Linguistische Betrachtungen auf dem Gebiet der Geologie, Mineralogie und Kristallographie]: **68** ('38) 71–80. — Eröffnungsansprache zur 89. ~ [Zum 100. Geburtstag von Károly Hoffmann und József Krenner]: **69** ('39) 61–66. — Eröffnungsansprache zur 90. ~ [Entstehung und Geschichte der Ungarischen Geologischen Gesellschaft]: **70** ('40) 24–30. — Auszüge aus dem Briefwechsel von József Szabó: **90** ('60) 230–36. — — Alle Arbeiten ungar.

Hidrológiai Közlöny Über die Bildung des Budaer Bitterwassers: **12** ('32) 5–18 [ungar.]. — Über das schwere Wasser: **20** ('40) 356f. [~]. — Hydrogeologie der Bitterwasserquellen von Budapest: **29** ('49) 16–20, 78–80. — Ferenc Schafarzik, 1854–1927: **34** ('54) 285f. [ungar.].

Magyar tudományos Akad., Emlékbeszédek Nekrolog auf das Ehrenmitglied Lajos von Lóczy: **20** ('32) Nr. 9, 43 S. [ungar.]. — Nekrolog auf das korrespondierende Mitglied Moritz von Pálfy: **21** ('33) Nr. 14, 34 S. [~]. — Nekrolog ~ Hugo von Böckh: Nr. 23, 35 S. [~].

Magyar tudományos Akad. műszaki Tudományok Osztályának Közleményei Eröffnung des Hydrologischen Kongresses: **10** ('53) 305f. [ungar.]. — Verwitterung von Eruptivgesteinen: **20** ('57) 201–33 [~].

Matematikai és term. Értesítő Die Verwitterung des Kleinzeller Tons: **48** ('32) 237–55 [ungar.]. — Über die Pyroxenandesite des Cserhátgebirges: **49** ('33) 504–63 [ungar. m. deutscher Zusammenfassg.]. — Tektonik des Beckens von Kemenceszék [4]): **50** ('34) 559–72 [~]. — Beiträge zur petrographischen Kenntnis der Paläolithe aus dem Bükkgebirge: 573–88 [~]. — Untersuchungen über die Verwitterung des Andesits vom Csódiberg [5]): 589–616 [ungar.]. — Studien über den Löß der Umgebung von Budapest [5])[2]): **52** ('35) 713–88 [~]. — Über einige Lösse des Börzsöny-Gebirges: **53** ('35) 181–202 [ungar. m. deutscher Zusammenfassg.]. — Beiträge zur petrographischen Kenntnis der Paläolithe von Cserépfal: 203–31 [~]. — Über den Löß des Börzsöny-Gebirges [5])[2]): **54** ('36) 177–206 [ungar.]. — Über den Wehrlit von Szarvaskő: **58** ('39) 591–607 [~].

Mineralogische u. petrogr. Mitt. Über die Pyroxenandesite des Cserhátgebirges (Ungarn): **42** ('32) 491–550. — Untersuchungen über die Verwitterung des Andesits vom Csódiberge (Ungarn) [5]): **44** ('33) 437–62.

Neues Jahrb. Mineral., Geol. u. Paläontol., Beil.-Bd., Abt. A Studien über den Löß der Umgebung von Budapest [5])[2]): **69** ('34/35) 117–82.

Neues Jahrb. Mineral., Geol. u. Paläontol., Beil.-Bd., Abt. B Über den Löß des Börzsöny-Gebirges (Ungarn) [5])[2]): **75** ('36) 391–411.

Periodica polytechn. [Budapest], Engng. Über die Verwitterung der Nephelinsyenite: **2** ('58) 239–41.

Természettudományi Közlöny Der neue artesische Brunnen im Stadtwäldchen (Budapest): **70** ('38) 273–79 [ungar.]. — Über die rasche Verwitterung der Betonringe von Brunnen in der Tiefebene: **72** ('40) 208–11 [~]. — Der Verfall von Steinen und seine Verhütung: **75** ('43) 9–20 [~].

Vízügyi Közlemények Die Rolle der Zeitschrift "Vízügyi Közlemények" bei der Entwicklung der technischen Wissenschaften in unserer Heimat: **36** ('54) 369–72 [ungar.].

Mit: [1]) A. Almásy; [2]) A. Földvári; [3]) T. Mándy; [4]) F. Schafarzik; [5]) T. Takáts; [6]) Z. Vámossy; [7]) J. Varga.

VI **VENDL** (Dudichné-Vendl), Mária. Mineral., Kristallogr. — 1930–45 Doz. (zuletzt → außerord. Prof. [?]), Univ. Debrecen.
* 1890, Mai 26, Gyergyó-Ditró;
† 1945, Aug. 16, (Grabstätte) Sopron.

Ehrung 1964 ff. Mária-Vendl-Gedenkstiftung (Ungar. Geol. Ges.).

Nekr. *J. Steinert Katalin, Földtani Közlöny **75/76** ('45/46) 1–6 (m. Bildn. u. Schr.verz.).

W. A drágakövek, különös tekintettel a mesterséges drágakövekre (m. S. Koch) (Budapest '35) 6 + 468 S. (Természettudományi Könyvkiado Vallalat, 104). — Magyarország meteoritgyűjteményei. Meteorite-collections in Hungary (A catalogue, with introductions in Hungarian, English and Russian) (m. L. Tokody) (Budapest '51) 102 S.

Földtani Értesítő Über den ungarischen Edelopal: **1** ('36) Nr. 4, 101–10 [ungar.].

Matematikai és term. Értesítő Daten zur kristallographischen Kenntnis der ungarischen Kalzite: **49** ('33) 167–80 [ungar. m. deutscher Zusammenfassg.].

Természettudományi Közlöny Die südafrikanischen Diamanten: **67** ('35) 418–24 [ungar.].

VI **VENING MEINESZ,** Felix Andries. Kartogr., Geod., Geophysik. — 1927–57 Außerord. Prof., '66 Prof. emer., Rijksuniv. Utrecht; '39–57 außerord. Prof., Abt. Straßen- u. Wasserbau, Techn. Hogesch. Delft; '37–45 Kurator, '45–51 Generaldir., '52–66 Präs.-Kurator, Koninkl. Nederl. Meteorol. Inst., De Bilt; '33–45 Präs., Assoc. Int. de Géodésie; '37–47, '52–57 Vorsitzender, Rijkscommissie voor Geod.; '40–45 Vorsitzender, Koninkl. Nederl. Aardrijkskund. Genootsch.; '48–51 Präs., Union Géodésique et Géophysique Int. — Dr. h.c.: '46 [oder '47?] (Univ. de Liège); '49 (Suomen Teknillinen Korkeakoulu); '49 (Univ. Libre de Bruxelles); '50 (Univ. de Strasbourg); '55 (Columbia Univ., New York). — '26 Officier, '57 Commandeur in de Orde van Oranje-Nassau (Niederlande); '32 Commendatore dell'Ordine della Corona d'Italia; '33 Ridder in de Orde van de Nederlandse Leeuw; '36 Howard N. Potts Medal (Franklin Inst., Philadelphia, Pa.); '45 Penrose Medal (Geol. Soc. of America); '47 William Bowie Medal (Amer. Geophys. Union); '48 Alexander Agassiz Medal (Nation. Acad. Sci., Washington, D.C.); '49 Commandeur de l'Ordre Léopold II (Belgien); '51 Van Waterschoot van der Gracht Medaille (Koninkl. Nederl. Geol.-Mijnbouwkund. Genootsch.); '57 Gouden Plancius Medaille (Koninkl. Nederl. Aardrijkskund. Genootsch.); '59 Leopold-von-Buch-Medaille (Deutsche Geol. Ges.); '62 Unger-Vetlesen Prize (Columbia Univ., New York); '63 Wollaston Medal (Geol. Soc. of London); '65 Eremedaille in Goud voor Voortvarendheid en Vernuft van de Huisorde van Oranje (Niederlande); Médaille (Univ. de Liège).
* 1887, Juli 30, 's-Gravenhage;
† 1966, Aug. 10, Amersfoort.

Entdeckung Vening-Meinesz-Formel (zur Bestimmung der Lotabweichung auf Grund der Schwerkraftanomalie) (1928).

Zur Biogr. *R. M. Field in: Science and scientists in the Netherlands Indies (P. Honig, F. Verdoorn) (NewYork–Waltham,Mass. '45) (Natuurwetenschappelijk Tijdschr. Nederl.-Indie **102**, Spec. Suppl.) 99–104. — *H. M. E. Schürmann, *H. J. M. W. de Quartel, Geologie en Mijnbouw **13** ('51) 93–97. — Jaarb. techn. Hoogeschool Delft **1940**, 48. — Proc. Vol. geol. Soc. America **1945** ('46) 121–23, Erwiderung S. 123–27 (m. Bildn.).

Zum 70. Geb.tag Festband: Verhandelingen koninkl. nederl. geol.-mijnbouwkund. Genootsch., Geol. Ser. **18** ('57) 55 + 309 S. (m. Bildn. S. IV u. Schr.verz. S. XXIII–XXX), darin: S. XIII–XVI: *A. van Weelden, Vening Meinesz, an integrated scientist; XXXI–XXXIII: *W. A. Heiskanen, Some personal glimpses of Professor Vening Meinesz; XXXV–XXXVII: *R. Stoneley, International cooperation in geodesy and geophysics; XXXVIII–XLIV: *P. Tardi, Le Professeur F. A. Vening Meinesz, président de l'Association Internationale de Géodésie (1933–1945); XLV–LV: *C. J. Warners, Vening Meinesz und das Königliche Niederländische Meteorologische Institut [niederländ.]. — Tijdschr. Kadaster en Landmeetkunde **73** ('57) 218 f. — Tijdschr. koninkl. nederl. aardrijkskund. Genootsch. **74** ('57) 586 f.

Zum 76. Geb.tag *R. Fraser, ICSU Review **6** ('64) 112–15 (m. Bildn.).

Nekr. *J. P. Bakker, Tijdschr. koninkl. nederl. aardrijkskund. Genootsch. **83** ('66) 327 (m. Bildn.). — *O. Bottema, Gids **129**, 2 ('66) 252 f. — *G. J. Bruins, Allgemeine Vermessungs-Nachr. **74** ('67) 310–12 (m. Bildn.); Bull. géodés. (3) **83** ('67) 3–7 (m. Bildn.); Ingenieur ['s Gravenhage] **78** ('66) A493 f. (m. Bildn.); Nature [London] **215** ('67) 109; Tijdschr. Kadaster en Landmeetkunde **82** ('66) 283–87 (m. Bildn.). — *G. J. Bruins, *J. G. J. Scholte, Biographical Mem. Fellows roy. Soc. **13** ('67) 295–308 (m. Bildn., Faks. u. Schr.verz.). — *B. J. Collette, Geologie en Mijnbouw **45** ('66) 285–90 (m. Bildn. u. Schr.verz. ab 1957). — *W. J. Jong, Geografisch Tijdschr. **19** ('66) 193 f. — *I. de Magnée, Bull. Séances Acad. roy. Sci. Outre-Mer (N.S.) **12** ('66)

1110–12. — *A. A. Manten, Tectonophysics [Amsterdam] 3 ('66) 369–73. — *A. A. Michajlov, Zemlja i Vselennaja **1967**, Nr. 2, 72–74. — *M. Nicolet, Bull. Cl. Sci., Acad. roy. Belgique **52** ('66) 1175f. — *W. Nieuwenkamp, Jaarb. koninkl. nederl. Akad. Wet. **1966/67** ('67) 364–70 (m. Bildn.); Jaarb. Rijksuniv. Utrecht **1965/66**, 33–40 (m. Bildn.). — *M. Roy, C.R. hebd. Séances Acad. Sci., Paris **263** ('66) Vie acad. 131f. — *P. Tardi, Bull. géodés. (3) **82** ('66) 294–99 (m. Bildn.). — *J. Veldkamp, Hemel en Dampkring **64** ('66) 265–67 (m. Bildn.); Tijdschr. koninkl. nederl. aardrijkskund. Genootsch. **83** ('66) 328–30. — Bull. Cl. Sci., Acad. roy. Belgique **53** ('67) 704f. — Bull. Séances, Acad. roy. Sci. Outre-Mer (N.S.) **13** ('67) 157–65 (m. Bildn. u. Schr.verz.). — Trans. amer. geophysic. Union **47** ('66) 612. — Versl. gewone Vergad. Afd. Natuurkunde, Koninkl. nederl. Akad. Wet. **75** ('66) 107–09.

Zum 100. Geb.tag *J. Veldkamp, Zenit **14** ('87) 50–58 (m. Bildn.).

S. Proc. 5th Pacific science congress, Canada 1933, **2** (Toronto '34) 1151–57: Results of gravity survey on the Pacific Ocean since the fourth congress. — Lustrumboek 1940–1950 [van het] Landmeetkundig Gezelschap "Snellius" (Delft '50) 74–76: Die Bedeutung der physikalischen Geodäsie für den Vermessungsingenieur [niederländ.]; Lustrumboek 1950–1955 ≈ ('55) 39–43: Die heutige Aufgabe der physikalischen Geodäsie [~]; Instrumentatie in de geodesie [Lustrumboek 1955–1960 ≈] ('60) 135–43: Instrumente für die Schwerkraftmessung zu Lande und auf dem Meere [~]. — The crust of the Earth, a symposium, New York 1954 (A. Poldervaart) (New York '55) (Geological Society of America, Spec. paper 62) 319–30: Plastic buckling of the Earth's crust: The origin of geosynclines. — Festschrift C. F. Baeschlin (Zürich '57) 257–62: Les principes fondamentaux de la géodésie. — Het Internationaal Geophysisch Jaar 1957–1958 ('s-Gravenhage '57) (Koninklijk Nederlands Meteorologisch Instituut, Verspreide opstellen, 4) 7–15: Allgemeine Einführung [niederländ.]. — Contributions in geophysics in honor of Beno Gutenberg (H. Benioff u. a.) (London–NewYork '58) (International series of monographs on Earth sciences, 1) 193–99: The geophysical history of a geosyncline. — Gravity expeditions, **5**: 1948–1958: Complete results with isostatic reduction (G. J. Bruins) (Delft '60) 28–34: Interpretation [of the results of the "Walrus" expedition, 1957]. — Continental drift (S. K. Runcorn) (London–NewYork '62) (International geophysics series, 3) 145–76: Thermal convection in the Earth's mantle. — 1. Internationales Symposium über rezente Erdkrustenbewegungen, Leipzig 1962 (O. Meisser) (Berlin '62) (Abhandlungen der Deutschen Akademie der Wissenschaften zu Berlin, Klasse für Bergbau, Hüttenwesen und Montangeologie, 1962, 2) 414–17: The importance of determining the relative horizontal movements in continental and island-arc areas.

W. Gravity expeditions at sea, **1**: 1923–1930: The expeditions, the computations and the results (Delft '32) 4 + 109 S.; **2**: 1923–1932: Report of the gravity expedition in the Atlantic of 1932 and the interpretation of the results (m. J. H. F. Umbgrove, P. H. Kuenen) ('34) 2 + 2 + 208 S., ²('64) 2 + 208 S., russ.: (Moskva '40) 323 S.; **3**: 1934–1939: The expeditions, the computations and the results (Delft '41) 97 S.; **4**: 1923–1938: Complete results with isostatic reduction; interpretation of the results ('48) 233 S. — Evenwichtsverstoringen in de aarde (Inaugurale rede) (Delft '39) 26 S. — Tables for regional and local isostatic reduction (Airy system) for gravity values (Delft '41) 77 S. — Theory and practice of pendulum observations at sea, **2**: Second order corrections, terms of Browne and miscellaneous subjects (Delft '41) 6 + 89 S. — Kort overzicht der kartografie (Groningen '41) 82 S.; 2. Aufl. (m. J. M. Tienstra) ²('50) 87 S. — The gravity program of the Mapping and Charting Research Laboratory at Columbus and related problems (Columbus, O. '52) 11 S. (Ohio State University, Mapping and Charting Research Laboratory, Technical paper 169). — Some questions concerning gravity measurements at sea (Columbus, O. '53) 3 + 6 S. (~ 176). — The Earth and its gravity field (m. W. A. Heiskanen) (NewYork–London–Toronto '58) 10 + 470 S.

Applied sci. Res., Sect. A Elasticity and plasticity: **6** ('57) 205–25.

Boll. Geod. e Sci. affini Système géodésique mondial: **19** ('60) Nr. 4, 759–62.

Bull. amer. Assoc. Petroleum Geologists Gravity in the East Indies and its interpretation: **30** ('46) 743f.

Bull. géodés. Intensité de la pesanteur sur mer: [2] **37** ('33) 115–21. — La réduction isostasique selon l'hypothèse de Airy: **38** ('33) 188–97. — Interprétation des anomalies de la pesanteur: **46** ('35) 291–94. — Tables fondamentales pour la réduction isostasique régionale: **63** ('39) 711–76. — La 7e Assemblée générale de l'Union Géodésique et Géophysique Internationale, Washington 1939: 777–84. — The indirect isostatic or Bowie reduction and the equilibrium figure of the Earth: [3] **1** ('46) 33–107. — Communication sur certaines erreurs des formules de Helmert relatives aux déviations de la verticale: **13** ('49) 258f. [engl.]. — New formulae for systems of deflections of the plumb-line and Laplace's theorem: **15** ('50) 33–42. — Changes of deflections of the plumb-line brought about by a change of the reference ellipsoid: 43–51. — Island-arc geophysical problems: **31** ('54) 81f. — The formation of the Dutch East Indies: **33** ('54) 222–24. — Stokes' theorem and isostatic anomalies, indirect reduction: **63** ('62) 75f.

Bull. geol. Soc. America Gravimetric results in the Dutch East Indies in connection with mountain folding processes: **43** ('32) 124f. — Physics of theories of orogenesis: **64** ('53) 1099. — Indonesian Archipelago – a geophysical study: **65** ('54) 143–64.

Bull. Séances, Inst. roy. colonial belge Les "graben" africains, résultat de compression ou de tension dans la croûte terrestre?: **21** ('50) 539–52.

Bull. Séances, Acad. roy. Sci. Outre-Mer Die Beweglichkeit der Erdoberfläche und ihre geophysikalischen Ursachen: (N.S.) **8** ('62) 780–87 [niederländ.].

Endeavour Gravity surveys in submarines: **7** ('48) 170–73.

Ergebn. kosm. Physik Ergebnisse der Schwerkraftbeobachtungen auf dem Meere in den Jahren 1923–1932: **2** ('33) 153–212.

Geologie en Mijnbouw The origin of continents and oceans: **14** ('52) 373–84. — Crustal warping in the Netherlands: **16** ('54) 207–. — Die Entstehung von Faltengebirgen und Mittelgebirgen, von Kontinenten und Ozeanen: **20** ('58) 376–86 [niederländ.].

Gerlands Beitr. Geophysik Ergebnisse der Schwerkraftbeobachtungen auf dem Meere in den Jahren 1923–1932: **1933**, Suppl. 2, 153–212.

Handelingen nederl. natuur- en geneeskund. Congr. Schwerkraft in Ost- und Westindien und im Atlantischen Ozean: **24** ('33) 264–67. — Die Bedeutung der Schwerkraftforschung für geophysikalische Probleme: **26** ('37) 336f. — Moderne Instrumente für die Schwerkraftmessung: 339–42. — Das Schwerkraftfeld in Ost- und Westindien; Desiderata für weitere Schwerkraftforschung in diesen Gebieten: **28** ('41) 255–57. — — Alle Arbeiten niederländ.

Ingenieur ['s Gravenhage] Schwerkraft in Ost- und Westindien und im Atlantischen Ozean: **48** ('33) A172f. — Gleichgewichtsstörungen in der Erde: **55** ('40) A94–A100. — Die Entstehung von Faltengebirgen und Kontinenten. Geschichte der Erde: **68** ('56) A443–A448, A455–A462. — — Alle Arbeiten niederländ.

Jaarb. koninkl. nederl. Akad. Wet. Die Entstehung von Ozeanen und Kontinenten: **1951/52** ('52) 173–95 [niederländ.].

Nature [London] Note on: *A. E. Ringwood, The olivine–spinel transition in the Earth's mantle: **178** ('56) 1304.

Natuurkundige Voordrachten Die Entstehungsgeschichte des Niederländisch-Indischen Archipels im Lichte der Gravitationsmessungen mit Hr. Ms. K XIII: (N.R.) **12** ('34) 51–61 [niederländ.].

Nederlands(ch) Tijdschr. Natuurkunde Vorläufige Ergebnisse der Schwerkraftforschung an Bord der K XVIII: **2** ('35) 312–20. — Der Erdmantel: **24** ('58) 109–16. — Die Erdkruste: 116–24. — — Alle Arbeiten niederländ.

Philosophical Trans. roy. Soc. London, Ser. A Discussion [of physics of convection currents in the Earth's mantle]: **258** ('65) 314–16.

Proc., Koninkl. Akad. Wet. Amsterdam The gravity expedition of Hr. Ms. 0 13 in the Atlantic: **35** ('32) 1143–49. — The mechanism of mountain-formation in geosynclinal belts: **36** ('33) 372–77. — Gravity and the hypothesis of convection-currents in the Earth: **37** ('34) 37–45. — The gravity expedition of Hr. Ms. K XVIII: 478–80. — The gravity expedition of Hr. Ms. Submarine 0 16 in the North Atlantic, January 11 – March 16, 1937: **40** ('37) 382–89. — Second order disturbance terms in pendulum observations at sea: 650–53. — The determination of the Earth's plasticity from the postglacial uplift of Scandinavia; isostatic adjustment: 654–62.

Proc., Koninkl. nederl. Akad. Wet. Second order disturbance terms (Browne terms) in pendulum observations at sea: **41** ('38) 540–51. — The coming gravity expedition of Dr. W. Nieuwenkamp: 1044f. — The Earth's crust deformation in the East Indies (Provisional paper): **43** ('40) 278–93. — Gravity over the Hawaiian Archipelago and over the Madeira area; conclusions about the Earth's crust: **44** ('41) 2–12. — Gravity over the continental edges: 883–87. — Topography and gravity in the North Atlantic Ocean: **45** ('42) 120–25. — The equilibrium figure of the Earth and the indirect isostatic or Bowie reduction: 611–18. — Equations for elastic solids in spherical coordinates: **48** ('45) 469–86; **49** ('46) 586. — Deep-focus and intermediate earthquakes in the East Indies: 855–65. — Convection-currents in the Earth: **50** ('47) 237–45. — About mountain-formation on the Earth: **51** ('48) 929–38. — Earth's crust deformations in geosynclines: **53** ('50) 27–46. — A remarkable feature of the Earth's topography: 973f.

Proc., Koninkl. nederl. Akad. Wet., Ser. B A remarkable feature of the Earth's topography, origin of continents and oceans, 1: **54** ('51) 212–19; ~ 2: 220–28. — A third arc in many island arc areas: 432–42. — Convection currents in the Earth and the origin of the continents, 1: **55** ('52) 527–35; ~ 2: 536–47; ~ 3: 548–53. — Physical geodesy, 1: **56** ('53) 19–25; ~ 2: 26–33. — The second order corrections for pendulum observations at sea: 218–27. — Earth-crust movements in the Netherlands resulting from Fennoscandian postglacial isostatic readjustment and alpine foreland rising: **57** ('54) 142–55. — Correlation between geomagnetic field and tectonic movements?: 395–99. — A phase-transition layer between 200 and 900 km depth in the Earth?: **59** ('56) 1–10. — The geophysical history of a geosyncline, 1: **60** ('57) 126–35; ~ 2: 136–40. — Instability in the Earth's mantle because of the

Bitte Bemerkung S. 5629 vor dem Buchstaben V beachten!

phase-transition layer, 1: 409–15; ~ 2: **61** ('58) 1. — The outside gravity field up to great distance from the Earth: **62** ('59) 109–14. — The results of the development of the Earth's topography in spherical harmonics up to the 31st order; provisional conclusions[, 1]: 115–25; ~ 2: The plastic-elastic deformation and flow in the mantle: 126–36. — The difference of the tectonic development on the east and west side of the Pacific: **63** ('60) 26–31. — Continental and ocean-floor topography; mantle-convection currents: 410–21; Revised paper: **64** ('61) 512–27. — Orogeny in the New Guinea, Palao, Halmaheira area; geophysical conclusions: 240–44. — Convection currents in the mantle of the Earth: 501–11. — Pattern of convection currents in the Earth's mantle: **65** ('62) 131–43. — Pseudo-viscous shear zones in the Earth's crust, three possible systems of mutual reaction of large crustal blocks: 327–33.

Publ. Bur. centr. séismol. int., Sér. A Continental and ocean-floor topography: Nr. **22** ('61) 7–12.

Quarterly J. geol. Soc. London Major tectonic phenomena and the hypothesis of convection currents in the Earth: **103** ('48) 191–207.

Rapport, Koninkl. nederl. Akad. Wet. Bericht über die Generalversammlung der „Union Géodésique et Géophysique Internationale" (UGGI), Helsinki 1960: **13** ('61) 3–5 [niederländ.].

Revue sci. La 7e Assemblée générale de l'Union Géodésique et Géophysique Internationale: **78** ('40) 135–38.

Special Papers, Geol. Soc. America Plastic buckling of the Earth's crust. The origin of geosynclines: **62** ('55) 319–30.

Suomen geod. Laitoksen Julkaisuja On the possibility of applying Stokes's theorem and the formula for the plumb-line deflection derived from it: Nr. **46** ('55) 171–74.

Tectonophysics [Amsterdam] Dams dangerous in tectonically unstable areas: **1** ('64) 517–19.

Tijdschr. Kadaster en Landmeetkunde Was die Reise der K XVIII zum Problem der Form des Geoids beitrug: **52** ('36) 178–82. — Gleichgewichtsstörungen in der Erde: **55** ('39) 217–38. — Das Internationale Geophysikalische Jahr: **73** ('57) 337–44. — Bericht über die Generalversammlung der „Union Géodésique et Géophysique Internationale" (UGGI), Helsinki 1960: **77** ('61) 203–05. — — Alle Arbeiten niederländ.

Tijdschr. koninkl. nederl. aardrijkskund. Genootsch. Gravitationsexpedition der K XVIII: **51** ('34) 893f. — Was die Reise der K XVIII zum Problem der Form des Geoids beitrug: **54** ('37) 3–6. — Die Theorie von Wegener: **56** ('39) 453–57. — Die Erdkruste unter den Ozeanen: **58** ('41) 1033–38. — Spannungen in der Erdkruste durch Polverschiebungen: **60** ('43) 530–35. — The gravity survey on the North Sea on board Hr. Ms. „Vos" during the summer 1955: **73** ('56) 241–44 [m. engl. Zusammenfassg.]. — Convection currents in the Earth: the origin of continents, geosynclines and folded mountain ranges; the vertical movements of the Earth's surface, accompanying these great phenomena: **74** ('57) 435–40 [~]. — — Alle Arbeiten niederländ.

Trans. amer. geophysic. Union Isostasy and related subjects: **13** ('32) 59–63. — Shear patterns of the Earth's crust: **28** ('47) 1–61. — Deformation of the Earth's crust in geosynclines: **32** ('51) 523f. — Convection currents in the mantle: 531–33.

Trav. Assoc. (int.) Géod., UGGI Rapport sur les mesures de l'intensité de la pesanteur sur mer pendant les années 1930 à 1933: **12** ('35) 11 S. [engl.]. — Report to Study Group Nr. 11: **21** ('62) 307–11.

Trudy sejsmol. Inst., Akad. Nauk SSSR Bemerkungen angesichts des Themas: Moderne geotektonische Theorien, deren physiko-mechanische Grundlagen samt entsprechenden Schlußfolgerungen über die Seismizität: **1933**, Nr. 32, 91–95 [ ].

Verhandelingen geol.-mijnbouwkund. Genootsch. Nederland en Koloniën, Geol. Ser. Die Schwerkraftvermessung der Niederlande durch die Niederländische Kommission für Geodäsie, früher Niederländische Kommission für Gradmessung und Nivellierung: **14** ('44/45) 521–24 [niederländ.].

Verhandelingen koninkl. nederl. Akad. Wet., Afd. Natuurkunde, 1. Sect. Fundamental tables for regional isostatic reduction of gravity values: **17** ('40) Nr. 3, 44 S.

Verhandlungen geol. Bundesanstalt, Wien Die Entstehung von Faltengebirgen, Mittelgebirgen, von Kontinenten und Ozeanen: **1959**, 4–19.

Versl. gewone Vergad. Afd. Natuurkunde, Koninkl. nederl. Akad. Wet. Tensions in the Earth's crust as a consequence of pole-shifting: **52** ('43) 185–96 [niederländ. m. deutscher, engl. u. französ. Zusammenfassg.]. — The distribution of continents and oceans over the Earth's surface: **53** ('44) 151–59 [~]. — New formulas for systems of deflections of the plumb-line and Laplace's theorem: 160–68 [~]. — About mountain formation on the Earth: **57** ('48) 51 [niederländ.]. — The origin of continents and oceans: **59** ('50) 123 [~]. — On a third arc in several island arc areas: **60** ('51) 100 [~]. — Physical geodesy: **62** ('53) 8 [~]. — A phase-transition layer between 200 and 900 km depth in the Earth?: **64** ('55) 104 [~]. — The geophysical history of a geosyncline: **65** ('56) 153–56 [~]. — Instability in the Earth's mantle because of the phase-transition layer: **66** ('57) 177 [~]. — Causes and consequences of multiple convection-cell layers in the Earth's mantle: **68** ('59) 27f. [~]. — Short report [on a hypothesis about the difference of the tectonic development on the east and west side of the Pacific Ocean: 132 [~]. — Continental and ocean-floor topography: Convection in the Earth's mantle: **69** ('60) 69 [~]; **70** ('61) 65 [~]. — Pattern of the convection currents in the Earth's mantle: 143 [~]. — Pseudo-viscous shear zones in the Earth's crust. Three possible systems of mutual reaction of large crustal blocks: **71** ('62) 65 [~]. — Relative movements of continents: 129 [~].

Z. Geophysik Die Schwerkraft auf dem Meere: **9** ('33) 75f.

VI **VENKATESACHAR,** Rao Bahadur Bachalli (in VI: Bachapathi). Physik, Philos. — Until 1937[?] Prof., Central College Bangalore, Univ. of Mysore; '37–39 Acting Dir., Indian Inst. of Sci., Bangalore; '45 Founder, '45–51 Principal, Vijaya College, Bangalore; Vice-Chancellor, Purna Prajna Vidyapeeth Societies.
* 1879, Juni 18;
† 1972, Mai 27.

Zur Biogr. Biographical memoirs of fellows of the Indian National Science Academy **6** (New Delhi '79) 24–30.

S. Canal rays (Bangalore '37) (Current Sci., E. Goldstein Special Nr.) 1f.: Eugen Goldstein, 1850–1930.

Current Sci. Hyperfine structure and isotopes: **1** ('32/33) 10. — Nuclear structure [3]): 120–24. — The magnetic moment of the nucleus: 232–34. — Hyperfine structure of elements in the mercury arc, 1: Nuclear moment of zinc-67: 264f.; ~ 2: Nuclear moment of caesium [2]): 303–06. — Atomic nuclei and the hyperfine structure of spectral lines: 357f. — Structure of the nucleus [1]): **3** ('35) 407–09. — Some recent work on isotopes and hyperfine structure of spectral lines: **4** ('35) 220–24. — Doppler effect in canal rays: **6** ('37) 51f.

J. sci. Instruments On the use of fused silica etalons in the study of hyperfine structure: **9** ('32) 216–18.

Nature [London] Platinum isotopes and their nuclear spin [2]): **136** ('35) 65f. — Iridium isotopes and their nuclear spin [2]): 437.

Proc. indian Acad. Sci., Sect. A Hyperfine structure of some HgII lines [2]): **1** ('34/35) 8–13. — Platinum isotopes and their nuclear spin [2]): 955–60. — Isotope abundance in platinum [2]): **2** ('35) 101–03. — Iridium isotopes and their nuclear spin [2]): 203–07.

Z. Physik Berichtigung zu der Mitteilung: Beitrag zur Analyse des ersten Funkenspektrums von Quecksilber [Z. Physik **73** ('31) 412–18] [3]): **74** ('32) 290. — Hyperfeinstruktur und selektive Absorption: **75** ('32) 676–78. — Bemerkungen zu der Arbeit von H. Schüler und H. Westmeyer: **83** ('33) 275f. — Neutronen und magnetische Kernmomente [3]): **85** ('33) 264–67.

Mit: [1]) R. Bahadur; [2]) L. Sibaiya; [3]) T. S. Subbaraya.

VI **VENUS-DANILOVA,** Ėl'frida Davydovna. Chem. (org.). — 1908–14 Stud. (Frauenhochschulkurse), '14–30 Assist., Univ. Petersburg → Leningrad; '30–32 Lektorin, '32–39 Doz., '39–53 Prof., '48–51 Leiterin d. Lehrstuhls f. org. Chem., '53 freiberufl. wiss. u. pädagog. Tätigkeit, Chem.-Technol. Inst. → Technol. Inst., Leningrad ('41–44 Kazan'); '38 Dr. d. chem. Wiss. — Leninorden, Medaillen (UdSSR).
* 1890, Jan. 29(16), Petersburg;
† 1968, Apr. 11, Leningrad.

Zur 40jähr. wiss. Tätigkeit *V. V. Razumovskij, Priroda [SSSR] **1951**, Nr. 9, 72–74.

Zum 70.Geb.tag *V. F. Kazimirova, *L. A. Pavlova, Ž. obščej Chim. **29** ('59) 3857–66 (m. Bildn. u. Schr.verz. 56 Nrn.). — *A. A. Petrov, *L. A. Pavlova, Trudy leningr. technol. Inst. Nr. **60** ('60) 227–35 (m. Schr.verz. 86 Nrn.).

Nekr. *L. A. Pavlova, *V. I. Serkova; *A. N. Orlova; *N. S. Sidorova; *T. A. Favorskaja, *S. N. Danilov, Ž. obščej Chim. **39** ('69) 3–10 (m. Bildn. u. Schr.verz. 73 Nrn.).

S. Sbornik statej po obščej chimii [Sammlung von Aufsätzen zur allgemeinen Chemie] **1** (Moskva–Leningrad '53) 385–87: Synthese und Eigenschaften von Äthern disekundärer γ-Glykole, 2: Gewinnung der Dipropyl- und Diisopropyläther von Diphenylbutindiol, Diphenylbutendiol und Diphenylbutandiol [russ.] [21])[14]). — Voprosy teorii stroenija organičeskich soedinenij [Fragen zur Theorie der organischen Verbindungen] (Leningrad '60) 163–82: Untersuchungen auf dem Gebiet des 2-substituierten 2,5-Dihydrofurans [russ.].

W. Rukovodstvo k praktičeskim zanjatijam po obščej chimii [Lehrbuch für praktische Arbeiten in der allgemeinen Chemie] (m. E. Zeberg, V. Lebedinskij u. a.) [3](Leningrad '32) 114 S., [4]('33) 114 S.; usbek.: (Taškent '35) 87 S. — Issledovanija v oblasti al'degidov i oksial'degidov polimetilenovogo rjada [Untersuchungen auf dem Gebiet der Aldehyde und Oxyaldehyde der Polymethylenreihe] (Leningrad '38) [Dissertation].

Bitte Bemerkung S. 5629 vor dem Buchstaben V beachten!

Ber. dtsch. chem. Ges. Isomerisation der Oxy-aldehyde, 5: Oxydativ-reduktive Umwandlungen des α-Oxy-isobutyraldehyds [5]): **67** ('34) 24–35.

Trudy leningr. technol. Inst. A. E. Favorskij † [5]): Nr. **12** ('46) 5–11 [russ.]. — Umwandlung von Acetylen-α-glykolen [17])[19])[4]): Nr. **30** ('54) 38–52 [~]. — Einwirkung von Quecksilbersalzen auf die α-Glykole der Acetylenreihe: Nr. **60** ('60) 32–48 [~]. — Umwandlung von Pinacolonen mit substituierten Acetylenradikalen, 17: Synthese und Umlagerungen von 2-Methyl-3-phenyl-hepten(6)-in(4)-2,3-diol [2]): 85–91 [~].

Vestn. leningr. Univ. Einfluß der Konstitution der Acetylen-α-glykole auf ihre Umwandlungen [17]) [8]): **11** ('56) Nr. 16 (Ser. Fiz. i. Chim. Nr. 3) 117–25 [russ.].

Ž. obščej Chim. Hydratation von Acetylenalkoholen mit einer primären Alkoholgruppe [5]): **2** ('32) 645–58. — Isomerisation der Oxy-aldehyde, 5: Oxydativ-reduktive Umwandlungen des α-Oxy-isobutyraldehyds [5]): **3** ('33) 559–72; ~ 7: Oxydativ-reduktive Umwandlung von α-Oxybutyraldehyd [12]): **16** ('46) 2099–108; ~ 11: Oxydativ-reduktive Umwandlungen von α-Oxy-önanthaldehyd [12]): **18** ('48) 1816–22. — Zur Synthese von Acroleinen mit aromatischen und Cyclohexylringen: **4** ('34) 866–70. — Untersuchungen in der Reihe der Aldehyde und Oxy-aldehyde der Polymethylenreihe, 1: Die Umwandlung des Hexahydrobenzaldehyds: **6** ('36) 697–703; ~ 2: Kondensationsprodukte des Cyclopentanons: 917–21; ~ 3: Umwandlung des Cyclopentylformaldehyds: 1757–65; ~ 4: Isomerisation des α-Oxycyclopentylformaldehyds: 1784–95; ~ 5: Brom- und Oxyhexahydrobenzaldehyd: 1863–69; ~ 6: Isomere Umwandlungen des α-Oxyhexahydrobenzaldehyds [12]): **7** ('37) 2639–48; ~ 7: Nebenprodukte der Synthese des Tetramethylendicarbonsäurediäthylesters nach Kishner: **8** ('38) 477–83; ~ 8: Isomere Umwandlungen des Cyclobutylformaldehyds: 1179–91; ~ 9: Umwandlungen des Cyclopropylformaldehyds [12]): 1438–46. — Synthese und Eigenschaften von Phenylcyclohexylacetaldehyd [3]): **7** ('37) 2823–30. — Die Isomerisierung des Phenylcyclohexylacetaldehyds [3]): **9** ('39) 975–84. — I. I. Borgman †: 2302f. — Umwandlung von α-mono-halogenierten Carbonylverbindungen in einbasische gesättigte Säuren: **11** ('41) 847–50. — Dehydrierung von Alkoholen mit Polymethylen-Ringen [3]): **12** ('42) 73–86. — Derivatives of 2,4-diphenyl-5,5-dimethyl-2-hydroxy-2,5-dihydrofuran: **13** ('43) 93–101 [m. engl. Zusammenfassg.]. — Untersuchung der Umlagerungen von Pinakonen mit substituierten Acetylenradikalen, 3: Synthese und Umlagerung von Dimethylphenyl-tert.-butylacetylenyläthylenglykol [4]): **17** ('47) 1549–58; ~ 4: Synthese und Umlagerungen von Dimethyl-p-tolylphenylacetylenyläthylenglykol [4]): 1849–57; ~ 5: Synthese und Umwandlungen von Diphenylmethylphenylacetylenyläthylenglykol [4])[7]): **19** ('49) 951–58; ~ 6: Synthese und Umwandlungen von Methyldiphenylphenylacetylenyläthylenglykol (symm.) [2,3,5-Triphenylpentin-(4)-diol-(2,3)] [17]): 1755–65; ~ 7: Synthese und Reaktionen von Methyldiphenyl-tert.-butylacetylenyläthylenglykol [17]): **20** ('50) 82–91; ~ 8: Synthese und Umwandlungen von Trimethylphenylacetylenyläthylenglykol [2,3-Dimethyl-5-phenylpentin-(4)-diol-(2,3)] [19])[17]): **21** ('51) 2210–16; ~ 9: Synthese und Umwandlungen von Triphenylphenylacetylenyläthylenglykol [1,1,2,4-Tetraphenylbutin-(3)-diol-(1,2)] [19]): **22** ('52) 1563–68; ~ 10: Synthese und Umwandlungen von symm.-Dimethylphenylphenylacetylenyläthylenglykol [3-Methyl-2,5-diphenylpentin-(4)-diol-(2,3)] [19]): **24** ('54) 998–1004; ~ 11: Einwirkung von Quecksilberchlorid und -bromid auf asymm.-Phenyl-[phenylacetylenyl]-dimethyläthylenglykol [8]): **26** ('56) 1609–16; ~ 12: Einwirkung von Quecksilberacetat auf asymm.-Dimethylphenylphenylacetylenyläthylenglykol [8]): 1901–06; ~ 13: Einwirkung von Quecksilbersalzen auf asymm.-Methyldiphenylphenylacetylenyläthylenglykol und Trimethylphenylacetylenyläthylenglykol [8]): 2458–63; ~ 14: Synthese und Umwandlung von asymm.-Methyldiphenyl-tert.-butylacetylenyläthylenglykol [1,1-Diphenyl-2,5,5-trimethylhexin-(3)-diol-(1,2)] [19])[7]): **27** ('57) 334–39; ~ 15: Einwirkung von Quecksilbersulfat auf asymm.-Dimethylphenylphenylacetylenyl- und asymm.-Methyldiphenylphenylacetylenyläthylenglykol [17])[8]): **28** ('58) 651–57; ~ 16: Synthese und Umwandlungen von symm.-Dimethylphenyl-tert.-butylacetylenyläthylenglykol [19]): 1477–82; ~ 18: Synthese und Umwandlungen von asymm.-Methyldiphenylvinylacetylenäthylenglykol [2-Methyl-1,1-diphenylhexen-(5)-in-(3)-diol-(1,2)] [2]): **30** ('60) 2872–77; ~ 19: Über die Reaktion von Dimethylbenzoylcarbinol mit Vinylacetylen in Gegenwart von Natriumamid in flüssigem Ammoniak [2]): 3263–67; ~ 20: Synthese und Umwandlungen von asymm.-Dimethylphenylmethylacetylenyläthylenglykol [19])[2]): **32** ('62) 1771–78; ~ 21: Synthese und Umwandlungen von 2-Methyl-3-phenyl-5-p-tolylpentin-(4)-diol-(2,3) [17])[11]): 3260–65. — Umwandlungen des asymmetrischen Dimethyldiphenylbutindiols in saurem Medium, 1: Isomerisierung von γ-Glykol unter der Einwirkung einer alkoholischen Lösung von Schwefelsäure [21])[23]): **20** ('50) 2222–29; ~ 2: Kondensation von γ-Glykol mit Äthanol in Gegenwart von Schwefelsäure [23]): 2230–35; ~ 4: 2-Methyl-5,5-diphenyl-penten-(4)-ol-(2)-on-(3) [23])[22]): **24** ('54) 1380–89. — Isomerisation von Methylacetylenylcarbinol in saurem Medium [10])[13]): **21** ('51) 1806–10. — Untersuchung von Oxydihydrofuranen, 1: Oxydation und Reduktion von 2,4-Diphenyl-5,5-dimethyl-2-oxydihydrofuran-(2,5) [16]): **22** ('52) 333–38; ~ 2: Die Reaktion von 2,4-Diphenyl-5,5-dimethyl-2-oxydihydrofuran-(2,5) mit Acetaldehyd [16]): **23** ('53) 681–86; ~ 3: Die

Bitte Bemerkung S. 5629 vor dem Buchstaben V beachten!

Reaktion von 2,4,5-Triphenyl-5-methyl-2-oxydihydrofuran mit Essigsäureanhydrid [16]): 1886–92; ~ 4: Über die basischen Eigenschaften substituierter 2-Oxydihydrofurane-(2,5) [8]): **26** ('56) 884–94; ~ 6: Die Reaktion von 5,5-Dimethyl-2,4-diphenyl-2-oxydihydrofuran-(2,5) mit 2,4-Dinitrophenylhydrazin [17]): **27** ('57) 2423–29; ~ 7: Kondensation von 5,5-Dimethyl-2,4-diphenyl-2-oxydihydrofuran-(2,5) mit Malonsäurediäthylester [17]): **31** ('61) 1150–54. — Umwandlungen sekundär-tertiärer α-Glykole der Acetylenreihe unter der Einwirkung von Quecksilbersalzen, 1: 1,2,4-Triphenylbutin-(3)-diol-(1,2) [1]): **22** ('52) 816–21; ~ 2: 3-Methyl-5-phenylpentin-(4)-diol-(2,3) [1]): 1568–72; ~ 3: 2-Methyl-1,4-diphenylbutin-(3)-diol-(1,2) [8]): **28** ('58) 3227–31. — Synthese und Eigenschaften von Äthern disekundärer γ-Glykole, 1: Gewinnung des Dimethyl- und Diäthyläthers von Diphenylbutindiol [21])[14]): **22** ('52) 1832–38; ~ 3: Gewinnung der Di-n-butyl- und Diisoamyläther von Diphenylbutindiol, Diphenylbutendiol und Diphenylbutandiol [21])[14]): **23** ('53) 1143–45. — Synthese und Umwandlungen von Polymethylenringe enthaltenden Acetylenalkoholen, 1: 1-[Phenylacetylenyl]-cyclopentanol-(1) [9]): 1139–42; ~ 2: 1-[Phenylacetylenyl]-cyclohexanol-(1) [9])[15]): 1493–98. — Umwandlungen von Acetylen-γ-glykolen, 4: Isomerisierung von asymmetrischem Methyl-di-n-tolylbutindiol [1,1-Di-n-tolylpentin-(2)-diol-(1,4)] [18]): **26** ('56) 2170–74; ~ 5: Isomerisierung von asymmetrischem Dimethyl-di-n-tolylbutindiol [2-Methyl-5,5-n-tolylpentin-(3)-diol-(2,5)] [18]): **25** ('55) 1516–20. — Isomerisation eines sekundär-tertiären Acetylen-α-glykols zu einem substituierten β-Furanon [1]): **30** ('60) 349f. — Über die Kondensation von 3,3-Dimethyl-1-phenyl-1-hydroxyphthalan und 5,5-Dimethyl-2,4-diphenyl-2-hydroxy-2,5-dihydrofuran mit Acetanhydrid [17])[16]): 735–42. — A. I. Bol'šuchin [5])[16])[6])[12]): 3145–47. — Neuer Typ einer Kondensation von 2-Hydroxy-2,5-dihydrofuranen [19])[2]): **31** ('61) 3141f. — Umwandlungen sekundär-tertiärer α-Glykole der Acetylenreihe unter Einwirkung von Schwefelsäure [1])[18])[20]): **32** ('62) 2118–22. — — Alle Arbeiten russ.

Mit: [1]) V. M. Al'bickaja; [2]) A. A. Antonova; [3]) A. I. Bol'šuchin; [4]) E. P. Bričko; [5]) S. N. Danilov; [6]) A. G. Egorov; [7]) A. V. El'cov; [8]) A. Fabricy; [9]) M. V. Gorelik; [10]) A. P. Ivanov; [11]) S. V. Jakovlev; [12]) V. F. Kazimirova; [13]) I. I. Martynov; [14]) V. N. Michajlova; [15]) T. A. Nikolaeva; [16]) A. N. Orlova; [17]) L. A. Pavlova; [18]) Z. V. Princeva; [19]) V. I. Serkova; [20]) L. N. Vorob'ev; [21]) Ju. S. Zal'kind; [22]) L. A. Grigor'eva; [23]) V. I. Rjabceva.

VI **VERBLUNSKY,** Samuel. Math. — 1924–30 Stud., '30 Ph.D., '30–33 Research Fellow at Magdalene College, Univ. of Cambridge; '33–37 Assist. Lecturer, Univ. of Manchester, '37–46 Lecturer, Manchester College of Technol.; '46–49 Lecturer, '49–51 Reader, '51–71 Prof., '73 Emer. Prof., Queen's Univ. of Belfast, Ireland.
* 1906, Juni 25, London.

Zur Biogr. Nature [London] **168** ('51) 1104.

W. An introduction to the theory of functions of a real variable (Oxford '39) 11 + 169 S.; Neuaufl.: ('47) 11 + 169 S.

Acta math. On a class of perfect sets: **65** ('35) 283–305.

American J. Math. An outline of the theory of F_2 series: **77** ('55) 628–54.

Archiv Math. A theorem on cubic polynomials: **2** ('50) 281 f.

Bull. Sci. math. Sur les fonctions préharmoniques: (2) **73** ('49) 148–52; ~ 2: **74** ('50) 153–60. — Sur une classe de séries exponentielles de Cauchy: **76** ('52) 85–96.

Duke math. J. A theorem on quartic polynomials: **17** ('50) 507–10.

Fundamenta Math. [Warszawa] On the theory of trigonometric series, 5: **21** ('33) 168–210; ~ 7: **23** ('34) 193–236.

J. London math. Soc. On positive polynomials: **20** ('45) 73–79. — On the moments of a concave function: **22** ('47) 115–20. — On a class of cubics: 120–24. — A note on Tauberian theorems and harmonic functions: 210–16. — On a class of harmonic functions: **23** ('48) 49–56. — On Green's formula: **24** ('49) 146–48. — Inequalities for the integrals of positive harmonic functions along contours: 149–53. — On the least number of unit circles which can cover a square: 164–70. — On a fundamental formula of potential theory: **26** ('51) 25–30. — On the circumradius of a bounded set: **27** ('52) 505–07. — Robert Mark Gabriel †: **33** ('58) 125–28.

Mathematische Ann. On the curvature of level curves: **125** ('53) 472–76.

Mathematische Z. On the roots of a transcendental equation, occurring in the theory of trigonometric series: **61** ('54) 324–35.

Proc. amer. math. Soc. On the shortest path through a number of points: (3) **2** ('51) 904–13.

Proc. Cambridge philos. Soc. On positive harmonic functions in a half-plane: **31** ('35) 482–507. — Solution of a moment problem for bounded functions: **32** ('36) 30–39. — On the Fourier constants of a bounded function: 201–11. — On the parametric representation of bounded functions: 521–29. — Two moment problems for bounded functions: **42** ('46) 189–96; **44** ('48) 140–42. — On the initial moments of a bounded function: **43** ('47) 275–79. — Inequalities for the derivatives of a bounded harmonic function: **44** ('48) 155–58. — A note on positive harmonic functions: 289–91. — On a problem of moments: **45** ('49) 1–4. — A theorem on positive harmonic functions: 207–12. — A uniqueness theorem for the exponential series of Herglotz: **56** ('60) 220–32; ~ 2: **58** ('62) 422–25.

Proc. London math. Soc. On some classes of Fourier series: (2) **33** ('32) 287–327, 562f. — The Cesàro summation of trigonometric series: 384–408. — Note on the integration of trigonometric series: 409–19. — On the theory of trigonometric series, 1: **34** ('32) 441–56; ~ 2: 457–91; ~ 3: 526–60; ~ 4: **35** ('33) 445–87; ~ 6: **38** ('35) 284–326. — Some theorems on generalized Fourier constants: **37** ('34) 33–62. — Some theorems on moment constants and functions: 338–82. — Trigonometric integrals and harmonic functions: **38** ('35) 1–48. — On positive harmonic functions [, 1]: A contribution to the algebra of Fourier series: 125–57; ~ 2: **40** ('36) 290–320. — Fourier constants and Lebesgue classes: **39** ('35) 1–31. — On a class of differential-difference equations: (3) **6** ('56) 355–65. — On a class of Cauchy exponential series, 2: **12** ('62) 707–24.

Quarterly J. Math., Oxford Ser. On an expansion in exponential series [, 1]: (2) **7** ('56) 231–40; ~ 2: **10** ('59) 99–109. — On a class of integral functions: **8** ('57) 312–20.

Rend. Circolo mat. Palermo Some theorems on F.A. series: (2) **3** ('54) 89–105. — On a class of Cauchy exponential series [, 1]: **10** ('61) 5–26.

V, VI **VERCELLI,** Francesco Maggiorino. Geophysik, Meteorol., Math. (allg.). — 1919–52 Dir. del R. Ist. Geofisico → ('49) Osservat. Geofis. e Ist. Talassografico, Trieste; '25–52 Libero Doc. → Prof., Univ. di Trieste; Prof. incar., Univ. di Padova; Pres., Soc. di Sci. Nautiche; Pres., Circolo di Coltura e delle Arti, Trieste.

* 1883, Okt. 22, Vinchio, Prov. Alessandria;
† 1952, Nov. 24, Camerano Casasco, Asti.

Zur Biogr. Annuario pontificia Accad. Sci. **1** ('36/37) 750–58 (m. Bildn., Faks., Schr.verz.).

Nekr. *P. Caloi, Annali Geofisica **5** ('52) 479f. — *G. Morandini, Rivista geogr. ital. **60** ('53) 229–31. — *C. Morelli, Pubbl., Osservat. geofis. Trieste (N.S.) **51** ('54) 14–19 (m. Schr.verz.). — *M. Picotti, Ricerca sci. **23** ('53) 277–82. — *G. Silva, Atti, Ist. veneto Sci., Lettere ed Arti **111** ('52/53) 39–56 (m. Schr.verz.). — *M. Tenani, Atti Accad. nazion. Lincei, Rend. (8) **15** ('53) 317–31 (m. Schr.verz.). — Geofisica pura e appl. **24** ('53) 214. — Nature [London] **171** ('53) 241. — Semaine d'étude sur le problème des microséismes (Roma '52) (Pontificiae Academiae Scientiarum scripta varia, 12) 405–13 (m. Schr.verz.).

S. Atti del I Congresso speleologico nazionale, Club alpino italiano, Trieste 1933 (Trieste '33) 134–38: Le ricerche geofisiche nel campo delle esplorazioni speleologiche. — James Johnstone memorial volume (R. Jellicoe Daniel) (Liverpool '34) 340–48: Sulla propagazione delle radiazioni solari attraverso l'acqua. — L'Italia. Caratteri generali (Milano '36) (Terra e nazioni) 29–49: I mari italiani. — I combustibili nazionali ed il loro impiego. Convegno di Torino 1939 (Torino '39) 1–13: L'esplorazione geofisica dei campi petroliferi. — Rapports. 4e Congrès international de la mer, Ostende 1951 (Bruxelles [?] '52 [?]): Les variations actuelles des niveaux moyens de la mer. — Semaine d'étude sur le problème des microséismes (Roma '52) (Pontificiae Academiae Scientiarum scripta varia, 12) V–IX: Le problème des microséismes; 339–43: Relazioni tra microsismi, onde microbariche e mareografiche; 347–49: Onde microsismiche e loro cause [1]). — Relazioni, **2**: 1951/52 (Comitato cattolico docenti universitari, Roma) (Roma '53): La vicenda del mare.

W. L'aria nella natura e nella vita (Torino '33) 15 + 711 S.; [2]('52) 24 + 718 S. — La propagazione delle radiazioni solari nelle acque marine (Venezia '37) (La Laguna di Venezia, vol. 1, parte 2, tomo 5) [Bibliographisch nicht exakt nachgewiesen]. — Il mare, i laghi, i ghiacciai (Torino '51) 16 + 622 S.

Annali Geofisica Periodicità dendrologiche e cicli solari: **2** ('49) 477–85.

Archivio Oceanogr. e Limnol. Trasparenza e colore delle acque della Laguna di Venezia: **7** ('50) 1–14.

Atti, Reale Ist. veneto Sci., Lettere ed Arti, Parte I Luigi de Marchi †: **96** ('36/37) 81–87.

Atti, Reale Ist. veneto Sci., Lettere ed Arti, Parte II Colore e trasparenza delle acque nella Laguna di Venezia: **99** ('39/40) 53–59.

Atti, Ist. veneto Sci., Lettere ed Arti Il superamento delle altezze e delle profondità nelle esplorazioni geofisiche: **107** ('49) 41–57.

Atti, Ist. veneto Sci., Lettere ed Arti, Parte gen. e Atti uffic. Ernesto Laura †: **109**.1950/51 ('52) 53–65.

Atti Soc. ital. Progr. Sci. I nuovi problemi della stratosfera: **21**.1932, I ('33) 127–41. — Le recenti misure subacquee di radiazione solare nel mare di Capri: **23**. 1934, II ('35) 110–29. — Ricerche talassografiche nei mari delle colonie italiane: **25**.1936, IV ('37) 153–58.

Boll. Comitato nazion. ital. Geod. e Geofis. La

perequazione nell'analisi delle curve: (2) **2** ('32) 129–33. — Organizzazione per lo studio delle radiazioni solari in Italia: **5** ('35) 1–7. — La determinazione delle profondità ipocentrali: 15–. — Luigi de Marchi †: **6** ('36) 1–4.

Boll. Pesca, Piscicoltura e Idrobiol. Misure subacquee di radiazione di alcuni laghi alpini: **15** ('39) 485–511.

Boll. Soc. adriat. Sci. natur. Trieste Impressioni d'America: **37** ('39) LXXVIII–LXXXI.

Commentationes, Pontificia Acad. Sci. Analizzatore meccanico delle curve oscillanti: **3** ('39) 659–92. — Caratteristiche delle onde barometriche: **9** ('45) 1–32.

Filotecnica Analizzatore meccanico: **10** ('40) 1–4.

Geofisica pura e appl. Giovanni Agamennone – nel suo 90° compleanno: **12** ('48) 105–07.

Memoria, R. Comitato talassogr. ital. Misure sulla penetrazione della luce nelle acque di Rodi: **256** ('38) 21 S. — La penetrazione delle radiazioni luminose nell'acqua di mare: **271** ('39) 32 S. — Guida per l'analisi delle periodicità nei diagrammi oscillanti: **285** ('40) 54 S.

Notas y Resúmenes, Inst. españ. Oceanogr. Analisi delle sesse termiche nella Bahía de Palma de Mallorca: (2) **93** ('36) 1–28.

Nuovo Cimento Le recenti misure subacquee di radiazione solare nel mare di Capri: (N.S.) **11** ('34) 653f.

Problemi attuali Sci. e Cultura Relazioni tra attività solare e fenomeni meteorologici e climatici, con speciale riguardo ai lavori compiuti in Italia [3]): Nr. **7** ('48) 75–77. — Sui fattori tellurici delle epoche glaciali: Nr. **16** ('50) 37–49.

Rapport et Procès-verb. Réun., Commiss. int. Explorat. sci. Mer méditerranée Marée et niveau moyen: **7** ('33) 135–49. — Le variazioni attuali del medio livello marino: **11** ('37) 215–17.

Realtà La luminosità negli abissi marini: **8** ('34) 305–08.

Ricerca sci. Penetrazione delle radiazioni nell'acqua marina: **3** ('32) 177. — Ciò che sappiamo delle maree dell'Adriatico: 553–67. — Le nuove vedute sulla composizione dell'atmosfera: **4** ('33) 133–39. — Cenni preliminari sulle nuove determinazioni delle costanti ottiche nelle acque marine: **5** ('34) 344–48. — Metodi pratici per l'analisi delle curve oscillanti: 364–83. — Relazioni sull'attività scientifica dell'Istituto Geofisico di Trieste: **7** ('36) 321–23; **8** ('37) 241; **9** ('38) 348–50, 621–25; **10** ('39) 354–56; **11** ('40) 198–201; **12** ('41) 114f. — Schemi di calcolo per l'analisi dei diagrammi oscillanti: **8** ('37) 609–21. — Le maree e le sesse nel porto di Zara: **12** ('41) 32–37. — Ricerche sulla struttura e sulla previsione dei barogrammi: **13** ('42) 99–105. — Attività del Centro di Studi Talassografici: **17** ('47) 1099–101; **18** ('48) 1286–90; **20** ('50) 461–63; **22** ('52) 922–27. — Livelli marini e sfacelo dei ghiacciai: **21** ('51) 497–501. — Le ignorate risorse alimentari del mare: **22** ('52) 637–41.

Rivista Geomineraria, Geol. e Geofisica appl. Convegno geofisico nell'Università di Padova: **4** ('43) 52–54.

Rivista mens. Club alpino ital. Le previsioni meteorologiche nelle escursioni: **54** ('35) 420–25.

Rivista Meteorol. aeronaut. Periodicità e previsioni barometriche: **7** ('43) 1–8.

Sapere Terremoti naturali e terremoti artificiali: **7** ('37/38) 156–59.

Scientia Alcuni problemi di geografia e di fisica del mare: **51** ('32) 137–44 [französ.: Suppl. S. 86–93]. — I tremiti della terra: **52** ('32) 193–202 [~ 97–106]. — La luce nel mare: **55** ('34) 262–69 [~ 103–10]. — Onde, sesse e maree interne: **61** ('37) 273–79 [~ 111–]. — Onde atmosferiche: **71** ('42) 1–4. — La dendrologia: **85** ('50) 16–20. — Il moto dei ghiacciai: **86** ('51) 13–19 [französ.: Suppl. S. 4–10]. — Vicende dell'idrosfera: **87** ('52) 69–73 [~ 42–45].

Tecnica ital. Analisi periodale dei diagrammi: (N.S.) **1** ('46) 76–85.

Mit: [1]) C. Morelli; [2]) F. Mosetti; [3]) S. Polli.

VI **VERDA,** Antonio Francesco Alessandro. Chem. — 1911–43 Chimico cantonale e Dir. dell'Ist. igienico, Lugano.
* 1876, Febr. 3 [oder 5 ?], Paris;
† 1949 (beigesetzt: Sept. 10, Bissone).

Nekr. *O. Högl, Mitt. Geb. Lebensmittelunters. u. Hyg., Bern **41** ('50) 9f.

W. Chimica del vino [2](Torino '36) 15 + 240 S.; [3]('43) 240 S. — Festschrift zum 100. Geburtstag des Schweizerischen Apothekervereins (m. J. Thomann, J. A. Häflinger) (Zürich–Basel '43) 6 + 372 S.

Annali Chim. appl. Sull'aggiunta dell'acido citrico nei vini: **30** ('40) 209–14.

Pharmaceutica Acta Helvetiae Nature chimique des vitamines: **7** ('32) 95–99; **8** ('33) 80f.; Sulla natura chimica delle vitamine: **10** ('35) 185–94. — Le acque minerali del Cantone Ticino: **12** ('37) 13–15. — Le sorgenti minerali di Stabio: 15–22. — Le sorgenti acidulo-ferruginose del Luganese: 22–35. — L'acqua termale di Acquarossa: 36–41. — L'acqua terrosa-solfatata di Olivone: 41–44. — Le acque ferruginose di Val Blenio: 45f. — Le acque terrose-solfuree del

Ritom: 47–55. — Le acque terrose-solfatate di Val Bedretto: 55f. — Sulla natura chimica e biologica delle vitamine: **15** ('40) 164–70, 216–25. — Contributi alla storia delle scienze biologiche: **16** ('41) 44–47, 109–19. — Gli ormoni: **17** ('42) 26–40. — Il problema dei surrogati in farmacia con speciale considerazione dei prodotti dietetici: **18** ('43) 591–96. — Sintesi delle componenti di organi animali e vegetabili o delle sostanzi cosiddette vitali: **22** ('47) 46–55.

Schweizerische Apotheker-Ztg. Per la storia delle farmacopee nazionale: **73** ('35) 713–16. — Gli acquedotti di Roma e i Ticinesi: **80** ('42) 365–70. — Au sujet de la formation des pharmaciens pour la lutte antiparasitaire. Les dangers de l'arséniate de plomb: 526–. — Alcune note retrospettive sulla Farmacia del Cantone Ticino: **81** ('43) Nr. 13/14. — La coltivazione del Ricinus communis: 269–74, 289–93. — La chemioterapia dei sulfonamidi: 369–72. — La Farmacia Lavizzari in Mendrisio, 1601: 648–. — Azione fisiologica della vitamina B_2: 729–33. — L'emigrazione ticinese e la farmacia: **87** ('49) 386–96.

Z. analyt. Chem. Über eine einfache Schnellmethode zur Schätzung von Nikotin [1]): **118** ('39) 9–13.

Vermutlich einige weitere Publikationen.

Mit: [1]) E. Herzfeld.

V, VI **VERGERIO,** Attilio. Math. — 1907 Laureato, Univ. di Bologna; poi ['10– ?] Assist. di B. Levi, Univ. di Parma; '17–31 Libero Doc. Analisi, Univ. di Bologna; di pari tempo Insegnante nelle scuole medie superiori.
* 1877, Jan. 19, Valdobbiadene, Treviso;
† 1937, Dez. 24, Napoli.

W. Complementi di matematica per i licei scientifici; con 163 esercizi (Torino '32) 151 S. — Algebra elementare per le scuole secondarie di avviamento al lavoro; con 95 esercizi (Torino '32) 83 S.; Algebra elementare per le scuole secondarie di avviamento professionale; con 597 esercizi [2]('33) 89 S. — Elementi di trigonometria piana e sferica ad uso delle scuole medie superiori; con numerosi esercizi [2](Torino '32) 150 S.; [3]('36) 4 + 150 S. — Aritmetica pratica per le scuole secondarie di avviamento al lavoro; con 297 esercizi (Torino '32) 180 S.; Aritmetica pratica per le scuole secondarie di avviamento professionale; con 456 esercizi [2]('33) 196 S. — Geometria elementare, ad uso delle scuole medie, **1**: Per il ginnasio superiore e il corso inferiore degli istituti tecnici e magistrali, con 184 esercizi [2](Torino '33) 7 + 111 S.; [3]('34) 8 + 113 S.; [4]('36) 8 + 113 S.; **2**: Per il corso superiore degli istituti tecnici e magistrali, per i licei classici e scientifici, con 220 esercizi [2]('32) 188 S.; [3]('34) 210 S. — Geometria intuitiva per le scuole secondarie di avviamento al lavoro; con 196 esercizi (Torino '32) 120 S.; Geometria intuitiva per le scuole secondarie di avviamento professionale; con 275 esercizi [2]('33) 130 S. — Geometria intuitiva per il ginnasio inferiore; con 250 esercizi [2](Torino '34) 112 S. — Aritmetica pratica per le scuole medie inferiori; con 463 esercizi [2](Torino '34) 190 S. — Algebra elementare ad uso delle scuole medie, **1**, Neuaufl. (Lanciano '34) 6 + 128 S. — Corso elementare di matematica per la scuola media (m. L. Barbacini) **1**: Per la prima classe, con 300 esercizi e problemi (Torino '41) 219 S.; **2**: Per la seconda classe, con oltre 260 esercizi e problemi ('41) 120 S.; **3**: Per la terza classe, con 300 esercizi e problemi ('42) 157 S.

V, VI **VERGNE,** Antoine Joseph Henri. Math., Mech., Thermodyn. — 1911–19 Répétiteur, '19–21 Maître de Conférences, '21–43[?] Prof., Ecole Centrale des Arts et Manufactures, Paris; '39 Prés., Soc. Math. de France. — '40 Prix Hirn (Acad. Sci., Paris).
* 1879, Apr. 30, Paris;
† 1943, Dez. 28, Paris.

W. L'équilibre thermodynamique des fluides homogènes (m. J. Villey) (Paris '39) 1 + 76 S. (Mémorial des sciences physiques, 41). — Les variations de l'équilibre thermodynamique (m. J. Villey) (Paris '41) 1 + 90 S. (~44).

V, VI **VERKADE,** Pieter Eduard. Chem. (org.). — 1919–38 Ord. Prof. Warenkunde, '23–24, '30–31, '36–37 Rektor, Niederländ. Handelshochsch., Rotterdam; '38–61 Prof. org. Chem., Techn. Hochsch. → Techn. Univ. Delft; '27–30 Vizepräs., '30–33 Präs., Niederländ. Chem. Vereinig.; '55–59 Präs. d. Sekt. f. org. Chem., Int. Union f. reine u. angew. Chem. — '61 Ritter d. Ordens d. Niederländ. Löwen; '73 Austin M. Patterson Award (Amer. Chem. Soc.).
* 1891, Mai 21, Zaandam;
† 1979, Sept. 17.

Zum 70. Geb.tag Chemisch Weekbl. **57** ('61) 245 (m. Bildn.).

Zur Biogr. *B. M. Wepster, *H. C. Beyerman, Zum Eintritt in den Ruhestand: Chemisch Weekbl. **57** ('61) 359–63 [niederländ.] (m. Bildn.). — *J. Coops, Verkade in Rotterdam, 1919–29: ibid. 363–66

 Bitte Bemerkung S. 5629 vor dem Buchstaben V beachten!

[~] (m. Bildnissen). — *G. M. Dyson, Prof. Dr. P. E. Verkade and communications in chemical science, ibid. 368–70 (m. Gruppenbildnissen). — *H. J. T. Bos, ibid. **69** ('73) Nr. 28, S. 9 (m. Bildn.).

Nekr. *L. Maat, *B. M. Wepster, Chemisch Weekbl. **75** ('79) Nr. 41, S. 2 (m. Bildn.). — *F. C. Alderweireldt, *H. J. T. Bos, *J. J. Jennen, *L. Maat, *J. Nys, *P. J. Slootmaekers, ibid.; Chemie Magazine [Malle, Belgique] **5** ('79) Nr. 8, 24f. — *B. M. Wepster, Jaarb. koninkl. nederl. Akad. Wet. **1979**, 172–77 (m. Bildn.). — Versl. gewone Vergad. Afd. Natuurkunde, Koninkl. nederl. Akad. Wet. **88** ('79) Nr. 8, 94–96.

Schriftenverzeichnis Chemisch Weekbl. **57** ('61) 370–76 (265 Nrn.); **75** ('79) Nr. 41, S. 3 (m. Bildn.).

S. Physikalisch-chemisches Taschenbuch (C. Drucker, E. Proskauer) **2** (Leipzig '33) 396–: Verbrennungswärme. — Trabajos del IX Congreso internacional de química pura y aplicada, Madrid 1934, **5** (Madrid '36) 199–208: New aspects of fat metabolism[49]). — Symposium over Het verband tusschen chemische structuur en physiologische werking, Amsterdam 1943 (Sectie voor Organische Scheikunde der Nederlandsche Chemische Vereeniging) (['s-Gravenhage '44] [?]) 54–79: Über den Zusammenhang zwischen süßem Geschmack und Konstitution organischer Verbindungen [niederländ.]. — Festschrift Herrn Prof. Dr. Arthur Stoll zu seinem 60. Geburtstag gewidmet, 8. Januar 1947 (Basel '47) 395–418: Moderne Methoden für die Synthese von Glyceriden und hiermit verwandten Verbindungen. — Sostanze naturali. III Corso estivo di chimica, Varenna 1958 (Roma '61) (Conferenze, Fondazione Donegani, Accademia nazionale dei Lincei) 365–93: Synthetical investigations in the field of glycerides and related compounds.

W. 1er Rapport de la Commission Permanente de Thermochimie (m. W. Świętosławski, L. Keffler, C. Matignon, W. A. Roth, F. Swarts, E. W. Washburn) (Union Internationale de Chimie) (Paris '34). — Organische chemie en industrie. Rede, uitgesproken bij de aanvaarding van het ambt van hoogleeraar aan de Technische Hoogeschool te Delft op 21 Oct. 1938 (Delft '38) 22 S. — (Kommissionsvorsitzender) Nomenclature of organic chemistry, July 1957 (m. anderen) (International Union of Pure and Applied Chemistry, Commission on the nomenclature of organic chemistry) (London '58) 92 S. — Rules for I.U.P.A.C. notation for organic compounds (m. anderen) (International Union of Pure and Applied Chemistry, Commission on codification, ciphering and punched card techniques) (London '61) 9 + 107 S.

Acta Genet. med. et Gemellol. [Roma] Investigations on taste blindness with thiocarbamides, 2: Intra-pair discrepancy of taste in pairs of identical twins[88])[75]): **8** ('59) 361–.

Advances Chem. Ser. Organic chemical nomenclature, past, present, and future: **8** ('53) 75–82.

Archives int. Pharmacodyn. et Thérapie Investigation of the usefulness of the goldfish test for the determination of local anesthetic activity[91])[20]): **74** ('47) 378–98. — A comparison of the anesthetic activity of a number of alkoxyaminonitrobenzenes with the aid of the goldfish test[20])[91]): **87** ('51) 196–206. — A comparison of the behaviour of some 1-alkoxy-2-amino-4-nitrobenzenes and of some alk(en)yl 4-aminobenzoates in the goldfish test, the rabbit cornea test, and the frog-muscle sciatic nerve test[20])[91]): **126** ('60) 246–54.

Archives Sci. physiol. Sur le rapport entre la dégradation des acides gras saturés normaux, par ω-oxydation et le métabolisme des hydrates de carbone: **2** ('48) 203–19.

Biochemical J. Researches on fat metabolism, 2[49]): **28** ('34) 31–40.

Biochimica et biophysica Acta Researches on fat metabolism, 12: The influence of carbohydrate on diaciduria[49])[22]): **2** ('48) 38–56 [m. engl., französ. u. deutscher Zusammenfassg.].

Bull. Soc. Chim. biol. Recherches récentes sur le métabolisme des graisses: **18** ('36) 989–1013.

Chemisch Weekbl. Die Nomenklatur der organischen Verbindungen: **29** ('32) 478–. — Die Niederländische Chemische Vereinigung während der letzten Jahre: **30** ('33) 275–. — Organisch-chemische Nomenklatur: **32** ('35) 748–. — Neuere Untersuchungen über den Fettstoffwechsel[49]): **33** ('36) 163–72. — Die Nomenklatur der organischen Derivate von Phosphor, Arsen, Antimon und Wismut: **41** ('45) 79f. — Synthetische Untersuchungen auf dem Gebiet der Glyceride: **45** ('49) 449–58. — Die internationale Regelung der Nomenklatur der Organosiliciumverbindungen: **47** ('51) 309–14. — Professor Waterman empfängt die goldene Hoogewerff-Medaille: **53** ('57) 57–. — 50 Jahre organische Chemie [Autobiogr.]: **57** ('61) 353–59. — Das I.U.P.A.C.-Kodexsystem für organische Verbindungen: **58** ('62) 137–43. — — Alle Arbeiten niederländ.

Chemistry and Industry The role of dicarboxylic acids in metabolism: **16** ('38) 704–11.

Chimie et Industrie Recherches sur la synthèse des glycérides: **69** ('53) 239–51.

Croatica chem. Acta The use of silver phenyl benzyl phosphate for the synthesis of monophenyl esters of phosphatidic acids[75])[60]): **29** ('57) 413–17.

Bitte Bemerkung S. 5629 vor dem Buchstaben V beachten!

Enzymologia Researches on fat metabolism, 9: Some remarks on the rôle of C_4-dicarboxylic acids in metabolism: **9** ('40/41) 289–94.

Fette u. Seifen Synthese von Glyceriden mit Hilfe von Trityl-Verbindungen und Anwendungen dieses neuen Verfahrens: **45** ('38) 457–65. — Über den Abbau der Fettsäuren im lebenden Organismus: **46** ('39) 521–29.

Food Manufacture A new sweetening material: **21** ('46) 483–85.

Hoppe-Seyler's Z. physiol. Chem. Untersuchungen über den Fettstoffwechsel, 1 [22][49][92][84][72]): **215** ('33) 225–57; ~ 3 [49]): **225** ('34) 230–44; ~ 4: Zweiseitige β-Oxydation der durch ω-Oxydation gesättigter Fettsäuren entstandenen Dicarbonsäuren [49]): **227** ('34) 213–22; ~ 5: Einige Versuche am Menschen über den Abbau ungesättigter Fettsäuren [49]): **230** ('34) 207–15; ~ 6: Versuche mit α-Lauro-β,γ-diundecylin [49][35]): **234** ('35) 21–26; ~ 7: β-Oxydation von per os verabfolgten, normalen gesättigten Dicarbonsäuren [49][1]): **237** ('35) 186–90; ~ 8: Fütterungsversuche an Hunden mit den Natriumsalzen normaler gesättigter Dicarbonsäuren [49][1]): **250** ('37) 47–56; ~ 10: Fütterungsversuche bei Hunden mit einsäurigen gesättigten Triglyceriden [49][1]): **247** ('37) 111–14; ~ 11: Injektionsversuche an Hunden mit Natriumsalzen normaler gesättigter Dicarbonsäuren [49][1]): **252** ('38) 163–68.

Industrie chim. belge Inhibition stérique de mésomérie et vitesse de réaction [88]): **20** ('55) 1281–98.

J. amer. chem. Soc. Nomenclature of organic chemistry. IUPAC 1957 rules[u.a.]): **82** ('60) 5545–74.

J. Chim. physique L'acide salicylique comme substance-étalon secondaire de calorimétrie: **29** ('32) 297–301.

Jaarb. koninkl. nederl. Akad. Wet. What's in a name ? [Rede]: **1956/1957** ('57) 70–97.

Jaarb., Nederl. Handels-Hoogeschool Biochemie [Rede des Rektors anläßlich des 23. Gründungstages der Niederländischen Handelshochschule am 7. November 1936]: **1935/1936**.

Natuurkundige Voordrachten Das eine und das andere über Genußmittel: (N.R.) **14** ('36) 139–55.

Nederlandsch Tijdschr. Geneeskunde Vorläufige Mitteilung über Fettstoffwechsel: **76** ('32) 1036f. [niederländ.].

Proc. chem. Soc., London August Kekulé. The Kekulé symposium on theoretical organic chemistry: **1958**, 205–10.

Proc., Koninkl. Akad. Wet. Amsterdam Untersuchungen über den Fettstoffwechsel, 1 [22][49][92][84][72]): **35** ('32) 251–66; ~ 2 [49]): **36** ('33) 314–23; ~ 3 [49]): 876–87; Researches on fat metabolism, 4: Two-sided β-oxidation of the dicarboxylic acids formed by ω-oxidation of saturated fatty acids [49]): **37** ('34) 460–67; ~ 5: Some experiments on the degradation of unsaturated fatty acids in the living organism [49]): 590–97; ~ 6: Experiments with α-lauro-β,γ-diundecylin [49][35]): **38** ('35) 536–40; ~ 7: β-Oxidation of normal saturated dicarboxylic acids administered per os [49][1][22]): 943–48; ~ 8: Feeding experiments on dogs with sodium salts of normal saturated dicarboxylic acids [49][1][22]): **40** ('37) 771–79; ~ 10: Feeding experiments on dogs with simple saturated triglycerides [49][1]): 411–13. — Alternations in the properties of n-monoalkylmalonic acids: Some remarks on Malkin's views concerning the alternation phenomena [16]): **36** ('33) 76–87. — Neue Methoden für die Synthese von Glyceriden, 1 [49]): **37** ('34) 812–18; ~ 2 [49][65][70]): **40** ('37) 580–83. — Synthesen von Glycero-phosphatidsäuren und Glycero-phosphatiden [49]): 858–64.

Proc., Koninkl. nederl. Akad. Wet. Researches on fat metabolism, 11: Injection experiments on dogs with sodium salts of normal saturated dicarboxylic acids [49][1][22]): **41** ('38) 375–79. — Über neue Süßstoffe und neue Lokalanästhetika [20][57]): **45** ('42) 630–35. — On the possibility of testing analeptics with the aid of fish [21][63]): **51** ('48) 637–41.

Proc., Koninkl. nederl. Akad. Wet., Ser. B Synthesis of phosphatidic acids [81]): **55** ('52) 110–14. — Migration of acyl groups in monoglycerides in acid medium [52]): **56** ('53) 324–32. — Esters and phosphatidic acids derived from batyl alcohol [75]): **57** ('54) 444–51. — The reactions of organic halogen compounds with solutions of metals in non-aqueous solvents [4][19][86][88]): **59** ('56) 445–48. — The use of silver phenyl benzyl phosphate for the synthesis of monophenyl esters of phosphatidic acids [75][60]): **60** ('57) 147–52. — Synthesis of monobenzyl esters of phosphatidic acids [75][33][26]): 308–11. — Synthesis of α-cephalins [75]): **61** ('58) 155–59. — Separation of some pairs of cis–trans-isomeric 4-alkylcyclohexane-1-carboxylic acids by means of inclusion compounds with thiourea [2][88]): **62** ('59) 147–49. — Dissociation constants of alkyl-substituted cyclohexane carboxylic acids and cyclohexane acetic acids [2][88]): **64** ('61) 161–64. — A new method for the synthesis of α-lecithins with one or two, saturated or unsaturated fatty acids as component acids: **65** ('62) 164f.

Proc., Koninkl. nederl. Akad. Wet., Ser. C Investigations on taste blindness with thiocarbamides [36][88]): **56** ('53) 560–71.

Recueil Trav. chim. Pays-Bas La révision récente de la nomenclature des combinaisons organiques: **51** ('32) 185–217. — Einige Bemerkungen über die Herstellung der Triglyceride der Fettsäuren [49][57]): 850–52. — Alternation phenomena, 6 = Calorimetric researches, 20: Alternations in the properties of n-monoalkylmalonic acids; some remarks on Malkin's views concerning the alternation pheno-

 Bitte Bemerkung S. 5629 vor dem Buchstaben V beachten!

mena [16]): **52** ('33) 747–67; Calorimetric researches, 21: Heats of combustion of methyl-, ethyl- and phenyl-substituted succinic acids and of their anhydrides: Experimental data [29]): 945–68. — Über die Geschwindigkeit der Verseifung einiger einfacher Triglyceride durch äthylalkoholische Kalilauge [90]): **54** ('35) 353–57. — Synthese von Glyceriden mit Hilfe von Tritylverbindungen, 1: Einsäurige Diglyceride [49])[57]): 716–24; ~ 2: Zweisäurige Diglyceride [49]): **55** ('36) 267–77; ~ 3: Dreisäurige Glyceride [49])[57]): **56** ('37) 365–74; ~ 4: Ein- und zweisäurige $\alpha\beta$-Diglyceride [15])[87]): **59** ('40) 1123–40; Synthesis of glycerides with the aid of trityl compounds, 5: Triacid glycerides with a low-melting component acid: **62** ('43) 393–97. — Dicarbonsäuren als Zwischenprodukte bei dem biologischen Abbau der normalen gesättigten Fettsäuren und ihrer Derivate [49]): **54** ('35) 893–98. — Vergleichende Untersuchungen über die Verseifungsgeschwindigkeit einiger einsäuriger Triglyceride unter Einfluß von Pankreasextrakt, 1: Der Einfluß des Verteilungszustandes der Triglyceride auf die Verseifungsgeschwindigkeit [35]) [90]): **55** ('36) 43–57; ~ 2: Über den Einfluß der Reaktionsprodukte und der Konstitution der Triglyceride auf die Verseifungsgeschwindigkeit [35])[90]): **56** ('37) 382–408. — Über β-tritylierte Glycerolderivate [49])[57]): 613–22. — Deacylierung von Acyltritylglycerolen und Anwendungen derselben, 1 [49]): **57** ('38) 417–22. — Das Verhalten der Mono- und Ditritylglycerole gegenüber dem Criegee-Reagens: 824–28. — Über die Stabilität der beiden Glycerolphosphorsäuren und diejenige ihrer Salze [76])[15]): **59** ('40) 886–92. — Deacylation in alcoholic medium with platinum as catalyst [20])[83]): **60** ('41) 112–18. — Eine neue Methode zur Herstellung von Monoacylglykolen [80])[64]): **61** ('42) 373–82. — Über die $\alpha\gamma$-Benzylidenglycerole [69]): 831–41. — Deacylation of acetylamino compounds containing a nitro group in the ortho or para position [91]): **62** ('43) 201–04. — Deacylation of aromatic acylamino compounds having a nitro group in the ortho or para position. Steric hindrance of resonance [91])[88]): 523–30. — Untersuchungen über Indolderivate, 1: Einleitung; Reaktion zwischen Phenacylbromid und primären und sekundären aromatischen Aminen [38]): 763–74; ~ 2: Die Reaktion zwischen Methyl-α-brombenzylketon und primären und sekundären aromatischen Aminen [38]): 775–83; ~ 3: Die Reaktion zwischen Methyl-(β-phenyl-α-bromäthyl)keton und primären und sekundären aromatischen Aminen [38]): **64** ('45) 129–38; ~ 4: Theoretische Betrachtungen über die drei Arten der Indolbildung aus α-Arylaminoketonen [38]): 139–46; ~ 5: Nitroso-Derivate von Indolen [51])[89]): 289–95; ~ 6: Die Reaktion zwischen Monobromaceton und primären und sekundären aromatischen Aminen [38])[51]): **65** ('46) 193–202; ~ 7: Die Reaktion zwischen Methyl-α-bromäthylketon und primären und sekundären aromatischen Aminen [38]): 691–705; ~ 8: Einige vorläufige Versuche über den Einfluß des (Pseudo-)Katalysators bei der Bildung von Indolderivaten aus Phenylalkylaminopropanonen [51])[57]): 897–904; ~ 9: Die Reaktion zwischen Methyl-α-brompropylketon und primären und sekundären aromatischen Aminen [38]): 905–11; ~ 10: Einige von 2,3-Dimethylindol abgeleitete Bz-Carbonsäuren [51]): 912–18; ~ 11: Die Reaktion zwischen Monobromacetaldehyd-diäthylacetal und primären und sekundären aromatischen Aminen [38])[57]): **66** ('47) 317–22. — Some sulphanilamido-nitro-n-propoxybenzenes [88]): **64** ('45) 81–84. — Sur la copulation de certaines pyrazolones avec les diazocomposés aromatiques [18]): 165–73. — Researches on the alkoxy-amino-nitrobenzenes, 1: Partial reduction of 1-alkoxy-2,4-dinitrobenzenes with sodium disulphide; the taste of the alkoxy-amino-nitrobenzenes thus obtained [20])[57]): **65** ('46) 346–60; ~ 1a: Partial reduction of 1-alkoxy-2,4-dinitrobenzenes with sodium disulphide in aqueous suspension [57]): 768f.; ~ 2: Synthesis and taste of the ten possible ethoxy and n-propoxy compounds; some remarks concerning the problem of the relation between taste and constitution [91]): 361–79; ~ 3: Nitration of 1-alkoxy-2-aminobenzenes and 1-alkoxy-2-acetylaminobenzenes [67])[57])[10]): **66** ('47) 374–82; ~ 4: Nitration of 1-alkoxy-2-arylsulphonylaminobenzenes [10])[57]): **67** ('48) 235–40; ~ 5: Fission of the methyl group in the nitration of 1-alkyloxy-2-(p-toluenesulphonyl)methylaminobenzenes with dilute nitric acid [10]): 241–45; ~ 6: A survey of their anaesthetic properties [20])[91]): **68** ('49) 639–48; ~ 7: N-Dialkylaminoalkyl derivatives [77]): **70** ('51) 425–30; ~ 8: Preparation and anaesthetic properties of a number of dialkylaminoalkyl and bis(dialkylamino)alkyl esters of (alkoxy-nitrophenyl)carbamic acids [77])[91]): **77** ('58) 1089–95. — Steric effects on mesomerism, 1: General considerations on the deacylation of aromatic acylamino compounds with a nitro group in the ortho- or para-position [88]): **67** ('48) 411–24; ~ 2: The experimental procedures for following the deacylation of aromatic acylaminonitro compounds; the deacylation of ortho-, meta- and para-nitro-acetanilide [88]): 425–37; ~ 3: Estimation of the direct influence of substituents on the rate of deacylation of ortho- and para-nitro-acetanilide [88]): **68** ('49) 77–87; ~ 4: Steric effects on mesomerism in derivatives of ortho-nitro-acetanilide [88]): 88–110; ~ 5: Steric effects on mesomerism in derivatives of para-nitro-acetanilide [88]): **69** ('50) 1393–406; ~ 6: Preparation and dipole moment of nitrodurene [44])[78])[39])[88]): **71** ('52) 521–24; ~ 7: Deacylation of a number of acetylamino-nitronaphthalenes and some of their derivatives [47])[88]): 545–64; ~ 10: Deacylation of some tert. butyl-acetylamino-nitrobenzenes in an alkaline medium [6])[17])[88]): 1245–52; ~ 12: On the effective size of methyl(ene) groups, especially in ortho-xylene derivatives [31])[88]): **73** ('54) 39–59; ~ 17: Some properties of aromatic nitro-, amino-, and acylamino-compounds with bulky ortho-substituents [13][33][85][88]: **77** ('58) 491–530; ~ 18: Steric inhibition of the mesomerism in aromatic amines with bulky N-alkyl groups of compact structure: Nitrosation and coupling of the four N-methyl-N-butylanilines [34][88]: 559–68; ~ 19: A comparison of some properties of a number of N-mono-n-alkyl- and N,N-di-n-alkylanilines [12][7][88]: 1080–88; ~ 20: The dipole moments of some nitrobenzene derivatives [44][78][88]: **78** ('59) 790–93. — A new method for the synthesis of furan derivatives, 1: Introduction [58]: **67** ('48) 539–44; ~ 2: Preparation of δ-sultones with two double bonds in the ring, starting with α,β- or β,γ-unsaturated ketones [58]: **68** ('49) 619–38; ~ 3: Pyrolysis of δ-sultones with two double bonds in the ring [58]: **70** ('51) 35–49. — Remarks on a paper by Ishikawa and Sakurai on the synthesis of α-pentyl-2-hydroxycinnamaldehyde and α-pentyl-3-methoxy-4-hydroxycinnamaldehyde [57]: **69** ('50) 565–68. — Deacylation of (acylamino)-nitrobenzenes with substituted benzoyl groups as acid radicals; some cases of steric hindrance [88][91]: **70** ('51) 127–41. — Molecular compounds of phloroglucinol and tertiary amines [50]: 142–45. — Preparation of 2-amino-3-nitronaphthalene [66][88]: 236–40. — Deacylation of aromatic acetylamino compounds in acid alcoholic medium [69][88]: 1105–12. — Demonstration of a mesomeric effect of the methylsulphonyl group [46][47][88]: **71** ('52) 108–10. — Preparation and constitution of some tert.butyl-acetylamino-nitrobenzenes [6][17][88]: 321–39. — Preparation and ultraviolet absorption spectrum of meta-nitroisopropylbenzene [6][88]: 340–42. — Trityl derivatives of amines, 1: N-Trityl derivatives of aromatic primary amines [62][80][66][50]: 1007–11. — 2-Methyl-4-phenylfuran and 1-phenyl-cyclopenten-1-one-3 [58]: **72** ('53) 269–71. — Phosphatidic acids and derivatives, 1: Synthesis of phosphatidic acids derived from glycol, starting from monoacylglycols [61][81]: 365–76; ~ 2: Synthesis of glycerophosphatidic acids, starting from diglycerides [81]: 395–410; ~ 3: The behaviour of glycerophosphatidic acids towards alkali [81]: 558–62; ~ 4: Synthesis of α-glycerophosphatidic acids, starting from glycerol-α-iodohydrin [32][59][79]: **73** ('54) 150–56; ~ 5: Synthesis of bis-glycol-phosphatidic acids, starting from monoacylglycols [27]: 496–500; ~ 6: Phosphatidic acids derived from batyl alcohol [75]: **75** ('56) 467–74; ~ 7: The use of silver phenyl benzyl phosphate for the synthesis of monophenyl esters of phosphatidic acids [60][75]: **77** ('58) 133–44; ~ 8: Synthesis of monobenzyl esters of phosphatidic acids [26][33][75]: 656–66; ~ 9: A new synthesis of glycolkephalins and glycerol-α-kephalins [33][75]: **79** ('60) 330–41; ~ 10: Diastereoisomerism with O,N,N-tribenzyl-glycerol-α-kephalins [33][75]: 605–09; ~ 11: Infra-red spectra of glycerol-α-kephalins and glycolkephalins [82]: 1085–91. — Steric hindrance in the para-nitroanilides of 2,3- and 2,5-dimethylbenzoic acid [93][88]: **73** ('54) 60–62. — Preparation and constitution of some benzene derivatives containing the acetylamino and the methylsulphonyl group as substituents [9][12][14][40][88]: 819–41. — Glycerol-α- and -β-monoiodohydrin [32][52]: 842–48. — The meta–para ratio of the inductive effect in benzene derivatives [68][88]: 849–52. — The solubility of some normal saturated fatty acids in an aqueous sodium glycocholate solution [57]: **74** ('55) 263–70. — A note on the mercuration of some types of furan derivatives [58][24]: 763–68. — Esters derived from batyl alcohol [75]: **75** ('56) 143–63. — Preparation and proof of the constitution of 3,5-di-tert. butyltoluene [25][71][74][88]: 301–10. — Synthesis of 1,3,5-tri-tert.butylbenzene [28][88]: 349–54. — The reactivity of the bromine atom in methyl-substituted nitro-bromobenzenes towards piperidine [3][48][88]: 1137–54. — Preparation and constitution of a number of derivatives of meta-di-tert.butylbenzene [13][28][41][85][88]: 1327–42. — The reactivity of the bromine atom of some nitro-bromonaphthalenes towards piperidine [3][88]: **76** ('57) 286–96. — Preparation of quinazoline derivatives through ring-closure of aromatic ortho-cyano-acylamino compounds in alkaline alcoholic or phenolic medium, 1: 4-RO-substituted quinazolines [11][47][88]: 401–14; ~ 2 [11]: **79** ('60) 443–53. — Steric effects in the infra-red spectrum of aromatic nitro compounds [82][88]: **76** ('57) 801–09. — Preparation of a number of α- and β-monoglycerides and determination of their purity by means of periodic acid [52]: **78** ('59) 460–72. — A simple re-evaluation of the Hammett $\varrho\sigma$ relation [2][88]: 815–50. — Migration of an acyl group in glycerol derivatives, 1: Migration of the acyl group in monoglycerides in acid medium [52]: **79** ('60) 133–59; ~ 2: Transformation of diacylglycerol-β-iodohydrins into diphenyl diacylglycerol-α-phosphates [33][30]: **80** ('61) 608–22; ~ 3: An investigation of Fischer's method for the preparation of αγ-diglycerides [33][37][54][73]: **81** ('62) 57–68; ~ 4: Migration of an acyl group upon boiling glycerol derivatives with a mixture of acetic anhydride and acetic acid [33][82]: 461–64. — Preparation of some 4-dimethylamino-azobenzene derivatives with substituents in the 3- or in the 3- and 5-positions [53][88]: **79** ('60) 977–1001. — Studies on cyclohexane derivatives, 1: A chemical proof of the configuration of the two 1,4-dimethylcyclohexanes [2][42][55][88]: **80** ('61) 588–94; ~ 2: Preparation and chemical proof of the configuration of the two 4-methylcyclohexanecarboxylic acids [2][42][55][56][88]: 595–607; ~ 3: A chemical proof of the configurations of the two 1-isopropyl-4-methylcyclohexanes (para-menthanes) [2][56][88]: **81** ('62) 269–75; ~ 4: Preparation and chemical proof of the configurations of the two 4-isopropylcyclohexanecarboxylic acids [2][42][56][88]: 833–40. — On the so-called Auwers-Skita rule, the conformational rule, and the isomer sequence rule [2][82][88]: **80** ('61) 1310–22. — Reactions of aliphatic halides with solutions of alkali metals in liquid ammonia, 1: Experiments with alkyl halides [4][19][86][88]: **81** ('62) 1033–52.

Bitte Bemerkung S. 5629 vor dem Buchstaben V beachten!

Versl. gewone Vergad. Afd. Natuurkunde, Koninkl. nederl. Akad. Wet. Dicarbonsäuren und Karzinom: **47** ('38) 89– [niederländ.]. — Der Zusammenhang zwischen Fett- und Kohlenhydrat-Stoffwechsel: **49** ('40) Nr. 4, 31f. [~]. — Synthese von Ringsystemen durch Reaktionen zwischen homozyklischen oder heterozyklischen Aminoverbindungen mit aromatischem Charakter und α-Halogencarbonylverbindungen [38])[89])[51]): **52** ('43) 295–302 [niederländ. m. deutscher, engl. u. französ. Zusammenfassg.]. — Die Brauchbarkeit von Goldfischen als Versuchstiere für die Bestimmung der Wirksamkeit von Lokalanästhetika [20])[91]): **55** ('46) 5– [niederländ.].

Wijn Einige Bemerkungen über Genußmittel: **11** ('34) Nr. 1, 29– [niederländ.].

Weitere Beiträge für die Commission on the Nomenclature of Organic Chemistry (International Union of Pure and Applied Chemistry).

Mit: [1]) A. J. S. van Alphen; [2]) H. van Bekkum; [3]) P. van Berk; [4]) A. Beverloo; [5]) —; [6]) H. J. B. Biekart; [7]) S. C. Bijlsma; [8]) —; [9]) J. Bolssens; [10]) G. S. K. Bosma; [11]) K. W. Breukink; [12]) J. A. C. T. Brouwers; [13]) J. Burgers; [14]) J. H. Choufoer; [15]) W. D. Cohen; [16]) J. Coops, jr.; [17]) H. B. Dessens: [18]) J. Dhont; [19]) M. C. Dieleman; [20]) C. P. van Dijk; [21]) H. A. Dijkerman; [22]) M. Elzas; [23]) —; [24]) H. G. Gerritsen; [25]) J. Geuze; [26]) J. W. Gielkens; [27]) J. van Gijzen; [28]) W. van Hartingsveldt; [29]) H. Hartman; [30]) A. H. Hartman-Köhler; [31]) R. van Helden; [32]) L. W. Hessel; [33]) M. A. Hoefnagel; [34]) T. C. van Hoek; [35]) K. Holwerda; [36]) C. J. van Hulssen; [37]) H. de Iongh; [38]) E. F. J. Janetzky; [39]) W. A. de Jong; [40]) A. Kats; [41]) J. van Keulen; [42]) A. A. B. Kleis; [43]) —; [44]) H. Kofod; [45]) —; [46]) A. Kotch; [47]) L. H. Krol; [48]) J. O. M. van Langen; [49]) J. van der Lee; [50]) M. van Leeuwen; [51]) J. Lieste; [52]) O. E. van Lohuizen; [53]) A. van Loon; [54]) W. Maassen van den Brink; [55]) A. A. Massier; [56]) D. Medema; [57]) W. Meerburg; [58]) T. Morel; [59]) I. D. Morton; [60]) S. Mostert Pzn.; [61]) J. H. van der Neut; [62]) H. Nijon; [63]) T. Nijzink; [64]) T. A. P. Posthumus; [65]) J. C. de Quant; [66]) J. H. van Rij; [67]) H. Roelfzema; [68]) R. W. Rooda; [69]) J. van Roon; [70]) E. de Roy van Zuydewijn; [71]) C. Ruinard; [72]) D. van der Sande; [73]) R. E. Schuil; [74]) J. Soeterbroek; [75]) L. J. Stegerhoek: [76]) J. C. Stoppelenburg; [77]) R. E. Strube; [78]) L. E. Sutton; [79]) A. R. Todd; [80]) F. D. Tollenaar; [81]) J. H. Uhlenbroek; [82]) A. van Veen; [83]) F. A. in 't Veld; [84]) A. Verkade-Sandbergen; [85]) H. Visser; [86]) K. S. de Vries; [87]) A. K. Vroege; [88]) B. M. Wepster; [89]) E. G. G. Werner; [90]) A. H. A. de Willigen; [91]) P. H. Witjens; [92]) H. H. de Wolff; [93]) Ng Tet Soei.

IV–VI **VERNADSKIJ,** Vladimir Ivanovič. Mineral., Kristallogr., Geognosie, Radiogeol., Biogeochem. — 1924–39 Vorstand d. Meteoriten-Abteilung, Geol. Museum → ('30) Geol. Inst. d. Akad. Wiss. UdSSR, Leningrad → ('34) Moskva; '26–39 Dir., Staatl. Radium-Inst., Leningrad; '28–45 Dir. d. Biogeochem. Labor., Akad. Wiss. UdSSR, Leningrad → ('35) Moskva; '39–45 Vorsitzender d. Meteoriten-Komitees sowie verschiedener Fachkommissionen, Akad. Wiss. UdSSR. — '43 Staatspreis 1. Kl., '43 Rotbanner-Orden (UdSSR). (⊠)
* 1863, März 12 (Febr. 28), Petersburg; † 1945, Jan. 6, Moskva.

Ehrungen 1943 Namensgebung: Laboratorium für Geochemische Probleme (→ Institut für Geochemie und analytische Chemie) "V. I. Vernadskij", Akademie der Wissenschaften der UdSSR. — 1943ff. Vernadskij-Preis, 1963ff. Vernadskij-Goldmedaille (Akademie der Wissenschaften der UdSSR). — 1953 Einrichtung eines Gedenk-Kabinetts im Institut für Geochemie und Analytische Chemie der Akademie der Wissenschaften der UdSSR. — 1963 Gedenksitzungen und Konferenzen anläßlich des 100. Geburtstages. — 1964 [?] Skulptur im Museum für Erdkunde (Lomonosov-Universität) (vgl. Žizn' Zemli **2** ('64) 198–200).

Zur 50jähr. wiss. u. pädagog. Tätigkeit Akademiku V. I. Vernadskomu k 50-letiju naučnoj i pedagogičeskoj dejatel'nosti [Dem Akademiemitglied V. I. Vernadskij zur 50jährigen wissenschaftlichen und pädagogischen Tätigkeit] **1**(Moskva '36) 606 S. (m. Bildn.), darin: S. 5–25: *V. Zdravomyslov, *E. Strelkina, Wissenschaftliche Arbeiten V. I. Vernadskijs, 1888–1936 [russ.]; **2** ('36) S. 620–1272.

Zum 80. Geb.tag *D. P. Grigor'ev, V. I. Vernadskij - der Reformator der russischen Mineralogie: Izvest. Akad. Nauk SSSR, Ser. geol. **1944**, Nr. 1, 25–30 [russ.] (m. Bildn.). — *V. I. Kryžanovskij, Akademiemitglied V. I. Vernadskij als Organisator des Mineralogischen Museums der Akademie der Wissenschaften der UdSSR; Erinnerungen an die gemeinsame Arbeit von 1907–1942: ibid. 31–34 [russ.]. — *A. P. Vinogradov, Priroda [SSSR] **1943**, Nr. 6, 82–84 (m. Bildn.). — Vestn. Akad. Nauk SSSR **1943**, Nr. 3, S. 14.

Nekr. (Gedenkheft) Geologičnyj Ž. **8** ('45) Nr. 3; darin S. 5: Vorwort; 6–16: *S. P. Popov, Akademiemitglied V. I. Vernadskij als Mineraloge; 17–26: *E. S. Burkser, Akademiemitglied V. I. Vernadskij - der Begründer der Geochemie. [Alle Beiträge ukrain.]. — *V. C. Asmous, Science [USA] **102** ('45) 439f. — *A. E. Fersman, Bjul. mosk. Obšč. Ispytat. Prirody, Otdel. geol. (N.S.) **51 (21)** ('46) Nr. 1, 53–62. — *A. A. Jarilov, Počvovedenie **1945**, Nr. 7, 321–24 (m. Bildn.). — *N. G. Cholodnyj, Aus Erinnerungen an V. I. Vernadskij: ibid. 325f. [russ.]. — *B. L. Ličkov, V. I. Vernadskij als Biologe: Ž. obščej Biol. **6** ('45) 285–304 [russ.] (m. Bildn. u. Schr.verz. biol. Arbeiten 47 Nrn.). — *C. Mauguin, C.R. hebd. Séances Acad. Sci., Paris **221** ('45) 157–61. — *V. A. Obručev, Izvest. Akad. Nauk SSSR, Ser. geol. **1945**, Nr. 2, 3–5 (m. Bildn.). — *L. I. Prasolov, Počvovedenie **1945**, Nr. 2, 81f. — *D. I. Ščerbakov,

Sovetskaja Geol. [N.S.] **5** ('45) 3f.; Zap. vser. mineral. Obšč. (2) **74** ('45) Nr. 1, 4–6 (m. Bildn.). — *K. A. Vlasov, ibid. 7–9. — *T. M. Stadnichenko, American Mineralogist **32** ('47) 181–88 (m. Bildn. u. Schr.-verz.). — *S. I. Tomkeieff, Nature [London] **155** ('45) 296. — *A. P. Vinogradov, Izvest. Akad. Nauk SSSR, Otdel. chim. Nauk **1945**, Nr. 2, 85–88 (m. Bildn.). — *K. A. Vlasov, Die Geochemie und ihr Begründer V. I. Vernadskij: Nauka i Žizn' **1945**, Nr. 5/6, 33–38 [russ.]. — Vestn. Akad. Nauk SSSR **1945**, Nr. 3, S. 5, 79–84.

Zum 1. Todestag (Gedenkheft) Zap. vser. mineral. Obšč. (2) **75** ('46) Nr. 1; darin S. 5–24: *A. E. Fersman, Der Lebenslauf des Akademiemitglieds V. I. Vernadskij; 25–28: *N. A. Smol'janinov, Die Bedeutung Vernadskijs in der Mineralogie; 29–32: *D. P. Grigor'ev, V. I. Vernadskij und das Problem der Erforschung der Konstitution von Mineralen; 33–36: *I. I. Šafranovskij, Die Arbeiten V. I. Vernadskijs zur Kristallographie; 37–42: *D. I. Ščerbakov, V. I. Vernadskij und die Radiogeologie; 43–45: *O. M. Šubnikova, Erinnerungen an V. I. Vernadskij als Lehrer. [Alle Beiträge russ.] (Bildnisse vor S. 5 u. vor S. 49). — *B. L. Ličkov, V. I. Vernadskij als Wissenschaftler und Mensch: Priroda [SSSR] **1946**, Nr. 3, 78–83 [russ.]. — *A. P. Vinogradov, Der Begründer der Geochemie V. I. Vernadskij: Ž. prikl. Chim. **19** ('46) Nr. 2, 109–12 [russ.] (m. Bildn.).

Zum 3. Todestag *M. I. Usanovič, Vestn. Akad. Nauk Kazachsk. SSR **1948**, Nr. 1, 70–72.

Zum 85. Geb.tag Aus Briefen V. I. Vernadskijs [an seine Frau]: Priroda [SSSR] **1948**, Nr. 9, 72–77 [russ.] (m. Bildn.).

Zum 90. Geb.tag *I. Fedorov, Vestn. mosk. Univ., Ser. fiziko-mat. i estestvenn. Nauk **1953**, Nr. 6, 172f.

Zum 10. Todestag *E. S. Burkser, Akademiemitglied V. I. Vernadskij - der Begründer der Geochemie: Ukrainskij chim. Ž. **21** ('55) 421–26 [russ.] (m. Bildn.). — *A. I. Perel'man, Die geologische Rolle der Organismen: Priroda [SSSR] **1955**, Nr. 1, 3–9 [russ.] (m. Bildn.). — *V. V. Tichomirov, *T. A. Sofiano, Izvest. Akad. Nauk SSSR, Ser. geol. **1954**, Nr. 6, 106f. — Nauka i Žizn' **22** ('55) 38f. — Vestn. Akad. Nauk SSSR **25** ('55) Nr. 3, 117–19.

Zum 93. Geb.tag *L. V. Tauson, Geochimija **1956**, Nr. 2, 93f.

Zum 100. Geb.tag (Gedenkband) Chimija zemnoj kory. Trudy geochimičeskoj konferencii, posvjaščennoj stoletiju so dnja roždenija akademika V. I. Vernadskogo **1** (Moskva '63) 432 S. (m. Bildn.), darin S. 7–12: *A. P. Vinogradov, Das wissenschaftliche Vermächtnis V. I. Vernadskijs [russ.]; **2** ('64) 663 S.; engl.: Chemistry of the earth's crust; proceedings of the geochemical conference commemorating the centenary of academician V. I. Vernadskij's birth **1** (Jerusalem–NewYork '66); **2** ('67). — (Gedenkband) Pytannja geochimiï, mineralogiï i petrografiï. Do 100-riččja z dnja narodžennja peršogo prezidenta AN URSR akad. V. I. Vernads'kogo [Fragen der Geochemie, Mineralogie und Petrographie. Zum 100. Geburtstag des ersten Präsidenten der Akademie der Wissenschaften der Ukrainischen SSR, V. I. Vernadskij] (M. P. Semenko) (Kyïv '63) 336 S. (m. Bildn.); darin S. 3–10: Leben und wissenschaftliche Tätigkeit V. I. Vernadskijs; 13–21: *E. S. Burkser, V. I. Vernadskij - der Begründer der Radiogeologie; 22–27: *O. S. Povarennych, Die wichtigsten Ideen V. I. Vernadskijs auf dem Gebiet der Mineralogie; 28–31: *K. M. Alekseeva, V. I. Vernadskij - der Begründer der sowjetischen Meteoritenkunde; 32–35: *O. M. Platonov, *S. I. Ribalko, Die Arbeiten Vernadskijs auf dem Gebiet der Kristallographie; 36–39: *K. S. Gavrilenko, Die Entwicklung der Ideen V. I. Vernadskijs über die Geochemie des Grundwassers. [Alle Beiträge ukrain. m. russ. Zusammenfassg.]. — (Gedenkband) Voprosy geochimii podzemnych vod [Fragen der Geochemie des Grundwassers] (Moskva '64) 267 S. (Trudy Vsesojuznyj naučno-issledovatel'skogo instituta gidrogeologii i inženernoj geologii, N. S., 9); darin S. 5–20: *M. E. Al'tovskij, *G. A. Goleva, *S. R. Krajnov u. a., Die Entwicklung der Ideen V. I. Vernadskijs in der modernen Hydrogeologie [russ.]. — (Gedenkband) Žizn' i tvorčestvo Vladimira Ivanoviča Vernadskogo po vospominanijam sovremennikov [Leben und Werk V. I. Vernadskijs nach Erinnerungen von Zeitgenossen] (Moskva '63) 153 S. (Očerki po Istorii geol. Znanij, 11) (m. Bildnissen); darin S. 7–20: *A. M. Fokin, Einige Charakterzüge und Besonderheiten der wissenschaftlichen Mentalität V. I. Vernadskijs; 46–49: *I. I. Ginzburg, Fragmente von Erinnerungen; 50–55: *A. A. Tvalčrelidze, Gedanken und Erinnerungen; 56–62: *A. D. Šachovskaja, Aus dem Briefwechsel V. I. Vernadskijs mit ausländischen Wissenschaftlern; 63f.: *V. I. Gerasimovskij, Ein erstaunliches Gedächtnis und eine einzigartige Belesenheit; 65–71: *V. V. Ščerbina, Erinnerungen an Vladimir Ivanovič; 72–77: *A. A. Saukov, Begegnungen mit V. I. Vernadskij; 78–80: *S. V. Renc-Zdravomyslova, Vladimir Ivanovič und die Bücher; 81–89: *V. S. Neapolitanskaja, Aussprüche V. I. Vernadskijs; 90–98: *K. P. Florinskij, Unvergeßliche 10 Jahre; 99–106: *V. I. Gerasimovskij, Der Begründer der Mineralogie und Geologie des Urans; 107–23: *V. K. Agafonov, Persönliche Eindrücke von und Erinnerungen an V. I. Vernadskij; 124–51: *B. L. Ličkov, Die wissenschaftlichen Ideen und das Werk V. I. Vernadskijs während seiner letzten Lebensjahre. [Alle Beiträge russ.]. — (Gedenkheft) Izvest. Akad. Nauk Armjansk. SSR, Geol. i geogr. Nauki **16** ('63) Nr. 3,

(m. Bildn.); darin S. 3f.: Zum 100. Geburtstag [russ.]; 87–92: *G. S. Abramjan, *A. B. Bagdasarjan, Die Bedeutung der Arbeiten V. I. Vernadskijs für die modernen physikalisch-geographischen Forschungen [~]. — (Gedenkheft) Sovetskaja Geol. **1963**, Nr. 3 (m. Bildn.); darin S. 3–17: *V. V. Ščerbina, *V. S. Neapolitanskaja, Der wissenschaftliche Beitrag V. I. Vernadskijs zur Entwicklung der Geologie und der Geochemie; 18–24: *A. A. Beus, V. I. Vernadskij und die Probleme der sowjetischen Geochemie; 25–42: *N. B. Vassoevič, Über die Ansichten V. I. Vernadskijs zur Entstehung des Erdöls; 57–60: *M. N. Al'tgauzen, Die Rolle V. I. Vernadskijs bei der Organisierung systematischer Erkundungen radioaktiver Erze in unserem Land. [Alle Beiträge russ.]. — Materialy k Naučnoj sessii, posvjaščennoj 100-letiju so dnja roždenija V. I. Vernadskogo, Leningrad 1963, Soderžanie dokladov [Materialien für eine Wissenschaftliche Sitzung anläßlich des 100. Geburtstags von V. I. Vernadskij, Leningrad 1963. Übersicht über die Vorträge] (D. V. Nalivkin) (Leningrad '63) 60 S. — *Ju. O. Anisimov, V. I. Vernadskij als Forscher auf dem Gebiet der Wissenschaftsgeschichte: Narysy z Istoriï Techn. i Pryrodoznavstva Nr. **3** ('63) 22–27 [ukrain. m. russ. Zusammenfassg.]. — *N. V. Belov, Über eine fundamentale Schlußfolgerung V. I. Vernadskijs: Geochimija **1963**, Nr. 3, 214–18 [russ. m. engl. Zusammenfassg.]. — *Ja. Briedis, Nauka i Techn. [Moskva–Leningrad] **1963**, Nr. 3, S. 34 (m. Bildn.). — *N. Bronskij, *A. Reznikov, *V. Jakovlev, V. I. Vernadskij, k stoletiju so dnja roždenija [Zum 100. Geburtstag] (Ju. A. Ždanov) (Rostov n/D '63) 104 S. — *R. D. Gabovič, Akademiemitglied V. I. Vernadskij und die Bedeutung seiner geochemischen Lehre für die Hygiene: Gigiena i Sanitarija **1963**, Nr. 7, 37–40 [russ.]. — *O. V. Perov, Die Lehre V. I. Vernadskijs über die Biosphäre und die moderne Hygiene: ibid. 41–44 [russ.]. — *P. V. Kalinin, Izvest. vyssich učebnych Zavedenij, Moskva, Geol. i Razvedka **1963**, Nr. 3, 3–12. — *S. M. Katčenkov, Trudy vses. neftjan. naučno-issled. geologo-razvedočn. Inst. **227** (Geochim. Sborn. **9**) ('64) 7–9. — *Je. V. Kolpakov, Fiziologičnyj Ž. **1963**, Nr. 1, 3–5 (m. Bildn.). — *T. A. Komarova, Vestn. mosk. Univ., Ser. II **18** ('63) Nr. 3, 3f. (m. Bildn.). — *I. A. Kozikov, Filosofskie vozzrenija V. I. Vernadskogo [Philosophische Ansichten V. I. Vernadskijs] (Moskva '63) 78 S. (m. Bildn.). — *A. A. Kucharenko, Vernadskij und die moderne Mineralogie: Zap. vses. mineral. Obšč. **92** ('63) 385–93 [russ.] (m. Bildn.). — *V. I. Lebedev, V. I. Vernadskij und das Problem der Geoenergetik: Vestn. leningr. Univ. **1963**, Nr. 24 (Ser. geol. i geogr. Nr. 4) 27–37 [russ. m. engl. Zusammenfassg.]. — *K. I. Lukašov, V. I. Vernadskij und die Entwicklung der geochemischen Wissenschaft: Izvest. Akad. Nauk Belorussk. SSR, Ser. fiziko-techn. Nauk **1963**, Nr. 2, 123–29 [beloruss.]. — *I. S. Lupinovič, V. I. Vernadskij und die Entwicklung der Biogeochemie der Erdoberfläche: ibid. 130–36 [~]. — *I. I. Močalov, V. I. Vernadskij über die Logik und Methodologie der wissenschaftlichen Arbeit: Vopr. Filos. **1963**, Nr. 5, 106–17 [russ.]. — *Ju. S. Musabekov, Vestn. vysšej Školy **1963**, Nr. 3, 81–87 (m. Bildn.). — *Ja. V. Pejve, V. I. Vernadskij und die Erforschung der biologischen Rolle der Spurenelemente im Leben der Pflanzen, der Tiere und des Menschen: Izvest. Akad. Nauk SSSR, Ser. biol. **1963**, 641–52 [russ. m. engl. Zusammenfassg.]. — *I. M. Piskižova, Vestn. leningr. Univ. **1963**, Nr. 12 (Ser. geol. i geogr. 2), 139. — *S. Ja. Plotkin, Chimija v Škole **18** ('63) Nr. 2, 11–14 (m. Bildn.). — *E. V. Rožkova, V. I. Vernadskij und die moderne Mineralogie: Mineral'noe Syr'e **1963**, Nr. 7, 7–10 [russ.]. — *D. I. Ščerbakov, Ein hervorragender Mineraloge und Geochemiker: Priroda [SSSR] **1963**, Nr. 3, 49–60 [russ.] (m. Bildn., Zitaten aus Arbeiten und Auszügen aus unveröffentlichten Briefen von Vernadskij sowie Äußerungen von Wissenschaftlern über Vernadskij); V. I. Vernadskij – der Begründer der Radiogeologie: Izvest. Akad. Nauk SSSR, Ser. geol. **1963**, Nr. 3, 3–9 [russ.] (m. Bildn.). — *A. A. Saukov, V. I. Vernadskij und die natürliche Radioaktivität der Erde: ibid. 10–18 [russ.]. — *A. A. Polkanov, Die in 25 Jahren durch V. I. Vernadskij angeregten Ideen und sein Programm der radiogeologischen Erkundung: ibid. 19–28 [russ.]. — *A. A. Saukov, Bjul. mosk. Obšč. Ispytat. Prirody, Otdel. geol. **68 (38)** ('63) Nr. 3, 99–110 (m. Bildn.). — *K. P. Florenskij, ibid. 111–19. — *I. E. Starik, Ukrainskij chim. Ž. **29** ('63) 235–44 (m. Bildn.). — *N. N. Stulov, *I. I. Šafranovskij, V. I. Vernadskij über die Symmetrie der Natur: Zap. vses. mineral. Obšč. **92** ('63) Nr. 5, 579–86 [russ.]. — *N. B. Vassoevič, Die Rolle der lebenden Materie in der Naturgeschichte des Erdöls im Lichte der Ideen des Akademiemitglieds V. I. Vernadskij: Geologija Nefti i Gaza **1963**, Nr. 3, 49–52 [russ.]. — *A. P. Vinogradov, Geochimija **1963**, Nr. 3, 195–98 (m. Bildn.); Das wissenschaftliche Vermächtnis V. I. Vernadskijs: Vestn. Akad. Nauk SSSR **1963**, Nr. 3, 91–96 [russ.]; Die Entwicklung der Ideen V. I. Vernadskijs: Počvovedenie **1963**, Nr. 8, 1–10 [russ.]. — *Ja. V. Pejve, V. I. Vernadskij und die Erforschung des Gehalts der Böden an Spurenelementen: ibid. 21–39 [russ.]. — Geochimija **1963**, Nr. 9, S. 869. — Geologičnyj Ž. **23** ('63) Nr. 1, 3–9 (m. Bildn.). — Izvest. Akad. Nauk SSSR, Ser. biol. **1963**, Nr. 4, 635–38. — Radiochimija **5** ('63) Nr. 2, 149–53 (m. Bildn.). — Vestn. mosk. Univ., Ser. IV **18** ('63) Nr. 1, 9–17 (m. Bildn.). — *D. I. Godeev, Die Lehre V. I. Vernadskijs über die natürlichen Wässer und die Bedeutung dieser Lehre für die Hydrogeologie: ibid. 28–42 [russ.]. — *E. M. Sergeev, *K. P. Mel'nikova, Die Ideen V. I. Vernadskijs über die Noosphäre und die zukünftige Entwicklung der angewandten Geologie: ibid. 43–47 [russ.]. — Vestn. mosk. Univ.,

Bitte Bemerkung S. 5629 vor dem Buchstaben V beachten!

Ser. VI **1963**, Nr. 3, S. 3 (m. Bildn.). — *L. A. Zenkevič, Die Lehre V. I. Vernadskijs über die Biosphäre und die Bedeutung dieser Lehre für die moderne Ozeanologie: ibid. 4–9 [russ.].

Zum 110. Geburtstag *T. N. Agafonova, Die Dialektik von V. I. Vernadskijs Symmetrie- und Asymmetrie-Konzeption: Mineralogičeskij Sborn. l'vovsk. gos. Univ. im. Franko **28** ('74) Nr. 1, 72–75 [russ. m. engl. Zusammenfassg.].

Zur Biogr. u. zu seinem Werk *Ju. A. Anisimov, Neue Materialien zur Biographie V. I. Vernadskijs: Vopr. Istorii Estestvoznanija i Techn. **15** ('63) 122f. [russ.]. — *R. K. Balandin, Vernadskij: Žizn', mysl', bessmertie [Vernadskij: Leben, Denken, Unsterblichkeit] (Moskva '79) 175 S. (m. Bildnissen); Vladimir Vernadskij (Moskva '82) 206 S. — *V. I. Baranov, *A. V. Kol'cov, Vopr. Istorii Estestvoznanija i Techn. **17** ('64) 156f. — *P. P. Budnikov, *Ch. O. Gevorkjan, Die Untersuchungen V. I. Vernadskijs über die Struktur des Porzellans: Steklo i Keramika **1950**, Nr. 8, S. 4 [russ.]; Priroda [SSSR] **1951**, Nr. 3, 70f. [~]. — *N. V. Dylis, Die Lehre V. I. Vernadskijs von der Biosphäre und ihre Bedeutung für die Entwicklung der Biogeozönologie: Bjul. mosk. Obšč. Ispytat. Prirody, Otdel. biol. **83** ('78) Nr. 1, 62–68 [russ.]. — *A. E. Fersman, Materialien zu einer biographischen Skizze: Usp. Chim. **14** ('45) 553–72 [russ.]. — *Ju. P. Frolov, Priroda [SSSR] **50** ('62) 47. — *G. F. Gause, V. I. Vernadskij - der Begründer der modernen Lehre von der optischen Aktivität des Protoplasmas: Vestn. Akad. Nauk SSSR **20** ('50) 81–86 [russ.]. — *I. P. Gerasimov in: Resursy biosfery na territorii SSSR. Naučnye osnovy ich racional'nogo ispol'zovanija i ochrany [Resourcen der Biosphäre auf dem Territorium der UdSSR. Wissenschaftliche Grundlagen ihrer rationellen Ausbeutung und ihres Schutzes] (Moskva '71) 8–10: V. I. Vernadskij - der Begründer der wissenschaftlichen Konzeption der Biosphäre [russ.]. — *L. N. Gordienko, Vernadskij und Prišvin; das Zusammenwirken des wissenschaftlichen und des künstlerischen Bewußtseins bei der Formung des ästhetischen Erlebens der Natur: Vestn. mosk. Univ., Ser. VII **1980**, Nr. 1, 58–66 [russ.]. — *D. P. Grigor'ev, V. I. Vernadskij und die moderne Mineralogie: Zap. vses. mineral. Obšč. **84** ('55) 136–42 [russ.] (m. Bildn.). — In: *D. P. Grigor'ev, *I. I. Šafranovskij, Vydajuščiesja russkie mineralogi [Hervorragende russische Mineralogen] (Moskva–Leningrad '49) 162–96. — *V. P. Jakovlev in: Materialy 3-ej Naučnoj konferencii aspirantov [Materialien der 3. Wissenschaftlichen Konferenz der Aspiranten], Rostov na Donu 1961 [?] (Rostov na Donu '61) 16–19: Methodologische Fragen der Geschichte der Naturwissenschaften in den Arbeiten V. I. Vernadskijs [russ.]. — *A. A. Kirpičnikov, V. I. Vernadskij über die Bedeutung der Erforschung der Antarktis: Priroda [SSSR] **1954**, Nr. 4, 71–73 [russ.] (m. Bildn.). — *V. M. Korsunskaja, *N. M. Verzilin, V. I. Vernadskij; Posobie dlja učaščichsja [V. I. Vernadskij; Lehrmittel für Studenten] (Moskva '75) 127 S. — *K. O. Kratz, *V. A. Maslennikov, *N. N. Barchatova, Radiologische Vorstellungen V. I. Vernadskijs hinsichtlich der Praxis der Erforschung der Geochronologie des Präkambriums: Nauka i Techn. [Moskva–Leningrad] **1971**, Nr. 6, 127f. [russ.]. — *E. L. Krinov, Akademiemitglied V. I. Vernadskij und die Entwicklung der Meteoritik in der UdSSR: Priroda [SSSR] **1946**, Nr. 9, 11–13 [russ.]. — *E. L. Krinov, *B. A. Petruševskij, Aus Erinnerungen an V. I. Vernadskij: Zemlja i Vselennaja **1974**, Nr. 4, 65–71 [russ.]. — *P. Krüger, Wladimir Iwanowitsch Wernadskij (Berlin '81) 115 S. (Biographien hervorragender Naturwissenschaftler, Techniker und Mediziner, 55) (m. Bildnissen u. Faks. S. 94). — *L. K. Kubanova, *A. D. Šachovskaja, Der Fond V. I. Vernadskij in der Moskauer Abteilung des Akademie-Archivs: Vestn. Akad. Nauk SSSR **1955**, Nr. 1, 111f. — *E. M. Lavrenko, Bedeutende biogeochemische Arbeiten des Akademiemitglieds Vernadskij zur Kenntnis der Pflanzendecke der Erde: Priroda [SSSR] **1945**, Nr. 5, 40–44 [russ.]. — *P. I. Lebedev, Akademiemitglied V. I. Vernadskij und die Probleme der Petrographie: Bjul. mosk. Obšč. Ispytat. Prirody, Otdel. geol. (N.S.) **51** **(21)** ('46) Nr. 1, 80–89 [russ. m. engl. Zusammenfassg.]. — *B. L. Ličkov, Vladimir Ivanovič Vernadskij (Taškent '62) 48 S. (Klassiki nauki) [usbek.]. — *V. L'vov, Pokorenie planety [Die Unterwerfung des Planeten] (Moskva '62) 93 S. (Pročti, tovarišč!); Neva **1961**, Nr. 6, 160–67 [russ.] (m. Bildn.); Nr. 7, 161–66 [~] (m. Bildn.). — *P. A. Lupanov, Laureaty Stalinskoj premii [Staatspreisträger] akademiki V. I. Vernadskij, A. E. Fersman i V. I. Chlopin ([Petrozavodsk] '50) 28 S. (m. Bildn.). — *A. A. Maksimov, Über Methode und Inhalt der Äußerungen von Akademiemitglied V. I. Vernadskij zur Philosophie: Izvest. Akad. Nauk SSSR, Ser. geol. **1937**, Nr. 1, 25–37 [russ.]. — *K. P. Mel'nikova, Ideen V. I. Vernadskijs über Prozesse, die in der oberen Zone der Erdrinde ihren Ursprung haben: Istorija i Metodol. estestvenn. Nauk Nr. **13** ('74) 129–41 [russ.]. — *S. R. Mikulinskij, V. I. Vernadskij als Wissenschaftshistoriker: Nauka i Žizn' **1980**, Nr. 8, 52–57 [russ.], Vopr. Istorii Estestvoznanija i Techn. **1980**, Nr. 1, 20–29 [russ. m. engl. Zusammenfassg.]; Probleme einer Analyse der Wissenschaftsgeschichte in den Arbeiten V. I. Vernadskijs: Vopr. Filos. **1979**, Nr. 5, 106–18 [russ. m. engl. Zusammenfassg.]. — *I. I. Močalov, V. I. Vernadskij - čelovek i myslitel' [Mensch und Denker] (Moskva '70) 176 S.; L. N. Tolstoj und V. I. Vernadskij: Russkaja Lit. **22** ('79) Nr. 3, 193–204 [russ.]; V. I. Vernadskij über die spezifischen Eigenschaften des Lebensraumes: Trudy kazansk. aviacionn. Inst. **106** ('71) 138–48 [russ.]; Die biokosmischen Ansichten V. I. Vernadskijs: Vestn. Akad. Nauk SSSR **1979**, Nr. 11,

117–30 [russ.]; Die Probleme der Kosmisierung der Wissenschaft im Schaffen V. I. Vernadskijs: Vopr. Filos. **1968**, Nr. 1, 123–33 [russ.]; Probleme der philosophischen Wissenschaft im Werk V. I. Vernadskijs: ibid. **1971**, Nr. 9, 128–38 [russ.]. — *V. S. Neapolitanskaja, *N. F. Ovčinnikov, Zemlja i Vselennaja **1974**, Nr. 4, 52–54 (m. Bildn.). — *V. I. Popov, Die Ideen V. I. Vernadskijs und die moderne Tektonik: Naučnye Trudy, Taškentsk. gos. Univ. im. Lenina **234** (Geol. Nauki 20) ('64) 22–28 [ ]. — *N. M. Raskin, *I. I. Šafranovskij, E. S. Fedorov und V. I. Vernadskij; zu Archivmaterialien der Akademie der Wissenschaften der UdSSR: Očerki po Istorii geol. Znanij **8** ('59) 165–76 [russ.]. — *A. D. Šachovskaja, Kabinet-muzej V. I. Vernadskogo (Moskva '59) 50 S. — *V. G. Šarbej, Akademiemitglied V. I. Vernadskij und die Ukraine: Visnyk Akad. Nauk Ukraïns'k. RSR **1970**, Nr. 1, 102–08 [ukrain.]. — *N. P. Ščerbak, Vladimir Ivanovič Vernadskij (Kyïv '79) 91 S. [ukrain.] (m. Bildnissen u. Bibliogr.); russ.: (Kiev '79) 99 S. (m. Bildnissen u. Bibliogr.). — *D. I. Ščerbakov, V. I. Vernadskij und die sowjetische Mineralogie: Vopr. Istorii Estestvoznanija i Techn. **1956**, Nr. 2, 138–45 [russ.]; Die Rolle V. I. Vernadskijs bei der Erforschung der Rohstoffquellen unseres Landes: ibid. **1957**, Nr. 5, 92–95 [russ.]; Berühmte Erforscher des Erdinnern: Znanie – Sila **1950**, Nr. 7, 11–15 (m. Bildn.) [russ.]. — *V. V. Ščerbina, Die Interessen V. I. Vernadskijs an der Erforschung des Kosmos: Zemlja i Vselennaja **1974**, Nr. 4, 63f. — *E. I. Šilova, V. I. Vernadskij und das Problem der Entwicklung der Biosphäre: Vestn. leningr. Univ. **1962**, Nr. 9 (Ser. biol. Nr. 2) 5–21 [russ. m. engl. Zusammenfassg.]; Die Lehre V. I. Vernadskijs von der Biosphäre und das Problem der Einheit der belebten und der unbelebten Natur: ibid. **1980**, Nr. 3 (Biologija 1), 5–13 [russ.]. — *N. N. Slavjanov, Učenie V. I. Vernadskogo o prirodnych vodach i ego značenie [Die Lehre V. I. Vernadskijs von den natürlichen Wässern und ihre Bedeutung] (O. K. Lange) (Moskva '48) 124 S. (Materialy k poznaniju geologičeskogo stroenija SSSR, N.S., 10 (14)). — *N. Soroka, *A. Konforovič in: Nauka i kul'tura. Ukraïna [Wissenschaft und Kultur. Ukraine] (Kyïv '73) 544–51: Das Leben als schwerste Prüfung [ukrain.] (m. Bildn.). — *N. Z. Strel'nikov, V. I. Vernadskij – der Begründer der Geochemie: Uč.Zap., Alma-atinsk. gos. ped. Inst. im. Abaja **10** ('59) 22–43 [russ.]. — *O. M. Šubnikova, Akademiemitglied V. I. Vernadskij und Professor Jakov Vladimirovič Samojlov: Očerki po Istorii geol. Znanij **2** ('53) 176–94 [russ.] (m. Bildn.); V. I. Vernadskij als Mineraloge und seine Schule an der Universität Moskau: ibid. **3** ('55) 130–62 [russ.] (m. Bildn. u. Schr.verz.-Auszug 41 Nrn.). — *Ja. G. Ter-Oganecov, V. I. Vernadskij und die Geographie: Priroda [SSSR] **1969**, Nr. 9, 91–94 [russ.]. — *A. S. Uklonskij in: Voprosy mineralogii i geochimii [Fragen der Mineralogie und Geochemie] (Taškent '64) 5–17. — *A. P. Vinogradov in: Jubilejnyj sbornik, posvjaščennyj tridcatiletiju Velikoj Oktjabr'skoj socialističeskoj revoljucii [Jubiläumsbände anläßlich des 30. Jahrestages der großen sozialistischen Oktoberrevolution] (Akademija nauk SSSR) **1** (Moskva–Leningrad '47) 701–09: V. I. Vernadskij und die Geochemie der seltenen Elemente [russ.]; V. I. Vernadskij und die Meteoritenkunde: Meteoritika **1948**, Nr. 4, 3–9 [russ.] (m. Bildn.); siehe auch unten bei **W**. — *S. K. Vladimirov, *V. A. Volkov, Neue Archivdokumente über die Akademiemitglieder A. E. Arbuzov, V. I. Vernadskij und andere Wissenschaftler (1904–1911): Vopr. Istorii Estestvoznanija i Techn. **4** (45) ('73) 62–69 [russ.]. — *K. Vlasov in: Ljudi russkoj nauki [Vertreter der russischen Wissenschaft] (I. V. Kuznecov) **1** (Moskva–Leningrad '48) 472–82 (m. Bildn.); **[2:]** Geologija, geografija ²(Moskva '62) 135–57 (m. Bildn.). — *V. I. Vul'fson, V. I. Vernadskij – der Begründer einer neuen Wissenschaft, der Chemie des Meeres: Okeanologija **4** ('64) Nr. 2, 193–204 [russ.]. — Begründer der sowjetischen Chemie: Chimija i Žizn' **1967**, Nr. 10, 3–21 (m. Bildn.). — Vestn. Akad. Nauk SSSR **1943**, Nr. 3, S. 11, 14; **1949**, Nr. 4, 88f.; **1952**, Nr. 5, S. 118; **1960**, Nr. 6, S. 147; **1962**, Nr. 5, 132. — Visti Akad. Nauk Ukraïns'k. RSR **1945**, Nr. 1, S. 7. — Die Wahl russischer Wissenschaftler in die Französische Akademie der Wissenschaften: Vopr. Istorii Estestvoznanija i Techn. **20** ('66) 87–94 [russ.].

Zur Biobibliogr. *L. I. Gumilevskij, Vernadskij (Moskva '61) 319 S. (Žizn' zamečatel'nych ljudej, Ser. biografij, 325); ²(Moskva '67) 256 S. — *B. L. Ličkov, Vladimir Ivanovič Vernadskij, 1863–1945 (N. D. Zelinskij) (Moskva '48) 103 S. (m. Bildn.) (Moskovskoe obščestvo ispytatelej prirody, Ser. istor., 33). — *I. I. Močalov, Vladimir Ivanovič Vernadskij 1863–1945 (Moskva '82) 488 S. (m. Bildnissen u. Faks.). — Vladimir Ivanovič Vernadskij, 1863–1945 (Biogr. v. *A. P. Vinogradov, Bibliogr. v. *L. N. Prževal'skaja) (Moskva–Leningrad '47) 55 S. (m. Bildn. u. Faks.) (Materialy k biobibliografii učenych SSSR, Ser. chim. nauk, 6). — Archiv Akademii nauk SSSR. Obozrenie archivnych materialov [Archiv der Akademie der Wissenschaften der UdSSR. Übersicht über die Archivmaterialien] **3** (Moskva–Leningrad '50) (Trudy Archiva AN SSSR, Nr. 9) 66–73 (m. Bildn.). — *L. S. Berg, Die Bedeutung der Arbeiten V. I. Vernadskijs für die Geographie: Izvest. vses. geogr. Obšč. **77** ('45) Nr. 1/2, 22–37 [russ.] (m. Schr.verz.-Auszug 23 Nrn.); auch in: *L. S. Berg, Očerki po istorii russkich geografičeskich otkrytij (Moskva '46) 258–81, ²(Moskva–Leningrad '49) 349–68 (m. Bildn.); deutsch in d. deutschen Ausgabe: Geschichte der russischen geographischen Entdeckungen; gesammelte Aufsätze (Leipzig '54).

Briefwechsel Aus dem Briefwechsel von V. V.

Dokučaev und V. I. Vernadskij: Naučnoe Nasledstvo, Estestvenno-naučn. Ser. **2** ('51) 743–855 [russ.] (m. Bildn.); darin Einleitung von *I. N. Skrynnikova S. 745–60; Anmerkungen S. 843–55. — In: Aleksandr Evgen'evič Fersman, žizn' i dejatel'nost' [Leben und Wirken] (Moskva '65) 411–57 [russ.] (m. Bildn. u. Einleitung von *D. I. Ščerbakov); Pis'ma V. I. Vernadskogo A. E. Fersmanu [Briefe V. I. Vernadskijs an A. E. Fersman] (N. V. Filippova) (Moskva '85) 272 S. — Perepiska V. I. Vernadskogo s B. L. Ličkovym [Briefwechsel V. I. Vernadskijs mit B. L. Ličkov] (V. S. Neapolitanskaja), 1918–1939 (Moskva '79) 270 S. (m. Bildn.); 1940–1944 ('80) 224 S. (m. Bildn.). — Ein Brief V. I. Vernadskijs an S. I. Vavilov vom 25. Oktober 1939: Trudy Inst. Istorii Estestvoznanija i Techn. **17** ('57) 121f. [russ.].

Literaturverzeichnis Akademik Vladimir Ivanovič Vernadskij – mineralog i geochimik [Mineraloge und Geochemiker] 1863–1945. Rekomendujuščij spisok literatury [Empfehlendes Literaturverzeichnis] (Moskva '54) 8 S. (Vsesojuznoe Obščestvo po rasprostraneniju političeskich i naučnych znanij).

Teilsammlung Biogeochimičeskie očerki 1922–1932 gg. [Biogeochemische Abhandlungen 1922–32] (Moskva–Leningrad '40) 248 S. — Izbrannye sočinenija v šesti tomach [Ausgewählte Arbeiten in 6 Bänden] **1** (Moskva '54) 696 S. (m. Bildn.); **2** ('56) 616 S. (m. Bildn.); **3** ('59) 508 S. (m. Bildn.); **4**, 1 ('59) 624 S. (m. Bildn.); **4**, 2 ('60) 651 S. (m. Bildn.); **5** ('60) 422 S. (m. Bildn.). — Biosfera. Izbrannye trudy po biogeochimii [Die Biosphäre. Ausgewählte Arbeiten zur Biogeochemie] (A. I. Perel'man) (Moskva '67) 376 S. (m. Bildn.). — Vybrani praci [Ausgewählte Arbeiten] (O. S. Povarennych) (Kyïv '69) 440 S. (m. Bildn. u. Schr.verz. S. 421–38). — Razmyšlennaja naturalista [Betrachtungen eines Naturforschers] (M. S. Bastrakova u. a.) **1**: Prostranstvo i vremja v neživoj prirode [Raum und Zeit in der unbelebten Natur] (Moskva '75) 175 S.; **2**: Naučnaja mysl' kak planetnoe javlenie [Wissenschaftliches Denken als planetarische Erscheinung] ('77) 191 S. (m. Bildn.), darin S. 178–80: *B. M. Kedrov, Über die Entwicklung der Weltanschauung V. I. Vernadskijs [russ.]. — Živoe veščestvo [Die lebende Materie] (B. M. Kedrov u. a.) (Moskva '78) 358 S. (m. Bildn.). — Problemy biogeochimii [Probleme der Biogeochemie] (Moskva '80) 320 S. (Trudy Biogeochimičeskoj laboratorii, 16) (m. Bildn. u. Faks.).

Aus nachgelassenen Schriften Aus dem handschriftlichen Nachlaß von V. I. Vernadskij (2 Arbeiten: „Das Symmetrieprinzip in der Wissenschaft und in der Philosophie" und „Die Zeit"): Vopr. Filos. **1966**, Nr. 12, 101–12 [russ.]. — Ein historischer Fragebogen [mit Antworten] V. I. Vernadskijs (Antworten auf Fragen von M. I. Evdokimov-Rokotovskij im Jahr 1943) (m. Anmerkungen von I. I. Močalov): Priroda [SSSR] **1967**, Nr. 9, 95–97 [russ.] (m. Bildn.). — Aus Tagebüchern V. I. Vernadskijs (m. Einleitung und Anmerkungen von I. I. Močalov): ibid. Nr. 10, 97–105 [russ.]; Nr. 12, 55–60 [~]. — V. I. Vernadskij und die Radium-Industrie [Skripten für Vorträge 1922]: Vopr. Istorii Estestvoznanija i Techn. **23** ('68) 102, 104–07 [russ.]. — Das wissenschaftliche Denken als planetarische Erscheinung [Auszug aus einem Manuskript 1938]: Zemlja i Vselennaja **1974**, Nr. 4, 54–56 [russ.]. — Die Evolution der Biosphäre. Aus dem wissenschaftlichen Nachlaß (publiziert von V. S. Neapolitanskaja, N. V. Filippova, N. F. Ovčinnikova): Nauka i Žizn' **1974**, Nr. 3, 40–44 [russ.]. — Siehe auch: Priroda [SSSR] **1973**, Nr. 6, 30–41; Nr. 9, 51–63; **1975**, Nr. 4, 35–38.

H. (Redakt.) *L. A. Kulik, Kamennyj meteorit "Žigajlovka" [Der Steinmeteorit "Žigajlovka"] (Moskva–Leningrad '36 [oder '35?]) (Meteority SSSR, 2); darin eig. Beitr. S. 3: Vorwort [russ.].

MH. (Mitredakt.) Trudy Vsesojuznoj konferencii po izučeniju stratosfery [Arbeiten der Unionskonferenz über die Erforschung der Stratosphäre], 1934 (Moskva–Leningrad '35); darin eig. Beitr. S. 575–78: Biosphäre und Stratosphäre [russ.].

HZ. (Redakt.) Meteoritika **1** ('41) – **3** ('46).

S. Osnovnye idei geochimii [Die Grundgedanken der Geochemie] **2** (Leningrad '32) 23–39: Radioaktivität und neue Probleme der Geologie [russ.]; ^{2}('35) 23–40. — Trudy 2-go Soveščanija po èksperimental'noj mineralogii i petrografii [Arbeiten der 2. Beratung über die experimentelle Mineralogie und Petrographie] 1936 (Moskva–Leningrad '37) 13–23: Über Probleme der Synthese auf dem Gebiet der Aluminiumsilikate [russ.]. — Trudy Konferencii po genezisu rud železa, marganca i aljuminija [Arbeiten der Konferenz über die Genese der Eisen-, Mangan- und Aluminiumerze], Moskva 1935 (Moskva '37) 229–46: Die Geochemie des Mangans im Zusammenhang mit der Lehre von den Bodenschätzen [russ.]. — Trudy 17-j sessii Meždunarodnogo geologičeskogo kongressa. Report of the XVII session of the International geological congress. SSSR 1937 **1** (Moskva '39) 215–39: Über die Bedeutung der Radiologie für die moderne Geologie [russ.]. — Puti v neznaemoe [Wege ins Unbekannte] **6** (Moskva '66) 411–27: Gedanken und Anmerkungen über Literatur und Kunst (zum Druck vorbereitet von V. S. Neapolitanskaja u. A. Lin).

W. Očerki geochimii [Studien zur Geochemie] (Moskva–Leningrad '27) 368 S.; ^{2}('34) 380 S.; japan.: (Tokyo '33) 553 S. — Istorija mineralov zemnoj kory, **2**: Istorija prirodnych vod [Geschichte der Mineralien der Erdkruste, **2**: Geschichte der natürlichen Wässer] 1,1 (Leningrad '33) 200 S.; 1,2 ('34)

S. 201–402; 1,3 ('36) S. 403–562. — Problemy biogeochimii, **1**: Značenie biogeochimii dlja izučenija biosfery [Probleme der Biogeochemie, **1**: Bedeutung der Biogeochemie für die Erforschung der Biosphäre] (Leningrad '34) 47 S., [2](Moskva–Leningrad '35) 47 S.; **2**: O korennom material'no-énergetičeskom otličii živych i kosnych estestvennych tel biosfery [Über die materiell-energetischen Grundunterschiede der lebenden und der starren natürlichen Körper der Biosphäre] ('39) 34 S.; [**3** nicht erschienen]; **4**: O pravizne i levizne [Über Rechts- und Linksdrehung] ('40) 16 S. — Les problèmes de la radiogéologie (Paris '35) 71 S. (Actualités scientifiques et industrielles, 201). — Zemnye silikaty, aljumosilikaty i ich analogi. Iz lekcij v Moskovskom universitete, 1910–1912 gg. [Die Erdsilikate, Alumosilikate und ihre Analoga. Aus Vorlesungen an der Moskauer Universität 1910–1912] [4](Leningrad–Moskva '37) 378 S. — O količestvennom učete chimičeskogo atomnogo sostava biosfery [Über die quantitative Berechnung der chemisch-atomaren Zusammensetzung der Biosphäre] (Moskva '40) 32 S. — Chimičeskoe stroenie biosfery Zemli i ee okruženija [Die chemische Struktur der Biosphäre der Erde und ihrer Umgebung] (V. I. Baranov u. a.) (Moskva '65) 374 S. (m. Bildn. u. Schr.verz. S. 364–69); darin S. 332–47: Kommentare; 356–63: *A. P. Vinogradov, Biogr.

American Scientist The biosphere and the noosphere: **33** ('45) 1–12 (m. Bildn.).

Bjul. mosk. Obšč. Ispytat. Prirody, Otdel. geol. Goethe comme naturaliste: (N.S.) **51 (21)** ('46) Nr. 1, 5–52 [russ. m. französ. Zusammenfassg.].

Bull. Soc. franç. Minéral. Sur la classification des gaz naturels: **57** ('34) 338–60.

C.R. hebd. Séances Acad. Sci., Paris Sur le mesothorium γ dans les Lemna [1])[3]): **197** ('33) 1556f. — Où doit-on chercher l'eau lourde du point de vue géochimique?: **199** ('34) 694–96.

Dokl. Akad. Nauk SSSR Über die Untersuchung des Radiums der Erdöllagerstätten der UdSSR [2]): **1932** A, 55–59. — Über die Färbung der Alumosilikate: 107–24. — Über die Verschiedenheiten des Atomgewichts der einzelnen chemischen Elemente der Erde: **12** ('36) 129–33. — Über die natürlichen Alumo-Phosphor- und Alumo-Schwefel-Analoga zu kaolinitischen Alumosilikaten: **18** ('38) 287–94. — Über einige aktuelle Probleme bei der Erforschung des Eises arktischer Gebiete: **19** ('38) 619–22. — Die biochemische Rolle von Aluminium und Silicium in den Böden: **21** ('38) 127–29. — Bestimmung der isotopischen Zusammensetzung des Wassers von metamorphen Gesteinen und Mineralien [5])[4]): **31** ('41) 574–77. — — Alle Arbeiten russ.

Izvest. Akad. Nauk SSSR Das Problem der Zeit in der modernen Wissenschaft: **1932**, 511–41 [russ.]. — Zu den kritischen Bemerkungen des Akademiemitglieds A. M. Deborin: **1933**, 395–407 [~]. — Über einige aktuelle Probleme der Radiogeologie: **1935**, 1–18 [~].

Izvest. Akad. Nauk SSSR, Ser. geogr. i geofizič. Über die äußeren geologischen die Erde umhüllenden Schichten als Planeten betrachtet: **1942**, Nr. 6, 251–62 [russ.].

Izvest. Akad. Nauk SSSR, Ser. geol. Über die Grenzen der Biosphäre: **1937**, Nr. 1, 3–24 [russ.]. — On some problems of biogeochemistry: **1938**, 19–34 [russ. m. engl. Zusammenfassg.]. — Petr Andreevič Zemjatčenskij, 1856–1942: **1943**, Nr. 1, 105–14 [russ.].

Meteoritika Einige Überlegungen zu Problemen der Meteoritenkunde: **1** ('41) 3–11 [russ.]. — The appearance of mineralogy in the cosmos: **3** ('46) 3–6 [russ. m. engl. Zusammenfassg.].

Mineralogische u. petrogr. Mitt. Ozeanographie und Geochemie: **44** ('33) 168–92.

Mirovedenie Über die Erforschung des kosmischen Staubes: **21** ('32) Nr. 5, 32–41 [russ.].

Nature [London] Stability of the liquid carbon dioxide in the ocean: **130** ('32) 661f. — Concentration of mesothorium-I by duckweed (Lemna) [1])[3]): **140** ('37) 317f.

Počvovedenie Über die Analyse von Böden vom geochemischen Standpunkt: **1936**, Nr. 1, 8–16 [russ.]. — Aleksandr Fedorovič Lebedev †[u. a.]): Nr. 2, 278f. [~]. — Die biogeochemische Rolle von Aluminium und Silicium im Boden: **1939**, Nr. 2, 39–41 [~]. — Über die Bedeutung der Bodenatmosphäre und ihrer biogenen Struktur: **1944**, Nr. 4/5, 137–43 [~].

Priroda [SSSR] Thorium oder Mesothorium im Meerwasser?: **1932**, Nr. 5, 413–26 [russ.]. — Das Wassergleichgewicht der Erdrinde und die chemischen Elemente: **1933**, Nr. 8/9, 22–27 [~]. — Prof. N. G. Usinskij †: **1935**, Nr. 2, S. 80 [~]. — Über die Notwendigkeit der Abtrennung und Aufbewahrung reiner schwerer Isotope aus natürlichen radioaktiven Prozessen: **1941**, Nr. 1, 63–66 [~].

Problemy Arktiki Über die Notwendigkeit organisierter wissenschaftlicher Arbeit auf dem Gebiet des kosmischen Staubes: **1941**, Nr. 5, 55–64 [russ.].

Revue gén. Sci. pures et appl. Sur les conditions de l'apparition de la vie sur la terre: **43** ('32) 503–14. — Le problème du temps dans la science contemporaine: **45** ('34) 550–58; **46** ('35) 208–13, 308–12.

Scientia La biogéochimie: **78** ('45) Nr. 10/12, 77–84.

Socialističeskaja Rekonstr. i Nauka Schichtwässer der Biosphäre und der Stratosphäre: **1932**, Nr. 2, 52–70 [russ.].

Bitte Bemerkung S. 5629 vor dem Buchstaben V beachten!

Trans. Connecticut Acad. Arts and Sci. Problems of biogeochemistry, 2: The fundamental matter-energy difference between the living and the inert natural bodies of the biosphere: **35** ('44) 483–517.

Trudy biogeochim. Labor., Akad. Nauk SSSR Bemerkung über Titan in der Biosphäre: **4** ('37) 247–57 [russ.].

Usp. sovremennoj Biol. Einige Worte über die Noosphäre: **18** ('44) 113–20 [russ.].

Vestn. Akad. Nauk SSSR Geochemie, Biogeochemie und Radiologie in einer neuen Etappe: **1933**, Nr. 11, 17–24 [russ.]. — Ein sehr bedeutender Naturforscher [A. P. Karpinskij †]: **1936**, Nr. 7, 38f. [~].

Z. Elektrochem. u. angew. physik. Chem. Die Radioaktivität und die neuen Probleme der Geologie: **38** ('32) 519–27. — Radium- und mesothoriumhaltige natürliche Gewässer [2]): 527–30.

Z. Kristallogr., Kristallgeom., Kristallphysik, Kristallchem. Quelques considérations sur l'étude chimique des alumosilicates: **84** ('33) 337–72.

Zap. gos. gidrol. Inst. Über Gebiete der Abkühlung in der Erdrinde: **10** ('33) 5–16 [russ. m. französ. Zusammenfassg.].

Mit: [1]) B. V. Brunovskij; [2]) V. G. Chlopin; [3]) C. G. Kunaševa; [4]) R. V. Tejs; [5]) A. P. Vinogradov.

VI **VERNE,** Claude Marie Jean (→ Jean Claude Marie). Histol., Histochem., Biol., Physiol. — 1919–23 Assist. et Chef du Labor. de Recherches d'Histol., '23–32 Prof. agrégé Histol., '32–45 Prof. sans chaire, '46–55 Prof. tit. Biol. méd., '55–62 Prof. Histol., '62 Prof.hon., '62–76 Dir. de l'Inst. d'Histochim.méd., '29–45 Chef du Service de Cytobiol. à l'Inst. du Cancer (→ Inst. Gustave-Roussy), '46–62 Vice-Doyen, '58– Dir. de l'Inst. de Radiobiol. cellulaire et d'Histochim., Fac. de Méd., Univ. de Paris; '24–29 Chef de Labor., Clinique Baudelocque, Paris; '57– Dir. du Labor. de Cytol. enzymat., Ecole Pratique des Hautes Etudes, Paris; '21– Trésorier, Assoc. des Anatomistes; '26– Secrétaire gén., Assoc. franç. pour l'Avancem. des Sci.; '38– Secrétaire gén., Confédérat. des Soc. sci. franç.; '42 Prés., Soc. odontol. de France; '47 Vice-Prés., Soc. de Biol.; '50– Vice-Prés., Assoc. des Ecrivains sci.; '51 Vice-Prés., '54 Prés., Soc. d'Endocrinol.; '54 Prés., Soc. de Pathol. comparée; '55 Prés., Soc. franç. de Biol. méd.; '55– Prés.fondateur, Soc. franç. d'Histochim.; '68 Prés., Acad. de Méd., Paris. — '37 Officier, '57 Commandeur de la Légion d'Honneur (France); '21, '33 Prix da Gama Machado, '48 Prix Fondation Loutreuil, '52 Prix Roy-Vaucouloux (Acad. Sci. Paris); Commandeur des Palmes académiques et de la Santé publique (Ministre de l'Educat. nation.).

* 1890, Okt. 4, Saint-Julien, Haute-Savoie; † 1982, Nov. 3, Paris.

Zur Biogr. C.R. hebd. Séances Acad. Sci., Paris **197** ('33) 1508–10.

Zur Bibliogr. Titres et travaux scientifiques (Paris '23) 32 S.; erweiterte Ausgabe: ('27) 83 S.; Suppl. 1927–1940 ('—) 16 S. — Notice sur les titres et travaux scientifiques (Paris '52) 15 S.; Addendum 1953–1958 ('58) 15 S.; 2e Addendum 1958–1960 ('60) 16 S.

Nekr. *J.-L. Parrot, Bull. Acad. nation. Méd. **167** ('83) 387–92 (m. Bildn.).

S. Livre jubilaire offert à G. H. Roger (Paris '32): Lipides et réaction aldéhydique au niveau de la cellule pulmonaire in vivo et en culture. — Traité de physiologie normale et pathologique (G. H. Roger, L. Binet) **1**: Physiologie générale (Paris '33) 221–40: La culture de tissus et la physiologie; **9**: Système nerveux, 1 ('33) 1–52: Le neurone. — Encyclopédie française, **6**: L'être humain (R. Leriche) (Paris '36) 6·70-8–6·70-10: La culture des tissus en médecine expérimentale. — Les régulations hormonales en biologie, en clinique et en thérapeutique. Rapports présentés aux Journées médicales de Paris internationales, 1937 (Paris '37) 118–30: Hypophyse et pigmentation: L'hormone mélanotrope. — Traité de dermatologie, chimique et thérapeutique (J. Belot, P. Chevallier u. a.), **2**: Les syndromes éruptifs et les formes anatomo-cliniques (Paris '38): Les dyschromies; Pigmentations cutanées. — Le soufre (M. Loeper) (Paris '43): Le soufre et la vie de la cellule. — Somme de médecine contemporaine (R. Leriche) **2** [Bandzahl unsicher] (Nice '52 [?]) 254–68: Méthodes et données nouvelles en histologie expérimentale. — Procès-verbaux, exposés et discussions des questions à l'ordre du jour. 15e Congrès de la Société internationale de chirurgie, Lisbonne 1953 (Bruxelles '54) 231–35: Les principes nutritifs essentiels pour la cellule animale. — Communications. Congrès français de médecine, 29e Session, Paris 1953 (Paris '53) 631–40: Les stigmates cytologiques et cyto-chimiques de la carence azotée. — Proc. 1st Conference on medical education, London 1953 (London–Oxford–NewYork '54): La biologie comme fondement des études médicales. — Enciclopedia medica italiana **7**(Firenze '55): Ovaia:

istologia. — Diabète sucré, diabète insipide, régulation électrolytique. Rapports de la 4e Réunion d'endocrinologistes de langue française, Colloque d'endocrinologie, Paris 1957 (Paris '57) 281–98: Histophysiologie du pancréas endocrine des mammifères. — La fonction endocrine du testicule; physiologie, explorations, pathologie, thérapeutique. Colloque sur la fonction endocrine du testicule, Paris 1957 (Paris '57): Rapport sur la morphologie, l'histologie et l'histochimie du testicule endocrinien chez les mammifères adultes. — Proc. 2nd United Nations international conference on the peaceful uses of atomic energy, Geneva 1958, **25**: Isotopes in biochemistry and physiology, 2 (Genève '58) 90–95: Use of sulfur-35 for the study of tissue survival outside the organism [6][67]. — Rapports et communications. Journées médicales latines, Paris 1960 (Paris '60): Utilisation des radio-isotopes dans les recherches de pathologie cellulaire [6].

W. Précis d'histologie (Paris '32) 2 + 238 S.; [2]('50) 248 S. — Précis d'histologie. La cellule, les tissus, les organes (m. A. Branca) (Paris '34) 637 S.; [2]('42) 2 + 614 S.; [3]('47) 2 + 615 S.; [4]('56) 2 + 691 S.; [5]('60) 8 + 687 S.; [6]('63) 8 + 691 S. — La vie cellulaire hors de l'organisme: la culture des tissus (Paris '37) 10 + 192 S.

Acta anatom. Sur l'accoutumance aux toxiques des cellules cultivées "in vitro": **4** ('47/48) 282–87. — Considérations sur la signification histophysiologique des cellules A dans les îlots de Langerhans du pancréas: **30** ('57) 911–18.

Acta histochem. [Jena] L'œuvre de R. Feulgen dans le développement de l'histochimie: **4** ('57) 4–8.

Acta neurovegetat. [Wien] Incorporation du ^{35}S de la méthionine radio-marquée dans les cellules ganglionnaires végétatives in vivo et in vitro [30]: **20** ('60) 372–84 [m. deutscher Zusammenfassg.].

Ärztliche Forsch. Ein neuer Aspekt der Histologie durch die Lokalisation der Enzyme: **10** ('56) 157–66.

Anales Fac. Med., Univ. Montevideo Les réactions de la cellule hépatique au cours des intoxications expérimentales par des composés organiques volatils chlorés [45][77]: **44** ('59) 476–87.

Annales Anatomie pathol. et Anatomie norm. médico-chirurg. Etude anatomique du foie dans un cas mortel de spirochétose ictérigène [5][2]: **9** ('32) 200–04. — Sur la coloration métachromatique de certains pigments ferriques [1][5]: 532f. — Amylose et pigment ferrique [1][5]: 533. — Les graisses du rein chez le chien [1][5]: 780–83. — Sur un nouveau cas mortel de spirochétose ictérigène [5][26]: 920f. — Sur deux cas d'amylose généralisée. Lipoïdose et néphrite associées. Amylose et pigment ferrique [1][5]: **10** ('33) 304–12. — Lipomes sous-muqueux de l'estomac [89][5][15]: **12** ('35) 475f. — Action de l'énervation sinucarotidienne sur la structure des capsules surrénales [53]: **15** ('38) 94–100. — La stéatose pulmonaire (Etude expérimentale) [8][68]: 867–82. — Troubles de la glyco-régulation par lésion expérimentale de la base du cerveau (Etude anatomique) [54]: **16** ('39) 792–95.

Annales et Bull. Séances, Soc. roy. Sci. méd. et natur. Bruxelles Données nouvelles apportées par l'histologie à la connaissance du métabolisme normal des lipides: **1932**, No. 1/2, Annales, 1–16.

Annales Endocrinol. La néoformation des îlots de Langerhans du pancréas à la suite de la dérivation biliaire et son processus histologique [94]: **2** ('41) Nr. 3. — Polynésie et macronésie langerhansiennes, considérations histophysiologiques sur l'augmentation de nombre et de taille des îlots endocrines du pancréas et leur formule cellulaire: **7** ('46) 57–70. — L'apparition de l'activité phosphomonoestérasique de l'intestin au cours du développement et ses rapports sur le fonctionnement cortico-surrénal [45]: **10** ('49) 456–60. — La réactivation de la phosphatase alcaline de l'intestin après surrénalectomie et castration chez le rat mâle [45]: 460–63. — Sur une formation kystique apparue dans la glande thyroïde de têtards de Discoglossus pictus Otth. traités par le thiouracile [24]: **11** ('50) 516–23. — Les types liquides de la cortico-surrénale chez les mammifères. Leur classification et leur signification [45]: **12** ('51) 192–98. — Le rôle de la cortico-surrénale dans l'activation de la phosphatase alcaline de l'intestin: 810–14. — Etude cytochimique de l'activité estérasique dans les glandes endocrines hormonogènes [45]: **13** ('52) 659–63. — L'activité estérasique des cellules interstitielles du testicule et de l'épididyme chez le rat: 924–30. — Les estérases des cellules interstitielles du testicule: **14** ('53) 747–50. — L'activité androgène du cortex surrénal chez le rat nouveau-né [45][87]: **15** ('54) 493–98. — Documents histologiques sur les rapports entre les îlots de Langerhans et le cortex surrénal [45]: 726–32. — Etude histochimique du cortex de la surrénale au cours de la régénération suivant son énucléation chez le rat blanc [45]: **16** ('55) 279–82. — Influences d'un régime alcalin et d'un régime acide sur les effets de l'implantation de comprimés de dihydrofolliculine chez la lapine [14][75]: **17** ('56) 100–03. — Observations histochimiques chez les foetus et les nouveau-nés de rats issus de mères surrénalectomisées [45]: 413–18. — Histophysiologie du pancréas endocrine des mammifères: **18** ('57) 470f. — Etude histologique du pancréas d'une malade diabétique traitée par le D 860 [42][47]: 671f. — Etude comparative de l'influence exercée par la réserpine et par l'hypophysectomie sur le testicule et la vésicule séminale du rat [90][45]: 952–58. — L'activité phosphatasique alcaline dans le cortex surrénal du nourrisson [45]: **19** ('58) 507–23. — Application du blocage pharmacodynamique de la sécrétion de corticotropine hypophysaire dans la réalisation des tests histologiques de dosage de l'ACTH [9)][25)]: **20** ('59) 823–28. — Etude histochimique comparative de l'action de l'amphénone B sur la cortico-surrénale de la rate gravide et de ses fœtus [60)][45)]: **21** ('60) 227–34. — Variation de l'activité phosphatasique alcaline dans les cellules A des îlots du pancréas sous l'influence de l'insuline et de différentes autres facteurs [72)]: **22** ('61) 500–05. — Images histologiques du pancréas endocrine sous l'action du glucagon [72)]: 965–73.

Annales Histochim. Le comportement des estérases de la cellule hépatique au cours des stéatoses provoquées par le chloroforme [45)]: **1** ('56) 3 f. — Augusto Celestino da Costa: 50–52. — Les étapes de nos connaissances sur l'histochimie de la surrénale: 53–63. — Les cellules positives à la réaction de Mac Manus dans la surrénale de Rana esculenta L. [24)]: 91–97. — Etude histochimique d'une lipofuscine du cortex surrénal humain [33)][79)]: 98–101. — Contribution à l'étude histochimique des corpuscules de Hassall [33)][79)]: 176–80. — Aspects de la fixation du ^{35}S dans les cartilages. Corrélations histophysiologiques [6)][30)][67)]: 191–98. — Considérations sur la réduction des sels de tétrazolium [98)]: 199–212. — Evolution des groupements sulfhydriles dans la muqueuse vaginale au cours du cycle œstral de la rate [33)][79)]: 249–55. — George Gomori †: **2** ('57) 1 f. — Problèmes actuels de la cytochimie des estérases (carboxylestérases et cholinestérases) [98)]: 75–107. — Activité estérasique de certains épithéliums ciliés [33)][79)]: 108–12. — Histochimie de l'activité estérasique dans le foie en régénération après hépatectomie partielle [45)]: 163–66. — Modifications des estérases et des phosphatases alcalines de l'appareil génital de la rate après traitement par la réserpine [45)][81)]: 175–80. — Modifications histochimiques du vagin de la rate impubère sous l'action des œstrogènes [33)][79)]: 187–96. — Essai d'adaptation à l'étude de l'os de membrane de la technique des solubilisations sélectives par l'intermédiaire des répliques [83)]: 225–30. — La substance fondamentale des tissus conjonctifs (Revue des notions acquises avec le radiosulfate) [6)]: 239–81. — Un territoire de choix pour l'étude histochimique du tissu conjonctif. La symphyse pubienne [60)]: 283–99. — Etude histophotométrique de l'activité phosphatasique et de la charge lipidique des différentes zones du cortex surrénal chez le nourrisson humain [45)]: **3** ('58) 45–48. — Activité métabolique exercée par le cartilage en survie sur l'acide chondroïtine sulfurique-^{35}S de synthèse biologique [6)][30)]: 49–56. — Incorporation du ^{35}S-sulfate dans les ganglions végétatifs [30)][13)]: 139–41. — Les réactions histochimiques des mucus dans la maladie fibro-kystique du pancréas chez l'enfant [45)]: 143–46. — Activité fructose-diphosphatasique. Variations expérimentales [98)]: 187–98. — Etude histochimique des enzymes intervenant dans le métabolisme des polysaccharides [98)]: 223–32. — Activités glycéro-phosphatasiques: notions critiques et expérimentales [98)][45)]: **4** ('59) 177–90. — Effets de l'alcool sur le comportement histochimique de la muqueuse gastrique [98)]: 219–34. — Etudes sur l'activité phosphorylasique, 3: Effet de la fixation [98)][39)]: 251–58. — Activité de l'uridine diphosphoglucose-glycogène transférase dans le muscle [98)][39)]: **5** ('60) 253–58. — Spécificités comparées du nitro-bleu-tétrazolium et du néo-tétrazolium: 1: sur coupes; 2: sur fractions cellulaires [98)][85)]: 259–67. — Réactions photochimiques du nitro-bleu-tétrazolium associé à la phénazineméthosulfate sur culture de tissus [45)][98)][85)]: 269–75. — Effet du glucagon sur la glucose-6-phosphatase du pancréas endocrine du lapin [98)][72)][39)]: **6** ('61) 33–39. — La mise en évidence de l'acide lactique et de la lacticodéshydrogénase dans les cultures de tissus [45)][98)][85)]: 41–45. — Corrélations entre les activités ATP'asiques et les déshydrogénases d'un muscle à forte énergie contractile [29)][98)]: 47–54. — Effet in vivo du glucagon sur le glycogène et sur la phosphorylase hépatique du lapin [39)][72)][98)]: 137–43.

Annales Thérap. biol. Glandes endocrines et cultures de tissus: **1933**, 328–, 384– (15 S.).

Annales Univ. Paris Le rajeunissement de l'organisme: **25** ('55) 301–15.

Annales Univ. Poitiers Inhibition spécifique de la surrénale [98)]: (2) No. **5**.1954 ('55).

Annals New York Acad. Sci. Cellular sensitivity to drug action in short-term tissue cultures: in vitro correlations with sensitivity in vivo: **58** ('54) 1195–201.

Année biol. Données récentes sur l'histophysiologie du pancréas endocrine: (3) **22** ('46) 197–212. — La cytochimie des phosphatases alcalines chez les vertébrés: **29** ('53) 517–37. — La cytochimie des estérases chez les mammifères: **30** ('54) 129–43. — Histochimie et cytochimie des phosphatases acides: **31** ('55) 569–80.

Archives Anatomie, Histol. et Embryol. Les critères histochimiques de l'activité fonctionnelle de la cortico-surrénale des mammifères: **34** ('51/52) 437–44.

Archives Anatomie microscop. et Morphol. expér. Les activités enzymatiques comparées dans l'entérocyte et le néphrocyte étudiées par la cytochimie [45)]: **42** ('53) 49–56.

Archives Biol. L'histochimie et la caractérisation des espèces animales: **67** ('56) 523–28.

Archives Maladies Cœur et Vaisseaux Sur un cas de myocardite melanoïde [20)][35)][55)][102)]: **33** ('40) 9–17.

Art et Méd. Hormones cristallisées et cultures de tissus: **1936**, März-Nr., 8–11.

Biologica latina [Milano] L'arsenic des cheveux inhumés en terres arsenifères [17)][61)][7)]: **10** ('57) 1–6.

Bitte Bemerkung S. 5629 vor dem Buchstaben V beachten!

Biologie méd. Histologie expérimentale des fonctions endocrines du pancréas [84]: **45** ('56) 345–81.

Bull. Acad. Méd. Action des ions Pb^{++} et Cu^{++} sur les fibroblastes sarcomateux en culture [78]: **117** ('37) 70–73. — Action des sulfamides sur les cultures de tissus. Rôle de l'oxydation dans leur action bactériostatique [93][62][31]: **127** ('43) 264–68.

Bull. Acad. nation. Méd. A propos de la classification des hypoglycémies d'origine pancréatique. Etude de 10 observations [14]: **138** ('54) 103–10. — Spectrographie dans l'infrarouge, 5: La graisse péritonéale de rat normal et de rat castré; action de la testostérone sur la graisse de rat castré [98]: **141** ('57) 61–66. — Influences d'une interversion des régimes acide → alcalin et alcalin → acide, sur les effets de l'implantation de comprimés de dihydrofolliculine chez la lapine [14][75]: 227–31. — Amphénone, corticosurrénale et gestation [60][45]: **143** ('59) 491–96.

Bull. Assoc. Anatomistes Les enclaves lipidiques dans le tube urinifère du rein des mammifères: No. **42** ('37).

Bull. Assoc. franç. Etude Cancer Relations apparentes entre l'évolution d'un cancer du sein, la grossesse et le post-partum [46][70]: **28** ('39) 56–75. — Sensibilité différentielle de deux races de souris et de leurs métis à la tumorisation expérimentale [14][75][4][82]: **47** ('60) 419–21. — Action du phénylpropionate de nor-androsténolone (P.P.N.A.), dans la tumorisation expérimentale [75]: **48** ('61) 535–37.

Bull. Histol. appl. Physiol. et Pathol. et Techn. microscop. Observations histochimiques sur l'oxydation des lipides et ses rapports avec les caroténoïdes: **13** ('36) 433–40. — Considérations sur les états histochimiques des lipides: **14** ('37) 269–78. — Action du plasma de chien porteur d'une dérivation biliaire sur les processus d'ossification dans les cultures in vitro [93][94]: **17** ('40) 109–22. — Comportement des éléments cellulaires cultivés in vitro en présence du dinitrophénol [93]: **19** ('42) 185–94. — La localisation histochimique de la phosphatase alcaline dans les dents en évolution chez le rat [45][19]: **26** ('49) 170–77.

Bull. et Mém. Soc. méd. Hôpitaux Paris Les substances à groupement sulfhydrile dans la peau et dans le foie [8][3]: (3) **48** ('32) 206–10. — L'athérome expérimental. Essais thérapeutiques [8][50]: **49** ('33) 209–11.

Bull. Soc. chim. biol. Recherches sur l'action des sels métalliques sur les cultures de tissus in vitro[, 1] [78]: **15** ('33) 1022–43; Recherches sur l'action des chlorures métalliques sur les cultures de tissus in vitro, 2: Tissus hépatique, rénal et nerveux [78]: **17** ('35) 678–89.

Bull. Soc. Ophthalmol. France La mélanine. Données récentes sur quelques problèmes biologiques posés par ce pigment: **1955**, 64–70.

C.R. Acad. bulgare Sci. Influence du glucagone sur la glucose-6-phosphatase du foie [98][39][72]: **14** ('61) 863–66 [bulgar. m. französ. Zusammenfassg.].

C.R. Assoc. Anatomistes Observations sur l'épithélium pulmonaire de l'embryon du poulet et du poussin dans les cultures "in vitro": **27** ('32) 564–78. — Action de sérums néphro-toxiques sur le tissu rénal en culture "in vitro" [65]: 608. — Observations sur le comportement de l'épithélium utérin dans les cultures in vitro. Action de la folliculine: **30** ('35) 514–21. — Les lipides du rein et la réaction de Feulgen-Verne: **32** ('37) 440–47. — Les phosphatases alcalines de l'intestin chez le rat et leurs rapports avec le cortex surrénal [45]: **35** ('48) 402–12. — Sur les localisations dans quelques organes des estérases-lipases démontrées par l'histochimie [45][19]: **38** ('51) 980–83. — L'équipement enzymatique de l'ovaire de la rate blanche étudié par les techniques cytochimiques [45]: **39** ('52) 343f. — La cytochimie de l'activité estérasique dans le testicule du rat [45]: **40** ('53) 228f. — Le développement des estérases dans le poumon du rat [45]: 230. — Essai de modification par le facteur lipocaïque et la vagotonine des lésions hépatiques obtenues chez des rats soumis à l'inhalation de solvants toxiques ($CHCl_3$) [84]: **42** ('55) 1390–93. — Etude histochimique de l'activité estérasique du cortex surrénal [45]: 1394–97.

C.R. hebd. Séances Acad. Sci., Paris Etude de l'action toxique des cations sur les fibroblastes cultivés in vitro [78]: **196** ('33) 1246f. — Etude de l'action toxique des cations sur les cellules de divers organes cultivés in vitro [78]: **199** ('34) 389–91. — Le rôle de la cortico-surrénale dans l'apparition de la phosphatase alcaline de l'intestin grêle chez l'embryon [45]: **228** ('49) 1977–79. — Etude de cinq pièces opératoires concernant des cas d'hypoglycémie pancréatique [14]: **234** ('52) 1812–15. — Modifications cytologiques du pancréas au cours des régimes déficients en protides chez le rat [45]: **236** ('53) 2170–72. — Essais de cancérisation de souris par la combinaison d'une surcharge œstrogénique et d'une modification de l'équilibre acido-basique du régime [14][75]: **247** ('58) 1529–31.

C.R. (hebd.) Séances (et Mém.) Soc. Biol. Action des sérums cytotoxiques sur les tissus cultivés in vitro [65]: **109** ('32) 860–63. — Action des hormones cardiaques sur le cœur de poulet en culture in vitro [8][34]: **110** ('32) 1262f. — Action des injections intraveineuses de CO_3NaH sur les graisses du rein chez le chien [1][5][43]: **112** ('33) 30f. — Action de la théobromine sur les graisses du rein chez le chien [1][5][43]: 155f. — Action du "Neptal" sur l'équilibre lipidique et les graisses du rein chez le chien [1][5][43]: **115** ('34) 6f. — Action des injections intraveineuses d'acide chlorhydrique sur les protides, les lipides, la réserve alcaline et les graisses du rein chez le chien [1][5][43]: 355f. — Réactions endocriniennes chez les chiens atteints de diabète pancréatique expérimental [8][63]: **116** ('34) 812–14. — Les mélanocytes de l'écaille du poisson, réactif in vitro pour le diagnostic biologique de la grossesse [8][54]: 1241f. — Réactions pharmacodynamiques des mélanocytes de l'écaille isolée de Carassius [96]: **119** ('35) 1312–14. — Tentatives de culture in vitro de l'agent de la leucémie transmissible des poules [65][38]: **121** ('36) 403–05. — Caroténoïdes et oxydation des lipides: 609f. — Expériences sur l'action de l'hormone thyroïdienne vis-à-vis des cellules cultivées hors de l'organisme [66]: **122** ('36) 988–90. — Scatol et cultures de tissus [48]: 1155f. — Histophysiologie des lipides pulmonaires: Influence du jeûne [8][68]: **124** ('37) 342–44; ~: Cycle digestif des lipides pulmonaires chez le chien [8][68]: **125** ('37) 121–23; ~: Le poumon gras par gavage [8][68]: 356–58; ~: Le poumon gras par intoxication [8][68]: 712–14. — La part du glutathion dans l'action du jus embryonnaire sur la croissance des cultures de fibroblastes in vitro [93]: **127** ('38) 1090–92. — Etude histochimique des variations lipidiques de la fibre musculaire striée au cours de l'excitation: **129** ('38) 643f. — Etude histochimique des variations lipidiques de la fibre musculaire au cours du jeûne et de l'engraissement: 645f. — De l'action de quelques substances biochimiques sur le métabolisme des lipides dans les cultures de tissus in vitro [93]: **130** ('39) 1232–34. — Action de substances inhibitrices sur l'oxydation des lipides, mise en évidence par la réaction histochimique de Feulgen-Verne: **133** ('40) 75f. — Etude de l'action de la colchicine sur les mitoses des fibroblastes cultivés in vitro [96]: 618–21. — Mécanisme d'action de la colchicine employée en concentrations faibles sur l'évolution de la mitose dans les cultures de fibroblastes in vitro [96]: 621–24. — Réactions bronchiques déclenchées par l'histamine. Action des inhalations d'oxygène [8][49]: **134** ('40) 191–93. — Modifications histochimiques des lipides au cours de l'hyperthermie provoquée par le dinitrophénol chez le chien: **135** ('41) 1511–13. — Démonstration, par la culture in vitro, de l'existence d'une liaison entre le mélanocyte, la riboflavine (vitamine B_2), et les substances à fluorescence bleue chez les vertébrés inférieurs (polychromie du mélanocyte) [16]: **136** ('42) 164–66. — Action du dinitrophénol sur les fibroblastes cultivés in vitro: 457f. — Sensibilité au dinitrophénol des éléments nerveux cultivés in vitro: 635–37. — La co-existence mélanine - riboflavine(vitamine B_2) dans les amino-acidophores des crustacés brachyures [16]: **137** ('43) 6f. — Sur la composition chimique du contenu des cellules amino-acidophores et mélanophores des hypodermes des crustacés décapodes brachyures [73][16][71]: 315f. — Sur les pigments fluorescents de l'hypoderme ventral de Cancer pagurus [73][16][71]: 416f. — Action toxique du sulfate d'atropine sur les tissus cultivés in vitro: **140** ('46) 468f. — Différences histologiques et chimiques entre les faisceaux de chronaxie différente du muscle strié normale [11][73]: **141** ('47) 551–53. — Etude histochimique des phosphatases alcalines de l'intestin du rat blanc dans leurs rapports avec la cortico-surrénale [45]: **142** ('48) 300f. — Influence du sérum de femmes gestantes sur les cultures de muscle utérin in vitro [44][21]: 823f. — Variations histochimiques de la phosphatase alcaline au cours de l'évolution des ébauches dentaires [45]: 1392. — Les hormones stéroïdes sexuelles et l'activité, mise en évidence histochimiquement, de la phosphatase alcaline de l'intestin chez le rat surrénalectomisé [45]: **143** ('49) 201–03. — Formule cellulaire des îlots de Langerhans et stéatose hépatique au cours de l'intoxication par l'Amanita phalloïdes: 668f. — Action de l'amanite sur le rat à diabète alloxanique [17][45]: **144** ('50) 645–47. — Action de la choline sur le rat intoxiqué par l'amanite [45]: 741–43. — Etude de l'introduction électrolytique des ions à l'aide d'isotopes radioactifs [100][76][17]: 819–24. — Cortex surrénal et îlots de Langerhans dans les surcharges graisseuses du foie chez le rat blanc [45]: **145** ('51) 818f. — Etude cytochimique de l'apparition de l'activité des estérases au cours du développement chez le rat blanc [45][19]: **146** ('52) 176f. — Les activités phosphatasiques et estérasiques dans les follicules et les corps jaunes de l'ovaire de la rate blanche [45]: 390f. — Etude de l'action de la para-oxypropiophénone sur la thyréostimuline et la fonction thyroïdienne chez le têtard de Rana temporaria [28][80][24]: 836–38. — Rapports entre l'activité estérasique du foie et la désoxycorticostérone chez le rat blanc [12][45]: 983f. — Action du DDD au rhothane sur les surrénales [98]: 1044–46. — Détection histochimique des polysaccharides dans la genèse de la dent [99][19][17]: 1555–58. — Recherches sur le métabolisme du soufre radio-marqué dans les dents de jeunes rats [99][17][19]: 1558–60. — Sur le développement post-embryonnaire de la cortico-surrénale chez les oiseaux [12][27]: 1859f. — La cytochimie des estérases dans le poumon du rat blanc et le développement de leur activité post-natale [45]: **147** ('53) 274–76. — Etude cytochimique des rapports entre l'activité estérasique et l'acide ascorbique chez le cobaye [45][4]: 412f. — Action de la cortisone sur l'intoxication par le cyanure de potassium [45][4]: **148** ('54) 1141f. — Action de la cortisone sur la respiration in vitro d'organes soumis à l'intoxication par le cyanure [7]: 1142–44. — Différences, selon le sexe, de certaines réactions histologiques du rat aux injections de bleu trypan [17][45][4]: 1543–45. — Etude histochimique des phosphatases alcalines et des estérases dans le cortex des surrénales en régénération après leur énucléation chez le rat [45]: **149** ('55) 485f. — L'activité phosphatasique alcaline des granulocytes neutrophiles. Etude histochimique chez le rat blanc: 803–05. — Fixation du radiosulfate dans l'épithélium vaginal, son empêchement par l'œstradiol [6][30][67]: **150** ('56) 1770–72. — Inhibition de l'action de l'insuline sur la formation de glycogène dans les cellules adipeuses de la graisse brune chez le rat par énervation [57]: **152** ('58) 711f. — Incor-

 Bitte Bemerkung S. 5629 vor dem Buchstaben V beachten!

poration in vitro du ^{35}S de la DL-méthionine dans le ganglion plexiforme isolé du rat [30]): 1314–16. — Utilisation de la survie des tissus hors de l'organisme pour leur étude histoautoradiographique [6])[40]): 1317–19. — Amphénone et différentiation sexuelle somatique chez le rat [60])[45])[59]): **154** ('60) 1140f. — SU 4885, gestation et cortex surrénal chez la rate [60])[45])[59]): 1359–61. — Activités tétrazolium-réductrices des cultures de fibroblastes, 1: Choix du sel de tétrazolium et influence du milieu de culture [45])[85]): **156** ('62) 1085–88; ~ 2: Variations expérimentales diverses [45])[85]): 1277–79.

Dentiste militaire Les vitamines et les hormones: **12** ('38) XXCVIII–XCV. — Le rôle du calcium dans l'alimentation: **13** ('39) 143–.

Diabète Laguesse et le rôle de l'histologie dans la découverte de l'insuline: **1** ('53) Nr. 3, 85–88.

Experientia Déplacement de la radioactivité dans le ganglion cervical supérieur après injection de ^{35}S-méthionine [30]): **16** ('60) 77f. [m. engl. Zusammenfassg.].

Fiziologičeskij Ž. SSSR Action des sels métalliques sur les cultures de tissu in vitro [78]): **21** ('36) 722 [russ.].

Gazeta méd. portuguesa Les modifications cytologiques du pancréas et du foie et la cytochimie des estérases au cours des carences protidiques: **7** ('54) 221–25.

J. dent. belge Les phosphatases dans la formation des tissus calcifiés en particulier des tissus de la dent: **40** ('49) 135–44.

J. Physiologie [Paris] Sensibilité et accoutumance aux toxiques des cellules cultivées in vitro: **40** ('48) No. 2, 1–21.

Mémoires Soc. Ing. civils France Considérations sur l'intérêt au point de vue biologique des découvertes de M. et Mme Joliot-Curie sur la radioactivité artificielle: **89** ('36) 560–62.

Montpellier méd. Etude cytochimique de la coexistence de phosphatases alcalines et d'estérases dans les cellules intestinales et rénales chez le rat blanc [45]): (3) **41/42** ('52) 1130f. — Un aspect nouveau de l'histologie par la localisation des enzymes. Etude cytochimique des phosphatases alcalines et des estérases: **47** ('55) 549–63.

Nature [Paris] La culture des tissus animaux: **80** ('52) 174–77, 209–12.

Presse méd. Recherches expérimentales sur le pneumothorax [8])[22]): **44** ('36) 297–99. — Les nodosités de Meynet dans les rhumatismes chroniques [97]): **45** ('37) 833–35. — Modifications histologiques précoces observées à la suite de la dérivation biliaire [94]): **48** ('40) 918–21. — De la tolérance de certains aciers utilisés en prothèse perdue; contribution à l'étude de l'ostéosynthèse [62])[93])[101])[u. a.]): **49** ('41) 452–55. — Réflexions sur deux pièces de réparation nerveuse sur l'homme prélevées dix semaines et six mois après l'opération [101]): 789–91. — Contribution à l'étude des actions toxique et bactériostatique des sulfamides par la méthode des cultures de tissu [93])[62])[31]): **51** ('43) 681f. — Action histophysiologique de l'alloxane sur le pancréas endocrine: **54** ('46) 509f. — Etude histochimique d'artères prélevées sur des sujets atteints de gangrène diabétique [10])[64]): **57** ('49) 495. — Données histologiques nouvelles sur la genèse de la matrice protéique des tissus durs de la dent [99]): **61** ('53) 427f. — Essais de classification des hypoglycémies d'origine pancréatique. Etude cytologique de 10 pièces opératoires [14]): **62** ('54) 1770–74.

Radiologica [Berlin] Pigmente und Licht: **2** ('38) 185–99.

Revue franç. Odontostomatol. Impressions d'un voyage d'études biologiques en Amérique du Nord: **1** ('54) 1123–.

Revue gén. Sci. pures et appl. Les facteurs de la pigmentation mélanique chez les vertébrés: **45** ('34) No. 21.

Revue méd. Nord-Est Discours comme Président à la Séance solennelle de rentrée de l'Ecole de Médecine et de Pharmacie de Reims, le 5 novembre 1959: Nr. **63** ('59).

Revue odontol. Idées actuelles sur l'histogenèse de l'email: **53** ('32) 20–28. — Documents histologiques sur l'innervation de la dentine: **58** ('36) 605–15. — La culture des tissus en biologie générale et dans l'étude du cancer: 806–. — Hormones et vitamines: **59** ('37) 671–80. — Etude histochimique de la localisation des phosphatases alcalines dans les ébauches dentaires du rat [45]): **71** ('49) 487–94.

Revue Paris La coloration des êtres vivants: **45** ('38) 169–92.

Revue Pathol. comparée et Hyg. gén. Essai de physiopathologie comparée concernant les processus de croissance étudiés par les cultures de tissus: **52** ('52) 47–.

Revue Pathol. gén. et Physiol. clin. Charles Oberling, 1895–1960: **60** ('60).

Sciences [Paris] Les pigments caroténoïdes chez les êtres vivants: **64** ('36) 71–77. — Les corps gras dans l'organisme animal: **65** ('37) 81–88. — Les conceptions actuelles de la cellule nerveuse: 267–72. — Répartition, signification et métabolisme du calcium dans l'organisme: **66** ('38/39) 379–84.

Scientia Les cultures de tissus et le problème de la spécificité cellulaire: (4) **53** ('33) 31–38. — L'enzymologie cytochimique: (6) **90** ('55) 130–34.

Bitte Bemerkung S. 5629 vor dem Buchstaben V beachten!

Semaine Hôpitaux Paris La biologie et la médecine (Leçon inaugurale du cours de la Chaire de Biologie médicale 1946): **23** ('47) 17. Mai [Zitat unsicher]. — Michel Polonovski †: **30** ('54) 26. Juni, T30/B 136 [~]. — Spectrographie dans l'infra-rouge, 1: Son application à un problème biologique [52][98]): **31** ('55) Archives de Biologie médicale, B171–B178 [bei J. Lecomte Pogg. VIIb S. 2773 unter "Pathol. et Biol. [Paris]" zitiert]. — Observation sur le comportement des cellules acineuses du pancréas au cours des dénutritions [45]): **32** ('56) Pathologie et Biologie, 393f. — Recherches sur la stéatose hépatique au cours des intoxications par des composés organiques volatils, 1: Etude des lipides au niveau des structures cellulaires chez le rat normal et le rat au jeûne [17][7]): 577–80; ~ 3: Etude histochimique et biochimique des foies gras obtenus par intoxication au tétrachlorure de carbone [17][45][77]): Pathologie et Biologie **6** ('58) 9–14; ~ 4: Etudes biochimique et histochimique des foies gras obtenus par intoxication au trichloréthylène [45][77][17]): Pathologie et Biologie **7** ('59) 2311–15. — Les phosphatases alcalines; problèmes histochimiques de leurs localisations et de leur signification [98]): 1711–18.

Synthèse [Paris] Considérations biologiques sur les réactions hormonales dans le diagnostic de la gestation: **2** ('34) 22–26.

Toulouse méd. Recherches comparatives sur la couleur des cheveux par la spectrographie de fluorescence [17]): **52** ('51) 586–91.

Einige weitere Beiträge zu Kongressen. — Folgende Beiträge in der "Encyclopédie médico-chirurgicale" (Paris '52–59): Physiologie de la peau (m. A. Giroud); Cytologie du cancer; La culture des cellules sanguines. — Vermutlich einige weitere medizinische Arbeiten in Zeitschriften.

Mit: [1]) C. Achard; [2]) M. Albeaux-Fernet; [3]) A. Arnaudet; [4]) Y. Barbarin; [5]) M. Bariéty; [6]) J. Bescol-Liversac; [7]) J. Biez-Charreton; [8]) L. Binet; [9]) R. du Boistesselin; [10]) R. Boulin; [11]) G. Bourguignon; [12]) F. Bourlière; [13]) Y. Bouxom; [14]) P. Brocq; [15]) G. Brouet; [16]) R. G. Busnel; [17]) P. F. Ceccaldi; [18]) —; [19]) O. de Charpal; [20]) A. Clerc; [21]) M. Coquoin-Carnot; [22]) J. Courtial; [23]) —; [24]) M. Delsol; [25]) A. Demay; [26]) Deparis; [27]) M. Deramond; [28]) P. Desclaux; [29]) I. Diculesco; [30]) B. Droz; [31]) P. Durel; [32]) —; [33]) M. Gabe; [34]) P. Gabriel; [35]) P. Gauthier-Villars; [36]) —; [37]) —; [38]) M. Guérin; [39]) S. Guha; [40]) C. Guillam; [41]) —; [42]) J. Guillon; [43]) E. Hadjigeorges; [44]) F. Hanon; [45]) S. Hébert; [46]) R. Huguenin; [47]) P. Kerneis; [48]) P. Kubikowski; [49]) J. Lacorne; [50]) A. Laffitte; [51]) —; [52]) —; [53]) L. Léger; [54]) F. Luxembourg; [55]) C. Macrez; [56]) J.-B. Magnant; [57]) M. Maillet; [58]) —; [59]) G. Marois; [60]) M. Marois; [61]) R. Martin; [62]) G. Ménégaux; [63]) R. Messimy; [64]) F. Nepveux; [65]) C. Oberling; [66]) D. Odiette; [67]) L. Olivier; [68]) J.-L. Parrot; [69]) —; [70]) M. Perrot; [71]) M. Pesson; [72]) P. E. Petkov (Pettkoff); [73]) M. Polonowski; [74]) —; [75]) P. C. J. Roth; [76]) J. C. Roucayrol; [77]) J. M. Roux; [78]) C. Sannié; [79]) B. Schramm; [80]) A. Soulairac; [81]) E. W. Spector; [82]) Strazielle; [83]) E. Tamboise; [84]) C. Théret; [85]) C. Tordet-Caridroit; [86]) —; [87]) Tran-Vy; [88]) —; [89]) J. Troisier; [90]) H. Tuchmann-Duplessis; [91]) —; [92]) —; [93]) A. Verne(-Soubiran); [94]) J.-M. Verne; [95]) —; [96]) V. Vilter; [97]) P.-L. Violle; [98]) R. Wegmann; [99]) R. Weill; [100]) A. Strohl; [101]) M. Iselin; [102]) Chassagne; [103]) J. Le Melletier.

VI **VERNON,** William Harold Juggins. Chem. (Metallkorrosion). — 1924 Ph.D., '27 D.Sc., London Univ.; '28–36 Senior Scientific Officer, '36–54 Head of Corrosion Research Group ('47–54 as Senior Principal Scientific Officer), Chemical Research Labor. of Departm. of Scientific and Industr. Research, Teddington, Mddx.; '54–63 independent Consultant. — '37 Beilby Memorial Award (Soc. of Chem. Industry); '46 Officer of the Order of Brit. Empire; '55 Willis Rodney Whitney Award (Nation. Assoc. of Corrosion Engrs., USA).
* 1888, Aug. 20, Birmingham;
† 1970, Apr. 27.

Bildn. Metallurgist **1963**, 245.

Nekr. *F. Wormwell, British Corros. J. **5** ('70) 149. — *U. R. Evans: ibid. 149f. — *J. C. Hudson: ibid. 150.

H. Corrosion in packaging. Course of five lectures. First series of lectures delivered at Northampton Polytechnic, London, March 1954 (London '54); darin eig. Beitr.: Lecture 1: General principles of corrosion.

S. The investigation of atmospheric pollution: Report on observations in the year ended 31st March 1933 (Great Britain, Department of Scientific and Industrial Research) (London '34) Appendix II, 48f.: Atmospheric corrosion as related to atmospheric pollution. — *T. Thorpe, Dictionary of applied chemistry, **3** ⁴(London '39) 385–98: Corrosion of metals: Protective measures. — Pittsburgh international conference on surface reactions, 1948 (Pittsburgh '48) 135–42: Chemical research and corrosion control. — Proc. United Nations scientific conference on the conservation and utilization of resources, Lake Success, N.Y., 1949, **2**: Mineral resources (New York '51) 218–22: The costs of corrosion and of its control. — Proc. 11th International congress of pure and applied chemistry, London 1947, **5**(London '53) 961–71: The function of surface films in corrosion prevention. — Conservation of natural resources; a series of lectures (Institution of Civil Engineers) (London '57) 105–33: Metallic corrosion and conservation.

Anti-Corrosion Manual General corrosion principles: **1958**, 1–13. — Prevention of corrosion: 13–25.

 Bitte Bemerkung S. 5629 vor dem Buchstaben V beachten!

— Introduction to corrosion and corrosion prevention: **1959**, XVI–XLI.

Bull., Motor Industry Res. Assoc. The use of sodium benzoate as an antifrigerant and as a corrosion inhibitor in heat exchange systems [12])[10])[5]): **1948**, Nr. 4 [?], 16–21. — Note on improved corrosion inhibitor for ethylene glycol solutions [12])[5])[6]): **1949**, Nr. 4 [?], 19f.

Chemical Age Corrosion of metals; microbiological factors of underground corrosion: **60** ('49) 355–57.

Chemistry in Britain John Albert Newton Friend [9]): **2** ('66) 501f.

Chemistry and Industry The Conrady system of weighing as an aid to the chemist: **12** ('34) 211–14. — Film formation in corrosion processes: **15** ('37) 751–56. — The maintenance of clean surfaces in glass tubes containing mercury: **16** ('38) 796. — Some recent studies of thin oxide films on metals: **18** ('40) 87–89. — Suggested formation of a metallurgical group: **1943**, 284. — The corrosion of metals in air (Jubilee Memorial Lecture, Society of Chemical Industry): 314–18. — Recent progress in the study of metallic oxidation and corrosion (Joint meeting of the Bristol section of the Society of Chemical Industry and the Chemical Society): **1951**, 371. — Corrosion problems in industry: **1952**, 524–26. — Corrosion: A field for action: **1953**, 982–87. — Corrosion research and its industrial background: **1958**, 1381–89.

Corrosion Prevent. and Control Principles of corrosion, 1: **1** ('54) 533–38, 546; ~ 2: 591–600, 639; ~ 3: **2** ('55) Nr. 1, 19–28, 44; ~ 4: Nr. 2, 21–29 (m. Bildn. S. 77).

Industrial and Engng. Chem. Discussion of papers by Evans and Thornhill [12]): **37** ('45) 709.

J. appl. Chem. The prevention of corrosion in packaging, 1: The use of sodium benzoate as a corrosion-inhibitor in wrappings [10]): **2** ('52) 166–72; ~ 2: Temporary protectives from rubber latex and other aqueous dispersions [10]): 173–77; ~ 3: Vapour-phase inhibitors [10]): 178–84. — Corrosion of steel in moist air. Comments on a paper by J. T. Crennell: **8** ('58) 469–71.

J. Birmingham metallurg. Soc. The corrosion of metals, 1: **29** ('49) 131–52; ~ 2: 198–221.

J. chem. Soc., London Basic copper carbonate and green patina: **1934**, 1853–59. — The thickness of air-formed oxide films on iron [12])[7]): **1939**, 621–32. — Guy D. Bengough, 1876–1945: **1946**, 63–65.

J. Inst. Metals The "fogging" of nickel: **48** ('32) 121–45 (m. Diskussion). — The open-air corrosion of copper, 3: Artificial production of green patina: **49** ('32) 153–67 (~). — Note on the green patina: Examples from Elan Valley (Wales) and Dundalk (Ireland): **52** ('33) 93–100 (~). — The direct oxidation of zinc [1])[10]): **65** ('39) 301–43 (~).

J. Inst. Petroleum Discussion to: *H. Hollis, Performance tests, other than corrosion tests, on temporary corrosion preventives: **36** ('50) 504–08, 519.

J. Instn. Water Engr. Underground corrosion of metals: causes and prevention [2]): **3** ('49) 627–37.

J. Iron and Steel Inst. A study of the surface film on chromium–nickel (18/8) stainless steel [12])[7]): **150** ('44) 81P–92P.

J. roy. Soc. Arts The corrosion of metals; two Cantor Lectures: 1: General principles; 2: Preventive measures: **97** ('49) 578–611.

J. sci. Instruments Controlling factors in atmospheric and immersed corrosion: **22** ('45) 226–30.

J. Soc. chem. Industry, Trans. Chemical research and corrosion control: Some recent contributions of a corrosion research group: **66** ('47) 137–42.

Korrosion u. Metallschutz Neuere Untersuchungen über die atmosphärische Korrosion von Kupfer: **8** ('32) 141–47. — Neue Untersuchungen über die atmosphärische Korrosion des Eisens: **14** ('38) 213–20.

Metal Cleaning and Finishing Protection of metals by coatings: **7** ('35) 333–38, 348.

Metal Industry [London] The protection of metals by coatings: **46** ('35) 239–41, 276–78, 307f.

Metallurgia [Manchester] The surface film on chromium–nickel (18-8) stainless steel [7])[12]): **31** ('44) 19–22.

Métaux et Corrosion Progrès récents des recherches sur la corrosion et la corrosion microbiologique: **23** ('48) 34–40.

Nature [London] Electrolytic "polishing" of zinc [10]): **142** ('38) 477f., 1161. — The corrosion of metals: **156** ('45) 435–. — Investigations at Teddington: Oxidation of iron around 200 °C [7])[4])[3]): **164** ('49) 910f. — Adsorption of water vapour on solid surfaces: **167** ('51) 1037f.

Proc. chem. Engng. Group Soc. chem. Industry Atmospheric corrosion of metals: **19** ('37) 14–23. — The underground corrosion of ferrous metals in the light of recent research [2]): **31** ('49) 65–74.

Proc. roy. Soc. London, Ser. A The oxidation of iron around 200 °C [3])[4])[7]): **216** ('53) 375–97.

Research [London] Metallic corrosion: **5** ('52) 54–61.

Surveyor Corrosion of water mains and services: **92** ('37) 741f.

Bitte Bemerkung S. 5629 vor dem Buchstaben V beachten!

Trans. electrochem. Soc. The role of the corrosion product in the atmospheric corrosion of iron: **64** ('33) 309–19.

Trans. Faraday Soc. A laboratory study of the atmospheric corrosion of metals, 2: Iron: the primary oxide film; ~ 3: The secondary product or rust (influence of sulphur dioxide, carbon dioxide, and suspended particles on the rusting of iron): **31** ('35) 1668–700.

Trans. Instn. chem. Engr. Some aspects of fundamental research on the corrosion of metals: **17** ('39) 171–82.

Water and Sanitary Engr. Underground corrosion [2])[11]): **2** ('52) 468–72.

Water and Water Engng. Some general principles involved in the corrosion of water mains and services [12]): **40** ('38) 8–13.

Ferner eine Broschüre: Investigations on underground corrosion (m. K. R. Butlin, L. Whiskin) (London '51) 29 S. (Iron and Steel Institute, Special publication 45).

Mit: [1]) E. I. Akeroyd; [2]) K. R. Butlin; [3]) E. A. Calnan; [4]) C. J. B. Clews; [5]) H. C. K. Ison; [6]) A. O. Mercer; [7]) T. J. Nurse; [8]) —; [9]) M. Stacey; [10]) E. G. Stroud; [11]) L. P. Whiskin; [12]) F. Wormwell.

V. VI **VÉRONNET,** Alexandre. Mech., Astron. — 1912–19 Astronome et '19–27 Astronome adjoint et '27– Astronome adjoint 1er Classe à l'Observatoire, '19– Chargé de Cours Méc., puis aussi Maître de Conférences, Univ. de Strasbourg; aussi '27– Prof., Ecole Nation. Supér. des Beaux-Arts, Strasbourg. — '19 Officier d'Académie (France); '25 Officier de l'Instruction publique (France); '29 Prix Lalande, '30 Prix Guzman (Acad. Sci., Paris).
* 1876, Mai 11, Chagny, Saône-et-Loire;
† 1951, Aug. 21, Chassey-le-Camp, Saône-et-Loire.

H. *P. Appell, Traité de mécanique rationnelle **4**,1: Figures d'équilibre d'une masse liquide homogène en rotation [2](Paris '32) (Cours de mécanique de la Faculté des Sciences); **4**,2: Les figures d'équilibre d'une masse hétérogène en rotation; Figure de la terre et des planètes [2]('37) (~).

W. Le calcul vectoriel. Cours d'algèbra, de mathématiques spéciales et de mathématiques générales (Paris '33) 18 + 252 S. — Constitution physique des étoiles (Paris '38) 2 + 95 S.

Bull. math. Fac. Sci. et grandes Ecoles Sur les cas d'équilibre d'un point: **1** ('34) 289–92.

C.R. hebd. Séances Acad. Sci., Paris Evolution complète d'une masse hétérogène en rotation. Impossibilité d'un dédoublement: **197** ('33) 1287–89. — Détermination mécanique de la constitution du noyau de tous les atomes: **207** ('38) 42–44. — Théorie de la radioactivité naturelle et artificielle basée sur la constitution du noyau atomique: 121–23.

VI **VERRIEST,** Gustave Charles. Math. — 1906–08 Prof. agrégé, '08–12 Prof. extraord., '12– Prof. ord., Ecole de Pédagogie et de Psychol. appliquée à l'Education, Univ. cathol. de Louvain.
* 1880, Sept. 24. Louvain;
† 1951, Jan. 16, Louvain.

H. Oeuvres mathématiques d'Evariste Galois, publiées en 1897, suivies d'une notice sur Evariste Galois et la théorie des équations algébriques [2](Paris '51).

S. Actes du VIe Congrès catholique de Malines, 1936, **5**: Culture intellectuelle et sens chrétien (Bruxelles '36) 293–99: Y a-t-il pléthore de diplômés?. [Auch in d. Ausgabe in niederländ. Sprache S. 259–67].

W. Cours de mathématiques générales, à l'usage des étudiants en sciences naturelles, **1**: Calcul différentiel; Géométrie analytique à deux dimensions [3](Louvain–Paris '35) 348 S.; [4]('46) 348 S., Neudruck: ('56) 348 S.; **2**: Géométrie analytique à trois dimensions; Calcul intégral [3]('41) 416 S. — Leçons sur la théorie des équations selon Galois, précédées d'une introduction à la théorie des groupes (Paris '39) 8 + 349 S. — Wiskundige methodenleer, **1**: Rekenkunde en algebra (Leuven '45) 109 S. [Skript]; **2**: Meetkunde ('45) 113 S. [~]. — Vier voordrachten over de wiskunde: De oneindige getallen; Is de ruimte oneindig?; De kwadratuur van den cirkel; Blik op de moderne algebra (Tournai–Paris '47) 168 S. — Introduction à la géométrie non euclidienne par la méthode élémentaire (Paris '51) 7 + 193 S. — Les nombres et les espaces (Paris '51) 188 S. (Collection Armand Colin, 269); [2](Paris '55) 188 S. (~).

Annales Soc. sci. Bruxelles, Sér. A Sur les équations dont le groupe de Galois par rapport à un corps donné est imprimitif: **52** ('32) 68f. — Sur la construction du groupe de Galois d'une équation donnée: **53** ('33) 17–20.

Bull. techn. Union Ing. Louvain Quelques échappées sur les mathématiques modernes: **76** ('48) No. 4, 11–18.

Humanisme Le programme des mathématiques dans les humanités gréco-latines. Enquête[u. a.]): No. **2** ('34) 36–54.

Mededeelingen konink1. vlaamsche Acad. Wet., Letteren en schoone Kunsten België Über die Zerlegung eines Ideals in ein Produkt von Primidealen: **1939**, 29–31 [niederländ.].

Revue Questions sci. Evariste Galois et la théorie des équations algébriques: (4) **25** ('34) 341–66; **26** ('34) 12–39; auch separat erschienen: (Paris–Louvain '34) 58 S. — Coup d'œil sur les éléments de l'algèbre moderne: (5) **6** ('39) 5–27.

Streven Historische mathematische Probleme: **1** ('47/48) 1053–58 [niederländ.]. — Nicht-euklidische Geometrie: **2** ('48) 268–80 [~].

Technisch-wetenschappelijk Tijdschr. Einige Aspekte der historischen Entwicklung der Geometrie: **17** ('48) Nr. 2, 25–30 [niederländ.].

Tijdschr. vlaamsche Ing.-Vereenig. Zahlen oberhalb des Unendlichen: **2** ('33) 1–12 [niederländ.]. — Über 2×2 = 4: **8** ('39) 1 S.

Wetenschappelijke Tijdingen Noch größere Zahlen: **1943**, 264–66 [niederländ.].

Wis- en natuurkund. Tijdschr. Über einen Satz von Lagrange: **7** ('34) 1–5 [niederländ.]. — Die intuitive Bedeutung der Galoisschen Gruppe einer Gleichung: **9** ('38) 20–24 [~].

Simon Stevin Die Halbierung des Dreiecks in der nicht-euklidischen Geometrie: **25** ('47) 162–64 [~].

Weitere Skripten: Beginselen der projectieve meetkunde (Leuven '45) 119 S.; auch französ.: Eléments de géométrie projective ('45) 126 S. — Notions de mathématiques supérieures (m. E. Dory) (Louvain '46) 202 S.; Neuaufl.: ('52) 7 + 189 S.

IV–VI **VERSCHAFFELT,** Jules Emile. Physik. — 1923–28 Chargé de Cours, '29–40 Prof. ord. et Dir. du Labor. de Physique, '40 Prof. Emér., Univ. de Gand; Sous-dir. et '34–35 Dir. de la Classe des Sci., Acad. Roy. de Belgique; Prof. d'échange: '36 Univ. de Nancy, '37 Univ. of Aberdeen; '37 Prés. hon., Soc. Roy. des Sci. Naturelles (autrefois „Dodonea“). — '48 Prof. hon., Univ. de Bruxelles. — '15 Officier, '37 Commandeur, '49 Grand Officier de l'Ordre de la Couronne (Belgique); '19 Chevalier, '31 Officier, '46 Commandeur de l'Ordre de Léopold (Belgique); '31 Prix décennal de Physique [1918–1928], '37, '40 Prix de Boelpaepe, '40 Prix Agathon de Potter (Acad. Roy. de Belgique). (⊠)
* 1870, Jan. 27, Gent;
† 1955, Dez. 22, Den Haag.

Ehrung Laboratoire Verschaffelt de Physique, Univ. de Gand (seit 1958).

Zum 70. Geb.tag *F. de Block, Natuurwetenschappelijk Tijdschr. **21** ('40) 182–84 (m. Bildn.). — *A. B. Field, Wis- en natuurkund. Tijdschr. **10** ('40) 1.

Zur Biogr. *P. van Oye, Prof. Dr. J. E. Verschaffelt (Antwerpen '44) 13 S.

Nekr. *E. Henriot, Annuaire Acad. roy. Belgique **123** ('57) Notices biogr., 12–114 [französ. u. niederländ.] (m. Bildn., Faks. u. Schr.verz.). — *J. L. Verhaeghe, Natuurwetenschappelijk Tijdschr. **37** ('55) 161–63 (m. Bildn.); Biologisch Jaarb. **23** ('56) 19–24.

Zur Biogr. *J. Verhaeghe in: Liber memorialis [der] Rijksuniversiteit te Gent 1913–1960 (T. Luykx) **4** (Gent '60) 127–38 (m. Bildn. u. Schr.verz.).

S. C.R. 2e Congrès national des sciences, Bruxelles 1935 (Bruxelles '35) 23–28: Unsere heutige Vorstellung von der Struktur der Materie [niederländ.]. — Réunion internationale de physique, chimie et biologie, Paris 1937 (Paris '38) 56f.: La thermomécanique appliquée à la tension superficielle. — Grenslaagverschijnselen; symposium, Brussel 1946 (Antwerpen '47) (Verhandelingen koninkl. vlaamse Acad. Wet., Letteren en schone Kunsten België) 12–19: Betrachtungen über Adsorption [niederländ. m. engl. Zusammenfassg.].

W. Thermostatica (Antwerpen–Groningen '33) 16 + 472 S. — Aanvullingen der Thermostatica (Antwerpen '38) 11 + 160 S.

Annuaire Acad. roy. Belgique Lebensbericht über Gustaaf van der Mensbrugghe: **112** ('46) Notices biogr., 29–61 [niederländ.]. — Notice sur Pierre de Heen: **113** ('47) Notices biogr., 45–123. — Notice sur Edmond van Aubel: **114** ('48) Notices biogr., 3–35.

Biologisch Jaarb. Über das Molekulargewicht: **13** ('46) 332–36 [niederländ.]. — Die Biologie und die Thermomechanik: **14** ('47) 88–92 [~].

Bull. Cl. Sci., Acad. roy. Belgique S. M. le Roi Albert † (Allocution): (5) **20** ('34) 200–02. — Über die Thermomechanik der thermoelektrischen Säule: 622–38 [niederländ.]. — Über die Thermomechanik der transversalen magnetischen Effekte: 639–53 [~]. — Über den Bridgmaneffekt: 742–52 [~]. — La relation entre les coefficients des effets magnétiques transversaux Ettingshausen et Nernst: **21** ('35) 578–89. — S. M. Astrid, Reine des Belges † (Allocution): 821–23. — Sur la thermomécanique du conducteur électrique, 1: La théorie des effets Peltier et Thomson: 841–54; ~ 2: La relation entre les coefficients des effets Ettingshausen et Nernst: 855–64; ~ 3: Réflexions sur la théorie des effets magnétiques transversaux: 1022–35. — Die moderne Alchemie: 1096–118 [niederländ.]. — Über den Verlauf der Linien konstanter Affinität bei Phasenübergängen eines einfachen Stoffes: **22** ('36) 252–64 [niederländ. m. französischer Zusammenfassg.]. — La thermomécanique de la couche superficielle, 1: Généralités; corps purs: 373–89; ~ 2: La formule d'adsorption: 390–401; ~ 3: Phases mixtes: 402–11. — L'application de la thermomécanique à l'électrochimie: 1002–14. — Sur l'application des principes de la thermomécanique à la conduction calorifique: **24** ('38) 593–609. — Sur l'application des principes de la thermomécanique aux fluides en mouvement: 610–16. — L'application des principes de la thermomécanique à des fluides en mouvement stationnaire: 825–32. — La thermomécanique des fluides en mouvement stationnaire et l'effet Joule–Thomson: **26** ('40) 193–210 [m. niederländ. Zusammenfassg.]. — Die Thermomechanik der elektrischen Leiter: **27** ('41) 631–49 [niederländ.]. — Sur la thermomécanique de la conduction calorifique: **28** ('42) 436–54. — La thermomécanique de la diffusion des gaz: 455–75. — Sur la thermomécanique des fluides en mouvement: 476–89. — La thermomécanique des processus irréversibles: 490–95. — La thermomécanique de la conduction électrique par électrons: **30** ('44) 330–52. — Sur le déplacement de l'équilibre chimique par variation de masse: **31** ('45) 201–13. — Über die Stabilität des chemischen Gleichgewichts, 1: 252–58; ~ 2: 304–10 [niederländ.]. — La diffusion des gaz et la thermomécanique, 1: 372–95; ~ 2: 396–415. — Quelques remarques à propos de la mécanique statistique de Th. De Donder: 416–26. — Considérations sur l'adsorption: **32** ('46) 221–51. — A propos d'états indifférents: 521–40. — Die isograden Isothermen und die Isoaffinen eines Systems Flüssigkeit–Dampf: 541–63 [niederländ.]. — La thermomécanique des systèmes ouverts: **34** ('48) 17–38. — Les principes de réciprocité et de superposition en thermomécanique: 126–51. — La thermomécanique des fluides idéaux: 325–43. — La thermomécanique des fluides reels: 344–55. — Sur la diffusion dans les gaz: 500–17. — Sur la dynamique des mélanges gazeux non-homogènes: **35** ('49) 31–41. — Sur la thermomécanique de la diffusion: 293–310. — Sur la thermo-électrodiffusion: 311–24. — Sur l'affinité de diffusion: 559–67. — Sur la thermomécanique des fluides mixtes: 847–68. — L'effet thermique de la diffusion dans les gaz: 869–79. — Réflexions sur le principe d'Onsager: 976–94. — La thermomécanique de la thermoélectricité, 1: **36** ('50) 26–46; ~ 2: 193–206. — Sur la thermomécanique des effets magnétiques transversaux: 180–92. — L'affinité de glissement: 290–301. — A propos du principe d'Onsager: 548–60. — La thermomécanique des fluides ionisés: 688–703. — Sur la statique des fluides: 823–35. — Sur la thermomécanique des phénomènes irréversibles: 962–83; **37** ('51) 691–95. — L'énergie potentielle en thermomécanique: **36** ('50) 984–91. — Sur l'affinité d'écoulement fluidal: **37** ('51) 126–37. — Sur l'effet thermique de la diffusion: 307–23. — Sur le transport d'énergie par conduction: 509–24. — Sur l'effet thermomécanique: 853–72. — La thermomécanique de l'osmose: 950–59. — Sur l'effet électromécanique: 960–69. — Sur le calcul de l'énergie dissipée: 1019–36. — Sur l'effet de fontaine de l'hélium liquide II: 1120–40. — Sur la généralisation du potentiel thermique: **38** ('52) 81–88. — Sur l'équivalence du principe de superposition et du principe d'Onsager: 89–101. — Sur les effets thermo- et électromagnétiques: 267–86. — Sur la théorie du couple thermoélectrique: 512–23. — Sur le potentiel électrodynamique: 593–606. — Sur l'électrocinèse: 685–92. — Sur les minima de dissipation d'énergie: 908–33; **39** ('53) 369–80. — Sur les relations d'Onsager: **38** ('52) 1030–34; **39** ('53) 165–68. — Sur l'équilibre d'un fluide mixte: 169–74. — L'influence de transformations moléculaires sur les phénomènes de transport: 257–72. — Sur la chaleur de réaction: 285–92. — Sur l'énergie dissipée par transformation moléculaire: 463–73. — Sur l'équilibre d'ensemble d'un fluide mixte: 612–21. — Sur le calcul de l'énergie dissipée: 798–815. — La polarisation électrique en thermomécanique: 816–37. — Sur l'introduction de l'électromagnétisme dans la thermomécanique: 922–36. — Sur le minimum de production d'entropie: **40** ('54) 8–17. — Sur l'introduction de l'électromagnétisme dans la thermomécanique: 91–97. — Sur la force thermique: 98–102. — La thermomécanique de l'électrolyse: 219–25. — Sur la thermomécanique du courant électrique: 571–87. — Sur les minima de production d'entropie et de dissipation d'énergie: 777–81. — Sur la stabilité de l'équilibre chimique: 888–95. — Sur la notion de vitesse de réaction: **41** ('55) 316–28. — Sur la centrifugation: 709–17; ~ 2: 884–909; ~ 3: 910–16. — Sur l'écoulement relatif d'un fluide: 1106–12.

Bull. int. Renseignements frigorif. La terminologie et les notations en thermodynamique. La terminologie, les notations et les unités de la thermodynamique: **13** ('32) No. 2, Annexe spéc., 2–20, 22–27; No. 5, Annexe spéc., 31–33.

Chemisch Weekbl. Die Oberflächenspannung und die Thermomechanik: **34** ('37) 570–72 [niederländ.]. — Erinnerungen an van't Hoff: **48** ('52) 646f. [~].

C.R. Assoc. franç. Avancement Sci. Phénomènes de réciprocité: **1932**, 143–45. — L'application des principes de la thermomécanique à la diffusion: **1939**, 335f.

C.R. hebd. Séances Acad. Sci., Paris Sur le déplacement de l'équilibre par variation de masse: **197** ('32) 683f. — La loi du déplacement de l'équilibre chimique: 753f. — Sur l'application des principes de la thermomécanique aux conducteurs: **199** ('34) 836–38.

Gids Niederländer und Flamen: **110** ('47) 51–60 [niederländ.].

J. Physique et Radium Nouveau système d'unités en électromagnétisme: (7) **3** ('32) 225–28. — La thermomécanique des phénomènes de transport: (8) **12** ('51) 93–98. — Sur la thermomécanique de la conduction électrique: **15** ('54) 742–49. — Sur l'écoulement relatif d'un fluide: **17** ('56) 313–19.

Mémoires, Acad. roy. Belgique, Cl. Sci., Collect. in-8° La thermomécanique du conducteur électrique: (2) **14**, Nr. 2 ('35) 48 S.

Natuurwetenschappelijk Tijdschr. Das Nernstsche Theorem: **15** ('33) 33–38. — Zur Verschiebung des chemischen Gleichgewichts durch Änderung der Menge: 146–48. — Die freie Energie als Grundlage der Wärmelehre: **19** ('37) 21–23. — Die Genter physikalische Schule und die Oberflächenspannung: **22** ('40) 33–45. — — Alle Arbeiten niederländ.

Philosophical Mag. On terminology and symbols in physical chemistry: (7) **39** ('48) 560–72.

Physica L'influence d'une déformation élastique sur l'équilibre thermostatique: **5** ('38) 630–34. — Sur la thermomécanique de la thermoélectricité et de l'effet Volta: **10** ('43) 197–214. — Sur la thermomécanique des processus irréversibles: **15** ('49) 489–502. — Théorie des phénomènes de transport basée sur le principe de superposition: **18** ('52) 43–62 (m. Schr.verz.-Auswahl 34 Nrn.).

Physikalische Z. Über die Abhängigkeit des Dampfdruckes von der Temperatur oberhalb des kritischen Punktes: **35** ('34) 1013f.

Recueil Trav. chim. Pays-Bas La thermomécanique des phénomènes de transport: **71** ('52) 705–16.

Simon Stevin Über die Terminologie und die Symbole in der Wärmelehre: **25** ('47) 22–32. — Über die maximale Arbeit: 165–71. — Über die Dynamik von Gasgemischen: **27** ('49) 52–64. — Die Thermomechanik der Transporterscheinungen: **29** ('51) 151–63. — — Alle Arbeiten niederländ.

Wetenschap in Vlaanderen Joseph Plateau: **2** ('36) 12f. [ ].

Wis- en natuurkund. Tijdschr. Ein scheinbares Paradoxon bei der Kapillarität: **6** ('32/33) 91f. — Das Joulesche Gasgesetz: 171–78. — Les états indifférents des mélanges: 202–15, 254–56 [m. französ. Zusammenfassg.]. — Sur le déplacement de l'équilibre chimique par variation de masse: 235–39 [~]. — La stabilité de l'équilibre chimique: 240–43 [~]. — La loi du déplacement de l'équilibre chimique: 243–50 [~]. — La loi de modération: 250–53 [~]. — Über eine Verallgemeinerung des Satzes von Maxwell und Clausius: **7** ('34/35) 19–24. — Über die Existenz eines Maximums der kapillaren Steighöhe: 25–30. — Über die transversalen magnetischen Effekte: 53–66. — Über das thermische Potential eines Gemisches: 121–32. — Die analytische Fortsetzung der Dampfdruckkurve über den kritischen Punkt hinaus: 133–43. — Kann man die Zeit als eine Zustandsgröße betrachten?: 144–48. — Über die Berechnung der Größen a und b von van der Waals: 149–54. — Über die Bestimmung von Brechungsindizes durch Interferenz [2])[1]): 176–85. — Das Prinzip von Le Chatelier und Braun: 190–202. — Betrachtungen über die Affinität: 203–16. — Über den Zusammenhang zwischen den thermoelektrischen Konstanten eines Metalls: 217–23. — Die Änderung der Oberflächenspannung einer Lösung mit der Konzentration: **8** ('36/37) 23–28. — Über reversible und irreversible Prozesse: 35–38. — Wie sich unsere Vorstellung von der dielektrischen Polarisation der Materie entwickelte: **10** ('40/41) 45–56. — Der Joule-Kelvin-Effekt: 173–82. — Die Thermomechanik der elektronischen Leitung: **11** ('42/43) 25–39. — Die Thermomechanik der Diffusion: 49–72. — Die Thermomechanik der elektrischen Ionenleitung und das Konzentrationselement: 133–56, 157–84. — Über die Thermomechanik des Konzentrationselements: **12** ('44/45) 55–77. — Über den thermomechanischen Effekt von flüssigem HeII: 91–99. — Über die Thermodynamik der irreversiblen Prozesse in Gasen: 100–16. — — Alle Arbeiten niederländ.

Ferner eine Broschüre: Beknopte uiteenzetting van de theorie der transportverschijnselen en haar toepassing op het fonteineffect van vloeibaar helium II op ground van het superpositiebeginsel (Groningen '51) 8 S.

Mit: [1]) H. Reel; [2]) J. Verhaeghe.

VI VERSLUYS, Jan. Hydrol., Geol. (ökon.). — 1927–35 Wiss. Berater, Batavische Petroleum-Gesellschaft, 's-Gravenhage; '32–35 außerord. Prof. ökon. Geol. u. ökon. Mineral., Univ. Amsterdam.

* 1880, Sept. 4, Groningen;
† 1935, März 1, Amsterdam.

Neffe von Jan Versluys[VI] (1845–1920); Vetter von Willem Abraham Versluys[V, VI, VII b]

Nekr. *J. van der Hoeve, Versl. gewone Vergad. Afd. Natuurkunde, Koninkl. Akad. Wet. Amsterdam **44** ('35) 24–26. — *B. H. van der Linden, Ingenieur ['s Gravenhage] **50** ('35) A 112f. (m. Bildn.); Jaarb. geol.-mijnbouwkund. Genootsch. Nederland en Koloniën **1935**, 15–18 (m. Bildn.). — *W. A. J. M. van Waterschoot van der Gracht,

Bull. amer. Assoc. Petroleum Geologists **20** ('36) 1149f.

S. Proc. World petroleum congress, London 1933 (A. E. Dunstan) **1** (London '34) 289–93: Principles governing the location of wells with respect to the structure; 446–51: The sources of energy involved in propagation of oil towards a well.

W. De ontwikkeling der economische geologie. [Rede, uitgesproken bij de aanvaarding van het ambt van buitengewoon hoogleeraar in de economische geologie en economische mineralogie op 31 Oct. 1932] (Amsterdam '32) 38 S.

Bull. amer. Assoc. Petroleum Geologists Factors involved in segregation of oil and gas from subterranean water: **16** ('32) 924–42. — Jamin effect in oil production [Bemerkungen zur Arbeit von R. Wright **17** ('33) 1521–26]: **18** ('34) 547f.

Ingenieur ['s Gravenhage] Über die Form der Grenzfläche von Öl und Wasser in den ölführenden Erdschichten: **47** ('32) M1f. [niederländ.]. — Die Energiequellen, die auf die Bewegung von Erdöl nach einem Brunnen hin Einfluß haben: **49** ('34) M15–M21 [~].

J. Instn. Petroleum Technologists Principles of gaslift: **19** ('33) 687–93. — Conditions under which gas and liquid mixtures rise: 694–700.

J. Rheology The cause of fluctuations in rising mixtures of gas and liquid: **3** ('32) 3–15.

Physica A method for the measurement of the viscosity of saturated methane–oil solutions under pressure [2]) [1]): **3** ('36) 1093–98.

Proc., Koninkl. Akad. Wet. Amsterdam The origin of fluctuations in rising mixtures of gas and liquid, elucidated by moving pictures: **35** ('32) 126–28. — Migration and accumulation of oil and gas: 362–70. — Reaction for tungsten in minerals [3]): **36** ('33) 868–70. — Determination of capillarity constant by means of two spherical segments: **37** ('34) 45f. — The use of boron trioxide in determination of minerals: 407–10.

Versl. gewone Vergad. Afd. Natuurkunde, Koninkl. Akad. Wet. Amsterdam Die Entstehung der Fluktuationen in steigenden Mischungen von Gas und Flüssigkeit, erläutert durch Laufbilder: **41** ('32) 16f. [niederländ.].

Mit: [1]) J. Gerver; [2]) A. Michels; [3]) H. L. J. Zermatten.

V, VI **VERSLUYS,** Willem Abraham. Math., Mech. — 1907–35 Prof., Techn. Hochsch. Delft.

* 1870, Dez. 27, Groningen;
† 1946, Febr. 12, Ede.

Sohn von Jan Versluys[VI] (1845–1920); Vetter von Jan Versluys[VI, VIIb] (1880–1935)

Zur Emeritierung Jaarb. techn. Hogeschool Delft **1935**, 31.

Todesanzeige Jaarb. techn. Hogeschool Delft **1946**, 52.

Christiaan Huygens Ebene, ungedämpfte Schwingungen einer Saite in einem parallelen Kraftfeld, 4: **9** ('30/31) 206–31, 300–19; **10** ('31/32) 1–9; ~ 5: 177–93; ~ 6: **11** ('32/33) 164–205. — Die geschlagene Saite: **14** ('35/36) 112–26. — Erweiterung des Christoffelschen Satzes über den Verlauf der Kanten von Schwingungsflächen: **16** ('37/38) 113–18. — — Alle Arbeiten niederländ.

Nieuw Arch. Wiskunde Sur les points et plans satellites d'un plan par rapport aux courbes *w* de l'espace: (2) **18** ('33/36) Nr. 1, 76–92. — Damped vibrations of a homogeneous string when there is no exterior force: **19** ('36/38) 151–72.

Nieuw Tijdschr. Wiskunde Die Brennstrahleigenschaften der Zentralkegelschnitte: **19** ('32) 176–79 [niederländ.]. — Konstruktionen der Schnittpunkte einer Geraden mit einem Kegelschnitt: **20** ('33) 278–95 [~]. — Ein Beweis für den Satz von Pascal: **21** ('34) 145f. [~].

Verhandelingen koninkl. Akad. Wet., Afd. Natuurkunde, 1. Sect. Damped vibrations of a string put into motion by an impulse: **15** ('34/35) Nr. 2, 30 S.

Verhandelingen koninkl. nederl. Akad. Wet., Afd. Natuurkunde, 1. Sect. Ebene ungedämpfte Schwingungen einer homogenen Saite unter dem Einfluß einer äußeren Kraft: **16** ('36/38) Nr. 3, 34 S. [niederländ.].

Versl. gewone Vergad. Afd. Natuurkunde, Koninkl. Akad. Wet. Amsterdam Gedämpfte ebene Schwingungen einer homogenen Saite unter Einwirkung einer äußeren Kraft: **52** ('43) 69–73 [niederländ. m. deutscher, engl. u. französ. Zusammenfassg.].

VI **VESELÝ,** Vítězslav. Chem. (Technol. d. Fette, Teere u. Farbstoffe). — 1896–1900 Stud., Eidgenöss. Polytechn. Schule, Zürich; '01 Dr. ès-sc., Univ. Genf; '01[?]– Assist., Tschech. Techn. Hochsch., Praha; anschl. Industrietätigkeit in Mladá Boleslav, Sázava u. ('08–10) in China; '10[?]–14, '18–19 Assist., '12 Dr. habil., Tschech. Techn. Hochsch., Praha; '19 Doz., '20–21 außerord. Prof., '21–41, '45–47 ord. Prof. u. während vieler Jahre Leiter d. Forschungsinst. f. Fette u. Öle, '31–32, '45– Rektor, '47 Prof. emer., bis '52 Lehrtätigkeit, Tschech. Techn. Hochsch., Brno; '41–44 Industrietätigkeit, Praha; '44–45 KZ-Haft, Theresienstadt u. Buchenwald. — '25–38[?], '46– Vorsitzender, Tschechoslovak. Kommiss. f. d. Analyse d. Fette; '36–38 Vorsitzender, Int. IUPAC-Kommiss. f. d. Studium d. Fette; '60–64 Vorsitzender, Tschechoslovak. Chem. Ges. — '57 Orden der Arbeit (ČSR). (☒)

* 1877, Dez. 29, Molitorov u Kouřimi, Böhmen;

† 1964, Juni 7.

Zur Biogr. Chemistry and Industry **1947**, 416.

Zum 80. Geb.tag Chemie [Praha] **9** ('57) 959; **10** ('58) 247.

Zum 85. Geb.tag *J. V., Chemické Listy **56** ('62) 1475–78 (m. Bildn. u. Schr.verz.).

Nekr. *J. Pokorný, Chemické Listy **58** ('64) 1369f. — *O. Wichterle, Věstn. českoslov. Akad. Věd **73** ('64) 683f.

MH. Jednotné analytické metody pro průmysl tukový (Praha '32) (Masarykova Akademie Práce, Jednotné zkušební předpisy Československého zkušebního svazu, 27 (=Dbl)). — (Redakt.) Výroba a zpracování tiků a vosků (Praha '33) (Chemická technologie, 17 (=IV,4)).

S. C.R., conférences, communications. 15ᵉ Congrès de chimie industrielle, Bruxelles 1935 (Paris '36) 1139–41: Bemerkungen zur Arbeit des Internationalen Komitees für die Untersuchung der Fette [ ]. — Sborník 1. Celostátní pracovní konference analytických chemiků, Praha 1952 (Praha '53) 234–37: Die Bestimmung konjugierter Doppelbindungen in organischen Stoffen [3]) [tschech.]. — Základy průmyslové chemie (K. Andrlík) 3: Technologie organických látek (Praha '53) 69–104: Technologie der Fette, Wachse und Seifen [tschech.]; 105–24: Technologie der künstlichen Farben [~]; slowak.: (Brno '58).

W. Technologie plastických hmot [1. Aufl. nicht ermittelt], [2](Praha–Brno '50) 48 S. (Spisy Donátova fondu, 167). — Úvod do organické chemie. Příručka pro studium i praxi v chemických laboratořích (m. F. Petrů), **1**: Chemie acyklických sloučenin (Praha '52) 268 S.; **2**: Chemie cyklických sloučenin ('52) 303 S.

Bull. int. Acad. tchèque Sci. Sur la préparation des dérivés vinylés d'hydrocarbures aromatiques par pyrolyse des méthyl-aryl-carbinols acétylés [9]): **52**. 1951 ('53) 545–47.

Chemické Listy pro Vědu a Průmysl Über die Darstellung von 2,8-Dimethylnaphthalin [4]): **26** ('32) 138–42. — Über die Darstellung von 1,5- und 1,8-Dimethylnaphthalin [7]): 142f. — Über Monosulfosäuren des 1-Methylnaphthalins [7]): 209–11. — Über die wissenschaftliche Tätigkeit von Professor Emil Votoček: 435–42. — Über die Darstellung von Trimethylnaphthalin aus 2,6-Dimethylnaphthalin. 1,5-Dibrom-2,6-dimethylnaphthalin [7]): 490–95. — Über die Anwendung von Lithium bei Substitution des Halogens durch Methylgruppen im Naphthalinkern [7]): 495–97. — Darstellung von Azofarbstoffen aus bromierten 2-Naphtholen. 2-Oxy-6-brom-1-(4-nitrobenzolazo)-naphthalin [7]): **27** ('33) 126–28 [m. französ. Zusammenfassg.]. — Bemerkung zur Darstellung von Derivaten des 1-Phenylnaphthalins [7]): **29** ('35) 257–59. — Über Naphthopyrazole (Benzindazole) [4])[5]): 259–63. — Über 1-Methyl-7-naphthol [7]): 310–12. — Über 2,3-Derivate des 2-Methylnaphthalins [7]): 361–63. — Über Dipyrazol-[3,4,3″,4″;1′,2′,5′,6′]-naphthalin [4]): **30** ('36) 205f. — Über Dipyrazolbenzole [4]): **31** ('37) 377–80. — Über die Normung von Laboratoriumsglas: **32** ('38) 315–17. — Internationale Methoden für die Analyse von Fetten und Seifen: 392–94. — Über das Pyrazolo- und Dipyrazolo-tetrahydronaphthalin [6]): **33** ('39) 74f. — Die o-Dioxy-Derivate des 1-Methylnaphthalins und ihre Fähigkeiten als Entwickler [1]): **34** ('40) 201–06. — Dr. Emil Votoček. Ein wissenschaftliches Profil zum 70. Geburtstag: **36** ('42) 257–60. — Miloslav Jakeš †: **37** ('43) 154f. — — Alle Arbeiten tschech.

Chemický Průmysl Zur Darstellung und Anwendung von Thiazinfarbstoffen [8]): **5** ('55) 388–90 [tschech.].

Chimie et Industrie Bestimmung des unverseifbaren Anteils von Fetten [2]): **29** ('33) No. spéc. 6bis, 1048–50 [ ].

Collection Trav. chim. Tchécoslovaquie Sur la préparation des triméthylnaphtalènes à partir du 2,6-diméthylnaphtalène [7]): **4** ('32) 21–31. — Sur l'emploi du lithium pour la synthèse des homologues du naphtalène [7]): 139–44. — Sur le 1-méthyl-7-naphtol [7]): **5** ('33) 170–78. — Remarque sur la préparation des dérivés du 1-phénylnaphtalène [7]): 343–47. — Sur les dérivés 2,3 du 2-methylnaphtalène [7]): **6** ('34) 137–44. — Sur les naphtopyrazols [4])[5]): **7** ('35) 228–38. — Sur le dipyrazolo-[3,4,3″,4″;1′,2′,5′,6′]-naphtalène [4]): **8** ('36) 125–29. — Sur les dipyrazolo-benzènes [4]): **9** ('37) 176–84. — Sur la décomposition des acides sulfoconjugués aromatiques au moyen de l'acide phosphorique [6]): 465–69. — Sur le pyrazolo- et le dipyrazolo-tétrahydronaphtalène [6]): **10** ('38) 142–47. — Sur les 1-méthylnaphtalènes orthohydroxylés et leur pouvoir révélateur [1]): **11** ('39) 412–22.

Listy cukrovarnické Die wissenschaftliche Tätigkeit von Professor Emil Votoček: **50** ('32) 36 [tschech.].

Bitte Bemerkung S. 5629 vor dem Buchstaben V beachten!

Průmysl Potravin Bestimmung von Glycerin in Glyceriden [10]): **8** ('57) 540f. [tschech.].

Rozpr. české Akad. Věd (a Umění) Ortho-Dioxyderivate des 1-Methylnaphthalins und ihre Fähigkeiten als Entwickler [1]): **49**.1939 ('40) Nr. 27, 9 S. [tschech.]. — Die Darstellung von Vinylderivaten aromatischer Kohlenwasserstoffe durch Pyrolyse der Acetate der Methylarylcarbinole [9]): **61**.1951 ('53) Nr. 11, 9 S. [~].

Z. Zuckerindustrie čecho-slovak. Republ. Die wissenschaftliche Tätigkeit von Professor Emil Votoček: **57** ('32) 40 [ ].

Einige weitere Publikationen.

Mit: [1]) A. Bubeník; [2]) L. K. Chudožilov; [3]) V. Ciupková; [4]) A. Medvedeva; [5]) E. Müller; [6]) T. Stojanová; [7]) F. Štursa; [8]) D. Tersijská; [9]) M. Vizdal; [10]) M. Malenický.

IV–VI **VESSIOT,** Ernest Paulin Joseph. Math. — 1896–97 Chargé de cours, 1897–1910 Prof. Math. pures, Univ. de Lyon; '10–19 Chargé de cours, '19–35 Prof. Math. gén. → Théorie des fonctions et théorie des transformations, '35 Prof. hon., Univ. de Paris; Sous-dir., '27–35 Dir., '35 Dir. hon., Ecole Normale Supér., Paris; pendant quelque temps Prés. de la Soc. math. de France, Prés. de l'Assoc. amicale du Personnel enseignant des Facultés des Sci., Vice-prés. de la Fédérat. des Associations de l'Enseignem. supér. — Officier de la Légion d'Honneur (France); Officier de l'Instruct. publ. (France); '02 Grand Prix des Sciences math., '24 Prix Poncelet, '27 Prix Petit d'Ormoy, '33 Prix Estrade–Delcros, '42 Prix Le Conte (Acad. Sci. Paris).
 * 1865, März 8, Marseille;
 † 1952, Okt. 17, La Bauche, Savoie.

Zur Biogr. *R. C. Archibald, Scripta math. [USA] **3** ('35) 90f. — *E. Cartan, L'œuvre scientifique de E. Vessiot: Bull. Soc. math. France **75** ('47) 1–8.

Zur Biobibliogr. Notice sur les travaux scientifiques de M. Ernest Vessiot (Paris '32) 159 S.; ('43) 36 S.

Nekr. *A. Caquot, C.R. hebd. Séances Acad. Sci., Paris **235** ('52) 917–19. — *R. Garnier, Annales Univ. Paris **22** ('52) 571–73; Notices et Discours, Acad. Sci., Paris **3**.1949/56 ('57) 416–19. — *P. Montel, Annuaire Assoc. amicale Secours anciens Elèves Ecole norm. sup. **1953**, 22–24.

S. Actes du Congrès interbalkanique de mathématiciens, Athènes 1934 (Athēnai '35) 43–50: Sur l'application de la théorie des faisceaux de transformations infinitésimales à l'étude des transformations des systèmes différentiels. — Encyclopédie française **1**: L'outillage mental, 3: Mathématique (Paris '37) 1 · 76,15–1 · 78,4 (6 S.): Intégration logique. — *H. Hasse, Über gewisse Ideale in einer einfachen Algebra (Paris '34) (Actualités scientifiques et industrielles, 70 [= 109] = Exposés mathématiques publiés à la mémoire de Jacques Herbrand, 1) 7–11: Introduction [Aperçu rapide sur les parties capitales de l'œuvre de Jacques Herbrand].

W. Cours de mathématiques générales, professé à la Faculté des Sciences de Paris en 1919–1920, **1**: Eléments d'algèbre, de calcul différentiel et de géométrie analytique [5](Paris '32) 15 + 504 S., [6]('36), ..., [11]('47), [12]('51) 15 + 508 S., [13]('56); **2**: Eléments de calcul intégral [zusammen mit: *P. Montel, Eléments de mécanique] [5]('34) [insgesamt] 616 S., ..., [10]('51), [11](56) 619 S.; **[3:]** Compléments (m. P. Montel) (Paris '52) 68 S.

Annales sci. Ecole norm. sup. Sur la réductibilité des systèmes automorphes dont le groupe d'automorphie est un groupe continu fini simplement transitif: (3) **57** ('40) 1–60. — Sur une théorie nouvelle de la réductibilité des équations algébriques: **58** ('41) 1–36. — Sur les équations aux dérivées partielles de premier ordre, considérées comme des équations de contact et, en particulier, sur l'intégration des équations semi-linéaires: **59** ('42) 211–73. — Sur une théorie générale de la réductibilité des équations et systèmes d'équations finies ou différentielles: **63** ('46) 1–22.

Bull. math. Fac. Sci. et grandes Ecoles Sur la variation des fonctions: **1** ('34) 33–48.

Bull. Soc. math. France Sur une classe de faisceaux complets de degré 2: **65** ('37) 149–67. — Sur la réductibilité des équations aux dérivées partielles du 1er ordre, à une inconnue, qui ne la contiennent pas et sont linéaires et homogènes par rapport à ses dérivées: **75** ('47) 9–26.

C.R. hebd. Séances Acad. Sci., Paris Sur la réfraction et la réflexion des ondes: **198** ('34) 1120–22. — Sur les équations aux dérivées partielles du second ordre, F(x,y,z,p,q,r,s,t) = 0, intégrables par la méthode de Darboux: **205** ('37) 643–45. — Sur les équations F(x,y,z,p,q,r,s,t) = 0 qui ont une intégrale générale explicite: 779–81. — Sur les équations F(x,y,z,p,q,r,s,t) = 0, auxquelles la méthode de Darboux est applicable: **206** ('38) 92–94. — Sur la recherche des équations F(x,y,z,p,q,r,s,t) = 0 intégrables par la méthode de Darboux: 728–30. — Sur la réductibilité des systèmes automorphes dont le groupe associé est simplement transitif: **208** ('39) 875–77. — Sur une théorie nouvelle de la réductibilité des équations algébriques: **210** ('40) 159–61. — Sur l'intégration des systèmes de Pfaff linéaires et homogènes à coefficients constants: **226** ('48) 289–91.

Enseignement math. Sur la variation des fonctions: **38** ('42) 214–17.

J. Math. pures et appl. Sur la réflexion et la réfraction des ondes et des rayons: (9) **14** ('35) 309–45. — Sur les faisceaux de transformations infinitésimales associés aux équations aux dérivées partielles du second ordre F(x,y,z,p,q,r,s,t) = 0: **15** ('36) 301–20. — Sur les équations aux dérivées partielles du second ordre, F(x,y,z,p,q,r,s,t) = 0, intégrables par la méthode de Darboux: **18** ('39) 1–61; ~ 2: **21** ('42) 1–66.

Revue Math. spéc. Sur la définition du nombre e: **50** ('40) 97f.

VI **VETTER,** Quido Karl Ludwig. Geschichte d. Math. — 1924–50 Privatdoz. m. d. Titel außerord. Prof., Karls-Univ., Praha; '24–50 Privatdoz., Abt. f. spez. Fächer, Tschech. Techn. Hochsch., Praha; '37–39 Dir., Städt. Realschule, Humpolec; '39–45 Ruhestand, Německý Brod. — '28–37 Vorsitzender, Kommiss. f. Geschichte d. Naturwiss. u. Techn., Masaryk-Akad. d. Arbeit, Praha; '33–37 Präs., Acad. int. d'Histoire des Sci.; '36–37 Vorsitzender, Nationalausschuß d. Geschichte d. Naturwiss., Nationaler Forschungsrat.
* 1881, Juni 5, Praha;
† 1960, Okt. 20, Praha.

Zum 75. Geb.tag *F. Balada, Čas. Pěst. Mat. **82** ('57) 120f.

Nekr. *F. Balada, Čas. Pěst. Mat. **86** ('61) 253f.; Pokroky Mat., Fysiky a Astron. **6** ('61) Nr. 2, 114f. — *A. Birkenmajer, Kwartalnik Historii Nauki i Techn. **6** ('61) 362f. — *L. Nový, Archives int. Hist. Sci. **13** ('61) 270–73; Vopr. Istorii Estestvoznanija i Techn. **12** ('62) 256–58.

Zum 80. Geb.tag *K. Matoušková, Matematika ve Škole [Praha] **12** ('61/62) 245f.

H. (Redakt.) *F. Kadeřávek, Úvod do dějin rýsování a zobrazovacích nauk (Praha '54) (Studie a prameny, Sekce mat.-fys., 6).

S. Atti del Congresso internazionale dei matematici, Bologna 1928, **6** (Bologna '32) 499–501: Rapporto sulle lettere indirizzate al Dottor Taddeo Hagecius da Hayck, astronomo, medico e matematico ceko conservate a Breslavia. — Actes, conférences et communications. 3e Congrès international d'histoire des sciences, Coimbra, Oporto, Lisboa 1934 (Lisboa '36) 171–79: Relations mathématiques entre les pays Tchèques et les pays de la Péninsule Ibérique, l'Amérique et l'Extrême-Orient. — Dějiny lidstva od pravěku k dnešku (J. Šusta) **6**: Bronzová skála moci státní 1650–1789 (Praha '39) 1–14: Erwachen einer neuen Naturwissenschaft von Copernicus bis Laplace [tschech.]. — Actes du 5e Congrès international d'histoire des sciences, Lausanne 1947 (Paris '48) (Collection de travaux de l'Académie internationale d'histoire des sciences, 2) 231–43: L'évolution de la statistique en Bohême; 244–51: Les origines de la géométrie et la perspective en Bohême.

American math. Monthly Notation of decimal fractions in Bohemia: **39** ('32) 511–14.

Bull. int. Committee histor. Sci. L'évolution des sciences sur le territoire de la République Tchécoslovaque: **5** ('33) 333–52.

Bull. sci. Ecole polytechn. Timişoara Nicolas Kopernik et la Bohême: **4** ('32) 292–94.

Čas. Pěst. Mat. a Fysiky Professor Gino Loria zum 70. Geburtstag: **61** ('32) 369f. — Die Dezimalbrüche und ihre Bezeichnung: R113–R118. — Regierungsrat L. Červenka zum 60. Geburtstag: **63** ('33/34) D33–D41. — Die Bezeichnungsweise für die Logarithmen: D41–D49. — Die Mathematik in den Jesuitenklöstern auf dem Territorium der Tschechoslowakischen Republik: **64** ('34/35) 263f. — — Alle Arbeiten tschech.

Čas. Pěst. Mat. Neunzig Jahre Gesellschaft der Tschechoslowakischen Mathematiker und Physiker: **77** ('52) 175–83 [tschech.]. — Gino Loria †: **80** ('55) 117f. [~].

Enseignement math. La préparation théorique et pratique des professeurs des mathématiques et de géométrie descriptive de l'enseignement secondaire: **32** ('33) 381–94. — Le 2e Congrès des mathématiciens des pays slaves, Prague 1934: **33** ('34) 367–71.

Istoriko-mat. Issled. Kurzer Überblick über die Entwicklung der Mathematik in den tschechischen Landen bis zur Schlacht am Weißen Berge: **11** ('58) 461–514 [russ.]; ~ nach der Schlacht am Weißen Berge bis zum Ende des 17. Jahrhunderts: **14** ('61) 491–516 [~].

J. egyptian Archaeol. Problem 14 of the Moscow mathematical papyrus: **19** ('33) 16–18.

Lychnos L'histoire des sciences en Tchéco-Slovaquie: **2** ('37) 243–47.

Matematika ve Škole [Praha] Über die ältesten arithmetischen und geometrischen Handschriften in der National- und Universitäts-Bibliothek in Prag: **4** ('54) 109–12. — Welche mathematischen Kenntnisse haben sich die Tschechen aus ihrer slawischen Urheimat mitgebracht ?: 262–64. — Die mathematischen Kenntnisse der Bevölkerung der tschechischen Lande in prähistorischer Zeit: 389–94. — Die Mathematik in unseren Landen seit der Besiedlung durch Tschechen bis zur Gründung der Universität: **5** ('55) 176–82. — Ein Fund von Zahlzeichen aus dem Bronzezeitalter: 432–34. — Kurzer Überblick über die Entwicklung der Mathematik in den tschechischen Landen von der Gründung der Universität bis zur Schlacht am Weißen Berge: **7** ('57) 343–57. — Tadeáš Hájek von Hájek und seine Schrift "Oratio de laudibus geometriae": 562–66. — — Alle Arbeiten tschech.

Mathematica [Cluj] Trois remarques sur l'histoire des mathématiques: **9** ('35) 304–09.

Osiris Quatre notes sur les mathématiques babyloniennes: **1** ('36) 692–702.

Příroda [Brno] Dr. Jan Svatopluk Procházka und die Wissenschaftsgeschichte: **27** ('34) Nr. 6, 5 S. [tschech.].

Rozhledy mat.-fysik. János Bolyai: **38** ('60) 371–73 [tschech.]. — Die Lösung einer interessanten Aufgabe aus der Zahlentheorie: **39** ('60/61) 91–93 [~].

Rozhledy mat.-přírodověd. Dezimalbrüche und ihre Bezeichnungen: **11** ('32) 4 S. [tschech.].

Mathematicko-přírodovědecké Rozhledy Nikolaj Ivanovič Lobačevskij. Zum 160. Geburtstag: **32** ('53) 119–24 [tschech.]. — Wie sich die Mathematik in Rußland in den ältesten Zeiten entwickelte: **33** ('54) 52–55 [~].

Sborn. pro Dějiny přírod. Věd a Techn. Die Naturwissenschaften in Polen: **3** ('56/57) 223–35 [tschech.]. — L'histoire des sciences mathématiques dans les pays de la Couronne de Bohème depuis la fondation de l'Université de Prague jusqu'en 1620: **4** ('58) 80–95 [tschech. m. französ. Zusammenfassg. S. 222]. — George Sarton, ein namhafter Historiker der Naturwissenschaften (31. 8. 1884–22. 3. 1956): **5** ('60) 5–8 [tschech.]. — Le développement des mathématiques en les pays tchèques depuis 1620 jusqu'à la fin du 17e siècle: **6** ('61) 211–20 [tschech. m. französ. Zusammenfassg. S. 220].

Scripta math. [USA] Czech science during the war: **12** ('46) 141–46.

Střední Škola Über die methodische Vorbereitung der Kandidaten zur Professur, besonders in der Mathematik: **16** ('36) 2 S. [tschech.]. — Neue Tendenzen im Mathematikunterricht im Ausland: 258–70 [~].

Věda a Život Was wissen wir über die Zahl ?: **8** ('41) 320–24 [tschech.]. — Über das Rechnen: **9** ('41/42) 390–93 [~].

Věstn. král. české Spol. Nauk Sechs Jahrhunderte mathematische und astronomische Lehre an der Karls-Universität in Prag: **1952** ('53) 1–40 [tschech. m. russ. Zusammenfassg.].

Věstn. pedagog. Deutsche Erfahrungen mit dem Prinzip der Arbeitsmethoden im Mathematikunterricht: **10** ('32) 4 S. [tschech.]. — Die Notwendigkeit einer methodischen Ausbildung unserer Oberschulprofessoren und ihre heutigen Mängel: **14** ('36) 5 S. [~].

Wissenschaftliche Z. Karl-Marx-Univ. Leipzig Ein Fund von Zahlzeichen aus dem Bronzezeitalter: **5** ('55/56) 131f.

IV–VI **VÈZES,** Pierre Maurice. Chem. (anorg.). — 1894–98 Maître de conférences, 1898–1901 Prof.-adjoint, '01–24 Prof., '24–35 Prof. hon., '01–21[?] Dir.[?] du Labor. de Chim. appl. à l'Industrie des Resines, '21[?]–24 Dir. et '24 Dir. hon. de l'Inst. du Pin, Univ. de Bordeaux; '30– Prés., Acad. Sci. et Belles-Lettres de Bordeaux. — 1900 Officier de l'Instruct. publique, '09 Chevalier du Mérite agricole, '20 Chevalier de la Légion d'Honneur (France); '07 Médaille d'or (Acad. Sci. et Belles-Lettres de Bordeaux); '28 Prix Gegner (Acad. Sci. Paris).
* 1864, Nov. 20, Agen, Lot-et-Gar.;
† 1935, Jan.

Nekr. *G. Dupont, Bull. Soc. chim. France (5) **2** ('35) 2017–32 (m. Bildn. u. Schr.verz.); Bull. Inst. Pin [3] **1935**, 21–24. — Ibid. 31–40 (m. Schr.verz.).

Revue int. Enseignement Une fondation régionale: L'Institut du Pin de l'Université de Bordeaux: **1934**, 15. Jan.

VI **VIALE,** Gaetano. Physiol. — 1929–34 Prof. e Dir. dell'Ist. di Physiol., Univ. di Genova.
* 1889, Mai 1, Nesso, Como;
† 1934, Nov. 16, Genova.

Nekr. *S. Dessy, Revista sudamer. Endocrinol., Immunol. y Quimioterap. **18** ('35) 83f. — *C. Foà, Biochimica e Terap. sperim. **21** ('34) 441–44. — *T. Gayda, Archivio Fisiol. **34** ('35) Nr. 4, I–III. — *A. Herlitzka, Archivio Sci. biol. **20** ('34) 605–07; Annuario, Univ. Genova **1934/35** ('35) 391–98 (m. Bildn.); Archives ital. Biol. **93** ('35) 88–91; Giorn. R. Accad. Med. Torino **98** ('35) 67–70. — *E. Martini, Fisiologia e Med. **5** ('34) 756–58. — Annali Ottalmol. e Clinica oculist. **62** ('34) 1094. — Medicina Lavoro **25** ('34) 463–65. — Rivista sanit. sicil. **22** ('34) 1884.

S. Sunti delle communicazioni scientifiche, XIV

Congresso internazionale di fisiologia, Roma 1932 (Rocca San Casciano '32) 259: La fisiologia della corteccia surrenale [Zitat unsicher]. — Libro jubilar del profesor Bernardo A. Houssay, 1910–1934 (Buenos Aires '34) (Revista Soc. argentina Biol., 10, Suppl.) 530–41: La funzione delle ghiandole surrenali. — Atti del I Congresso internazionale di elettroradiobiologia, Venezia 1934, **1** (Bologna '35) 505–33: I fenomeni fotodinamici. — Problemy biologii i mediciny. Problèmes de biologie et de médecine. Volume jubilaire dédié au Prof. Lina Štern à l'occasion du 30e anniversaire de son activité scientifique, pédagogique et sociale (Moskva–Leningrad '35) 600–02: Die Zitronensäure in den Nebennieren [ ].

W. Fisiopatologia delle vecchiaia **1** (m. G. Levi, A. Pepere) (Milano '33) 12 + 374 S. — Le azioni biologiche delle radiazioni (Milano '34) 7 + 368 S. — Manuale di fisiologia umana (m. A. Crocetta) [3](Napoli '47) 823 S.

Accad. med. Lo stato attuale della chimica della contrazione muscolare: **47** ('32) Nr. 6. — Tecnica per il dosaggio dell'adrenalina nel sangue [1]): **49** ('34) 37–43.

Annali Ist. Maragliano Controllo sperimentale della terapia calcica [3]): (3) **2** ('32) 158–64.

Archives int. Physiol. Le dosage chimique de l'adrénaline dans le sang et dans les liquides organiques: **36** ('33) 418–21.

Archives ital. Biol. Surrénale et diabète: **87** ('32) 155–63.

Archivio Fisiol. Le funzioni della milza e del surrene in rapporto alla influenza dei salassi sulla coagulabilità del sangue: **33** ('34) 592–97. — La glicolisi ematica nel diabete, 1: Azione della cortina [1]): **34** ('35) 529–45.

Archivio Sci. biol. La fisiologia della corteccia surrenale: **18** ('33) 349. — Comportamento emodinamico di animali surrenoprivi: **20** ('34) 45–54.

Atti Soc. ital. Progr. Sci. La funzione delle ghiandole surrenali: **23**. 1934 III ('35) 101–10.

Biochimica e Terap. sperim. Acido citrico nelle surrenali: **21** ('34) 103–05.

Biologia med. Le sostanze fotodinamiche: **8** ('32) 51–70. — Le onde hertziane e le onde cosmiche. Azione biologica: **9** ('33) 55–67. — La regolazione diencefalica della glicemia: **10** ('34) 157–73.

Boll. Soc. ital. Biol. sperim. La milza e la coagulazione del sangue: **7** ('32) 82–85. — La vita anaerobia nelle rane, 1: Produzione di anidride carbonica, di acido lattico, di alcool: 458–61. — Azione anfotropa dell'acetilcolina sulla glicemia e sulla pressione del sangue [1]): 485–89. — Due semplici dispositivi per la dimostrazione didattica del polso venoso e della cronassia: 706–08. — Senescenza e permeabilità cellulare: 708–11. — Il potere radiante del gesso negli apparecchi chirurgici: 1541–43. — La reversione dell'emolisi [1]): 1544f. — Il dosaggio chimico dell'adrenalina nel sangue e nei liquidi organici [1]): **8** ('33) 443–46. — La depressione endopleurica e la depressione barometrica. Ufficio del diaframma nella genesi della pressione di Donders: 1194f. — Adrenalinemia e tono del vago: 1196f. — Il riflesso oculo-cardiaco negli animali spancreati [2]): 1197–99. — Comportamento emodinamico degli animali senza surreni: 1707f. — Onde respiratorie di secondo ordine: **9** ('34) 390–92. — Su di una probabile funzione dell'acido ascorbico nelle surrenali: 392–94. — La glicolisi ematica in vitro nel diabete mellito, 1: Azione della cortina [1]): **10** ('35) 143–45. — Sistema nervoso e azione a distanza dei raggi ultravioletti [4]): 311–14.

Chirurgia Organi Movimento In margine alla nota del dott. Giocondo Protti "Sull'annerimento delle lastre fotografiche prodotto dal gesso in presa": **18** ('33) 622f.

C.R. (hebd.) Séances (et Mém.) Soc. Biol. Le dosage de l'adrénaline dans le sang: **117** ('34) 267f.

Giorn. Med. prat. Commenti all'articolo di B. Brunelli "Estratti ghiandolari totali od ormoni puri?": **14** ('32) 303–05.

Klinische Wschr. Einfluß der Durchschneidung der Nebennierennerven auf den Diabetes mellitus: **11** ('32) 774f. — Die Bedeutung der Nebennierenrinde für den Stoffwechsel der Kohlehydrate: **12** ('33) 467–69.

Monitore Endocrinol. Medico prat. L'ormone cortico-surrenale (cortina): **1** ('33) 27–32, 100–03.

Nutrition [Paris] Influences endocriniennes sur le métabolisme de l'acide oxalique: **3** ('33) 111–23.

Radiobiologia [Venezia] Le radiazioni cosmiche e la oscillazione cellulare (Saggio critico): **1** ('32) 99–102.

Rassegna clinico-sci. Ist. biochim. ital. Le sostanze vagali fisiologiche: **1932**, Nr. 6. — Biochimica della corteccia surrenale (Ormoni e vitamine): **1934**. — I riflessi condizionati: ibid.

Rassegna med. I raggi mitogenetici: **12** ('32) 5–15. — L'ormone cortico-surrenale (cortina): **13** ('33) 53–68. — L'acido ascorbico (vitamina C): **14** ('34) 65–73. — La funzione delle ghiandole surrenali: **15** ('35) 21–31.

Revista sudamer. Endocrinol., Immunol. y Quimioterap. Sobre la función de las paratiroides: **15** ('32) 107–11. — I raggi mitogenetici: 185–94. — Recenti acquisizioni nel campo dell'endocrinologia: 437–45. — Lo stato attuale della chimica della contrazione muscolare: 675–82. — La questione delle vitamine al Congresso Internazionale di Fisiologia in Roma 1932: **16** ('33) 171–75. — Adrenalinemia e adrenalinuria: 387–91. — Il glutatione e le ghiandole endocrine: 820–32. — Le ripercussioni della fisiopatologia delle paratiroidi nella chirurgia: 863–67. — Il significato della corteccia surrenale nel ricambio degli idrati di carbonio: **17** ('34) 161–66. — L'azione umorale del simpatico: 329–35. — La natura e il dosaggio della vitamina C: 547–52.

Rinnovamento med. Il cloruro sodico nel lavoro muscolare del soldato e dell'operaio: **1932**, Nr. 3.

Terapia Le paratiroidi: **23** ('33) 33–38.

Mit: [1]) A. Crocetta; [2]) E. Martini; [3]) G. Nazzari; [4]) E. Roncallo.

IV–VI **VICENTINI,** Giuseppe. Physik. — 1894–1931 Prof. e Dir. dell'Ist. Fisico, '32 Prof. Emer., Univ. di Padova; '03–06 Prof. ord., Scuola di Farm., Padova; '01–13 Segretario per le Sci., '14–16 Vicepres., '16–19 Pres., Accad. Patavina. — Grande Ufficiale della Corona d'Italia.
* 1860, Nov. 2, Ala, Trentino;
† 1944, Okt. 15, Ala, Trentino.

Nekr. Annuario Univ. Studi Padova **1944/1945** ('46) 145f. (m. Bildn.).

W. Le terme di Battaglia. Cenni storici e scientifici (Padova '34) 26 S.

Atti, Reale Ist. veneto Sci., Lettere ed Arti, Parte II [Parole di presentazione del] "Bollettino sismografico dell'Osservatorio Geodinamico della R. Università di Padova", Anni 1935/1937: **97** ('37/38) 475–77.

VI **VICKERY,** Hubert Bradford. Biochem. — 1922–28 Assist. Biochemist, '28–63 Biochemist in charge, '63 Emer. Biochemist, Biochem. Labor. of Divis. of Biochem., Connecticut Agric. Exper. Station, New Haven, Conn.; '24–63 Lecturer Chem. of proteins ('44–63 rank of Prof.), Yale Univ., New Haven, Conn.; '29–38 Research Assoc., Carnegie Instn. of Washington, D.C.; '49–50 Vice-Pres., '50–51 Pres., Amer. Soc. of Biological Chemists. — '48 Hon.D.Sc. (Yale Univ., New Haven, Conn.); '73 LL.D. (Dalhousie Univ., Halifax, N.S.). — '33 Stephen Hales Prize, '56 C.R. Barnes Hon. Life Membership (Amer. Soc. of Plant Physiol.).
* 1893, Febr. 28, Yarmouth, N.S., Can.;
† 1978.

Zur Biogr. *R. F. Dawson, J. chem. Educat. **30** ('53) 404– (m. Bildn.). — Plant Physiol. **8** ('33) 343.

MH. Liebig and after Liebig: a century of progress in agricultural chemistry (Washington, D.C. '42) (American Association for the Advancement of Science, Publ. 16).

S. A new general system for the naming of stereoisomers (American Chemical Society, Division of Organic Chemistry) (Columbus, O. '53): [Chairman's] Report of the Advisory Committee on Configurational Nomenclature.

W. Chemical investigations of the tobacco plant (m. G. W. Pucher, A. J. Wakeman, C. S. Leavenworth, L. S. Nolan) (Washington, D.C. '33) 77 S. (Carnegie Institution of Washington, Publ., 445). — The amino acid composition of proteins (Washington, D.C. '43) 25 S. (National Research Council, Food and Nutrition Board, Committee on Protein Foods, Report, 1943, Apr. 14–15).

American J. Physiol. The nutritive properties of the "crop-milk" of pigeons [27])[22])[4]): **102** ('32) 285–92.

Analytical Chem. Determination of starch in plant tissues [19])[26]): **20** ('48) 850–53. — Determination of citric and D-isocitric acids [17])[1]): **23** ('51) 467–70.

Annals New York Acad. Sci. Evidence from organic chemistry regarding the composition of protein molecules: **41** ('41) 87–120. — Contribution of the analytical chemist to protein chemistry: **47** ('46) 63–94.

Annual Rev. Biochem. The nitrogenous constituents of green plants: **1** ('32) 611–17. — The biochemistry of the nitrogenous constituents of the green plants: **3** ('34) 475–84. — Organic acids of plants [26]): **9** ('40) 529–44.

Biochemical J. The basic amino acids of crystalline egg albumin [31]): **26** ('32) 1101–06. — The determination of glutamine in the presence of asparagine [26])[6])[5])[34]): **29** ('35) 2710–20.

Biochemical Preparat. Cucurbit seed globulin [32])[24]): **2** ('52) 5–9. — L-Aspartic acid [26]): 71–73. — D-Isocitric acid: **3** ('53) 44–51. — Potassium dihydrogen L_s(+)-isocitrate [36]): **7** ('60) 72–79.

Biochemische Z. Über die "neue Methode zur Darstellung von Aminen aus Aminosäuren" von Wada [7])[12]): **272** ('34) 376–79. — Glutamin in den Blättern von Rhabarber (Rheum hybridum Hort.) [26]): **293** ('37) 427–31.

Biographical Mem., Nation. Acad. Sci. USA Thomas Burr Osborne, 1859–1929: **14** ('32) 261–304. — Russell Henry Chittenden, 1856–1943: **24** ('47) 59–104. — Treat Baldwin Johnson, 1875–1947: **27** ('52) 83–119. — Rudolph John Anderson, 1879–1961: **36** ('62) 19–50. — William Mansfield Clark, 1884–1964: **39** ('67) 1–36.

Biological Sympos. End products of nitrogen metabolism in plants: **5** ('41) 3–19.

Bull., Connecticut agric. Exper. Stat. Chemical investigations of the tobacco plant, 3[a]: Tobacco seed, 1: The nutritive properties of tobacco seed [22]): **339** ('32) 609–24; ~ 3[b]: ≈ 2: The globulin of tobacco seed [33])[19]): 625–36; ~ 3[c]: ≈ 3: Some nitrogenous components of the hot water extract of fat-free tobacco seed meal: 637–45; ~ 4: The effect of the curing process on the organic acids of tobacco leaves [26]): **352** ('33) 647–85; ~ 5: Chemical changes that occur during growth [26])[19])[33])[24]): **374** ('35) 557–619; ~ 6: Chemical changes that occur in leaves during culture in light and in darkness [26])[33])[19]): **399** ('37) 757–832; ~ 7: Chemical changes that occur in stalks during culture in light and in darkness [26])[33])[19]): **407** ('38) 111–31; ~ 8: Effect upon the composition of the tobacco plant of the form in which nitrogen is supplied [26])[33])[19]): **442** ('40) 65–119; ~ 9: Effect of curing and of fermentation on the composition of the leaves [21]): **569** ('53) 5–124; ~ 11: Composition of the green leaf in relation to position on the stalk: **640** ('61) 1–42. — Chemical investigations of the rhubarb plant, 1: Chemical changes that occur in leaves during culture in darkness [26])[33])[19]): **424** ('39) 7–58; ~ 2: Chemical changes that occur in leaves during culture in water in light and in darkness and also in glucose solution in darkness [26])[33])[19]): 59–105; ~ 3: Interpretations of the behavior of the components during culture of detached leaves under various conditions [26]): 107–57. — Chemical investigations of the metabolism of plants, 1: The nitrogen nutrition of "Narcissus poeticus" [26])[33])[19]): **496** ('46) 93 S.

Chemical and Engng. News Nomenclature of natural amino acids and related substances: **30** ('52) [?]–4526.

Cold Spring Harbor Sympos. quantitat. Biol. The metabolism of proteins in green leaves: **6** ('38) 67–78.

C.R. Trav. Labor. Carlsberg, Sér. chim. The amino acid composition of zein: **22** ('38) 519–27.

Federat. Proc., Amer. Soc. exper. Biol. Symposium on substitutes for animal protein in nutrition: **3** ('44) 110–15.

Industrial and Engng. Chem., Analyt. Edit. Determination of the acids of plant tissue, 2: Total organic acids of tobacco leaf [26])[33]): **6** ('34) 140–43; ~ 3: Determination of citric acid [26])[19]): 190–92. — Determination of malic acid in plant tissue. Simultaneous determination of citric and malic acids [26])[33]): 288–91. — A still head for rapid concentration in vacuo [26]): 372. — Determination of ammonia and of amide nitrogen in plant tissue [26])[19]): **7** ('35) 152–56. — Determination of starch in plant tissues [26]): **8** ('36) 92–97. — A mechanically operated continuous liquid-extraction apparatus [26]): **11** ('39) 656f. — Method for determining glutamine in plant tissues [26]): **12** ('40) 27–29. — Organic acids in plant tissues [26])[33]): **13** ('41) 244–46. — Determination of succinic acid in plant tissues [26]): 412–15.

J. Assoc. offic. agric. Chemists Report on [determination of] forms of nitrogen in [tobacco] plants: **15** ('32) 516f.; **16** ('33) 473–76; **17** ('34) 273–75. — Position of the Arnold in relationship to the Kjeldahl method: **29** ('46) 358–70.

J. biol. Chemistry The preparation of crystalline ornithine. The picrates and monosulfates of ornithine [8]): **94** ('32) 393–99. — The isolation of trimethylamine from spores of Tilletia levis, the stinking smut of wheat [15])[26]): **97** ('32) 351–58. — The determination of the acids of plant tissue, 1: The determination of nitric acid [26])[33]): 605–15; ~ 4: A new method for the determination of malic acid [26])[33]): **105** ('34) LXVIIIf. — The determination of cystine [35]): **97** ('32) XVIIIf. — The determination of nitrate nitrogen in plant tissues [26])[33]): LXXXIXf. — The use of cysteine cuprous mercaptide in the determination of cystine [35]): **99** ('32) 701–15. — The basic amino acids of casein [35]): **103** ('33) 413–15. — Complex compounds formed by certain amino acids in the presence of mercuric chloride and alkali [14]): 543–47. — The preparation of glutamine [26])[6]): **109** ('35) 39–42. — Glutamine and asparagine in tobacco leaves [26]): **113** ('36) 157–60. — A method to determine small amounts of citric acid in biological material [26])[30]): 235–45. — The organic acids of rhubarb (Rheum hybridum), 1: On the malic acid of rhubarb, with a note on the malic acid of tobacco leaves [26])[6]): **117** ('37) 599–604; ~ 2: The organic acid composition of the leaves [26])[6]): 605–17; ~ 3: The behavior of the organic acids during culture of excised leaves [26])[33]): **126** ('38) 43–54. — The metabolism of amides in green plants, 1: The amides of the tobacco leaf [26])[33])[19]): **119** ('37) 369–82; ~ 2: The amides of the rhubarb leaf [26])[19])[33]): **125** ('38) 527–38; ~ 3: The mechanism of amide synthesis [26]): **128** ('39) 703–13. — The metabolism of the organic acids of the tobacco leaf during culture [26])[33]): **119** ('37) 523–34. — The red pigment of the root of the beet (Beta vulgaris), 1: The preparation of betanin [26])[9]): **123** ('38) 61–70; ~ 2: A method to determine betanin [26])[9]): 71–75. — The loss of carbon from excised rhubarb leaves during culture [26]): **128** ('39) 685–702. — The metabolism of nitrogen in the leaves of the buckwheat plant [26])[29])[28]): **129** ('39) 791f. — The determination of arginine by means of flavianic acid: **132** ('40) 325–42. — The assimilation of ammonia nitrogen by the tobacco plant: A preliminary study with isotopic nitrogen [26])[29])[28]): **135** ('40) 531–39. — Cucurbit seed globulins, 1: Amino acid composition and preliminary tests of nutritive value [32])[18])[24]): **140** ('41) 613–24. —

Bitte Bemerkung S. 5629 vor dem Buchstaben V beachten!

Preparation of histidine by means of 3,4-dichlorobenzenesulfonic acid: **143** ('42) 77–87. — Histidine content of the hemoglobin of man and of the horse and sheep, determined with the aid of 3,4-dichlorobenzenesulfonic acid: **144** ('42) 719–30. — Preparation of asparagine [26][10]: **145** ('42) 45–53. — Identity of the so-called crassulacean malic acid with isocitric acid [26]: 525–32. — Amide metabolism in etiolated seedlings, 1: Asparagine and glutamine formation in Lupinus angustifolius, Vicia atropurpurea and Cucurbita pepo [26]: **150** ('43) 197–207. — Determination of histidine with the aid of 3,4-dichlorobenzenesulfonic acid [37]: **156** ('44) 211–29. — Histidine content of adult and fetal bovine hemoglobin: 283–87. — Syntheses of isocitric acid [26]: **163** ('46) 169–84. — Rules for the nomenclature of the natural amino acids and related substances: **169** ('47) 237–45. — Preparation of optically active isocitric acid from Bryophyllum leaf tissue [26][1]: **172** ('48) 579–88. — The metabolism of the organic acids of tobacco leaves, 1: Effect of culture of excised leaves in solutions of organic acid salts [26][13][24][19]: **178** ('49) 557–75; ~ 2: Effect of culture of excised leaves in solutions of D-isocitrate and acetate [1]: **180** ('49) 37–45; ~ 3: Effect of culture of excised leaves in solutions of oxalate [1]: **186** ('50) 411–16; ~ 4: Effect of culture of excised leaves in solutions of citrate [17]: **196** ('52) 409–22; ~ 5: Effect of culture of excised leaves in solutions of succinate and L-malate [17]: **197** ('52) 121–31; ~ 6: Effect of culture of excised leaves in solutions of DL-malate [17][24]: 133–39; ~ 7: Effect of culture of excised leaves in solutions of (+)-tartrate [25]: **207** ('54) 275–85; ~ 8: Effect of culture of excised leaves in solutions of L-malate at pH 4 to pH 7: **214** ('55) 323–33; ~ 9: Effect of culture of excised leaves in solutions of oxalate and succinate in the presence of cyanide: **217** ('55) 83–93; ~ 10: Effect of culture of excised leaves in solutions of fumarate and maleate [25]: **218** ('56) 225–39; ~ 11: Effect of culture of excised leaves in solutions of glycolate at pH 3 to pH 6 [25]: **221** ('56) 79–92; ~ 12: Effect of culture of excised leaves in solutions of malonate at pH 4 to pH 7 [25]: **225** ('57) 629–40; ~ 13: Effect of culture of excised leaves in solutions of potassium bicarbonate [25]: **227** ('57) 69–81; ~ 14: On the uptake of (+)-tartaric acid from solutions in the range pH 3 to pH 6: 943–49; ~ 15: Effect of culture of excised leaves in solutions of potassium phosphate [20]: **233** ('58) 1304–08; ~ 16: Effect of culture of excised leaves in solutions of malonate: **234** ('59) 1363–68; ~ 17: Effect of culture of excised leaves in solutions of potassium pyruvate [38]: **235** ('60) 1871–75; ~ 18: Effect of culture of excised leaves in solutions of potassium-L_s-isocitrate [16]: **236** ('61) 2370–75; ~ 19: Effect of culture of excised leaves in solutions of potassium glutamate: **238** ('63) 2453–59; ~ 20: Effect of culture of excised leaves in solutions of potassium aspartate and of asparagine: 3700–07. — The behavior of the organic acids and starch of Bryophyllum leaves during culture in continuous light: **205** ('53) 369–81. — Preparation of potassium dihydrogen L_s(+)-isocitrate from Bryophyllum calycinum leaves [36]: **233** ('58) 14–17. — A suggested new nomenclature for the isomers of isocitric acid: **237** ('62) 1739–41.

J. chem. Educat. Liebig and proteins: **19** ('42) 73–79. — Assignment of D and L prefixes to the tartaric acids: **34** ('54) 339–41.

J. Nutrition [USA] Cucurbit seed globulins, 2: Use as substitutes for edestin in experimental diets [18][24]: **25** ('43) 99–101.

Physiological Rev. Proteins of plants: **25** ('45) 347–76.

Plant Physiol. What the organic chemist can do for plant physiology: **9** ('34) 685–88. — Glutamine metabolism of the beet [26][6]: **11** ('36) 413–20. — Relationship of the organic acids of tobacco to the inorganic basic constituents [26][33]: **13** ('38) 621–30. — Organic acid metabolism of the buckwheat plant [26][33]: **14** ('39) 333–40. — Succinic acid as a metabolite in plant tissues [26]: **16** ('41) 771–83. — Studies in the metabolism of crassulacean plants: Changes in the composition of Bryophyllum calycinum during growth [26][19][13]: **22** ('47) 1–19; ~: The effect upon the composition of Bryophyllum calycinum of the form in which nitrogen is supplied [26][19][13]: 205–27; ~: Diurnal variation in organic acid and starch content of Bryophyllum calycinum [26][19][13]: 360–76; ~: Behavior of excised leaves of Bryophyllum calycinum during culture in water [26][19][13]: 477–93; ~: [Untertitel nicht ermittelt] [26][19][13]: **23** ('48) 123–32; ~: Diurnal variation of organic acids and starch in excised leaves of Bryophyllum calycinum [26][1][19]: **24** ('49) 610–20. — Correction of data for protein nitrogen in leaves of Bryophyllum calycinum [26][19][13]: **23** ('48) 149–51. — The problem of selecting uniform samples of leaves [19][3]: **24** ('49) 335–44. — The behavior of isocitric acid in excised leaves of Bryophyllum calycinum during culture in alternating light and darkness: **27** ('52) 9–27. — The formation of starch in leaves of Bryophyllum calycinum cultured in darkness: 231–39. — The effect of temperature on the behavior of malic acid and starch in leaves of Bryophyllum calycinum cultured in darkness: **29** ('54) 385–92. — The effect of abnormally prolonged alternating periods of light and darkness upon the composition of Bryophyllum calycinum leaves: 520–26. — The capacity of leaves of Bryophyllum calycinum to recover from prolonged exposure to darkness or to light: **31** ('56) 455–64. — The formation of starch and the behavior of isocitric acid in excised leaves of Bryophyllum calycinum cultured in darkness: **32** ('57) 220–24. — Effect of light upon the behavior of citric acid in leaves of Bryophyllum calycinum Salisb.: **34** ('59) 418–27.

 Bitte Bemerkung S. 5629 vor dem Buchstaben V beachten!

Proc. nation. Acad. Sci. USA The katabolism of the non-volatile organic acids of tobacco leaves during curing [26]): **19** ('33) 623–26.

Proc. Soc. exper. Biol. and Med. Nutritive properties of the seed of the tobacco plant [22]): **29** ('31/32) 290f. — Proportion of cystine yielded by hemoglobins of the horse, dog and sheep [35]): **31** ('33/34) 6f. — Preparation of gliadin and zein [24]): **35** ('36/37) 449–51. — Artificial enrichment of beetroot tissue with glutamine [26])[19]): **68** ('48) 294–96.

Science [USA] The administration of ferrous iodide and linoleic acid to rats deprived of vitamin A [27])[22]): **76** ('32) 300f. — Glutamine in the tomato plant [26])[6]): **80** ('34) 459–61. — A substitute for edestin [32])[24]): **92** ('40) 317f. — Amino acid composition of proteins [7]): **102** ('45) 454–56. — Rejection of the term "Vitamin P" [23])[2])[11]): **112** ('50) 628. — The use of the capital letter prefixes L and D: **113** ('51) 314f. — Potassium dihydrogen D_SL_S-isocitrate: **132** ('60) 892.

Yale J. Biol. and Med. Recent contributions to the theory of protein structure: **4** ('32) 595–610. — The influence of Samuel W. Johnson on the chemistry of proteins: **13** ('41) 563–69. — Origin of the word protein: **22** ('50) 387–93.

Yearb., Carnegie Instn. Washington Continuation and extension of work on vegetable proteins [22]): **31** ('31/32) 314–21; **32** ('32/33) 309–17; **33** ('33/34) 289–95; **34** ('34/35) 298–306; ~ : **35** ('35/36) 308–13; **36** ('36/37) 325–31; **37** ('37/38) 334–38.

Mit: [1]) M. D. Abrahams; [2]) H. J. Almquist; [3]) C. I. Bliss; [4]) P. Carlisle; [5]) A. C. Chibnall; [6]) H. E. Clark; [7]) H. T. Clarke; [8]) C. A. Cook; [9]) L. C. Curtis; [10]) C. G. Deuber; [11]) C. A. Elvehjem; [12]) G. L. Foster; [13]) W. D. Ginter; [14]) W. G. Gordon; [15]) W. F. Hanna; [16]) K. R. Hanson; [17]) C. A. Hargreaves, II; [18]) R. B. Hubbell; [19]) C. S. Leavenworth; [20]) C. C. Levy; [21]) A. N. Meiss; [22]) L. B. Mendel; [23]) E. M. Nelson; [24]) L. S. Nolan; [25]) J. K. Palmer; [26]) G. W. Pucher; [27]) L. L. Reed; [28]) D. Rittenberg; [29]) R. Schoenheimer; [30]) C. C. Sherman; [31]) M. A. Shore; [32]) E. L. Smith; [33]) A. J. Wakeman; [34]) R. G. Westall; [35]) A. White; [36]) D. G. Wilson; [37]) J. K. Winternitz; [38]) I. Zelitch.

VI **VIDMAR,** Milan. Elektrotechn. — 1919–49 Ord. Prof. u. Dir. d. Elektrotechn. Inst., '25–26, '33–34, '43–44 Dekan u. '26–27, '34–35, '35–36, '44–45 Prodekan d. Techn. Fak., '29–30 Rektor, Univ. Ljubljana → '49–57 Prof. u. Dir. d. Labor f. Übertragung elektr. Energie, '59– Prof.ord.hon. u. Konsulent, Techn. Hochsch., Ljubljana; '40–42 Vorsteher d. math.-naturwiss. Klasse, '42–45 Präs., '49–62 Sekretar d. Klasse f. math., physikal. u. techn. Wiss., '48–59 Verwalter d. Inst. f. Elektrizitätswirtschaft → Elektroinst., Slowen. Akad. Wiss. u. Künste, Ljubljana. — Dr.h.c. — Schachgroßmeister. (⊠)
* 1885, Juni 22, Ljubljana;
† 1962, Okt. 9, Ljubljana.

Ehrung Vidmar-Elektroinstitut der Slowenischen Akademie der Wissenschaften und Künste, Ljubljana.

Zur Biogr. Letopis Akad. Znanosti in Umetnosti v Ljubljani **1**.1938/42 ('43) 137–42 (m. Bildn., Faks. u. Schr.-verz.). — Letopis slovenske Akad. Znanosti in Umetnosti **11**.1960 ('61) 22.

Zum 70. Geb.tag *K. Humburg, Elektrotechnische Z., Ausg. A **76** ('55) 510. — *H. Sequenz, Elektrotechnik u. Maschinenbau **72** ('55) 435. — Elektrotehniški Vestn. **23** ('55) Beil. H. 5/6 (m. Schr.verz.).

Nekr. *L. Bauer, Österreichische Z. Elektrizitätswirtsch. **15** ('62) 676 (m. Bildn.). — *V. Kozelj, Letopis slovenske Akad. Znanosti in Umetnosti **13**.1962 ('63) 47–50.

Gedenkband Milan Vidmar. Spomini (U. Vagaja) **1** (Ljubljana '64) 338 S. (m. Bildn.); **2** ('64) 374 S. (m. Bildn.).

Zur Biobibliogr. Univerza v Ljubljani, Biografije in bibliografije universitetnih učiteljev in sodelavcev [**1**] (Ljubljana '57) 231–33; **2** ('69) 362.

S. Přednášky, XX. Sjezd ESČ [Elektrotechnický svaz československý], Praha 1938 (Praha '38) 258–61: Kurzschlußstromkräfte im Transformator [slowen. m. deutscher Zusammenfassg.]. — Elektrotehniški zbornik (Ljubljana '46) 5–20: Grundsätzliche Elektrifizierungsprobleme in Jugoslawien [slowen.]. — C.R. des travaux de la 14ᵉ session, Conférence internationale des grands réseaux électriques, Paris 1952 (Paris '53) Rapp. 233: Aluminium transmission conductors without mechanical reinforcement [Zitat unsicher]. — Tribute to Nikola Tesla. Presented in articles, letters, documents (V. Popović) (Beograd '61): Nikola Tesla und die Geschichte der Elektrotechnik.

W. Der kupferarme Transformator (Berlin '35) 4 + 92 S. — Šah (Ljubljana '35) 352 S.; [2]('57) 343 S. — Moj pogled na svet (Ljubljana '35) 12 + 347 S. — Oslovski most (Ljubljana '36) 12 + 317 S. — Med Evropo in Ameriko (Ljubljana '37) 16 + 360 S. — Transformatorenkurzschlüsse (Braunschweig '40) 7 + 136 S. (Sammlung Vieweg, Arbeiten aus den Gebieten der Naturwissenschaften und der Technik, 118), [2]('54) 8 + 136 S. — Das Ende des Goldzeitalters. Die Menschheit im Umbruch (Braunschweig '41) 418 S.; [4]('42) 418 S. — Veletransformatorski problemi (Ljubljana '43) 7 + 212 S. [m. deutscher u. italien. Zusammenfassg.] (Slovenska akademija znanosti in umetnosti, Matematično-prirodoslovni razred, Dela 2). — Električne veleprenosne proge v svetlobi telegrafske enačbe (Ljubljana '47) 77 S. [m. engl. Zusammenfassg.] (Akademija znanosti in umetnosti v Ljubljani, Matematično-prirodoslovni razred, Dela, 4). — Aluminij v električnih prenosnih progah (Ljubljana '47) 136 S. [m. engl. Zusammenfassg.] (~ 5). — Neuartige Aluminiumleiter in Starkstromfreileitungen (Ljubljana '53) 211 S. [m. slowen. Zusammenfassg.] (Slovenska akademija znanosti in umetnosti, Razred za matematične, fizikalne in tehnične vede (= Classis III), Dela 1 (= Inštitut za elektriško gospodarstvo, 1)). — Problemi razpetine v električnem daljnovodu. Spannweitenprobleme der elektrischen Freileitung (Ljubljana '59) 68 S. [m. deutscher Zusammenfassg.] (~ 4 (= ≈ 2)). — Električno ožilje Jugoslavije (Ljubljana '61) 110 S. [m. deutscher Zusammenfassg.] (~ 5). — Transformation und Energieübertragung (Ljubljana '45) 31 + 918 S. — Razgovori o šahu z začetnikom (Ljubljana '46) 304 + 4 S. — Energija, delo in gmota (Ljubljana '46) 39 S. (Poljudno znanstvena knjižnica, 5). — Veliki i mali svet (Ljubljana '46) 38 S. (~ 6). — Elektrifikacija (Ljubljana '48) 44 S. (~ 16). — Problemi prenašanja električne energije (Ljubljana '47) 16 + 531 S. — Pol stoletja ob šahovnici (Ljubljana '51) 637 S. (m. Bildnissen). — Predavanja o znanstvenih osnovah delovne elektrotehnike (Ljubljana '52) 16 + 524 S. — Die Gestalt der elektrischen Freileitung (Basel '52) 199 S. (Lehr- und Handbücher der Ingenieurwissenschaften, 21); auch slowen.: Oblikovanje električnih nadzemnih prog (Ljubljana '53) 196 S. — Razgovori o skrivnostih elektrotehnike (Ljubljana '52) 480 S. — Delovanje električnih strojev (Ljubljana '55) 260 S. — Die Transformatoren [3](Basel–Stuttgart '56) 630 S. (Lehr- und Handbücher der Ingenieurwissenschaften, 18). — Goldene Schachzeiten. Erinnerungen (Berlin '61) 11 + 258 S.

Archiv elektr. Übertragung Mechanisch gleichwertige Kupfer- und Aluminiumleiter in Starkstromfreileitungen: **6** ('52) 379–84.

Bull. schweizer. elektrotechn. Ver. Transformatoren mit verstärkten Jochen: **24** ('33) 257–63. — Wirkungsgrade und Wirkungsgradkurven der elektrischen Maschinen: **25** ('34) 412–16.

Ekonomska Politika Leiterprobleme der Elektrifizierung Jugoslawiens: **1962**, 239f. [serbokroat. oder slowen.?].

Elektrizitätsverwertung Reinaluminium in Starkstromfreileitungen: **29** ('54/55) 161–69.

Elektroprivreda Die Erdung des Sternpunktes einer 110 kV-Drehstromübertragungsleitung: **2** ('49) Nr. 9 [serbokroat.?]. — Neue Richtlinien für den Bau von Fernleitungen: **7** ('54) Nr. 2 [~]. — Leiter aus reinem Aluminium für Hochspannungsfernleitungen: **11** ('58) 510–15 [~].

Elektrotechnik u. Maschinenbau Der Transformator mit Evolventenkern: **50** ('32) 257–61. — Der wirtschaftliche Aufbau des Transformators: **51** ('33) 69–75. — Otto Titus Blathy zum 50jährigen Jubiläum: 474. — Transformatoren mit verstärkten Jochen: 596. — Das Jochgesetz bei Transformatoren: 662–66. — Die Verlustaufteilung der Transformatoren: **53** ('35) 37–41. — Induktivität und Stromkraft: **56** ('38) 305–13. — Das Altern der Transformatoren: **57** ('39) 49–57. — Gruppenbetrieb von Transformatoren: 329–38. — Eigenheiten des dreiphasigen Transformators: **58** ('40) 471–79. — Gestalt und Größe des Transformators: **59** ('41) 25–32. — Die Leiter aus reinem Aluminium in Kraftübertragungsleitungen: **69** ('52) 296f. — Ein neuer Spannungseffekt bei langen Starkstromleitungen: 394f. — Wirbelstromwärme in Großtransformatorenkupfer: **71** ('54) 249–54.

Elektrotechnika [Budapest] Ein Wendepunkt in der Geschichte des Transformatorenbaus: **50** ('57) 309–11 [ungar.].

Elektrotechnische Z., Ausg. A Mechanische Probleme beim Bau von Starkstrom-Freileitungen. Kritische Betrachtungen der geltenden Freileitungsvorschriften nebst Änderungsvorschlägen: **74** ('53) 541–43.

Elektrotehniški Vestn. Energie und Masse: **14** ('46) Nrn. 1/2 u. 3/4. — Nikola Tesla: Nr. 7/8. — Das Kelvinsche (= Thomsonsche) Gesetz in der praktischen Elektrotechnik: Nr. 9/10. — Die Gestaltung von Übertragungsleitungen: **15** ('47) Nr. 2/3. — Drehstromtransformatoraggregate: Nrn. 6 u. 7/8. — Aktuelle Probleme der Hochspannungsübertragung: Nr. 7/8. — Die Gestaltung von Übertragungsfreileitungen: Nr. 10/11. — [Titel nicht ermittelt]: **17** ('49) Nr. 2/3. — [~]: Nr. 10/11. — [~]: **18** ('50) Nr. 3/4. — Leiter aus reinem Aluminium in Übertragungsleitungen: Nrn. 7/8 u. 9/10. — Die Arbeit des "Instituts für Elektrizitätswirtschaft" in Ljubljana: **19** ('51) Nr. 4/5. — Prof. Dr.-Ing. h. c. Fritz Emde: Nr. 10/12. — Eine neue Spannungserscheinung an langen Übertragungsleitungen: 237–49. — Stahlverstärkte Aluminium-Leiter: **20** ('52) 117–28. — Nichtverstärkte Aluminiumkabel für Oberleitungen: 284–92. — Über Elektrifizierungsprobleme in Jugoslawien: **21** ('53) Nrn. 7/8 u. 9/10. — Physikalisch begründete geometrische Koordinaten bei Transformatoren und Drosseln: **22** ('54) Nrn. 3/4 u. 5/6; [Diskussionsbeitrag]: Nr. 11/12. — 50 Jahre Transformatorenbau: **26** ('58) Nr. 1/2. — Das Problem der Betriebsstörungen in Fernleitungen: **1962/63**, 3–8. — — Alle Arbeiten slowen. [?].

Energietechnik Wirtschaftliche Spannweiten in Freileitungen: **13** ('63) 168–72.

Industrie électr. Le problème économique dans la construction des transformateurs: **42** ('33) 203–11.

Österreichische Z. Elektrizitätswirtsch. Irrlichter

 Bitte Bemerkung S. 5629 vor dem Buchstaben V beachten!

im Freileitungsbau: **7** ('54) 143–49. — Das Bündelleiterproblem der Höchstspannungsfreileitungen: **8** ('55) 121–25. — Wirtschaftliche Probleme des Freileitungsbaues: **11** ('58) 241–46. — Strombelastbarkeit der Freileitungsseile: **12** ('59) 193–98. — In selbständige Phasen zerlegte oder einheitliche dreiphasige Transformatoren?: **14** ('61) 75–82.

Tovariš Neuzeitliche Fernleitungsdrähte aus Aluminium: **1955**, März-Nr. [slowen.].

VDI-Nachr. Otto Titus Blathy. Zum 50jährigen Jubiläum: **13** ('33) Nr. 26, S. 4.

Življenje in Tehn. Die Elektrifizierung der Wirtschaft des neuen Jugoslawien: **1960**, 435f. [slowen.]. — Auftrieb der Elektrifizierung: **1961**, 25–28 [~].

IV–VI **VIEILLE,** Paul Marie Eugène. Physik, Chem. — 1882–1914 Répétiteur → Prof., Ecole polytechn., Paris; '04– Inspecteur général des Poudres et Salpêtres. — 1885 Chevalier, 1890 Officier, 1915 Commandeur, '18 Grand Officier, '28 Grand Croix, Légion d'Honneur (France); 1887 Prix Montyon de Mécanique, 1889 Prix Leconte (Acad. Sci., Paris).

* 1854, Sept. 2, Paris;
† 1934, Jan. 15, Paris.

Nekr. *E. Borel, C.R. hebd. Séances Acad. Sci., Paris **198** ('34) 215. — *M. S. Fišbejn, Voennaja Chim. **1934**, Nr. 3, 3–6. — Mémorial Artillerie franç. **1934**.

Zum 80. Geb.tag *E. Bollé, Z. ges. Schieß- u. Sprengstoffwesen **29** ('34) 323–26, 368–71.

Mémorial Poudres Stabilitätstest für Pulver B und für Schießbaumwollpulver durch Bestimmung der Resistenz gegenüber Erhitzen auf 110°: **26** ('34) 7–14. — Untersuchung des Einflusses der Temperatur und des Sättigungsgrades auf die Feuchtigkeit von Nitrozellulosepulvern: 15–19. — Notiz über die Erniedrigung der Tauchtemperatur für BM-D_2-Pulver: 20–22. — Beitrag zur Geschichte der Nitrozellulosepulver: Erste Abhandlung über die Stabilität; Bericht über die bezüglich der Haltbarmachung des Pulvers V erhaltenen Ergebnisse [Nachdruck eines Berichtes von 1886]: **27** ('37) 7–10. — — Alle Arbeiten französ.

Notices et Discours, Acad. Sci., Paris Funérailles de Hippolyte Sebert: Discours: **1**.1924/36 ('37) 293–95.

VI **du VIGNEAUD,** Vincent. Biochem. — Until 1924 Stud., Univ. of Illinois, Urbana, Ill.; '24–25 Assist. Biochemist, Philadelphia General Hospital, and Graduate School of Med., Univ. of Pennsylvania, Philadelphia, Pa.; '25–27 Teaching Assist., School of Medicine, '27 Ph.D., Univ. of Rochester, N.Y.; Postdoctoral Fellowships: '27–28 School of Med., Johns Hopkins Univ., Baltimore, Md., '28–29 at Dresden, Edinburgh, and London; '29–30 Assoc., '30–32 Assist. Prof. Physiol. Chem., Departm. of Chem., Univ. of Illinois, Urbana, Ill.; '32–38 Prof. and Head of Departm. of Biochem., School of Med., George Washington Univ., Washington, D. C.; '38–67 Prof. and Head of Biochem. Departm., Med. College at New York City, '67 Prof. Emer., '67–74 Prof. at Chem. Departm., Cornell Univ., Ithaca, N. Y.; '43 Chairman of New York Sect., Amer. Chem. Soc.; '46–48 Pres., Harvey Soc.; '51–52 Pres., Amer. Soc. of Biological Chemists; '58–60 Chairman of Sect. of Biochem., Nation. Acad. Sci. USA. — Hon.Sc.-D.: '55 (New York Univ., New York), '55 (Yale Univ., New Haven, Conn.), '60 (Univ. of Illinois, Chicago, Ill.), '65 (St. Louis Univ., St. Louis, Mo.); '65 (Univ. of Rochester, N. Y.); '68 (George Washington Univ., Washington, D.C.). — '55 Nobel Prize in Chem. — '36 Hillebrand Prize (Amer. Chem. Soc., Washington Sect.), '45 William H. Nichols Medal (~, New York Sect.), '56 Willard Gibbs Medal (~, Chicago Sect.); '42 Mead Johnson Vitamin B Complex Award, '53 Osborne and Mendel Award (Amer. Inst. of Nutrition); '47 Borden Award (Assoc. of Amer. Medical Colleges); '48 Albert Lasker Award (Amer. Public Health Assoc.); '48 Award of Merit for War Research (USA); '54 John Scott Medal (City of Philadelphia, Pa.); '54 Scientific Award (Amer. Pharm. Manufacturers Assoc.); '55 Charles Frederick Chandler Medal (Columbia Univ., New York); '55 Passano Award (Passano Foundat., San Francisco, Cal.); '59 Achievement Award (Univ. of Illinois, Urbana, Ill.); '61 Twentieth Anniversary Award (Nutrition Foundat., New York); '63 Annual Honorary Lectureship Award (Albany Med. College, Albany, N. Y.); '64 Medal (Pirquet Soc. of Clin. Med.); '65 Award (American College of Physicians); '67 Eli Lilly Lecture Award (Endocrine Soc., Bethesda, Md.).

* 1901, Mai 18, Chicago, Ill.;
† 1978, Dez. 11, White Plains, N. Y.

Bitte Bemerkung S. 5629 vor dem Buchstaben V beachten!

Zur Verleihung des Nobelpreises Les Prix Nobel en 1955 (Stockholm '56) 79–81 (m. Bildn., Faks.). — Nobel Lectures, Chemistry, 1942–1962 (Amsterdam–London–NewYork '66) 443–45, 466f. — *G. Ehrensvärd, Svensk kem. Tidskr. **67** ('55) 557–61. — *J. Erkana, Suomen Kemistilehti **28A** ('55) 346–50. — *K. Hofmann, Experientia **11** ('55) 503. — *E. C. Kendall, Chemical and Engng. News **33** ('55) 5587f. — *S. Laland, Tidsskr. Kjemi, Bergvesen og Metallurgi **16** ('56) 25–27. — *H. Yoshikawa, Kagaku no Ryôiki **10** ('56) 235–37. — *H. Zahn, Ruperto-Carola [Heidelberg] **8** ('56) 15–17 (m. Bildn.). — Nature [London] **176** ('55) 1053. — Naturwissenschaftliche Rdsch. **8** ('55) 492. — Time [New York] **66** ('55) 51.

Zur Biogr. *E. J. Cohn, Chemical and Engng. News **23** ('45) 620f. — *H. T. Clarke, The work of the [Nichols] medalist: ibid. 621f. — *I. L. Schwartz, *W. B. Schwartz, American J. Med. **42** ('67) 651f. — Chemical and Engng. News **26** ('48) 608 (m. Bildn.). — Rockefeller Inst. Quarterly **1960**, Sommer-Nr.

Nekr. *S. J. Edelstein, *G. G. Hammes, *E. Racker, Memorial Statements, Cornell University Faculty **1978/79**, 28f.

S. The biological action of the vitamins. Symposium on the respiratory enzymes and the biological action of vitamins, Chicago session, 1941 (E. A. Evans, jr.) (Chicago, Ill. '42): Biotin. — The doctors talk is over; a series of radio programs (New York '44/47) November 27, 1945: The role of methionine in the metabolism of the body. — Supplement to the United States Naval Medical Bulletin: Preparation and measurement of isotopes and some of their medical aspects, March–April 1948 (L. H. Roddis) (Washington, D.C. '48) 176–84: An illustration of the power of isotopes in a biochemical problem. — The chemistry of penicillin (H. T. Clarke u. a.) (Princeton, N. J. '49) 269–309: The thiocyanate derivative of benzylpenicillin methyl ester [94]); 892–908: The condensation of oxazolones and D-penicillamine and the resultant antibiotin activity [156])[157]); 1004–17: The γ-lactam of benzylhomopenicilloic acid and related compounds [17]); 1018–24: Synthetic benzylpenicillin [17])[54])[80])[113]). — Proc. 11th international congress of pure and applied chemistry, London 1947, **2** (London '50) 529–35: The use of isotopes in studies on the mechanism of the conversion of methionine to cystine in the animal body; **3** (London '51) 591–600: The process of transmethylation in vivo. — 2e Congrès international de biochimie, **4**: Symposium sur les hormones protéiques et dérivées des protéines (Paris '52) 20–25: Oxytocic and pressor hormones of the posterior pituitary. — Chemical specificity in biological interactions (F.R.N. Gurd u. a.) (New York '54) (Harvard University, Memoirs of the University Laboratory of Physical Chemistry related to medicine and public health, 3) 65–74: Some studies on the active principles of the posterior pituitary gland. — Proc. 3rd International congress of biochemistry, Brussels 1955 (New York '56) 49–54: The isolation and proof of structure of the vasopressins and the synthesis of octapeptide amides with pressor-antidiuretic activity. — 14th International congress of pure and applied chemistry, Zürich 1955, Main congress lectures and lectures in the sections (Basel–Stuttgart '55) (Experientia, Suppl. 2) 9–26: Oxytocin, the principal oxytocic hormone of the posterior pituitary gland – its isolation, structure and synthesis. — Les Prix Nobel en 1955 (Stockholm '56) 112–31: A trail of sulfur research: From insulin to oxytocin. — Perspectives in biology. A collection of papers dedicated to Bernardo A. Houssay on the occasion of his 75th birthday (C. F. Cori u. a.) (Amsterdam–London–New York '63) 75–80: Neurophysin, oxytocin and desamino-oxytocin [137])[55]).

W. A trail of research in sulfur chemistry and metabolism and related fields (Ithaca, N.Y. '52) 13 + 191 S.

American J. Obstetrics and Gynecol. Oxytocin and milk ejection [105])[12])[32])[24]): **67** ('54) 1028–34.

Annals New York Acad. Sci. Hormones of the posterior lobe of the pituitary gland [59]): **43** ('43) 273–307. — Experiences in the polypeptide field: Insulin to oxytocin: **88** ('60) 537–48.

Annual Rev. Biochem. The chemistry and metabolism of the compounds of sulfur [33]): **5** ('36) 159–80; **6** ('37) 193–210.

Archives Biochem. A study of biotin sulfone [30])[46])[124]): **4** ('44) 229–42. — Biotin in fermentation, respiration, growth, and nitrogen assimilation by yeast [154])[15]): **5** ('44) 25–47.

Archives Biochem. and Biophysics An increased vitamin B_6 requirement in the rat on a diet containing L-penicillamine [75]): **66** ('57) 1–9. — An antivitamin B_6 action of L-penicillamine [75])[56]): **68** ('57) 69–75. — L-Penicillamine and rat-liver transaminase activity [75])[56]): **69** ('57) 130–37. — Synthesis of the histidine analog of the vasopressins [63]): **78** ('58) 555–62. — Isolation of oxytocin and arginine vasopressin by way of a protein complex on a preparative scale [79])[138]): **83** ('59) 84–87.

Biochemical Preparat. S-Benzyl-L-cysteinylglycine [97]): **2** ('52) 74–79. — S-Benzyl-DL-homocysteine, S-benzyl-L-homocysteine, and S-benzyl-D-homocysteine [13]): **5** ('57) 84–91. — Homocystine and homocysteine [13]): 93–96. — p-Nitrophenyl carbobenzoxyglycinate [10]): **9** ('62) 110–12.

Biochimica et biophysica Acta Effect of the presence of labile methyl groups in the diet on labile methyl neogenesis [72][152][113]): **12** ('53) 88–91 [m. französ. u. deutscher Zusammenfassg.].

Biological Sympos. Interrelationships between choline and other methylated compounds: **5** ('41) 234–47.

Cancer Res. Influence of egg white and avidin feeding on tumor growth [65][148][139][117][30]): **3** ('43) 823 f.

Chemical and Engng. News Relationship of the chemist to medicine: **21** ('43) 298–300. — Relationship of structure to biotin and antibiotin activity (Nichols Medal Lecture): **23** ('45) 623–25. — Nichols Medal awarded to W. M. Stanley. Scientific contributions of the medalist: **24** ('46) 752–55.

Cold Spring Harbor Sympos. quantitat. Biol. The role which insulin has played in our concept of protein hormones, and a consideration of certain phases of the chemistry of insulin: **6** ('38) 275–85.

Endocrinology Comparison of the pharmacologic properties of oxytocin and its highly potent analog desamino-oxytocin [21]): **71** ('62) 977–82.

Ergebn. Physiol., biol. Chem. u. exper. Pharmakol. Carnosine and anserine [8]): **41** ('39) 917–73.

Federat. Proc., Amer. Soc. exper. Biol. Study of the oxidation of the labile methyl group of dietary methionine traced with ^{14}C [161][113][27][22]): **7** ('48) Nr. 1, 170–. — Formation of formaldehyde in the biological oxidation of the methyl group of sarcosine [161]): **8** ('49) März-Nr. — Purification and amino acid content of pressor principle (vasopressin) of posterior lobe of the pituitary [145][109]): **10** ('51) März-Nr. — Electrophoretic studies of oxytocin and vasopressin [142][76]): **12** ('53) 279–.

Harvey Lectures Significance of labile methyl groups in the diet and their relation to transmethylation: **38** ('42/43) 39–62. — Hormones of the posterior pituitary gland: Oxytocin and vasopressin: **50** ('54/55).

Hoppe-Seyler's Z. physiol. Chem. Bemerkungen zu der "Berichtigung zu einer Arbeit von du Vigneaud und Irish" von F. Knoop: **253** ('38) 284–86.

J. amer. chem. Soc. A simple laboratory method for obtaining preparations containing pressor and oxytocic activity from the posterior lobe of the pituitary gland [59]): **62** ('40) 2080–82. — Purification of the pressor principle of the posterior lobe of the pituitary gland by electrophoresis [59][33]): **63** ('41) 503–06. — Formation of adipic acid by the oxidative degradation of the diamino-carboxylic acid derived from biotin [51][94]): 3237 f. — On the structure of biotin [51][94]): **64** ('42) 188 f. — Synthesis of optically inactive desthiobiotin [156]): **67** ('45) 210–12. — Synthesis of homodesthiobiotin and related compounds [89]): **68** ('46) 832–35. — Preparation of highly purified mustard gas and its action on yeast [135]): **69** ('47) 1808 f. — Reactions of mustard-type vesicants with α-amino acids [135][87][156][89]): **70** ('48) 1620–24. — Reaction of some radioactive mustard-type vesicants with purified proteins [156][113][135][17]): 2547–50. — Chemical studies on vesicant-treated proteins [17][156][135]): 2551–53. — Studies on acid hydrolysates of vesicant-treated insulin [135][156][113]): 2554–56. — Studies of the effect of mustard-type vesicants on the phenol color reaction of proteins [135][89]): 2556–59. — Incorporation in vivo of ^{14}C from labeled methanol into the methyl groups of choline [146]): **72** ('50) 1049. — Incorporation of the carbon of formaldehyde and formate into the methyl groups of choline [146][152]): 2819 f. — One-carbon compounds in the biosynthesis of the "biologically labile" methyl group [146][152][113][115][72]): **73** ('51) 2782–85. — Partial purification and amino acid content of vasopressin from hog posterior pituitary glands [111][78]): **74** ('52) 3713. — A test of tritium as a labeling device in a biological study [146][113][35][73]): 5941–43. — The synthesis of an octapeptide amide with the hormonal activity of oxytocin [115][141][120][63][45]): **75** ('53) 4879 f. — Enzymatic cleavage of glycinamide from vasopressin and a proposed structure for this pressor-antidiuretic hormone of the posterior pituitary [78][111]): 4880 f. — The synthesis of the tetrapeptide amide S-benzyl-L-cysteinyl-L-prolyl-L-leucylglycinamide [115]): **76** ('54) 3107–09. — The synthesis of L-glutaminyl-L-asparagine, L-glutamine and L-isoglutamine from p-toluenesulfonyl-L-glutamic acid [141]): 3110–13. — The synthesis of p-toluenesulfonyl-L-isoleucyl-L-glutaminyl-L-asparagine and related peptides [63]): 3113–15. — The synthesis of oxytocin [115][141][120][63]): 3115–21. — A synthetic preparation possessing biological properties, associated with arginine-vasopressin [44][63]): 4751 f. — Synthesis of L-phenylalanyl-L-glutaminyl-L-asparagine [111]): 6202 f. — Studies on the synthesis of lysine-vasopressin [7][61][122][134][136][149]): **78** ('56) 2905 f. — Synthesis of S-benzyl-N-carbobenzoxy-L-cysteinyl-L-tyrosyl-L-phenylalanyl-L-glutaminyl-L-asparagine, a pentapeptide derivative related to vasopressin [63]): 4482 f. — A crucial test of transmethylation in vivo by intramolecular isotopic labeling [113][151]): 5131 f. — Synthesis of a protected tetrapeptide amide containing the carboxvl terminal sequence of lysine-vasopressin [122][136][134]): 5883–87. — Synthesis of peptides of arginine related to arginine-vasopressin [44]): **79** ('57) 3579–81. — The isoglutamine isomer of oxytocin: its synthesis and comparison with oxytocin [115]): 4511–15. — Synthetic studies on arginine-vasopressin: Condensation of S-benzyl-N-carbobenzoxy-L-cysteinyl-L-tyrosyl-L-phenylalanyl-L-glutaminyl-L-asparagine and its O-tosyl derivative with S-benzyl-L-cysteinyl-L-prolyl-L-arginylglycinamide [63][44]): 4516–20. — The synthesis of lysine-vasopressin [7][61]): 5572–75. — Synthesis of two protected hexapeptides containing the N-terminal and C-terminal sequences of

Bitte Bemerkung S. 5629 vor dem Buchstaben V beachten!

arginine-vasopressin [63][44][50]: **80** ('58) 2558–62. — Synthesis of the pressor-antidiuretic hormone arginine-vasopressin [44][63][50]: 3355–58. — Isoasparagine-oxytocin: the isoasparagine isomer of oxytocin [84][115][104]: **81** ('59) 167–73. — Synthesis of a biologically active analog of oxytocin, with phenylalanine replacing tyrosine [10]: 1258f. — An improved synthesis of oxytocin [10]: 2504–07. — A method of synthesis of long peptide chains using a synthesis of oxytocin as an example [10]: 5688–91. — Synthesis of a biologically active analog of oxytocin, with phenylalanine replacing tyrosine [10]: 6072–75. — Synthetic work related to arginine-vasopressin [138]: **82** ('60) 1499–501. — Preparation of lysine-vasopressin through a crystalline protected nonapeptide intermediate and purification of the hormone by chromatography [93]: 2279–82. — Synthesis of lysine-vasopressin by the nitrophenyl ester method [10][93]: 3195–98. — Synthesis of 2-p-methoxyphenylalanine oxytocin (O-methyloxytocin) and some observations on its pharmacological behavior [77]: 4579–81. — Synthesis of a biologically active analog of lysine-vasopressin, with phenylalanine replacing tyrosine: 2-phenylalanine lysine-vasopressin [93]: 6336f. — Synthesis of a lysine-vasopressin derivative with a methyl substituent on the imino nitrogen of the peptide bond between lysine and glycinamide (9-sarcosine lysine-vasopressin) [93]: **83** ('61) 142–45. — The synthesis of 1-(hemi-homocystine)-oxytocin and a study of some of its pharmacological properties [60][10]: 4780–84. — Tritiation of oxytocin by the Wilzbach method and the synthesis of oxytocin from tritium-labeled leucine [126][137][103][5][153]: **84** ('62) 409–13. — Synthesis of D-leucine-oxytocin, a biologically active diastereoisomer of oxytocin, and demonstration of its separability from oxytocin upon countercurrent distribution [126]: 3005–08.

J. amer. med. Assoc. The relationship of the chemist to medicine: **119** ('42) 207–.

J. biol. Chemistry The inactivation of crystalline insulin by cysteine and glutathione [39][107][160]: **94** ('31/32) 233–42. — Resolution of inactive cystine and isolation of pure dextro-rotatory cystine [53]: 243–52. — Isolation of methionine by enzymic hydrolysis [96]: 641–45. — The racemization of acetyl-L-tryptophane [128]: **96** ('32) 511–17. — The racemization of amino acids in aqueous solution by acetic anhydride [96]: **98** ('32) 295–308. — The effects of yeast ingestion on the composition of the urine and feces [108][112][99][147][158]: 509–35. — The availability of D-tryptophane and its acetyl derivative to the animal body [128][37]: 565–75. — A comparison of the growth-promoting properties of D- and L-cystine [31][82]: 577–89. — The formation of a homologue of cystine by the decomposition of methionine with sulfuric acid [16]: **99** ('32) 135–42. — The temporary formation of the azlactone ring in the racemization of acyl derivatives of amino acids with acetic anhydride [96]: 143–51. — The growth-promoting properties of homocystine when added to a cystine-deficient diet and the proof of structure of homocystine [33][48]: **101** ('33) 719–26. — The isolation and characterization of mesocystine [82]: **102** ('33) 287–95. — The heat precipitation of insulin [129][128]: 521–33. — The availability of mesocystine for promotion of growth in connection with cystine-deficient diets [82][31]: **103** ('33) 399–403. — The oxidation of the stereoisomers of cystine in the animal body [25][82]: **104** ('34) 81–89. — The oxidation of the sulfur of homocystine, methionine, and S-methylcysteine in the animal body [82][25]: **105** ('34) 481–88. — The synthesis of pentocystine and homomethionine [33][62][106]: **106** ('34) 401–07. — The solubility of the stereoisomers of cystine with a note on the identity of stone and hair cystine [82]: **107** ('34) 267–74. — The oxidation of the sulfur of the acetyl and formyl derivatives of D- and L-cystine in the animal body [82][25]: 519–25. — A study of the physiological availability of pentocystine and of homomethionine [33]: **108** ('35) 73–78. — A new synthesis of carnosine, with some observations on the splitting of the benzyl group from carbobenzoxy derivatives and from benzylthio ethers [129]: 753–61. — The preparation of the optically active isomers of homocystine and the demonstration of their configurational relationship to naturally occurring methionine [106]: **109** ('35) 97–103. — A study of the availability of D- and L-homocystine for growth purposes [33]: 477–80. — The synthesis of crystalline cystinyldiglycine and benzylcysteinylglycine and their isolation from glutathione [82]: **111** ('35) 385–92. — The synthesis of homocystine [106]: 393–98. — The isolation of homocysteine and its conversion to a thiolactone [118]: **112** ('35) 149–54. — The question of the utilization of tryptophane administered subcutaneously [128][37]: 451–56. — The synthesis of djenkolic acid [106]: **114** ('36) 533–38. — The synthesis of D-carnosine, the enantiomorph of the naturally occurring form, and a study of its depressor effect on the blood pressure [57]: **115** ('36) 93–100. — The utilization of glutathione in connection with a cystine-deficient diet [33]: 543–49. — The synthesis of di-N-methylhomocystine and N-methylmethionine and a study of their growth-promoting ability in connection with a cystine-deficient diet [106][33]: **116** ('36) 277–84. — A synthesis of glutathione [97]: 469–76. — A method for protecting the imidazole ring of histidine during certain reactions and its application to the preparation of L-amino-N-methylhistidine [8]: **117** ('37) 27–36. — The utilization of L-carnosine by animals on a histidine-deficient diet [129][59]: 589–97. — The cystine content of insulin [97]: **118** ('37) 101–10. — The synthesis of α-glutamylcysteinylglycine (isoglutathione) [82][97]: 391–95. — Studies of the physiological behavior of the acetyl derivatives of the optical isomers of homocystine; a biological proof of their stereostructure [33][62]: **119**

Bitte Bemerkung S. 5629 vor dem Buchstaben V beachten!

('37) 47–57. — The synthesis of hexocystine and hexomethionine and a study of their physiological availability [62]): **120** ('37) 11–20. — The synthesis of anserine from L-1-methylhistidine [8]): 517–22. — The role of the acetyl derivative as an intermediary stage in the biological synthesis of amino acids from keto acids [58]): **122** ('38) 349–70. — Electrophoresis of posterior pituitary gland preparations [59])[33])[128]): **123** ('38) 45–55. — The synthesis of tetradeuterohomocystine and dideuteromethionine [106]): 327–34. — The differential migration of the pressor and oxytocic hormones in electrophoretic studies of the untreated press-juice of the posterior lobe of the pituitary gland [59]): 485–89. — The preparation of D-alanyl-L-histidine and L-alanyl-L-histidine and an investigation of their effect on the blood pressure in comparison with L-carnosine [57]): **124** ('38) 699–707. — A preliminary study of β-L-aspartyl-L-histidine as a possible biological precursor of L-carnosine [57]): **125** ('38) 269–74. — Opening of the ring of the thiolactone of homocysteine [106])[57]): **126** ('38) 217–31. — The synthesis of the next higher and lower homologues of L-carnosine: γ-aminobutyryl-L-histidine and glycyl-L-histidine [57]): **127** ('39) 43–48. — A further contribution on the relationship of the structure of L-carnosine to its depressor activity [57]): 727–35. — A study of the utilization of the optical isomers of N,N'-dimethylcystine [69])[33])[156]): **128** ('39) 207–16. — The optical inversion of the benzyl derivatives of D-cysteine and D-homocysteine in vivo [156])[58]): **129** ('39) 171–77. — Racemization of benzyl-L-cysteine, with a new method of preparing D-cystine [156]): **130** ('39) 109–14. — A relationship between the nature of the vitamin B complex supplement and the ability of homocystine to replace methionine in the diet [33])[69]) 325–40. — The effect of choline on the ability of homocystine to replace methionine in the diet [22])[100])[66]): **131** ('39) 57–76. — A new synthesis of cystine [156]): 267–71. — A study of the inversion of D-phenylaminobutyric acid and the acetylation of L-phenylaminobutyric acid by means of the isotopes of nitrogen and hydrogen [23])[13])[58])[127])[119]): 273–96. — On the question of the presence of methionine in insulin [97])[121]): 631–40. — On the synthesis of serine [156]): **134** ('40) 413–16. — The transfer of the methyl group from methionine to choline and creatine [22])[23])[13]): 787f. — The comparative action of choline and betaine in effecting the replacement of methionine by homocystine in the diet [22]): **135** ('40) 223–29. — Synthesis of 5-(2-amino-2-carboxyethyl)-homocysteine [13]): **137** ('41) 611–15. — The amphoteric nature of the pressor principle of the posterior lobe of the pituitary gland [23])[59]): 635–42. — Synthesis of the new sulfur-containing amino acid (lanthionine) isolated from sodium-carbonate treated wool [13]): **138** ('41) 151–54. — Acetylation in vivo of p-bromophenyl-D-cysteine [156])[9]): 369–74. — The inability of creatine and creatinine to enter into transmethylation in vivo [22])[100]): **139** ('41) 917–23. — The role of biotin in fermentation and the Pasteur effect [15])[154]): **140** ('41) XXIf. — A synthesis of the aspartic acid analog of glutathione (asparthione) [97])[8]): 411–16. — Utilization of the methyl group of methionine in the biological synthesis of choline and creatine [23])[22])[125])[130]): 625–41. — Isolation of biotin (vitamin H) from liver [51])[94])[46]): 643–51. — Preparation of free crystalline biotin [51])[94])[113]): 763–66. — The stereoisomeric forms of lanthionine [13]): 767–71. — Effect of certain reagents on the activity of biotin [13]): **141** ('41) 85–89. — Characterization of the functional groups of biotin [51])[94]): 207–14. — Formation of lanthionine on treatment of insulin with dilute alkali [13])[12]): 707f. — Isolation of biotin from milk [94])[51])[47]): **142** ('42) 615–18. — Synthesis of LL,S-(β-amino-β-carboxyethyl)-homocysteine and the replacement by it of cystine in the diet [13])[22]): **143** ('42) 59–64. — The structural specificity of choline and betaine in transmethylation [100]): 373–82. — Formation of cysteine from LL-S-(β-amino-β-carboxyethyl) homocysteine by liver tissue [9])[3]): 559f. — Formation of cysteine from homocysteine and serine by liver tissue of rats [9]): **144** ('42) 507–11. — Adipic acid as an oxidation product of the diaminocarboxylic acid derived from biotin [51])[94]): 513–18. — Hydrolysis of biotin sulfone [94])[51]): **145** ('42) 101–05. — Synthesis of a 3,4-diaminotetrahydrothiophene and a comparison of its stability with the diaminocarboxylic acid derived from biotin [70])[4])[13]): 495–501. — Condensation of phenanthrenequinone with the diaminocarboxylic acid derived from biotin [51])[70])[94])[28]): 503–09. — The structure of biotin: A study of desthiobiotin [94])[41])[155])[101])[67])[49]): **146** ('42) 475–85; ~: The formation of thiophenevaleric acid from biotin [94])[100])[51]): 487–92. — Transmethylation as a metabolic process in man [130]): 685f. — The relation of transmethylation to anserine [125])[130])[23])[135]): **149** ('43) 355–59. — Utilization of the methyl groups of choline in the biological synthesis of methionine [130])[23])[22]): 519–25. — A study of the acetylation in vivo of certain D-amino acids [9])[156]): **153** ('44) 495–500. — A study of the synthesis of β-alanine in the white rat [125]): 501–05. — A synthesis of methionine containing isotopic C and S [70]): **154** ('44) 247–53. — On the mechanism of the conversion in vivo of methionine to cystine [70])[113])[23]): **155** ('44) 645–51. — Inhibition of the growth of yeast by thienylalanine [89])[130])[30])[13]): **159** ('45) 385–94. — Synthesis of labile methyl groups in the white rat [130])[22])[23]): 755f. — Effect of the dietary level of methionine on the rate of transmethylation reactions in vivo [23])[130])[22]): **162** ('46) 343–51. — The thiourea analog of desthiobiotin [13]): **163** ('46) 761–66. — Synthesis of imidazolidone aliphatic acids [30])[38]): **164** ('46) 19–28. — The role of dimethyl- and monomethyl-aminoethanol in transmethylation reactions in vivo [22])[130])[100])[23]): 603–13. — Effect of amino acids on the microbial growth inhibition produced by thienylalanine [30])[36])[89]): 761–

Bitte Bemerkung S. 5629 vor dem Buchstaben V beachten!

71. — A note on the conversion in vivo of the S-benzyl-N-methyl derivatives of cysteine and homocysteine to the N-acetyl-S-benzyl derivatives of cysteine and homocysteine [156]: **165** ('46) 95 f. — A further investigation of the role of betaine in transmethylation reactions in vivo [130][22][23]: 639–48. — Synthesis of the isomers of cystathionine and a study of their availability in sulfur metabolism [3][130]: **166** ('46) 35–45. — A further investigation of the ability of sarcosine to serve as a labile methyl donor [130][23]: 47–52. — A new synthesis of djenkolic acid [4]: **168** ('47) 373–77. — Separation and characterization of some penicillins by the method of counter-current distribution [26][52][17]: 665–86. — Antibiotin activity of imidazolidone aliphatic acids [30]: **169** ('47) 63–70. — Demonstration of the oxidation in vivo of the methyl group of methionine [161][22][64][113][27][94]: 757 f. — Cleavage of the stereoisomers of cystathionine by liver extract [3]: **170** ('47) 245–50. — Study of transmethylation with methionine containing varying amounts of deuterium in the methyl group [130][23]: 631–33. — Utilization for animal growth tobacco mosaic virus as a sole source of protein in the diet [22][43][133]: **171** ('47) 823–28. — The source of urea carbon [161]: **172** ('48) 353 f. — Mercaptals and mercaptols of cysteine [4]: **173** ('48) 749–51. — Microbial growth inhibition produced by optical isomers of β-2-thienylalanine [38]: **174** ('48) 241–46. — Dimethyl-β-propiothetin, a new methyl donor [92]: 381 f. — Dimethylthetin as a biological methyl donor [100][22]: 477–80. — Studies on crystalline DL-benzylpenicillenic acid [80][17][54]: **175** ('48) 721–26. — Benzylpenicillenic acid as an intermediate in the synthesis of benzylpenicillin (Penicillin G) [17][145]: **176** ('48) 893–906. — Synthesis of DL-β,β-diethylcysteine and DL-β-ethyl-β-methylcysteine [132][143]: 907–14. — Preparation and antibacterial properties of the crude sodium salts of some synthetic penicillins [17][132][42][80]: 915–27. — An investigation of the biological behavior of the sulfur analog of choline [92]: 1029–36. — Compounds related to dimethylthetin as sources of labile methyl groups [92]: 1037–45. — A study of transmethylation with methionine containing deuterium and ^{14}C in the methyl group [64][113]: **177** ('49) 733–38. — The antiphenylalanine effect of β-2-thienylalanine for the rat [38]: **179** ('49) 61–65. — Oxidation and distribution of the methyl group administered as methionine [161][22][64][113][27]: **180** ('49) 99–111. — Preparation of high-potency oxytocic material by the use of counter-current distribution [80]: 365–73. — α-Ketobutyric acid as a product in the enzymic cleavage of cystathionine [18][132]: 375–82. — Preparation of the optically active isomers of S-benzylhomocysteine by enzymic resolution [114][68]: 571–74. — Conversion of methionine to cystine in a human cystinuric [114][20][110][113]: 783–90. — Metabolic study of the methyl groups of butter yellow [11][145]: 1053–58. — Preliminary studies on the amino acid content of a high-potency preparation of the oxytocic hormone of the posterior lobe of the pituitary gland [109]: **182** ('50) 359–66. — Effect of ethionine on transmethylation from methionine to choline and creatine in vivo [130][64][22]: **183** ('50) 191–95. — A study of the rate of oxidation of the methyl group of dietary methionine [161][113][27][22]: 617–26. — Origin of the methyl group of adrenaline [64][11]: 627–32. — Inhibition of the growth of the rat by L-penicillamine and its prevention by aminoethanol and related compounds [152]: **184** ('50) 63–70. — Oxidation in vivo of the methyl groups of choline, betaine, dimethylthetin and dimethyl-β-propiothetin [38]: **185** ('50) 53–57. — Biochemical stability of the methyl group of creatine and creatinine [161]: 185–89. — Conversion of cystathionine labeled with ^{35}S to cystine in vivo [113][114][68][38]: 817–26. — Studies on high potency oxytocic material from beef posterior pituitary lobes [109]: **186** ('50) 77–84. — Purification and amino acid content of vasopressin preparations [145][109]: **191** ('51) 21–28. — Oxidation of oxytocin with performic acid [102][109][29]: 309–13. — Desulfurization of oxytocin [145][109]: **193** ('51) 359–61. — An investigation of the free amino groups in oxytocin and desulfurized oxytocin preparations [29][145][109]: 363–70. — Effect of choline and cystine on the oxidation of the methyl group of methionine [161]: **195** ('52) 487–91. — Effect of folic acid and leucovorin on synthesis of the labile methyl group from methanol in the rat [146][72]: **196** ('52) 19–23. — Studies in vivo on labile methyl synthesis with deuterio-^{14}C-formate [115][113]: **197** ('52) 1–5. — Further distribution studies on the oxytocic hormone of the posterior lobe of the pituitary gland and the preparation of an active crystalline flavianate [109][45]: **199** ('52) 929–40. — Electrophoretic properties of oxytocin [76][142]: **200** ('53) 559–64. — Treatment of performic acid-oxidized oxytocin with bromine water [102][109]: **204** ('53) 857–60. — Free amino groups of performic acid-oxidized oxytocin and of its cleavage products formed by treatment with bromine water [115][144]: 861–69. — The synthesis of β-sulfo-L-alanyl-L-tyrosine and L-tyrosyl-L-cysteic acid and their dibromotyrosyl analogs [120]: 871–75. — Electrophoretic studies of oxytocin and vasopressin [142][76]: **205** ('53) 45–53. — Degradative studies on vasopressin and performic acid-oxidized vasopressin [111]: 133–43. — The sequence of amino acids in oxytocin with a proposal for the structure of oxytocin [115][144]: 949–57. — A partial sequence of amino acids in performic acid-oxidized vasopressin [111]: **206** ('54) 353–60. — Bromination of performic acid-oxidized oxytocin [115]: **211** ('54) 809–14. — Hydrogen isotope effect in the oxidation in vivo of methionine labeled in the methyl group [113][75][74]: **215** ('55) 593–601. — Studies on the purification of lysine vasopressin from hog pituitary glands [149]: **222** ('56) 951–58. — Ion exchange chromatography of purified posterior-pituitary preparations [79][2]:

Bitte Bemerkung S. 5629 vor dem Buchstaben V beachten!

228 ('57) 633–41. — Purification of oxytocin and vasopressin by way of a protein complex [2][79]: **233** ('58) 116–20. — Arginine-vasotocin, a synthetic analog of the posterior-pituitary hormones containing the ring of oxytocin and the side chain of vasopressin [63]: 1352–54. — Synthesis of 1-β-mercaptopropionic acid oxytocin (desaminooxytocin), a highly potent analog of oxytocin [153][103][55][71]: **235** ('60) PC64–PC66. — Lysine-vasotocin, a synthetic analog of the posterior-pituitary hormones containing the ring of oxytocin and the side chain of lysine-vasopressin [71]: **236** ('61) 778–80. — A highly potent analog of oxytocin, desaminooxytocin [55][103]: **237** ('62) 1563–66. — Synthesis of desamino-desoxy-oxytocin, a biologically active analog of oxytocin [55]: 3146–50.

J. med. and pharm. Chem. Synthesis and biological properties of 9-sarcosine oxytocin [19][85][90][14][104][123]: **5** ('62) 413–23.

J. Nutrition [USA] Further studies on the relationship of choline and betaine in the utilization of homocystine [22][100]: **19** ('40) Suppl. zu Nr. 6, 11f. — Synthesis of biologically labile methyl groups in the germ-free rat [115][113][116][83]: **45** ('51) 361–76.

J. Pharmacol. and exper. Therapeut. Studies on the reduction of pitressin and pitocin with cysteine [128]: **54** ('35) 433–47.

J. Washington Acad. Sci. Some aspects of the study of insulin: **27** ('37) 365–73.

Nature [London] Synthesis of oxytocin by the nitrophenyl ester method [10]: **183** ('59) 1324f. — A new crystalline salt of oxytocin [10]: **184** ('59) 981f. — Active principles of the neurohypophysis of cold-blooded vertebrates. Arginine vasotocin [63]: 1465.

Nucleus [USA] A brief review of studies on homocystine: **15** ('38) 83f., 86, 92f.

Obstetrics and Gynecol. Natural and synthetic oxytocin [32][12]: **6** ('55) 254–. — Vasopressin as a hemostatic in gynecologic surgery [163][164][12][32]: **11** ('58) 363–. — Transbuccal administration of pitocin for induction and stimulation of labor [163][32][165]: **15** ('60) 587–; ~ [163][32]: **20** ('62) 4–.

Organic Syntheses, Collective Vol. α-Amino-n-caproic acid [91]: **1** ('32) 40.

Proc. amer. philos. Soc. Migration of the methyl group in the body: **92** ('48) 127–35.

Proc. Soc. exper. Biol. and Med. The isolation of two isomeric inactive cystines [82]: **29** ('31/32) 41f. — Oxidation of cystine sulfur to sulfate by ferric chloride [129]: **32** ('34) 332f. — On the absence of thiolhistidine in insulin [129][97]: **33** ('35) 371f. — On the alleged oxytocic activity of L-carnosine [85][98][57]: **37** ('37) 60f. — Yeast-growth-promoting effect of diaminocarboxylic acid derived from biotin [30][51][94]: **50** ('42) 374f. — A further study of the lability of the methyl group of creatine [130]: **59** ('45) 293f. — An investigation of transmethylation from N^1-methylnicotinamide [64][156]: **67** ('48) 182–84. — Oxytocic activity of purified vasopressin [111][109][34]: **81** ('52) 506–08. — Enzymic evidence for intrinsic oxytocic activity of the pressor-antidiuretic hormone [78]: **84** ('53) 114–16. — Preparation of S,S′-dibenzyloxytocin and its reconversion to oxytocin [45]: 723–25. — Presence of glutamine and asparagine in enzymic hydrolyzates of oxytocin and vasopressin [78][142][140]: **87** ('54) 550–52. — Strepogenin activity of synthetic peptides related to oxytocin [162][95][115]: **89** ('55) 669–73. — On the nature of oxytocin and vasopressin from human pituitary [79]: **98** ('58) 692–96. — Synthesis and some pharmacological properties of a peptide derivative of oxytocin: Glycyloxytocin [40][10][159]: **104** ('60) 653–56. — Comparison of susceptibility of oxytocin and desamino-oxytocin to inactivation by leucine aminopeptidase and α-chymotrypsine [166]: **112** ('63) 218–.

Science [USA] The Cancer symposium of the Medical Sciences Section: **84** ('36) 439f. — Earl Baldwin McKinley: **88** ('38) 344f. — Possible identity of vitamin H with biotin and co-enzyme R [46][94][15]: **91** ('40) 243–45. — On the identity of vitamin H with biotin [94][46][124]: **92** ('40) 62f.; ~ [46][124][51][94]: 609. — Resynthesis of biotin from a degradation product [94][51]: **94** ('41) 308f. — The procarcinogenic effect of biotin in butter-yellow tumor formation [131][15][65][139][117]: **95** ('42) 174–76. — The growth stimulating effect of biotin for the diphtheria bacillus in the absence of pimelic acid [30][47][81]: **96** ('42) 186f. — The structure of biotin: 454–61. — Desthiobiotin [94][30][13]: **98** ('43) 497–99. — Possible synthesis of biotin from desthiobiotin by yeast and the antibiotin effect of desthiobiotin for Lactobacillus casei [30][94]: **99** ('44) 203–05. — Antibiotins [30]: **100** ('44) 129–31. — A microbiological and fluorometric test for minute amounts of alloxan [6][30]: **101** ('45) 647–49. — Protein chemistry and medicine: **102** ('45) 24–. — Synthetic penicillin [17][54][80][113]: **104** ('46) 431–33, 450. — L-Penicillamine as a metabolic antagonist [152]: **107** ('48) 653. — A synthesis of benzylpenillic acid [54][17][80]: **108** ('48) 136f. — Biological synthesis of labile methyl groups [115][113]: **112** ('50) 267–71. — Trail of sulfur research: from insulin to oxytocin: **123** ('56) 3205–.

Scientific Monthly Insulin and diabetes: **38** ('34) 565–68. — The chemistry of the hormones from a structural standpoint: **40** ('35) 138–45. — The Cancer symposium at Atlantic City: **44** ('37) 93f.

Special Publ., Chem. Soc., London Synthesis of cystine peptides with special reference to the synthesis of oxytocin: **2** ('55) 62.

Mit: [1] --; [2] R. Acher; [3] W. P. Anslow, jr.; [4] M. D.

Bitte Bemerkung S. 5629 vor dem Buchstaben V beachten!

Armstrong; [5]) J. P. Aroskar; [6]) S. Banerjee; [7]) M. F. Bartlett; [8]) O. K. Behrens; [9]) F. Binkley; [10]) M. Bodanszky; [11]) R. A. Boissonnas; [12]) R. W. Bonsnes; [13]) G. B. Brown; [14]) A. S. Buck; [15]) D. Burk; [16]) L. W. Butz; [17]) F. H. Carpenter; [18]) W. R. Carroll; [19]) W. D. Cash; [20]) D. Cavallini; [21]) W. Y. Chan; [22]) J. P. Chandler; [23]) M. Cohn; [24]) P. Condliffe; [25]) H. A. Craft; [26]) L. C. Craig; [27]) N. Cross; [28]) H. H. Darby; [29]) H. Davoll; [30]) K. Dittmer; [31]) R. Dorfmann; [32]) R. G. Douglas; [33]) H. M. Dyer; [34]) H. B. van Dyke; [35]) M. L. Eidinoff; [36]) G. Ellis; [37]) C. van Etten; [38]) M. F. Ferger; [39]) A. Fitch; [40]) P. S. Fitt; [41]) K. Folkers; [42]) D. S. Genghof; [43]) M. W. Gerrard; [44]) D. T. Gish; [45]) S. Gordon; [46]) P. György; [47]) E. Hague; [48]) J. Harmon; [49]) S. A. Harris; [50]) G. P. Hess; [51]) K. Hofmann; [52]) G. H. Hogeboom; [53]) L. Hollander; [54]) R. W. Holley; [55]) D. P. Hope; [56]) A. Horvath; [57]) M. Hunt; [58]) O. J. Irish; [59]) G. W. Irving, jr.; [60]) D. Jarvis; [61]) A. Jöhl; [62]) C. B. Jones; [63]) P. G. Katsoyannis; [64]) E. B. Keller; [65]) C. J. Kensler; [66]) D. M. Keppel; [67]) J. C. Keresztesy; [68]) A. R. Kidwai; [69]) M. W. Kies; [70]) G. W. Kilmer; [71]) R. D. Kimbrough, jr.; [72]) J. M. Kinney; [73]) J. E. Knoll; [74]) F. H. Kratzer; [75]) E. J. Kuchinskas; [76]) H. G. Kunkel; [77]) H. D. Law; [78]) H. C. Lawler; [79]) A. Light; [80]) A. H. Livermoore; [81]) B. Long; [82]) H. S. Loring; [83]) T. D. Luckey; [84]) W. B. Lutz; [85]) W. T. McClosky; [86]) —; [87]) H. F. McDuffie, jr.; [88]) —; [89]) H. McKennis, jr.; [90]) L. M. Mahaffey; [91]) C. S. Marvel; [92]) G. A. Maw; [93]) J. Meienhofer; [94]) D. B. Melville; [95]) R. B. Merrifield; [96]) C. E. Meyer; [97]) G. L. Miller; [98]) L. C. Miller; [99]) C. A. Morrison; [100]) A. W. Moyer; [101]) R. Mozingo; [102]) J. M. Mueller; [103]) V. V. S. Murti; [104]) D. E. Nettleton, jr.; [105]) K. Nickerson; [106]) W. I. Patterson; [107]) E. Pekarek; [108]) H. B. Pierce; [109]) J. G. Pierce; [110]) F. Plum; [111]) E. A. Popenoe; [112]) D. D. Posson; [113]) J. R. Rachele; [114]) L. J. Reed; [115]) C. Ressler; [116]) J. A. Reyniers; [117]) C. P. Rhoads; [118]) B. Riegel; [119]) D. Rittenberg; [120]) C. W. Roberts; [121]) C. J. Rodden; [122]) R. Roeske; [123]) C. Romas; [124]) C. S. Rose; [125]) J. R. Schenck; [126]) C. H. Schneider; [127]) R. Schoenheimer; [128]) R. R. Sealock; [129]) R. H. Sifferd; [130]) S. Simmonds; [131]) J. M. Spangler; [132]) G. W. Stacy; [133]) W. M. Stanley; [134]) R. J. Stedman; [135]) C. M. Stevens; [136]) F. H. C. Stewart; [137]) J. E. Stouffer; [138]) R. O. Studer; [139]) K. Sugiura; [140]) A. M. Swan; [141]) J. M. Swan; [142]) S. P. Taylor, jr.; [143]) D. Todd; [144]) S. Trippett; [145]) R. A. Turner; [146]) W. G. Verly; [147]) Z. du Vigneaud; [148]) C. Wadsworth; [149]) D. N. Ward; [150]) —; [151]) A. M. White; [152]) J. E. Wilson; [153]) G. Winestock; [154]) R. J. Winzler; [155]) D. E. Wolf; [156]) J. L. Wood; [157]) M. E. Wright; [158]) M. S. Pierce; [159]) M. O'Connell; [160]) W. W. Lockwood; [161]) C. G. Mackenzie; [162]) D. W. Woolley; [163]) T. F. Dillon; [164]) B. E. Marbury; [165]) M. L. Barber; [166]) J. Golubow.

VI **VILBRANDT,** Frank Carl. Chem. Technol. — 1930–35 Prof., and Chem. Engineer at Engng. Exper. Stat., Iowa State College of Agric. and Mechanical Arts, Ames, Ia.; '35– Prof. chem. Engng. and Head of Departm., and Chem. Engineer of Engng. Exper. Stat., Virginia Polytechn. Inst., Blacksburg, Va. (⊠)

* 1893, Aug. 12, Fostoria, O.;

† 1960, Jan. 5; Grabstätte: Oak Harbor, O.

W. Chemical engineering plant design (New York–London '34) 10 + 341 S.; ²('42) 10 + 452 S.; ³('49) 10 + 608 S.; (m. C. E. Dryden) ⁴(New York '59) 9 + 534 S.

A.I.Ch.E. Journal Mechanisms by which ultrasonic energy affects transfer rates in liquid–liquid extraction [28]): **6** ('60) 296–98.

Bull. Virginia polytechn. Inst. Corrosion characteristics in the distillation of fatty acids [27]): **30** ('37) Nr. 12, 18 S. (Engineering Experiment Station series Nr. 30). — Flow factors for knit metal-cloth tower packing [18]): **31** ('37/38) Nr. 2, 14 S. (~ Nr. 31). — The use of knit metal-cloth in plate fractionating columns [17]): Nr. 3, 19 S. (~ Nr. 32). — Storage treatment of soybeans with ethylene and carbon dioxide gas (for beneficiation of the oil) [29])[26]): **32** ('39) Nr. 5, 34 S. (~ Nr. 36). — Air-burn control in drying heavy leather [14]): **33** ('39) Nr. 2, 28 S. (~ Nr. 41). — Utilization of cull apples and skim milk [19]): **34** ('41) Nr. 16, 52 S. (~ Nr. 48). — Heat-transfer bibliography [1])[8])[11])[u. a.]): **36** ('43) Nr. 5, 72 S. (~ Nr. 53). — Distillation bibliography [2])[4])[7]): **39** ('46) Nr. 9, 50 S. (~ Nr. 62). — Distribution of ferric chloride between isopropyl ether and hydrochloric acid in stainless steel salvaging process [13]): Nr. 11, 10 S. (~ Nr. 64). — Tall oil investigations [u. a.]): **47** ('53/54) Nr. 1, 14 S. (~ Nr. 89). — Utilization of peanut hulls as activated char [9]): Nr. 11, 10 S. (~ Nr. 95).

Chemical and metallurg. Engng. How to use pilot plants in process development: **42** ('35) 554f.

Chronica bot. New uses of cotton pulp: **6** ('40) 97–100.

Industrial and Engng. Chem. Humid aging of fly-ash brick [15]): **29** ('37) 427f.; **30** ('38) 772. — Design and development. Correlation courses for instruction in unit processes and operations: **31** ('39) 253–55. — Hydrolysis of peanut hulls [12])[6]): **32** ('40) 169–72. — Sulfonation of tall oil [3])[5]): **33** ('41) 197–200. — Use and function of pilot plants in chemical industries: **37** ('45) 418–21. — Effect of ultrasonic energy on settling of solids in phosphate tailing [24]): **46** ('54) 1172–80. — Professional man (monthly column): Nr. 4, 23 A.

Industrial and Engng. Chem., Analyt. Edit. A one-piece standard pipe tee piezometer ring: **10** ('38) 168f. — Chemical engineering building at the Virginia Polytechnic Institute: **11** ('39) 234–36.

Industrial and Engng. Chem., News Edit. An apple-milk confection for partial utilization of surplus and cull apples [19]): **18** ('40) 897f.

J. acoust. Soc. America The effect of insonation on the specific reaction rate constant in the acid hydrolysis of ethyl acetate [24])[10]): **25** ('53) 485–90.

J. amer. chem. Soc. Sedimentation and diffusion behavior of nucleic acid preparations [23]): **65** ('43) 424–28. — Effect of pH changes upon some of the properties of sodium thymonucleate solutions [23]): 1806–09.

J. chem. Educat. The cataloging of chemical engineering trade literature according to unit operations: **10** ('33) 354f.

Trans. amer. Inst. chem. Engr. The place of the pilot plant in process development: **31** ('35) 494–505. — Metal knit cloth tower packing and its use in plate columns [18])[17]): **34** ('38) 51–61. — Drying of fibrous material, 1: Vegetable-tanned leather [14]): **36** ('40) 579–91.

Trans. electrochem. Soc. Corrosion characteristics in the distillation of fatty acids [27]): **73** ('38) 283–95.

Virginia J. Sci. Factors controlling commercial utilization of industrial casein from soybean meal [16]): **2** ('41) 200. — Esterification for development of drying characteristics of tall oil [8]): 201. — Design of a commercial plant for the purification of tall oil [5]): 201. — Utilization of rosin and waste fatty acids for the production of adipic and sebacic acids [11]): 202. — Industrial utilization of carbide generator lime wastes [22]): 203. — Utilization of paper-mill wastes in the flotation of manganese ores [21]): 204. — Design of nondiaphragm calcium chlorate cell [25]): 205. — Clarification of wool scouring liquors containing sulfated higher alcohols [20]): 206. — Relationship between nozzles and solvent-solute characteristics in solvent extraction [1]): 206f.

Mit: [1]) E. L. Bragg; [2]) J. E. Bryan; [3]) P. E. Chapman; [4]) H. R. Couper; [5]) J. M. Crockin; [6]) R. S. Dicks; [7]) C. L. Dorsey; [8]) C. F. Eck; [9]) S. M. Gano; [10]) W. C. Gray; [11]) W. R. Keller; [12]) C. B. Mather; [13]) R. H. McCormack; [14]) J. W. Moore; [15]) J. M. Pilcher; [16]) L. M. Read; [17]) S. B. Row; [18]) E. Shuffle, jr.; [19]) R. D. Sieg; [20]) L. J. Sitomer; [21]) H. F. Smith; [22]) R. L. Teeter; [23]) H. G. Tennent; [24]) D. Thompson; [25]) F. W. Tober; [26]) C. C. Waddell; [27]) L. E. Ward, jr.; [28]) H. A. Woodle, jr.; [29]) C. H. Worsham.

IV–VI **VILLARD,** Paul Ulrich. Physik, Photochem. — 1885– Prof. dans divers lycées; puis recherches privées au labor. de chim. de l'Ecole Norm. Supér., Paris. — 1904 Prix Wilde, '07 Prix La Caze (Acad. Sci. Paris).
* 1860, Sept. 28, Lyon;
† 1934, Jan. 13, Bayonne.

Entdeckungen u. Erfindungen Villard-Effekt (Bildumkehreffekt bei Röntgenaufnahmen), Villard-Ventil (auf Osmoregulation beruhendes Ventil für Wasserstoff), Villard-Schaltung u. a.

Nekr. *E. Borel, C.R. hebd. Séances Acad. Sci., Paris **198** ('34) 213–15. — Revue Opt. théoret. et instrument. **13** ('34) 68.

Zur Biogr. *E. Picard, Revue sci. **76** ('38) 41–47.

VI **VILLARS,** Donald Statler. Chem. (physik.). — 1931–34 Physical Chemist, Research Labor., Standard Oil Co. (Indiana), Whiting, Ind.; Physical Chemist: '34, '38–46 General Labor., '34–38 Plantations Research Departm. (Sumatra), U.S. Rubber Co., Passaic, N. J.; '46–49 Prof. Chem. and Head of Science Departm., Jersey City Junior College, Jersey City, N. J.; '49–52 Research Assoc., '52–62 Research Scientist, '62–70 Senior Research Scientist, U.S. Naval Ordnance Test Station, China Lake, Calif.; living at Kernville, Cal. — '48 Alumni Citation (Wilmington College, Wilmington, O.).
* 1900, Dez. 21, near Blanchester, O.

S. Kinetics, equilibria and performance of high temperature systems. Proc. 1st Conference, Los Angeles, Calif., 1959 (G. S. Bahn, E. E. Zukoski) (London '60) 141–51: Computation of complicated combustion equilibria on a high-speed digital computer. — Proc. 5th Navy science symposium. Naval Academy 1961 (Washington, D.C. '61) 328–54: Equation of state of gaseous metallic plasmas.

W. Statistical design and analysis of experiments for development research (Dubuque, Ia. '51) 17 + 455 S.

Analytical Chem. An application of statistics to reaction kinetics [2]): **26** ('54) 901–04 (=NAVORD [Navy Ordnance] Report 5017=NOTS [Navy Ordnance Test Station] Report 1354 ('56)).

Annals math. Statistics Some significance tests for normal bivariate distributions [1]): **14** ('43) 141–48. — A significance test and estimation in the case of exponential regression: **18** ('47) 596–600.

Chemical Reviews The energy levels and statistical weights of polyatomic molecules: **11** ('32) 369–436.

Industrial and Engng. Chem. Variability of plantation latex. Surface tension: **32** ('40) 368–72.

J. amer. chem. Soc. Studies of carbon black, 1: Electrometric titration: **69** ('47) 214–17; ~ 2: Grignard analysis: **70** ('48) 3655–59.

J. appl. Physics [USA] Drift and relaxation of rubber [3])[6]): **15** ('44) 324–37. — Ultra-speed tensile of rubber and synthetic elastomers: **21** ('50) 565–73.

J. opt. Soc. America Transition probabilities in sharp and diffuse series of potassium: **42** ('52) 552–58 (= NAVORD Rep. 1923 ('51)). — Flame-zone spectroscopy of solid propellants, 2: Double base propellant JPN [4]): **46** ('56) 534–37 (= NAVORD Rep. 5016 u. 5393 = NOTS Rep. 1353 u. 1646 ('56)).

J. physic. Chem. A method of successive approximations for computing combustion equilibria on a high-speed digital computer: **63** ('59) 521–25.

J. Polymer Sci. Studies on carbon black, 3: Theory of bound rubber: **21** ('56) 257–71 [m. französ. u. deutscher Zusammenfassg.] (= NAVORD Rep. 5373 = NOTS Rep. 1617 ('56)).

NAVORD Rep. Use of the IBM 701 computer for quantum mechanical calculations, 1: Computation of hydrogen-like wave functions: Nr. **3492** ('55) (= NOTS Rep. 1116); ~ 2: Overlap integral: Nr. **5257** ('56) (= ~ 1464); Use of IBM electronic data processing machine for quantum mechanical calculations, 3: Coulomb, hybrid and mononuclear integrals: Nr. **6608** ('59) (= NOTS TP 2349). — Distribution of correlated means: Nr. **5056** ('56) (= NOTS Rep. 1464). — Use of the 701 computer for complicated thermodynamic equilibria calculations: Nr. **5326** ('56) (= ~ 1574). — Improvement of efficiency of experiment by use of statistical design: Nr. **5377** ('56) (= ~ 1621). — Use of IBM 704 computer for complicated thermodynamic equilibria calculations: Nr. **6382** ('58) (= ~ 2064). — Computation of complicated combustion equilibria on a high-speed digital computer: Nr. **6611** ('59) (= NOTS TP 2354). — — Weitere Nummern zugleich als Artikel in Zeitschriften, siehe oben und unten).

Physics Fluids The equation of state of gaseous metallic plasmas: **6** ('63) 745–48.

Review sci. Instruments Flame-zone spectroscopy of solid propellants [4]): **25** ('54) 424–29.

Rubber Chem. and Technol. Ultra-speed tensile of rubber and synthetic elastomers: **24** ('51) 144–60. — Studies on carbon black, 3: Theory of bound rubber: **30** ('57) 157–69.

Special techn. Publ., Amer. Soc. Testing Mater. Effect of speed of testing on the tensile test of elastomers and hard rubber [5]): Nr. **185** ('56) 62–71 (= NAVORD Rep. 5392 = NOTS Rep. 1645 ('56)).

Einige weitere Beiträge in Kongreßberichten. — Einige weitere Forschungsberichte im Rahmen der U.S. Navy.

Mit: [1]) T. W. Anderson; [2]) W. R. McBride; [3]) M. Mooney; [4]) R. G. Rekers; [5]) D. C. Scott, jr.; [6]) W. E. Wolstenholme.

V, VI **VILLAT,** Henri René Pierre. Mech. — 1927–51 Prof., '29–56[?] Dir. d'Inst. de Méc. des Fluides → Inst. de Méc., Fac. des Sci., Univ. de Paris; Prof., Ecole Nation. Supér. de l'Aéronautique, Paris. — Commandeur de la Légion d'Honneur (France); Prix Francœur (Acad. Sci., Paris).
* 1879, Dez. 24, Paris;
† 1972, März 19, Paris.

Zur Biogr. *J. Pérès, *J. Leray, *M. Roy, *G. Varlan, Remise d'un médaillon à son effigie à Henri Villat (avec une réponse de Henri Villat) (Paris '46) 31 S. — Annales Univ. Paris **17** ('47) 88.

Nekr. *M. Roy, C.R. hebd. Séances Acad. Sci., Paris, Vie acad. **274** ('72) 127–32. — C.R. hebd. Séances Acad. Sci., Paris, Vie acad. **275** ('72) 118–20.

HZ. J. Math. pures et appl. (9) **1**('22) – **40**('61). — Mémorial Sci. math. **1**('25) – **167**('69).

MHZ. J. Math. pures et appl. (9) **41**('62) – **49**('70). — Mémorial Sci. physique **1**('28) – **67**('63). — Nouvelles Annales de Mathématiques (5) **1**('22) – (6) **2**('27).

S. Jubilé de M. Marcel Brillouin (Paris '35) I–VI[?]: Introduction.

W. Mécanique des fluides (Cours de l'Ecole Nationale Supérieure d'Aéronautique) [2](Paris '38) 7 + 194 S. — Leçons sur les fluides visqueux (J. Kravtchenko) (Paris '43) 8 + 540 S.; ('44) 542 S. — Forces aérodynamiques instationnaires en régime bidimensionnel subsonique (Châtillon-sous-Bagneux '58) 40 S. [Skript] (Office national d'Etudes et de Recherches aéronautiques, Mémo technique No. 6, 1958). — Sur une approximation des forces aérodynamiques instationnaires en régime bidimensionnel subsonique élévé (Châtillon-sous-Bagneux '58) 18 S. [Skript] (~ No. 7, 1958).

Annales Physique Marcel Brillouin †: (12) **4** ('49) 5–11.

C.R. hebd. Séances Acad. Sci., Paris August Edward Hough Love †: **220** ('45) 293f. — Marcel Brillouin †: **226** ('48) 2029–32. — Discours [à la Séance annuelle des prix du 13 décembre 1948]: **227** ('48) 1285–94; auch als Monographie: (Paris '48) 12 S. (Institut [de France] 1948, 35). — Dimitri Riabouchinsky †: **255** ('62) 1821–23.

Nature [London] Count Robert de Montessus de Ballore †: **140** ('37) 226.

Notices et Discours, Acad. Sci., Paris Notice sur la vie et l'œuvre de Jules Drach, 1871–1949: **3**.1949/56 ('57) 209–23; auch als Monographie: (Hendaye '51) 16 S. (Institut [de France] 1951, 12).

VI **VILLAVECCHIA,** Gerolamo Vittorio. Chem. (Warenkunde). — Dir. del Labor. chim. centrale delle Dogane, Roma; Prof., R. Ist. Super. di Scienze economiche e commerciali, Roma. — — Weitere Daten nicht bekannt. (☒)
* 1859, Mai 25, Alessandria;
† 1937, Mai 20.

S. Metodi e norme per l'analisi dei denaturanti degli spiriti denaturati e dei liquori e liquidi alcoolici sospetti di contenerne (Laboratorio chimico centrale delle Dogane ed Imposte indirette) (Roma '33): [Beitrag oder mehrere Beiträge].

W. Dizionario di merceologia e di chimica applicata alla conoscenza delle materie prime e prodotti delle industrie chimiche e farmaceutiche, metallurgiche, alimentari, agricole, tintorie, tessili ecc., con speciale riguardo alle statistiche di produzione, di importazione ed esportazione, tariffe doganali, imposte di produzione, trasporti e leggi sanitarie (m. G. Fabris, G. Rossi, R. Belasio) **1**: Abelmosco – Cuscuta [5](Milano '29) 16 + 1223 S., **2**: Damiana – Mussena [5]('29) 1096 S., **3**: Naftalina – Sena [5]('31) 1043 S., **4**: Senapa – Zucchero [5]('32) 1208 S.; Neudruck **1–4** ('42–44). — Merceologia; ad uso degli istituti tecnici commerciali (m. G. Serao) **1**(Bologna '34) 16 + 236 S., **2** ('35) 16 + 350 S.; Merceologia; ad uso degli istituti (tecnici) commerciali, ad indirizzo amministrativo (Bologna '40) 15 + 274 S., Neudrucke: ('42), ('46), ('48); Neuausgabe: (W. Ciusa) ('58) 11 + 332 S. — Trattato di chimica analitica applicata. Metodi e norme per l'esame chimico ed il controllo dei principali prodotti industriali ed alimentari, **1** [3](Milano '36) 24 + 916 S., **2** [3]('36) 16 + 1130 S.; Neudruck: **1.2**(Milano '61); **1** [4]('67) 24 + 918 S., **2** [4]('66) 16 + 1158 S.; span.: **1.2** [2](Barcelona '44).

VI **de la VILLEMARQUÉ,** Edmond, S. J. Astron. — 1931–44 [oder –46?] Dir. d. Sternwarte Zô-Sè bei Shanghai.
* 1881, Dez. 1, Rethel, Ardennes;
† 1946, Juli 21, Shanghai.

Annales Observat. astron. Zô-Sè Une théorie approchée de la petite planète (113) Amalthea: **17** ('32) Nr. 5, D3–D42. — Quelques notes sur la détermination des orbites: D43–D49. — Observations photographiques d'Eros: Nr. 6, E3–E68. — Tables de petites planètes: 17 Planètes du type Flora (1000″ < n < 1100″): **19** ('34/36) Nr. 1, 11 + 152 S.; ~: 7 Planètes du type Flora (1000″ < n < 1100″): Nr. 2, 9 + 80 S.; ~: Planète (434) et Groupe Hungaria (1250″ < n < 1350″): Nr. 3, 1B–26B; ~: Table de concordance de n et a, relativement au groupe Flora; tableau général des oppositions: Suppl., 1*–9*. — Calcul numérique de transformations linéaires par la méthode des bandes mobiles: Nr. 3, 1C–9C. — Transformation d'une série doublement périodique en série simplement périodique: Suppl., 10*–14*. — Coopération de l'Observatoire de Zi-Ka-Wei à la révision internationale des longitudes [2])[1]): **20** ('34) 97 S. — Perturbations générales par Jupiter et Saturne de 40 petites planètes: **21** ('37/40) Nr. 1, 75 S. — Tables des petites planètes 149, 270, 317, 345: Nr. 2, 3 S. + S. 1A–46A. — Positions photographiques d'Eros (1930–1931) et (O–C) conclus: Nr. 3, 21 S. — Tables des planètes 296, 711, 736: Nr. 4, 1C–44C. — Tables des planètes 512, 700, 770, 800: Nr. 5, 1D–30D. — Perturbations générales par Jupiter et Saturne de 22 planètes. Positions obtenus en 1940: Nr. 6, 2 S. + S. 1E–26E. — Tables des planètes 685, 689, 819, 822, 823, 825, 841, 857, 901, 951: Nr. 7, 1F–75F.

Astronomical J. [Sternbedeckungen, Beobachtungen und Reduktionen]: **44** ('35) 101–03; **45** ('36) 111f. — Occultations d'étoiles par la lune, observées à Zô-Sè en 1939: **49** ('40) 15f.

Astronomische Nachr. Perturbations générales par Jupiter de la petite planète 1932 EA_1: **246** ('32) 339–42. — Petite planète 434 Hungaria: **251** ('34) 121–24. — Coefficients différentiels pour correction d'orbites: **256** ('35) 237–44. — Groupe Hungaria (1250″ < n < 1350″): **257** ('35) 105–12.

Bull. Univ. Aurore Abaques transparents, tournants à marques mobiles: Nr. **29** ('35) 21 S.

C.R. hebd. Séances Acad. Sci., Paris Sur le calcul de transformations linéaires, rencontrées en astronomie, par l'emploi combiné de la machine et du procédé des bandes mobiles: **202** ('36) 1018f.

J. Observateurs Planètes du type Flora (1000″ < n < 1100″). Détermination des constantes d'intégration relatives aux perturbations et représentation des observations: **15** ('32) 35–43; **17** ('34) 14–23; **21** ('38) 176–80; **23** ('40) 11–14.

Weitere Beobachtungsmitteilungen.

Mit: [1]) M. Burgaud; [2]) P. Lejay.

V, VI **VILLEY** (auch: Villey-Desmeserets), Jean Joseph René. Physik, Mech. — 1931– Prof. sans chaire, Univ. de Paris; Dir. de l'Ecole supérieure de Perfectionnement industriel, Paris; Chargé de Mission et Dir. hon. au Ministère de l'Air, Paris. — '35 Prix Henri de Parville, '43 Prix Poncelet (Acad. Sci. Paris).
* 1885, Juli 3, Caen;
†.

Zur Bibliogr. Notice sur les titres et travaux scientifiques de M. Jean Villey (Paris '37) 91 S.; Supplément à la ~, 1937–1943 ('43) 20 S.

MH. Mémorial des sciences physiques **1** (Paris '28) – **51** ('48).

HZ. Revue gén. Sci. pures et appl. **52** ('42) Nr. 4 – **55** ('48) Nr. 3.

S. Jubilé de M. Marcel Brillouin (Paris '35) 180–90: Sur les méthodes d'étude de l'écoulement des gaz parfaits autour des obstacles. — Journées Internationales de chronométrie et de métrologie, Paris 1937. Procès-verbaux et mémoires (R. Baillaud, P. Nicolau) (Paris '39): La métrologie électrostatique.

W. Introduction à l'étude de la résistance des matériaux (Paris '32) 6 + 76 S. (Mémorial des sciences physiques, 21). — Eléments de thermodynamique cinétique (Paris '33) 8 + 64 S. (~ 23). — Les principes des moteurs thermiques (Paris '35) 8 + 68 S. (~ 28). — Le rendement des moteurs thermiques (Paris '36) 71 S. (~ 31). — Propriétés générales des fluides moteurs (Paris '36) 67 S. (~ 33). — L'équilibre thermodynamique des fluides homogènes (m. H. Vergne) (Paris '39) 3 + 76 S. (~ 41). — Les variations de l'équilibre thermodynamique (m. H. Vergne) (Paris '41) 2 + 91 S. (~ 44). — Notions d'électrométrologie (m. A. Guillet) (Paris '36) 99 S. — Recherches physicochimiques sur les carburants et lubrifiants. Etat d'avancement au 1er juillet 1939 (m. M. Aubert) (Paris '40) 2 + 95 S. (Publications scientifiques et techniques du Ministère de l'Air [auch: ~ du Secrétariat d'Etat à l'Aviation], Bulletin des Services techniques, 91), ^{2}('45) 6 + 71 S.; ~ 1er juillet 1939 – 31 décembre 1940 (m. M. Aubert u. a.) ('43) 57 S. (~ 103). — Sur le choix des matières transparentes utilisables pour la photoélasticimétrie (Paris '41) 2 + 15 S. (~ 96). — Les souffleries aérodynamiques à grandes vitesses (Paris '43) 11 + 163 S. (~ 105). — Le calcul du remplissage des cylindres des moteurs (Paris '43) 2 + 44 S. (Publications scientifiques et techniques de la Direction des Industries aéronautiques [auch: ~ du Ministère de l'Air], 185). — Les moteurs polycylindriques (Paris '43) 6 + 74 S. (~ 186). — L'avion autopropulsé (Paris '46) 2 + 99 S. (~ 200). — Les écoulements gazeux non isentropiques (Paris '48) 2 + 48 S. (~ 211). — Les écoulements gazeux non permanents (Paris '48) 2 + 40 S. (~ 216). — Table des logarithmes de logarithmes (m. J. Dienesch) (Paris '42) 7 S. — La suralimentation des moteurs d'aviation (Paris '44) 11 + 54 S. (Publications scientifiques et techniques de la Direction des Industries aéronautiques, Notes techniques, 14). — Métrologie; l'amplification électrique (Paris '44) 9 S. (Syndicat des Constructeurs français des Machines-outils, Centre syndical de Documentation et de Formation des Techniciens de la Machine-outil, 1944). — Sur la notion d'écoulement linéaire non isentropique des gaz parfaits (Paris '45) 11 S. (Cours-conférences du Centre de Perfectionnement technique, 1538, 24 octobre 1945) [Skript]. — La propulsion par réaction (Paris '47) 11 S. (~ 1558, 27 mars 1946) [Skript].

Air [Paris] Le problème du moteur léger à combustibles ininflammables: **14** ('32) No. spéc. (Febr.). — Les moteurs à injection: **16** ('34) No. spéc. (Jan.).

Chaleur et Industrie Sur le calcul des compressions avec transvasements: **21** ('40) Febr.-Nr., 3–.

Communications Assoc. franç. Avancement Sci. La propulsion thermique: **64**.1945 ('46/47) [Zitat unsicher].

C.R. hebd. Séances Acad. Sci., Paris Sur l'écoulement permanent, à deux dimensions, d'un courant d'air très rapide autour d'un obstacle cylindrique: **198** ('34) 2070f. — Sur l'isotropie de la pression dans les fluides soumis à des accélérations très élevées: **199** ('34) 1291–93. — Sur la classification des pertes énergétiques d'après les types d'irréversibilité: **200** ('35) 1383–85. — Sur la classification des pertes énergétiques d'après le rôle des opérations irréversibles: 1657–59. — Sur le calcul de la perte énergétique à la combustion: 1921–23. — Sur un nouveau type de moteur d'aviation [10]): **201** ('35) 774–76. — Sur les tuyères à écoulement non isentropique: 1471–73. — Sur les tuyères thermiques propulsives [9]): **202** ('36) 52–54. — Les problèmes de l'aviation aux très grandes vitesses [9]): 461–63. — Sur le rendement des tuyères propulsives [9]): 638–41. — Sur la compression adiabatique avec remisage: **206** ('38) 508–10. — Sur un procédé de mesure de la compressibilité adiabatique des liquides: 655–58. — Sur la carburation par transvasements: 890–92. — Sur la loi de gonflage des pneumatiques d'avion géométriquement semblables [3])[2]): **207** ('38) 608–11. — Sur la loi de variation de la force opposée par l'air à la translation d'un solide mobile [8]): **208** ('39) 628–30. — Sur l'autopropulsion d'un projectile-source [9]): 1130–32. — Sur l'écoulement permanent limite d'un courant d'air autour d'une source [9]): 1479–81. — Sur le rendement des souffleries aérodynamiques à succion sonique [8]): **212** ('41) 889–91. — Sur les surfaces caractéristiques des soupapes d'admission [8]): **214** ('42) 209–11. — Sur la succion sonique avec récupération [5]): 345–47. — Sur les interventions thermiques dans les écoulements gazeux cylindriques: 477–79. — Sur la stabilité de l'onde de choc dans les aspirateurs soniques [4]): 872f. — Le paradoxe de la vitesse sonique dans les écoulements cylindriques: 900–02. — Sur la chambre d'alimentation des souffleries à accumulation: **215** ('42) 54–56. — Sur l'échauffement des ailes supersoniques: **216** ('43) 29–31. — Cols soniques en série: 794–96. — Sur le choix des compresseurs de suralimentation: 834–36. — La limite du rapport d'augmentation de densité dans la suralimentation des moteurs: **217** ('43) 15–17. — Sur le rendement des moteurs suralimentés: 62–64. — Les possibilités de l'analyse dimensionnelle: **218** ('44) 443–45. — Sur les dimensions de la température: 583f. — Sustentation et propulsion thermiques: 742–44. — Le système électromagnétique d'unités est incohérent: 987f. — Sur le remplissage des bétons à ossature: **221** ('45) 689f. — Sur la fabrication rationnelle des bétons à très haute résistance: **222** ('46) 42–44. — Sur le néobéton: 132–34. — Sur la position de la section sonique dans la tuyère de Laval: **224** ('47) 27–29. — Les écoulements subsoniques dans une tuyère de Laval: 329f. — Sur le couple de viscosité entre deux sphères concentriques [1]): 1271–73. — Sur les dissipations d'énergie au voisinage d'une paroi en translation supersonique peu éloignée de son plan tangent [9]): **225** ('47) 1275–77. — L'expérimentation des tuyères thermopropulsives sur modèles réduits [9]): **226** ('48) 1426–28. — Sur les échangeurs de chaleur à gaz parfait: 1699–701.

France énergét. La propulsion par réaction: **1945**, Nr. 9/10, 5 S. — La carburation dans les moteurs à explosion, exposés prononcés devant la Commission de Thermodynamique du Moteur du Centre National de la Recherche Scientifique [11])[7])[6]): **1946**, Nr. 1/2, 9 S.

Génie civil Les souffleries aérodynamiques à réservoir aspirateur: **62** ('42) 173–88[?]. — L'Ecole supérieure de Perfectionnement industriel: 234–41 [?]. — La signification des principes de la thermodynamique: **63** ('43) 40f., 52f. — La limite de suralimentation dans les moteurs à explosion et à combustion: **64** ('44) Juli-Nr. — La compacité des mélanges granuleux binaires: Nov.-Nr. — La granulométrie rationnelle du béton, le néobéton: **66** ('46) 71–74.

J. Physique et Radium Quelques remarques sur le mécanisme des forces électromotrices: (7) **3** ('32) 94S–96S. — Sur l'analyse thermodynamique des forces électromotrices: **4** ('33) 10–20. — Sur les lois de l'écoulement isentropique des gaz parfaits: **5** ('34) 167Sf. — Sur des procédés nouveaux de propulsion aéronautique: **7** ('36) 68Sf. — La définition à priori des fluides homogènes thermodynamiquement possibles: **8** ('37) 57f. — Sur les surfaces caractéristiques d'un fluide: 173S. — Compression adiabatique avec capacité en dérivation: **9** ('38) 58Sf. — Les écoulements linéaires des gaz parfaits: (8) **3** ('42) 79f. — Les écoulements gazeux cylindriques: 162–70. — Canalisation à étranglements successifs: **4** ('43) Aug.-Nr. [Zitat unsicher]. — La température dans l'analyse dimensionnelle: **5** ('44) Aug.-Nr. [Zitat unsicher]. — Analyse dimensionnelle et systèmes d'unités cohérents: **6** ('45) 17–21. — Les problèmes de la granulométrie: **6** ('45) [Zitat unsicher].

J. Soc. Ing. Automobile Cycle à explosion et combustibles lourds: **1936**, Juni-Nr.

Revue gén. Sci. pures et appl. Revue de mécanique: **46** ('35) 31. Okt., 39 S.; Revue annuelle de mécanique: **47** ('36) 639–48. — Les publications scientifiques et techniques du Ministère de l'Air: 509–14. — Thermodynamique et mécanique moléculaire: **50** ('39) 33–44. — Les problèmes des très grandes vitesses en aviation: **52** ('42/45) No. 4. — Le recrutement des ingénieurs docteurs: No. 7/8.

Revue int. Enseignement Impressions de mission en Yougoslavie: **90** ('36) 203–09.

Revue sci. Les collaborations scientifiques du Ministère de l'Air: **77** ('39) 549f. — Les effets thermiques dans les vols à très grandes vitesses: **80** ('42) 291–96. — La décoordination de l'énergie cinétique: **81** ('43) Mai-Nr.

Science aérienne Sur la classification des moteurs à combustion interne: **3** ('34) Mai/Juni-Nr. — Bilans énergétiques et bilans thermiques: **4** ('35) Juli-Nr. — L'aviation à très grandes vitesses par les tuyères thermopropulsives: **5** ('36) März-Nr. — Les diagrammes thermodynamiques à trois dimensions: **6** ('37) Mai-Nr. — La carburation par transvasements: Sept./Okt.-Nr.

Technique moderne La vapeur d'eau dans le domaine de Regnault: **33** ('41) 65–. — Les chambres à volume variable en tissu de ballon: **34** ('42) 200–. — Sur la conservation des réserves d'énergie: **35** ('43) Juni-Nr. — Sur les notions d'énergie thermique et de chaleur spécifique: Juli-Nr. — L'écoulement permanent d'un gaz entre deux réservoirs: **36** ('44) Mai-Nr. — Analyse dimensionnelle et unités électriques: **38** ('46) Nr. 7/8, 71f. — Propulsion mécanique et propulsion thermique: **38** ('46) [Zitat unsicher].

Einige weitere Kongreßberichte. — Ferner eine Arbeit [Vortrag?]: "Les méthodes de la métrologie indirecte" für die Société française des Mécaniciens ('38). — Vorworte (Einleitungen) zu zahlreichen Nummern von: Publications scientifiques et techniques du Ministère de l'Air (No. 58, 78, 101, 106, 158, 210); ~ du Secrétariat d'Etat à l'Aviation (No. 162, 172–174); ~ de la Direction des Industries aéronautiques (No. 190).

Mit: [1]) M. Aubert; [2]) P. Blanchet; [3]) A. Caquot; [4]) C. Daniel; [5]) J. Dienesch; [6]) Fabian; [7]) J. Jalbert; [8]) R. Jamin; [9]) R. Leduc; [10]) F. Rochefort; [11]) M. Serruys.

III–VI **VILLIERS-MORIAMÉ,** Charles Antoine Théodore. Chem. (analyt.). — 1895–1925 Prof., Fac.pharm., Univ. de Paris. (⊠)

* 1854, Jan. 6, Carcassonne, Aude;
† 1932, Aug. 14.

Nekr. *J. Bougault, *E. Cattelain, Bull. Soc. chim. France (4) **53** ('33) 1–11 (m. Bildn. u. Schr.verz.). — *A. Damiens, Bull. Sci. pharmacol. **40** ('33) 604–11.

VI **VINAL,** George Wood. Physik, Elektrochem. — 1910–17 Assist. Physicist, '17–20 Assoc. Physicist, '20–29 Physicist, '29–47 Principal Physicist, '47–50 General Physical Scientist, '18–50 Chief of Sect. of Electrochem., '50–62 Consulting Engr., Nation. Bur. of Standards, Washington, D.C.; '57–62 Consultant in industry; '30–32 Vice-Pres., Electrochem. Soc.; '31–Vice-Pres., Washington Acad. of Sci. — '36 Hon.D.Sc. (Wesleyan Univ., Middletown, Conn.). — '37 Prix Gaston Planté (Soc. franç. des Electriciens); '50 Edward Goodrich Acheson Gold Medal (Amer. Electrochem. Soc.); Meritorious Service Award (U.S. Departm. of Commerce).
* 1882, Dez. 17, Ellington, Conn.;
† 1969, Apr. 7, Waltham, Mass.

Zur Biogr. Chemical and Engng. News **28** ('50) 3769 (m. Bildn.).

W. Storage batteries; a general treatise on the physics and chemistry of secondary batteries and their engineering applications [2](NewYork–London '30) 10 + 427 S., Neudruck: ('34); [3]('40) 10 + 464 S., Neudrucke: ('45), ('47); [4]('55) 11 + 446 S.; französ.: Les accumulateurs électriques (Paris '36) 10 + 566 S. — Primary batteries (NewYork–London '50) 11 + 336 S.; französ.: Les piles électriques (Paris '53) 14 + 344 S.

Bur. Standards J. Res. International comparison of electrical standards: **8** ('32) 729–49. — The viscosity of sulfuric-acid solutions used for battery electrolytes [3]): **10** ('33) 781–93. — Composition of grids for positive plates of storage batteries as a factor influencing the sulfation of negative plates [3])[19]): 795–808. — Effect of glass containers on the electromotive force of Weston normal cells [7]): **11** ('33) 255–75.

J. Res. nation. Bur. Standards Resistivity of sulfuric-acid solutions and its relation to viscosity and temperature [3]): **13** ('34) 689–97. — Chemical reactions in the lead storage battery [3]): **14** ('35) 449–62. — Solubility of mercurous sulfate in sulfuric-acid solutions [3])[20]): **17** ('36) 709–20. — Electromotive force of saturated Weston standard cells containing deuterium oxide [2]): **20** ('38) 599–605. — Solubility of lead sulfate in solutions of sulfuric acid, determined by dithizone with a photronic cell [3]): **22** ('39) 55–70. — Thermodynamic properties of sulfuric-acid solutions and their relation to the electromotive force and heat of reaction of the lead storage battery [3]): **24** ('40) 475–90. — Note on the effects of cobalt and nickel in storage batteries [3])[19]): **25** ('40) 417–20. — Metastability of cadmium sulfate and its effect on electromotive force of saturated standard cells [2]): **26** ('41) 455–65. — Relation of electromotive force to the concentration of D_2O in saturated standard cells [2]): **27** ('41) 479–89. — Effect of inhibitors on the corrosion of zinc in dry-cell electrolytes [11])[6]): **40** ('48) 151–61.

Circular, Nation. Bur. Standards Battery additives [8]): **504** ('51) 30 S.

Electrical Engng. [USA] Electrochemistry and electrical engineering: **51** ('32) 238–42. — Electrochemical sources of electric power, 2: **65** ('46) [oder **67** ('48)?] 456–65.

Elektron Wiss. u. Techn. Die technische Gestaltung der elektrochemischen Quellen für elektrische Energie: **3** ('49) 355–59. — Die neueste Entwicklung auf dem Gebiet der elektrochemischen Energiequellen: 438–41.

J. amer. chem. Soc. Status of the values of the fundamental constants for physical chemistry as of July 1, 1951 [16])[5])[9])[14]): **74** ('52) 2699–701.

J. electrochem. Soc. Standard cells and the change from international to absolute electrical units: **93** ('48) 95–101. — Volta and the volt: **98** ('51) 11C–13C (m. Bildn.). — Discussion to: T. E. Browne jr., The electric arc as a circuit element: **102** ('55) 693.

J. Washington Acad. Sci. Transition from international to absolute electrical units as it affects the physical chemist: **38** ('48) 265–69.

Trans. electrochem. Soc. The definition of polarization, overvoltage and decomposition potential [1]): **66** ('34) 359–67. — Standards of electromotive force [3])[2]): **68** ('35) 263–74. — Committee report: Primary and secondary batteries during 1939 [15])[4]): **77** ('40) 11–13; ~ 1942 [15])[4]): **83** ('43) 3 S. — Effect of digesting, autoclaving and neutralizing some battery Mn dioxides [13])[12]): **86** ('44) 327–36. — A study of equilibrium reactions in the Leclanché dry cell [10])[3]): **90** ('46) 383–401. — Low-temperature dry cells [13])[11]): 419–32. — Service life of and gases evolved from dry batteries stored at 55 °C (130 °F) [6])[17]): 449–65.

World Power The composition of grids for positive plates of storage batteries as a factor influencing the sulfation of negative plates [3])[19]): **20** ('33) 318, 321–23. — Chemical reactions in the lead storage battery [3]): **24** ('35) 75–79.

Mit: [1]) W. Blum; [2]) M. L. H. Brickwedde (=[7])); [3]) D. N. Craig; [4]) C. A. Gillingham; [5]) F. T. Gucker, jr.; [6]) W. J. Hamer; [7]) M. L. Howard (=[2])); [8]) P. L. Howard; [9]) H. L. Johnston; [10]) H. F. McMurdie; [11]) C. K. Morehouse; [12]) E. H. Ostrander; [13]) E. Otto; [14]) L. Pauling; [15]) C. C. Rose; [16]) F. D. Rossini; [17]) J. P. Schrodt; [18]) —; [19]) C. L. Snyder; [20]) F. E. Vinal.

Bitte Bemerkung S. 5629 vor dem Buchstaben V beachten!

VI **VINASSA DE REGNY,** Paolo E. Geol., Paläontol. — 1924–41 Prof. e Dir. dell' Ist. di Geol., '29–37 Pres. della Fac. di Sci. mat., fisiche e naturali, '35–39 Rettore, '42 Prof. emer., Univ. di Pavia. — Commendatore dell'Ordine della Stella d'Italia; Cavaliere dell'Ordine dei Santi Maurizio e Lazzaro; Cavaliere dell'Ordine della Corona d'Italia.
* 1871, Juli 11, Firenze;
† 1957, März 18, Cavi di Lavagna.

Ehrung Marmorbüste im Istituto di Geologia, Univ. di Pavia.

Nekr. *A. Boni, Annuario, Univ. Studi Pavia **1957/58**, 385–87 (m. Bildn.).

Schriftenverzeichnis Boll. Soc. geol. ital. **77** ('58) 241–52.

HZ. Rivista ital. Paleontol. **3** (1897) – **47** ('41).

MHZ. Giornale di geologia pratica **1**('03) – **10** ('12).

S. *H. de Terra, Geologische Forschungen im westlichen K'un-lun und Karakorum-Himalaya (Berlin '32) (Wissenschaftliche Ergebnisse der Dr. Trinklerschen Zentralasien-Expedition, 2) 192–96: Hydrozoen und Korallen aus der Ob. Trias des Karakorum. — Atti del II Congresso di studi coloniali, Napoli 1934, **3** (Firenze '36) 232–37: Crociere coloniali. — Atti VIII Congresso nazionale delle acque, Padova 1935 (Milano '36): Disciplina delle acque del sotto-suolo. — Enciclopedia italiana di scienze, lettere ed arti, **26**(Roma '35) 58 f.: Paleozoica, Era; **31** ('36) 782–85: Silurico, Periodo. — Studi su Dante (Milano '38) (Conferenze e letture dantesche tenute a cura del Comitato milanese della Società dantesca italiana, 4): Issa vegg'io. — Commemorazioni spallanzaniane, 1939, **2**: Scritti geologici e bibliografici (Pavia '39): Lazzaro Spallanzani ed alcune sue osservazioni geologiche e biologiche generali.

W. Geologia e geografia generale; per le scuole medie superiori (Palermo '33) 312 S. — La terra; la sua forma, la sua vita, la sua storia (Torino '33) 16 + 779 S. — Chimica, mineralogia e litologia; per le scuole medie superiori (Palermo '34) 258 S. — Quanti anni ha la terra ? (Milano '35) 15 + 168 S. — Nozioni fondamentali introduttive alla geochimica. Sunto di lezioni, anno accademico 1935/36 (Pavia '36) 31 S. — Dancalia (Milano '38) 155 S. (Collana di studi coloniali, 3/4). — Geologia, paleontologia, mineralogia, cristallografia, petrografia, geochimica (m. P. Aloisi, F. Millosevich) (Milano '39) 361 S. (Enciclopedia scientifica monografica italiana del XX secolo, Ser. 2, Nr. 2). — Parole di congedo (Pavia '41) 22 S. — Confine orografico (Milano '42) 11 S. — Monti e valli d'Italia (Torino '43) 428 S.; ²('48) 447 S. — Storie della terra e della vita (Torino '51) 269 S.; Neudruck: ('55). — Dante e Pitagora (Milano '55) 188 S.

Agricoltura colon. Le acque profonde della Libia: **26** ('32) 270–79. — L'Eritrea geologica e mineraria: **27** ('33) 153–70.

Annuario accad., R. Univ. Studi Pavia Torquato Taramelli: **1934/35** ('35) 393–407. — Relazione del Magnifico Rettore sull'anno accademico 1935/36: **1936/37** ('37) 7–20; ~ 1936/37: **1937/38** ('38) 7–19; ~ 1937/38: **1938/39** ('39) 7–20.

Atti reale Accad. nazion. Lincei, Mem. Relazione sulla memoria di A. Boni, Vertebrati retici italiani ²): (6) **6** ('35/37) 521 f.

Atti reale Accad. Italia, Mem. Fossili ordoviciani sardi, 2: **12** ('41) 1025–55.

Atti reale Accad. nazion. Lincei, Rend. Sull'età dei calcarei bianchi marmorei del Monte Pisano: (6) **17** ('33) 351–54. — Sull'età del calcare bianco della Montagna del Casale presso Palermo: 1038–41. — Commemorazione del Socio corrispondente Alessandro Martelli: **21** ('35) 402–10.

Atti reale Accad. Italia, Rend. La silice giovanile nei vegetali fossili e viventi: (7) **1** ('40) 477–80.

Atti Soc. ital. Progr. Sci. Per la difesa delle acque sotterranee: **20**.1931 I, 2 ('32) 426–31.

Boll. Soc. geol. ital. Breve guida alle escursioni geologiche in Libia: **51** ('32) LIII–LXXVI. — Alcuni capisaldi per la geologia del Monte Pisano: 95–100. — Contribuzioni alla conoscenza della geologia della Libia: 277–88. — I fossili e l'età dei calcari marmorei toscani: **52** ('33) 181–206.

Corsica antica e moderna Un'isola: **2** ('33) 183–85. — Un nuovo dispiacere geografico: **6** ('37) 217 f.

Echi e Commenti L'acqua in Africa: **19** ('38) 787 f.

Economia nazion. L'Università ticinese: **29** ('37).

Illustrazione Medico Abissini, Cunama e Dancali: **27** ('36).

Materie prime Italia e Impero Geologia pratica: **5** ('40) 187 f.

Memorie Museo Storia natur. Venezia trident. Su taluni fossili giuresi del Monte Peller: **4** ('37) 63–97.

Nuova Antol. Il mare dancalo: **383** ('36) 47–51. — Conquista di forza: **385** ('36) 42–45.

Periodico Mineral. La simmetria elettronica ed i minerali: **4** ('33) 225–40.

Rend., Reale Ist. lombardo Sci. e Lettere Note sulla Comedia, 1: Le rime ripetute: (2) **66** ('33) 115–19; ~ 2: Le rime della beatitudine: 119 f.; ~ 3: Il numero e la simmetria dei canti nelle tre cantiche: 120–22; ~ 4: Le rime della Croce e

Bitte Bemerkung S. 5629 vor dem Buchstaben V beachten!

dell'Aquila: **67** ('34) 385f.; ~ 5: Veltro e il suo significato numerico: 387f.; ~ 6: I difensori della Comedia: 389–92; ~ 7: Il riso di Beatrice: **68** ('35) 852f.; ~ 8: Il numero dei personaggi danteschi: 854–57; ~ 9: Il numero della giustizia: 857f.; ~ 10: Il "paladino" del canto XII del Paradiso: **69** ('36) 68–71; ~ 11: I tre messi celesti: 71–73; ~ 12: Il gran geometra: 73–76; ~ 13: I tre dubbi danteschi: (3) **74** ('40/41) 203–05; ~ 14: Ancora sulla numeristica nella Comedia: 205–08; ~ 15: L'"Innominato" del "gran rifiuto": 209–12; ~ 16: Il piè fermo: 481f.; ~ 17: Il numero degli angeli: 482f.; ~ 18: Il significato di folle: 483–86; ~ 19: Gematria dantesca: **75** ('41/42) 431f.; ~ 20: Lo bello stile: 432–34; ~ 21: Nel mezzo del cammin: 434–37.

Ricerca sci. La carta geologica d'Italia: **4**, 1 ('33) 140–44. — Attività della Commissione per gli studi idromalarici [1])[3]): **11** ('40) 725–36.

Sapere Le pietre trasparenti: **1** ('35) Nr. 15.

Studi trentini Sci. natur. Torquato Taramelli, 1845–1922: **15** ('34) Nr. 2/3, I–XVI.

Ticinum L'ultimo canto del Paradiso: **1934**, Nov./Dez.-Nr. — Beatrice: **1935**, Juli/Aug.-Nr. — Africa Orientale: **1936**, Mai-Nr. — Spallanzani umorista: **1939**, März-Nr. — L'M ingigliata della stella sesta: Juli-Nr. — Dante buon cristiano: **1940**, Juni-Nr.

Universo [Firenze] La Val Visdende: **15** ('34) 477–92.

Vie Italia Come fu scoperto il lago Afrera in Dancalia: **42** ('36) 692–97.

Einige weitere Publikationen.

Mit: [1]) G. Bellincioni; [2]) G. Checchia-Rispoli; [3]) Crema.

VI **VINCENSINI,** Paul Félix. Math. — 1921–34 Prof., Lycée de Bastia, Corse; '34–36 Chargé de Recherches, Caisse nation. des Sci.; '36–38 Prof., Lycée de Marseille; '38–39 Chargé de Cours, '39–49 Prof., Univ. de Besançon; '49–66 Prof., Univ. d'Aix-Marseille, Aix-en-Provence. — '41 Prix Francœur, '45 Prix Dupin (Acad. Sci., Paris); '62 Officier de la Légion d'Honneur (France); Commandeur des Palmes académiques (Ministre de l'Educat.nation.).
* 1896, Apr. 30, Bastia, Corse;
† 1978, Aug. 9, Marseille.

H. *E. Cartan, Leçons sur la théorie des espaces à connexion projective (Paris '37) 308 S. (Cahiers scientifiques, 17).

S. Verhandlungen des Internationalen Mathematiker-Kongresses, Zürich 1932, **2** (Zürich–Leipzig '33) 167f.: Sur une transformation des congruences rectilignes. — [1.] Colloque de géométrie différentielle, Louvain 1951 (Centre belge de Recherches mathématiques) (Liège '51) 71–89: Sur les réseaux et les congruences(ω). — Atti del IV Congresso dell'Unione Matematica Italiana, Taormina 1951, **2** (Roma '53) 456–64: Les ensembles d'arcs d'un même cercle dans leurs relations avec les ensembles de corps convexes du plan euclidien. — Convegno internazionale di geometria differenziale, Italia 1953 (Roma '54) 302–11: Sur une généralisation d'un problème de déformation de L. Bianchi. — Proc. International congress of mathematicians, Amsterdam 1954, **2** (Groningen–Amsterdam '54) 262f.: Sur une représentation de l'espace réglé dans E_4. — [1.] Colloque sur les questions de réalité en géométrie, Liège 1955 (Liège–Paris '56) 77–94: Sur l'application d'une méthode géométrique à l'étude de certains ensembles de corps convexes. — Atti del VI Congresso dell'Unione Matematica Italiana, Napoli 1959 (Roma '60) 425: Sur le partage d'une sphère en deux portions équivalentes. — 2e Colloque de géométrie différentielle, Liège 1961 (Centre belge de Recherches mathématiques) (Louvain–Paris '62) 9–27: Sur quelques aspects de la géométrie de l'équation de Laplace: $\partial^2z/\partial x^2 + \partial^2z/\partial y^2 = 0$. — Celebrazioni archimedee del sec. XX, Siracusa 1961, **1**: Conferenze generali e Simposio di geometria differenziale (Gubbio '63) II, 41–46: Sur les transformations archimédiennes infinitésimales de la sphère.

W. Corps convexes. Séries linéaires. Domaines vectoriels (Paris '38) 60 S. (Mémorial des sciences mathématiques, 94).

Acta math. Sur les généralisations de quelques problèmes de géométrie différentielle et sur certains cycles de congruences: **71** ('39) 145–74.

Annales Fac. Sci. Marseille Sur un procédé géométrique d'intégration de certaines équations aux dérivées partielles du deuxième ordre: (2) **22** ('53) 81–90. — L'œuvre mathématique de Bertrand Gambier (1879–1954): **24** ('55) 7–17. — Sur la courbure de certaines formes quadratiques: 19–25.

Annales Fac. Sci. Toulouse Sur la déformation de certaines congruences rectilignes: (3) **24** ('32) 49–66. — Propagations d'aires invariantes. Correspondances par plans tangents parallèles entre surfaces réglées: **25** ('33) 41–68. — Sur les points focaux des congruences de cercles: 115–42. — Sur certaines questions métriques liées aux congruences stratifiables: **26** ('34) 303–19. — Sur certaines congruences rectilignes appartenant à un complexe linéaire: (4) **4** ('40) 97–115. — Sur une famille de congruences à angle des plans focaux constant: **6** ('43) 1–6.

 Bitte Bemerkung S. 5629 vor dem Buchstaben V beachten!

Annales sci. Ecole norm. sup. Etude des congruences de sphères dont les deux nappes de l'enveloppe se correspondent avec équivalence ou applicabilité et problèmes de déformation associés: (3) **53** ('36) 41–82. — Sur certaines surfaces à lignes de courbure planes: **59** ('42) 141–64. — Sur les courbes de Ribaucour et sur les réseaux conjugués géodésico-coniques: **60** ('43) 17–34. — Sur les congruences des cordes de contact des enveloppes de sphères: **61** ('44) 119–47. — Sur quelques types spéciaux de réseaux et de congruences conjugués: **62** ('45) 269–300. — Recherches sur la déformation des surfaces: **63** ('46) 255–88. — Questions de géométrie liées au caractère invariant de certains réseaux par déformation arbitraire de leur surface support: **64** ('47/48) 197–226. — Sur certaines équations aux dérivées partielles du deuxième ordre: **75** ('58) 153–66. — Sur le problème des transformations équivalentes infinitésimales d'une surface, et ses relations avec la théorie des congruences de sphères: **79** ('62) 299–319.

Annali Mat. pura ed appl. Congruences cycliques et asymptotiques virtuelles d'une surface: (4) **54** ('61) 147–57.

Archiv Math. Sur une représentation dans E_4 des congruences W à nappes focales réglées de E_3: **9** ('58) 360–65.

Atti Accad. nazion. Lincei, Rend. Su una classe di funzioni convesse: (6) **26** ('37) 366–68. — Sur un invariant du groupe des équivalences superficielles de l'espace euclidien à trois dimensions: (8) **23** ('57) 217–20.

Boll. Unione mat. ital. Su una famiglia di reti geodetico-planari: (3) **10** ('55) 11–16. — Sur la déformation de certains réseaux isogonaux d'une surface: **12** ('57) 377–84 [m. italien. Zusammenfassg.]. — Sur une représentation des cercles et des sphères de l'espace ordinaire sur l'espace euclidien à quatre dimensions: **14** ('59) 338–44 [~].

Bull. Cl. Sci., Acad. roy. Belgique Transformations de systèmes cycliques déduites de l'équation de Laplace: (5) **24** ('38) 65–72. — Sur une généralisation d'une propriété des figures convexes planes: **25** ('39) 69–74. — Sur l'application d'une représentation hyperspatiale de l'espace réglé à l'étude de certaines questions de géométrie différentielle: **40** ('54) 1090–105. — Sur le problème de la transformation, par déformation, d'un réseau asymptotique en réseau conjugué: **42** ('56) 928–38.

Bull. Sci. math. Congruences à surface moyenne plane et questions qui s'y rattachent: (2) **56** ('32) 366–84. — Figures convexes et variétés linéaires de l'espace euclidien à n dimensions: **59** ('35) 163–74. — Sur les congruences de Waelsch: **61** ('37) 303–20. — Sur quelques problèmes de la théorie des congruences de sphères: **63** ('39) 105–14. — Sur une transformation de l'espace réglé et sur les systèmes sphériques isothermes: **65** ('41) 155–78, 186–210. — Quelques remarques sur certaines caustiques par réflexion et sur le voisinage du second ordre d'un point d'une courbe: **66** ('42) 156–66. — Surfaces harmoniques, congruences et représentations conformes associées: **68** ('44) 60–72. — Sur une relation entre les congruences isotropes et les congruences d'Appell: **69** ('45) 52–62. — Sur une transformation des congruences les unes par les autres: **70** ('46) 183–99. — Sur certains ensembles déduits des ensembles d'arcs de cercle ou de calottes sphériques: **77** ('53) 120–28. — Sur quelques nouveaux aspects géométriques des transformations conformes du plan: **79** ('55) 42–48. — Sur une interprétation géométrique d'une différentielle totale de la théorie des surfaces minima: 173–80.

Bull. Soc. math. France Sur certains mouvements de figures invariables. Hélicoïdes, pseudo-sphériques et couples de sphères. Transformation par polaires réciproques: **61** ('33) 186–208. — Sur certains systèmes cycliques arbitrairement déformables: **63** ('35) 155–84. — Sur les figures superconvexes planes: **64** ('36) 197–208. — Sur une transformation des corps convexes et son application à la construction de l'ensemble des corps convexes de l'espace à n dimensions, à partir de certains sous-ensembles bases: **65** ('37) 175–89. — Sur une extension d'un théorème de M. J. Radon sur les ensembles de corps convexes: **67** ('39) 115–19. — Sur certains types de congruences appartenant à un complexe linéaire, et sur les suites de Laplace des réseaux quadratiques de Wilczynski de période 4: **73** ('45) 1–26. — Sur certaines correspondances ponctuelles, et sur un mode de représentation des surfaces: **78** ('50) 129–42.

Bull. Soc. roy. Sci. Liège Sur l'application, par un opérateur intégral, de certains ensembles fonctionnels sur l'espace harmonique: **31** ('62) 757–59.

C.R. Congr. Soc. savantes Paris et Dép. Sur une transformation géométrique du problème de l'intégration de certains types d'équations aux dérivées partielles du 2ᵉ ordre: **83**.1958 ('58) 1–7.

C.R. Acad. Sci. Paris Sur certaines familles de surfaces: **195** ('32) 18–20. — Points focaux des cercles d'une congruence: 1359–61. — Sur les congruences stratifiables: **196** ('33) 1272f. — Sur les réseaux associés et leurs transformations: **197** ('33) 1565f. — Transformations successives de Ribaucour. Familles de systèmes cycliques concourants: **198** ('34) 35–37. — Sur les centres de gravité des corps finis homogènes: 891–93. — Systèmes cycliques déformables: **199** ('34) 1093f. — Transformation de Ribaucour des surfaces de Guichard. Réseaux cycliques. Nouvel aspect de la transformation d'Eisenhart: **200** ('35) 1266–68. — Sur les corps convexes admettant un domaine vectoriel donné: **201** ('35)

761–63. — Sur la courbure des congruences de sphères: 1004f. — Sur les courbes unitaires minima dans la théorie de la superconvexité de M. A. E. Mayer: **202** ('36) 24–26. — Sur certaines congruences de sphères: 617–19. — Sur certaines suites de Laplace: 897–99. — Surfaces déformables avec transformation des réseaux cinématiquement conjugués en réseaux conjugués: **203** ('36) 973–75. — Sur les corps de largeur constante de l'espace à trois dimensions: **204** ('37) 84–86. — Sur une propriété des corps convexes de l'espace à n dimensions: 1302–04. — Sur la reconstitution de l'ensemble des corps convexes de l'espace à n dimensions à partir de certains sous-ensembles bases: 1609–11. — Sur une propriété caractéristique des transformations conformes du plan: **205** ('37) 946f. — Sur une transformation des congruences à angle des plans focaux constants: **208** ('39) 151–53. — Sur une propriété des réseaux conjugués géodésiques: 1963f. — Sur les réseaux isothermes sphériques: **210** ('40) 286–88. — Sur la déformation des surfaces: **222** ('46) 630–32. — Congruences arbitrairement déformables avec fixité des points centraux sur les différents rayons: 1326–28. — Sur les rotations et les homothéties de l'espace des congruences de droites: **224** ('47) 258f. — Sur une propriété relative à la déformation des surfaces: 520–22. — Sur certains cônes quadratiques issus des points d'une hypersurface de l'espace euclidien à n dimensions: **226** ('48) 1069–71. — Sur une transformation des champs de vecteurs unitaires: 1163–65. — Sur la géométrie des champs de vecteurs unitaires: **227** ('48) 952–54. — Sur un mode de représentation des surfaces: **229** ('49) 1114f. — Sur les ensembles convexes et les involutions algébriques de directions du plan: **232** ('51) 2075f. — Sur les congruences de sphères de Ribaucour arbitrairement déformables: **234** ('52) 503–05. — Sur les surfaces dont les réglées asymptotiques d'un système appartiennent à des complexes linéaires: **239** ('54) 1113f. — Sur une traduction métrique de l'existence des quadriques de Lie d'une surface: **240** ('55) 481–83. — Sur une transformation des surfaces minima: **241** ('55) 153f. — Sur un invariant de partition de l'ensemble des corps convexes de l'espace euclidien à n dimensions: **245** ('57) 132f. — Sur un opérateur intégral transformant en lui-même l'espace harmonique: **253** ('61) 54f. — Sur le transport tangentiel des fonctions harmoniques: **255** ('62) 3111f.

Enseignement math. Les domaines vectoriels et la théorie des corps convexes: **36** ('37) 69–80. — Sur une famille de courbes et la représentation géographique des surfaces: **37** ('38) 148–72. — Bertrand Gambier, 1879–1954: **40** ('51/54) 57–61.

J. Math. pures et appl. Sur les congruences stratifiables: (9) **13** ('34) 419–49. — Sur les domaines vectoriels des corps convexes: **15** ('36) 373–83. — Sur la courbure des congruences de sphères et les congruences de courbure constante: **16** ('37) 315–28. — Sur les suites de Laplace contenant des éléments orthogonaux: **17** ('38) 327–66. — Les surfaces de Voss et la déformation des réseaux cinématiquement conjugués: **20** ('41) 427–40. — Sur les systèmes de ∞^2 sphères centrées sur une développable isotrope: **36** ('57) 155–69. — Sur deux problèmes relatifs à la déformation des surfaces: **37** ('58) 329–42. — Sur l'application d'une représentation hyperspatiale à l'étude des familles de cercles ou de sphères: **40** ('61) 343–62.

Matematičeskij Sborn. Sur une transformation des congruences rectilignes et sur les invariants associés: **40** ('33) 467–93 [m. russ. Zusammenfassg.].

Rend. Circolo mat. Palermo Sur le prolongement des séries linéaires de corps convexes. Applications: **60** ('36) 361–72.

Rend. Semin. Fac. Sci. Univ. Cagliari Sur une transformation géométrique permettant de transformer, les unes dans les autres, les solutions des équations aux dérivées partielles $r + t = 0$ et $rt - s^2 = 1$: **28** ('58) 130–41.

Rend. Semin. mat., Univ. e Politecn. Torino Sur une représentation de l'espace euclidien E_3 dans E_4, et sur un nouvel aspect de la transformation de Sophus Lie: **13** ('53/54) 185–203. — Sur certaines transformations projectives de l'espace réglé, et leurs images dans l'espace euclidien à quatre dimensions: **14** ('54/55) 311–23. — Vue d'ensemble sur l'œuvre géométrique de Luigi Bianchi: **16** ('56/57) 115–57.

Revista, Univ. nacion. Tucumán, Ser. A Sur les déformations équivalentes infinitésimales des surfaces: **14** ('62) 177–88.

Revue Fac. Sci. Univ. Istanbul Sur certaines suites de points associées à une courbe gauche: **22A** ('57) 31–33 [m. türk. Zusammenfassg.].

VI **VINCI,** Felice. Statistik, polit. Ökonomie. — 1926[?]–28 Prof. di ruolo, R. Ist. super. di Sci. economiche e commerciali, Venezia; '29–39 Prof.ord. e Dir. della Scuola di Statistica, Fac. di Giurisprudenza, Univ. di Bologna; nello stesso tempo Prof.incar., Ist. super. libero di Sci. economiche e commerciali, Bologna; '39–40 Prof., Univ. de Lausanne; '40–61 Prof.ord., '61–62 Prof. fuori ruolo, '45–62 Dir. dell'Ist. di Sci. economiche e commerciali, Fac. di Giurisprudenza, Univ. di Milano; [?]–'54 Pres., Soc. ital. di Demografia e Statistica. — Cavaliere della Corona d'Italia.
* 1890, Nov. 20, Palermo;
† 1962, Nov. 14, Milano [?].

Nekr. *V. Dominedò, Annuario Univ. Studi Milano **1962/63** ('65) 425–28.

S. Congrès international de la population, Paris 1937, **1**: Théorie général de la population (Paris '38) (Actualités scientifiques et industrielles, 710) 31–36: Sulla misura di alcune tendenze delle popolazioni. — Atti della IV Riunione [della] Società italiana di Demografia e Statistica, Roma 1939 (Firenze '40): La cosiddetta legge di Sundbärg alla luce delle più recenti teorie demografiche. — Atti della V Riunione dedicata alla statistica del lavoro, Napoli 1939, **2** (Città di Castello '40): Nuovi concetti statistici nello studio della disoccupazione (Con riguardo alle dottrine di Kahn, Keynes, De Stefani). — Atti, Commissione parlamentare di inchiesta sulla miseria in Italia e sui messi per combatterla, **8**: Problemi economico-sociali della miseria (Roma '53) (Camera dei Deputati): L'accertamento della miseria e la distribuzione dei redditi. — Studi in memoria di Gino Borgatta **2** (Bologna '53) 229–37: Sui rinnovati criteri di calcolo del reddito collettivo. — Studi in onore di Giorgio Mortara (Padova–Milano '54): La teoria dell'illusione finanziaria nel suo cinquantesimo anniversario. — Studi in memoria di Rodolfo Benini (Roma '56) 223–36: Teoria e pratica dei costi comuni.

W. Nove novelle e un'appendice su Le lotte di domani (Bologna '33) 3 + 85 S. — Manuale di statistica. Introduzione allo studio quantitativo dei fatti sociali **1** (Bologna '34) 7 + 230 S., ^{2}('36) 8 + 301 S., ^{3}('43) 8 + 301 S., Neudruck: ^{3}('48); **2** ('34) 303 S., ^{2}('37) 353 S. — Manualetto di statistica. Ad uso delle scuole medie (Bologna '34) 179 S. — Le religioni. Il mito di Prometeo. Nuovi carmi (Bologna '36) 93 S. — Canti giovanili. Preceduti da chiarimenti sul novecentismo non degenere e seguiti da un'appendice su scienza e poesia (Bologna '36) 94 S. — Battute sul novecentismo non degenere e nuovi versi intelligibili. Seguiti da un inedito commento lirico del poeta che canta ne "La critica" (Bologna '37) 28 S. (Opere di poesia). — Il terzo cielo. Dramma in versi intelligibili preceduto da un discorso su Apuleio e il teatro contemporaneo (Bologna '37) 10 + 80 S. (~). — Problemi demografici (Bologna '39) 6 + 228 S. — Analisi economiche **1** (Bologna '40) 463 S.; **2** ('40) 397 S. — Capitoli di economia mediterranea (Bologna '40) 137 S. — I concetti statistici dell'analisi economica. Appendice: I primi cento gruppi di concetti fondamentali (Bologna '41) 97 S. — Unità mediterranea (Roma '42) 5 + 266 S.; ^{2}(Milano '46) 195 S. — Gli ordinamenti economici, **1**: Gli ordinamenti economici in generale; L'ordinamento economico liberista (Milano–Pavia '44) 105 S.; **2**: L'ordinamento economico collettivista; Gli ordinamenti economici eclettici ('45) 106 S. — Sulla cosiddetta meccanica economica (Milano '45) 28 S. — Il socialismo d'oggi, con un'appendice sul nostro reddito nazionale (Milano '46) 115 S. (I problemi del giorno. Raccolta di studi economici e sociali, 1). — La ricostruzione economica e le sue immediate esigenze [und] Le macchine Watson e la loro possibile applicazione alla elaborazione dei dati di censimento (Milano '46) 16 S. (Collana Watson, 1). — Breve introduzione all'economica. La ricchezza, il reddito e il bilancio economico collettivo [1. Aufl. nicht ermittelt]; ^{2}(Bologna '49) 91 S. — Istituzioni di economica [~] ^{2}(Bologna '50) 370 S. — A proposito di perequazione tributaria. La teoria dell'illusione finanziaria di A. Puviani nel suo cinquantesimo anniversario, coll'appendice di uno scritto precursore (Milano '52) 33 S. (Nuove analisi economiche e finanziarie). — I fondamenti dell'economica (Milano '53) 320 S. — Il nostro schema di sviluppo economico alla luce dell'esperienza internazionale con un'appendice epistolare di Vilfredo Pareto (Milano '56) 92 S. (Università degli studi di Milano, Istituto di scienze economiche e statistiche, Opere generali, 5). — Gli ordinamenti economici nelle dibattute esperienze e negli insegnamenti. Con i coordinati richiami storici e analitici obbedienti a un'adeguata metodologia e alle odierne esigenze culturali (Milano '61) 406 S. (Nuove analisi economiche e finanziarie, 2).

Annali Economia Il problema cardinale del corporativismo e la dinamica economica: **12** ('37) 9–23.

Econometrica [USA] Significant developments in business cycle theory: **2** ('34) 125–39. — Report of the European meeting of Econometric Society, Varese 1950: On the general theory of economic systems: **19** ('51) 198–200.

Economia int. I costi comuni, il benessere generale e la finanza pubblica: **4** ('51) 135–46, 398–410.

Giorn. Ist. ital. Attuari Sul cosiddetto metodo interpolatorio delle differenze: **6** ('35) 47–52.

Mondo econ. Il reddito e le altre risorse del bilancio economico nazionale: **1955**, 8. Jan.

Opere gen., Ist. Sci. econ. e statist., Univ. Studi Milano Il nostro schema di sviluppo economico alla luce dell'esperienza internazionale, con un'appendice epistolare del Vilfredo Pareto: **5** ('56).

Rassegna Statistiche Lavoro Sugl'indici di variazione della produttività del lavoro: **2** ('50) Nr. 6.

Relazioni, Soc. ital. Progr. Sci. La politica della popolazione nei vari stati europei: **28**. 1939 ('40).

Review econ. Condit. Italy The curbing of inflationary processes: **10** ('56) Sept.-Nr.

Revue Inst. int. Statistique La dimostrazione razionale della curva normale di probabilità e il libero arbitrio: **4** ('36) 189–94 [m. französ. u. engl. Zusammenfassg.]. — Una nuova rappresentazione grafica: **7** ('39) 138–44 [~].

Rivista bancaria L'ordinamento monetario dei grandi spazi economici: **23** ('42) 145–50. — Sugl'indici medi dei corsi delle azioni: 258–64. — Riforme e rilievi in tema di tassazione degli utili di guerra: 265–72.

Rivista ital. Sci. econ. Valore medio esterno della moneta e una nuova definizione dei cosiddetti prezzi esterni: **9** ('37) 473–79. — Redditi – profili grafici – stime: **10** ('38) 921–31. — Fascismo e comunismo nella lotta demografica: **11** ('39) 140–46. — La cosiddetta legge di Gustavo Sundbärg alla luce delle più recenti teorie demografiche: 681–91. — Nuovi concetti statistici nello studio della disoccupazione: 1451–62. — I bilanci di famiglia nella prassi e nella teoria economica: **12** ('40) 171–88. — Prezzi e scorte: 1031–37.

Scientia Il metodo statistico nello studio dei fatti sociali: **57** ('35) 442–48 [französ.: Suppl. S. 163–69].

Studi, Ist. Sci. econ. e statist., Univ. Studi Milano Il potere dei mercati: **3** ('44) 19 S. — Le distribuzioni statistiche e gli errori sperimentali: **9** ('45) 23 S. — Un'inchiesta provinciale sugli sfollati e altri argomenti provinciali: **10** [?] ('45) 38 S. — Breve introduzione all'economia con stime del reddito collettivo dell'Italia, del Regno Unito e degli Stati Uniti: **11** ('48) 39 S. — L'Europa di fronte agli odierni sviluppi dell'economia e altri saggi: **12** ('50) 29 S. — La politica economica dei costi comuni e del benessere generale: **13** ('51) 29 S. [auch französ., m. engl. Zusammenfassg.].

Quaderni, Ist. Sci. econ. e statist., Univ. Studi Milano Reddito collettivo e piano d'investimenti: **14** ('51). — Chiarimenti sulle produzioni e gli appagamenti comuni: ibid. — Interventi sul nuovo assetto europeo, sull'accertamento della miseria, sulle ricerche econometriche e sull'illusione finanziaria: **16** ('52) 22 S. — Statistica ed economia nella nostra "Enciclopedia matematica": **17** ('53) 25 S. — Sui fondamenti dell'economia: **18** ('53). — L'insegnamento universitario dell'economia e le sue nuove esigenze: **19/20** ('54). — L'attività dell'Istituto nello scorso anno accademico: **22** ('55) 19–21. — La meccanica economica nel pensiero di Vilfredo Pareto: **23** ('56). — Teoria e pratica dei costi comuni: ibid.

Vermutlich einige weitere Arbeiten.

VI **VINTER HANSEN**, Julie Marie. Astron. — 1922–60 Observatorin, Universitätssternwarte, København; '47–60 Dir. d. Zentralbüros f. astronomische Telegramme, Int. Astron. Union. — '40 Annie Jump Cannon Prize (Amer. Astron. Soc.).
* 1890, Juli 20, København;
† 1960, Juli 27, Mürren, Schweiz.

Nekr. *M. Edelberg, Nordisk. astron. Tidsskr. **1960**, 81 f. — *H. Q. Rasmussen, Quarterly J. roy. astron. Soc. **2** ('61) 38 f. — *C. Schalén, Populär astron. Tidskr. **41** ('60) 171 f.

MHZ. (Mitredakt.) Nordisk. astron. Tidsskr. **1** ('20) – **1960**.

S. Festschrift für Elis Strömgren. Astronomical papers dedicated to Elis Strömgren (K. Lundmark) (København '40) 274–81: The quadruple system of Castor. — Vistas in astronomy (A. Beer) **1** (London–NewYork '55) 16–21: The international astronomical news service.

W. Verdensrummets erobring. Vore muligheder for rejser i rummet (m. E. O. Errebo-Knudsen, L. Hansen) (København '53) 80 S. (Mennesket og naturen, 3).

Astronomische Nachr. Notice regarding calculations of orbits and ephemerides of periodic comets: **257** ('35) 135. — Notiz über die periodischen Kometen Tuttle-Giacobini und Pons-Forbes: 183. — Notiz über den periodischen d'Arrestschen Kometen: 347. — Komet 1889 VI Swift: 347. — Komet 1907 III Giacobini: 347. — Komet 1911 VII Schaumasse: **259** ('36) 15. — Komet 1926 V = 1919 II = 1886 VII Finlay: 15. — Komet 1924 IV Wolf II: 15. — Komet 1929 I Schwassmann-Wachmann II = 1934c: 15. — Notiz über den 2. Tempelschen Kometen: 163. — Über die Bearbeitung der Bahnen der Kometen [1]): **260** ('36) 169–72. — E. Strömgren, 1870–1947: **275** ('47) 48.

Astrophysical J. The spectroscopic binary 31 Cygni: **100** ('44) Nr. 1, 8–13.

Circulaire, Union astron. int. [København] Roman numeral designation of comets in the years 1939–1944: Nr. **1098** ('47) 1104.

J. brit. astron. Assoc. Notice regarding calculations of orbits and ephemerides of periodic comets: **46** ('35/36) 46 f. — Komet 1907 III Giacobini: 47. — Komet 1927 c Pons Winnecke: 47. — Komet 1873 II Tempel II: 265.

Lick Observat. Bull. The orbits of the spectroscopic binaries α_1 and α_2 Geminorum: **19** ('39/48) Nr. 502, 89–94. — The spectroscopic binary 12 Comae Berenices: Nr. 504, 101–03. — Opposition ephemerides for 1942 of minor planets (101)Helena, (103)Hera, (105)Artemis, (119)Althaea, (128)Nemesis, (139)Juewa, (161)Athor, (179)Klytaemnestra [2]): Nr. 509, 137–40. — The spectroscopic orbit of χ Draconis: Nr. 510, 141–45. — Observations of 433 Eros: Nr. 512, 151–53; Nr. 516, 167 f. — Miscellaneous measures of comets and asteroids: Nr. 512, 153. — Positions of the Watson asteroids: (101)Helena, (103)Hera, (119)Althaea, (128)Nemesis, (161) Athor and (179)Klytaemnestra: Nr. 514, 161 f. — Observations of the asteroid (51) Nemausa: Nr. 516,

169. — Note on star Nr. 10263 in the Boss General Catalogue: 170.

Mat(h)ematisk-fys. Medd., Kgl. danske Vid. Selsk. The periodic comet Comas Solá (1926f) at its return in the year 1935, with some remarks about the method of direct integration in co-ordinates and the method of perturbations: **12** ('32/34) Nr. 5, 16 S. — The motion of the periodic comet Comas Solá (1927 III, 1935 IV, 1944 II) in the years 1926–1944: **26** ('51) Nr. 2, 8 S.

Monthly Notices roy. astron. Soc. H. Kobold, 1858–1942: **103** ('42) 76.

Nachrichtenbl. astron. Zentralstelle, Karlsruhe Künstlicher Planet I: Vorläufige Mitteilung Nr. **410** ('59).

Naturens Verden Zwei neue interessante Planetoiden: **16** ('32) 377–79. — Die Kometen im Jahr 1932: **17** ('33) 134–36; ~ 1933: **18** ('34) 42; [~ 1934 ?]; ~ 1935: **20** ('36) 42f.; ~ 1936: **21** ('37) 29; ~ 1937: **22** ('38) 143f.; ~ 1938: **23** ('39) 42; ...; ~ 1957: **1958**, 72–74; ~ 1958: **1959**, 68f. — Von meinem Besuch in den höchstgelegenen Observatorien Amerikas: **17** ('33) 241–58. — Saturn und sein weißer Fleck: 374–77. — Der Sternschnuppenschwarm am 9. Oktober 1933: 431f. — Zwei neue Jupitermonde: **22** ('38) 421f. — — Alle Arbeiten dän.

Nordisk. astron. Tidsskr. Die diffusen Nebel in unserem Sternsystem: **15** ('34) 95–102. — Der Wolfsche Nebelhaufen: **16** ('35) 63f. — Leben und Arbeit auf dem Lick-Observatorium: **27** ('46) 56–67. — S. E. Strömgren, 1870–1947: **1947**, 41–43. — Die physische Struktur der Kometen: 44–51. — Der Kongreß der Internationalen Astronomischen Union in Zürich 1948: **1948**, 104–06. — Das neue Bergobservatorium in Skalnaté Pleso, ČSSR: 101–03. — Das 200-Zoll-Hale-Teleskop auf dem Mount Palomar: 144–46. — A. Nielsen, 1884–1950: **1950**, 33f. — Mitteilungen über Kometen: 20, 67, 109f.; **1951**, 31, 61f., 111f., 139; **1952**, 28, 58, 110, 149; **1953**, 33, 34, 77, 110, 156. — Das Observatorium des Vatikans: **1952**, 98–104. — Das Internationale Geophysikalische Jahr 1957/58: **1955**, 117f. — Der Komet Arend-Roland (1956 h): **1957**, 59–64. — Der 10. Kongreß der Internationalen Astronomischen Union in Moskau: **1958**, 85–91. — — Alle Arbeiten dän.

Observatory S. E. Strömgren, 1870–1947: **67** ('47) 120, 142f.

Popular Astron. The orbits of comets: **51** ('43) [oder **52** ('44) ?] 370–79. — Life and work at the Lick Observatory: **55** ('47) 186–97. — S. E. Strömgren, 1870–1947: 341–43.

Publ. astron. Soc. Pacific The orbits of the spectroscopic binaries α_1 and α_2 Geminorum: **52** ('40) 329–31. — Spectroscopic binaries and their parallaxes: **54** ('42) 137–44.

Ferner Übersetzung einiger Aufsätze anderer Autoren ins Dänische für die Zeitschrift Nordisk astron. Tidsskr.

Mit: [1]) H. Kobold; [2]) A. O. Leuschner.

VI **VIRTANEN,** Artturi Ilmari. Biochem. — 1924–39 Doz. Chem., '39–48 Prof. Biochem., Univ. Helsinki; '31–39 Prof. Biochem., Techn. Hochsch. in Finnland, Helsinki; '31–73 Dir., Biochem. Forschungsinst., Helsinki (vgl. Pogg. VI); '41–45 Präs., Finn. Akad. Wiss.; '48–63 Präs., Staatl. Akad. v. Finnland; '56– Ehrenpräs., Kulturfonds in Finnland; '64– Ehrenpräs., Ges. Finn. Chemiker; '70– Ehrenpräs., Societas Biochemica, Biophysica et Microbiologica Fenniae. — '36 Dr. med.h.c. (Univ. Lund); '49 Dr.h.c. (Techn. Hochsch. in Finnland, Helsinki); '49 Dr.h.c. (Techn. Hochsch. Stockholm); '52 Dr.h.c. (Univ. Paris); '55 Dr.agr.et silv.h.c. (Univ. Helsinki); '55 Dr.agr.h.c. (Justus-Liebig-Hochsch., Gießen). — '45 Nobel-Preis f. Chem. — '38 Goldene Scheele-Medaille (Schwed. Chem. Ges.); '43 Goldene Adelsköld-Medaille (Schwed. Akad. Wiss.); '43 Ehrenpreis (Wihuri-Stiftung, Helsinki); '43 Kommandeur 2. Kl. d. Ordens „Weiße Rose" (Finnland); '45 Freiheitskreuz 2. Kl. (Finnland); '45 Kommandeur 1. Kl. d. Ordens d. Finn. Löwen; '46 Goldene Plakette (Verein „Die Milchwerbung", Stockholm); '46 Plakette (Verein Finn. Techniker, Helsinki); '46 Große Medaille (Univ. Gent); '49 Goldene Gadolin-Medaille (Ges. Finn. Chemiker); '50 Kairamo-Medaille (Societas Zoologica Botanica Fennica Vanamo); '51 Kommandeur 1. Kl. d. Königl. Dannebrog-Ordens (Dänemark); '51 Großkreuz d. Zivilen Landwirtschaftsverdienstordens (Spanien); '55 Cajander-Medaille (Forstwiss. Ges. v. Finnland); '57 Medaille (Univ. Pavia); '57 [oder '58?] Goldene Emanuele-Paternò-Medaille (Italien. Chem. Ges.); '59 Goldene Gebhard-Medaille (Finnland); '59 Goldene Ehren-Medaille (Zentralorganisat. d. Landwirtschaftsgesellschaften in Finnland); '60 Medaille (Univ. Helsinki); '61 Ehrenmedaille (Ayrshire-Verein Finnlands); '63 Goldene Medaille für d. Tätigkeit zum Besten d.

Naturschutz-Vereins Finnland; '64 Medaille (Faber-Stiftung, Wien); '67 Friesland-Preis m. Goldmedaille (Den Haag); '69 Siegfried-Thannhauser-Goldmedaille (Deutsche Ges. f. Verdauungs- u. Stoffwechselkrankheiten); '69 Ehrendiplom (Italien. Vereinig. f. d. Fortschritt d. Milchindustrie); '71 Orden "Pour le Mérite" f. Wiss. u. Künste (BRD); '72 Preis m. Goldmedaille (F.-Cuenca-Villoro-Stiftung, Zaragoza); '73 Goldenes Ei (Italien).

* 1895, Jan. 15, Helsinki;
† 1973, Nov. 11, Helsinki.

Ehrungen Büste (in der Forschungs- und Entwicklungsabteilung des Zentralverbandes der Finnischen Molkereigenossenschaften "Valio", Helsinki). — Porträts (in der Univ. Helsinki und bei "Valio").

Zur Biogr. *H. Karström, A. I. Virtanen und seine biochemische Schule: Panorama [Helsinki] **1** ('45) Nr. 2, 14–17 [schwed.]. — *J. Mäki, A. I. Virtanen in the history of fermentation research (Oulu '83) 83 S. (Dissertation) (Acta Universitatis Ouluensis, Ser. A: Scientiae rerum naturalium Nr. 146, Biochemica Nr. 44). — *A. I. Poussa, Ein Gelehrter als Landwirt: Karjatalous **10** ('34) 624–28 [finn.]. — *V. M. Tjutjunnik, Ž. vses. chim. Obšč. im. Mendeleeva **20** ('75) 658f. — *N. J. Toivonen, Die Bedeutung der wissenschaftlichen Arbeit von A. I. Virtanen: Valvoja **75** ('55) 9–11 [finn.]. — Interview anläßlich der 10jährigen Präsidentschaft bei der Akademie von Finnland: Akateeminen **1958**, Nr. 4, S. 12, 13–, 22– [finn.]. — Leopoldina (3) **8**/9. 1962/63 ('65) 92f. — Nature [London] **145** ('40) 654. — Vorlesungsreisen: Suomen Kemistilehti **20A** ('47) 11f. [finn.]; **21A** ('48) 187–91 [~] (m. Bildn.). — Ibid. **21A** ('48) 57 (m. Bildn.). — Triangel **4** ('59/61) 341f.

Zum 50. Geb.tag *H. Karström, Karjantuote **28** ('45) 1–5. — *J. Tikka, Suomen Kemistilehti **18A** ('45) 1–3 (m. Bildn.).

Zur Verleihung des Nobelpreises *V. Caglioti, Ricerca sci. **16** ('46) 24–26. — *E. Farber, Nobel Prize winners in chemistry, 1901–1950 (New York '53) (The life of science library, 31) 178–81 (m. Bildn.). — *H. Karström, Suomen Kemistilehti **18A** ('45) 175–82 (m. Bildn.); Suomen Osuustoimintalehti **37** ('45) 266–70 (m. Bildn.). — *B. Sjollema, Chemisch Weekbl **42** ('46) 198–203. — Nobel Lectures, Chemistry, 1942–1962 (Amsterdam–London–New York '64) 69–73, 104f. — Les prix Nobel en 1945 (Stockholm '47) 68–70, 110–12 (m. Bildn., Faks.). — Suomen Kemistilehti **19A** ('46) 39.

Zum 60. Geb.tag Festband: "Biochemistry of nitrogen" = Suomalaisen Tiedeakatemian Toimituksia, Sarja A II **1955**, Nr. 60, 535 S. (m. Bildn., Faks.); darin Biogr. von *J. Erkama: S. 15–18 [engl.]. — Festband: Suomen maataloustieteellisen Seuran Julkaisuja **83** ('55) 243 S. (m. Bildn.); darin S. 11–18: *G. L. Rosenqvist, A. I. Virtanen as a farmer and cattle breeder [finn. u. engl.]; 19–24: *E. Peltola, A. I. Virtanen, the man behind the development of dayrying in Finland [~]. — Sonderheft: Suomen Kemistilehti **28A** ('55) Nr. 1 (m. Bildn., Faks.); darin biographische Artikel von *P. Roine (S. 1–4) u. *H. Karström (S. 5–9) [finn.]; ferner Ansprachen von *J. K. Miettinen, *N. J. Toivonen, *J. Erkama u. *P. Eskola (S. 90–96) [finn.]. — *K. J. Demeter, Ein Leben für die Wissenschaft und Praxis: Deutsche Molkerei-Ztg. **76** ('55) 39f. (m. Bildn. S. 299). — *U. Vartiovaara, Karjantuote **38** ('55) 1f.

Zum 70. Geb.tag *N. Ellfolk, Finska Kemistsamfundets Medd. **74** ('65) 1–5. — *J. Erkama, Suomen Kemistilehti **38A** ('65) 1–5 (m. Bildn.). — Der deutsche Apotheker **17** ('65) 76. — Deutsche Apotheker-Ztg. **105** ('65) 105.

Zum 75. Geb.tag Chemiker-Ztg. **94** ('70) 218. — Nachr. Chem. u. Techn. **18** ('70) 69.

Nekr. *A. Butenandt, Jahrb. bayer. Akad. Wiss. **1974**, 221–29 (m. Bildn.). — *M. Kreula, Z. Ernährungswiss. **13** ('74) 1–5 (m. Bildn.). — Suomen Kemistilehti **46A** ('73) 163–65 (m. Bildn.).

HZ. Suomalaisen Tiedeakatemian Toimituksia, Sarja A II **15** ('45) - **135** ('66).

MHZ. Acta chem. scand. **1** ('47)ff. — Suomalaisen Tiedeakatemian Toimituksia, Sarja A III **61** ('61) u. d. T.: Commentationes in honorem Yrjö Väisälä die natali eius septuagesimo. — Suomen Kemistilehti **1** ('28)ff.

S. Forhandlinger. Det 4. Nordiske kjemikermøte, Oslo 1932 (Oslo '33) 137–51: Über die Stickstoffnahrung der Pflanzen [schwed.]. — Xe Congrès mondial de laiterie, Rome–Milan 1934, Sect. **1**: Elevage du bétail et production du lait (Roma '34) 31–40: Le fourrage A. I. V. — Proc. 6. Internationaal botanisch congres, Amsterdam 1935, **2** (Leiden '35) 3–: Über die Wechselbeziehungen zwischen Leguminosen und Nicht-Leguminosen bezüglich der Stickstoffernährung; 275–: Zur Kenntnis der Aminosäuresynthese in der Pflanze. — Pohjoismainen (19. skandinaavinen) luonnontutkijain kokous, Helsinki 1936 (Helsinki '36) 561–: The mechanism of the symbiotic nitrogen fixation. — Olösta gåtor och aktuella problem. 76 uttalanden i Svenska Dagbladets enquête om naturforskningens nuvarande uppgifter och framtida mål (Stockholm '37) 273–: Die Biochemie schenkt neue Mittel für Gesundheit und Wohlstand [schwed.]. — Professor Dr. phil. et Dr. h. c. Robert Burri zum 70. Geburtstag (Schaffhausen '37) (Schweizerische Milchzeitung **63**, Nr. 56,

Beilage) 46f.: The secretion phenomena in bacteria (m. Bildn.). — Report. 4th International grassland congress, Aberystwyth 1937 (Aberystwyth '37) 77–88: Associated growth of legumes and non-legumes. — Wissenschaftliche Berichte des XI. Milchwirtschaftlichen Weltkongresses, Berlin 1937, **1** (Hildesheim '37) 180–87: Die wirtschaftseigene Milchproduktion; **2** ('37) 121–23: The influence of oxygen on the formation of butter aroma. — Valion työmailta – teoksesta (Pellervo-seura) (Helsinki '38) 143–49: Unser Genossenschaftswesen als Stütze und Förderer der chemischen Forschungsarbeit [finn.]. — Trans. 3rd Commission of the International Society of Soil Science, New Brunswick, N. J., **A** (New Brunswick, N. J. '39) 4–19: Mechanism of symbiotic nitrogen fixation by leguminous plants. — Report of proc. 3rd International congress of microbiology, New York 1939 (New York '40) 747f.: The fermentation of the native cellulose in wood. — Kansanravitsemuskomitean mietintö 1940 (Helsinki '41) 64–126: Untersuchung über die Ernährung der verhältnismäßig armen Bevölkerungsschichten in Finnland 1936–1937 [116]) [finn.]; 323–: Die Abhängigkeit des Vorkommens von Struma vom Jodgehalt der Nahrung [~]. — Die Methoden der Fermentforschung (E. Bamann, K. Myrbäck) (Leipzig '41) 2541–46: Bakteriendekarboxylasen [58]); 2589–97: Aspartase [17]); 2719–40: Stickstoffassimilation [58]). — Kulttuurin saavutuksia suomalaisten tiedemiesten ja taiteilijain esittämänä (Suomen Kulttuurirahasto), **1** (Porvoo '46) 1–7: Wissenschaftliche Tätigkeit und Praxis [finn.]; 59–68: Die Ernährung des Menschen im Lichte der biochemischen Forschung [~]. — Minun äitini. Suomalaisia äiteja lastensa kuvaamina (Turku '46) 188–92: [Meiner Mutter zum Gedenken] [finn.] [Identität des Autors nicht gesichert]. — Les prix Nobel en 1945 (Stockholm '47) 69–: Allocution au Banquet Nobel le 10 décembre 1945; 129–54: Die biologische Stickstoffbindung und die Futterkonservierung in der Landwirtschaft sowie deren Bedeutung für die Ernährung des Menschen [schwed.]. — Rehunviljelysopas. AIV-rehun valmistajia varten (Helsinki '47) (Maatalousjärjestöjen AIV-neuvonnan keskusvaliokunta) 5–20: Futteranbau und Milchproduktion [finn.]. — Berättelse och föredrag. 6. Nordiska kemistmötet, Lund 1947 (Lund '48) 92–108: Die biologische Stickstoffbindung vom praktischen und vom theoretischen Standpunkt gesehen [schwed.]. — Report of proc. 4th International congress for microbiology, Copenhagen 1947 (København '49) 379f.: Adaptation and uptake of nutrition by micro-organisms; 476f.: Some problems concerning the legume bacteria and the nitrogen fixation. — 12th International dairy congress, Stockholm 1949, **2** (Stockholm '49) 268–72: Investigations on the role of amino acids in the taste of Emmental cheese and on the decrease of certain amino acids during the ripening of cheese [53][82]); 626–28: Formation of the brownish-pink colour in Emmental cheese [48]). — Abstracts of communications. 1st International congress of biochemistry, Cambridge 1949 (Oxford–NewYork '49) 123f.: Dependence of the enzyme activity of cells on their protein content; 492f.: On the influence of substances formed in germinating seeds on the growth and redox-potential of plants. — Colloid chemistry: theoretical and applied (J. Alexander) **7** (New York '50) 255–63: Adaptive formation of enzymes and influence of nitrogen nutrition on the enzymic activity of cells. — Pohjoismaitten viljateknikkojen kongressi Helsingissä 1948 (Helsinki '50) 22–: Bedeutung von im Samen vorkommenden und beim Keimen entstehenden Substanzen für das Wachstum der Pflanzen [schwed.]. — The enzymes (J. Sumner, K. Myrbäck) **1**,2 (New York '51) 1244–49: Aspartase [17]); **2**,2 ('52) 1089–130: Nitrogen assimilation [89]). — Proc. United Nations scientific conference on the conservation and utilization of resources, Lake Success, N.Y., 1949, **6** (New York '52) 347–: Conservation of green crops. — VI° Congresso internazionale di microbiologia. Symposium: Metabolismo microbico, Roma 1953 (Roma '53) (Rend. Ist. sup. Sanità, Suppl. 1953) 92–108: Assimilation of molecular and combined nitrogen by micro-organisms. — Proc. 7th International botanical congress, Stockholm 1950 (Stockholm '53) 156–59: Microbiology and chemistry of symbiotic nitrogen fixation. — Proc. 6th International grassland congress, State College, Pa., 1952 (Washington, D.C. '53) 1147–52: Use of acids in making grass silage. — Atomi – ihmisen palvelija (Helsinki '55) 9–: Die Kernforschung öffnet die Tür zu einem neuen Zeitalter [finn.]. — Methods in enzymology (S. P. Colowick, N. O. Kaplan) **2** (New York '55) 386–90: Aspartase [16]). — Proc. 3rd International congress of biochemistry, Brussels 1955 (New York '56) 425–33: Biological nitrogen fixation. — 9. Nordiske Kemikermøde, Aarhus 1956, **2** (Aarhus '56) 41–58: Über neue Aminosäuren und andere physiologisch bedeutende Stickstoffverbindungen in höheren Pflanzen [schwed.]. — Proc. 14th International dairy congress, Rome 1956, **1**, 2 (Roma '56) 802–05[?]: α-Keto acids in cow's milk [53]); 873–81: Vitamin B_{12} (cobalamin) content of cow's milk [82]). — Festschrift Prof. Dr. Arthur Stoll zum 70. Geburtstag, 8. Januar 1957. Arbeiten aus dem Gebiet der Naturstoffchemie (Basel '57) 565–81: Über neue Aminosäuren und andere physiologisch bedeutungsvolle Stickstoffverbindungen in höheren Pflanzen. — 100 Jahre erfolgreiche Düngewirtschaft. Generalberichte des III. Weltkongresses für Düngungsfragen mit allen Diskussionsbeiträgen, Heidelberg 1957 (Frankfurt/Main '58) 35–45: Unsere Düngungsmaßnahmen im Blickpunkt der modernen Ernährungsforschung. — Beiträge zum Antibiotika- und Eiweißproblem. Hauptvorträge der 1. Wissenschaftlichen Arbeitstagung der Deutschen Gesellschaft für Ernährung e. V., Mainz 1958 (Darmstadt '59)

(Wissenschaftliche Veröffentlichungen der Deutschen Gesellschaft für Ernährung, 2) 1–14: Das Vorkommen und die Bedeutung antibiotischer Substanzen in unseren Kulturpflanzen. — Syöpäsymposium 1961 (Societas Biochemica, Biophysica et Microbiologica Fenniae) (Helsinki '61) (Suomen Syöpäyhdistyksen julkaisu 2) 7–12: Eröffnungsansprache zum Krebssymposium [finn. m. engl. Zusammenfassg.]. — Commentationes in honorem professoris Yrjö Ilvessalo septuagenarii (Helsinki '62) (Metsäntutkimus-laitoksen julkaisuja, 55) Nr. 22: On the fixation of molecular nitrogen in nature (11 S.).

W. A.I.V.-fodret, **1**: A.I.V.-metodens teoretiska principer jämte iakttagelser från dess tillämpning i praktiken (Stockholm '32) 24 S. (Meddelanden från Jordbrukstekniska föreningen, 29); **2**: Beredning av A.I.V.-foder ('32) 15 S. (~ 30). — A.I.V.-rehun valmistaminen (Valion laboratorio) (Helsinki '33) 15 S.; Neudruck ('34). — Tutkimuksia palkokasvibakteereilla ja kasveilla, 14: Palkokasvien ymppäys kenttäkokeiden valossa (Helsinki '33) 7 S. [m. engl. Zusammenfassg.] (Kemiantutkimus-säätiön biokemiallisen laboratorion julkaisuja, 1933, 1). — Five years' experience of A.I.V.-fodder (Helsinki '34) 25 S. (Contributions from the Laboratory of Valio, 1934, 2). — A.I.V.-rehun merkitys, valmistaminen ja käyttäminen (Valion laboratorio) (Helsinki '35) 20 S.; Neuausgaben: ('36), ('37), ('38); schwed.: A.I.V.-fodret, dess betydelse, beredning och användning (Helsinki '35) 20 S. — Effect of A.I.V.-silage on the growth of young rabbits (Helsinki '35) 7 S. (Contributions from the Laboratory of Valio, 1935, 2). — Palkokasvibakteerien merkitys maataloudessa (Valion laboratorio) (Helsinki '37) 8 S. — Cattle fodder and human nutrition. With special reference to biological nitrogen fixation (Cambridge '38) 6 + 108 S. — Maidon, maitotuotteiden ja munien merkitys ravinnossamme [Vortrag] (Helsinki '38) 8 S.; schwed.: Mjölkens, mjölkprodukternas och äggens betydelse i vår föda ('38). — AIV-järjestelmä karjanruokinnan perustana (Helsinki '43) 300 S.; ²('44) 303 S.; ³('45) 298 S.; schwed.: AIV-systemet såsom grundval för husdjurens utfodring (Helsinki–Stockholm '45) 304 S. — Vätejonkoncentrationens betydelse för konserveringen av näringsämnen och kreatursfoder (Helsinki '45) 16 S. — Ihminen ja ravinto (m. P. Roine) (Helsinki '51) 91 S.; ²('53); ³('56) 93 S.; ⁴('62) 87 S. — Alimentation et production agricole (Brougg '57) 15 S. (9ᵉ Assemblée générale de la Confédération européenne de l'agriculture (CEA), Helsinki 1957); deutsch: Ernährung und landwirtschaftliche Produktion ('57) 15 S.

Acta Agric. scand. Utilization of the nitrate ion by plants and its relation to the assimilation of the ammonium ion and molecular nitrogen: **1** ('50/51) 1–19.

Acta chem. scand. On the relation between nitrogen fixation and leghemoglobin content of leguminous root nodules [,1] [36])[66])[67]): **1** ('47) 90–111; ~ 2 [17])[66]): 861–70. — On the chemical nature of plasteins [45]): 140f. — Determination of L-aspartic acid by aspartase [68]): 799–807. — On the splitting-off of the amide group from proteins. The amides of zein [21]): 847–53. — The influence of nitrate and ammonia nitrogen on the formation of different nitrogen fractions in Torula utilis [14])[89]): **2** ('48) 533f. — Observations on the formation and structure of plastein [45])[56]): 933–35. — Formation of biliverdin from legcholeglobin, the green pigment in leguminous root nodules [74]): **3** ('49) 17–21. — Effect of decrease in the protein content of cells on the proteolytic enzyme system [125]): 272–78. — A new technique in paper chromatography [74]): 459–64. — Plastein, a mixture of higher-molecular polypeptides synthesized by proteolytic enzymes [45])[56])[20]): 520–24. — Anaerobic nitrogen fixation and formation of oxime nitrogen [20]): 1044–49. — Different nitrogen fractions in normal and low-nitrogen cells of micro-organisms [74]): 1437f. — Influence of nitrogen nutrition on the excretion of protease by gelatin-liquefying bacteria [50]): **4** ('50) 64–71. — Oxidative nitrogen fixation in ultrasonic field [16]): 93–102. — Electrophoresis of leghemoglobin [16]): 1014–19. — X-Ray diagram of plastein [40]): 1314f. — Effect of glycine-peptides on the growth of Leuconostoc mesenteroides [82]): **5** ('51) 97–101. — On the formation of bound hydroxylamine in Azotobacter [35]): 220–26. — Dependence of the peptic hydrolysis of zein at different pH on the protein concentration [56])[40]): 316–21. — Dependence of nitrate reduction in green plants on reducing substances [98]): 638–42. — On the mode of action of peptides as growth factors for Leuconostoc mesenteroides [82]): 681–89. — Enzymic hydrolysis and synthesis of benzohydroxamic acid [8]): 909–20. — The uptake of lower aliphatic amines by pea plants [99]): 1397f. — The molecular weight of leghemoglobin [16]): **6** ('52) 411–20. — Effect of the nitrogen content of cells on fermentation by Aerobacter [5]): 654–59. — Inhibition of oxidative nitrogen fixation in ultrasonic field by volatile substances [16]): 660–66. — Studies on the absorption spectrum of leghemoglobin, especially of leghemiglobin [103]): 1342–52. — α-Keto-acids in green plants [74])[54]): **7** ('53) 38–44. — On the formation and properties of globin plastein [124]): 285–88. — Nitrogen metabolism of the alder (Alnus). The absence of arginase and presence of glutamic acid decarboxylase [74]): 289–96. — Inhibition by nitrous oxide of biological nitrogen fixation and the uptake of combined nitrogen [69]): 1223f. — Nitrogen metabolism of pea and alder. Transamination of γ-aminobutyric acid and L(+)-citrulline with α-ketoglutamic acid [74]): 1243–46. — Free sarcosine in reindeer-moss (Cladonia silvatica) [65])[3])[74]): 1310f. — Formation of homoserine in germinating pea seeds

Bitte Bemerkung S. 5629 vor dem Buchstaben V beachten!

[8][41]): 1423f. — Homoserine and α-aminoadipic acid in green plants [8][41][3]): **8** ('54) 358. — Ruminant bloat and foaming activity of clover [124]): 862–64. — On the formation of phlorizin in normal- and low-nitrogen apple maidens [83]): 864–66. — The growth of Clostridium pasteurianum in synthetic nutrient solution [69]): 870f. — A new α-aminodicarboxylic acid, α-aminopimelic acid, in green plants [8]): 1085f., 1725. — γ-Glutamyl-alanine in pea seedlings [8]): 1089f. — A new type of monoaminodicarboxylic acid, γ-hydroxy-α-aminopimelic acid, and its lactone in green plants [118][72]): 1091–93. — 5-Hydroxy-piperidine-2-carboxylic acid in green plants [41]): 1290f. — New α-keto acids in green plants[, 1]: α-Ketopimelic acid, γ-hydroxy-α-ketopimelic acid, and hydroxypyruvic acid in Asplenium septentrionale, α-ketoadipic acid in germinating pea seeds [3]): 1720f.; ~ 2: β-Hydroxy- and γ-hydroxy-α-ketobutyric acids in cowberries [3]): **9** ('55) 188–90. — Reduction of hydroxylamine in the root nodules of leguminous plants [44][96]): **8** ('54) 1729f. — Fixation of molecular nitrogen by excised nodules of the alder [75][4][12]): 1730f. — 4-Hydroxy-piperidine-2-carboxylic acid in green plants [41]): **9** ('55) 170f. — γ-Hydroxyglutamic acid in green plants [26]): 175f. — Fixation of nitrogen by nodules excised from illuminated and darkened pea plants [75][12]): 184–86. — Estimation of keto acids in plants [3]): 186–88. — Organic hydroxylamine compounds formed from nitrite in Torulopsis utilis [, 1] [97]): 337–39; ~ 2: Acetyl-hydroxamic acid [97]): **10** ('56) 483–85. — The occurrence of free ornithine and its N-acetyl derivative in plants [65]): **9** ('55) 531f. — Enzymatic decarboxylation of γ-hydroxyglutamic acid to α-hydroxy-γ-amino-n-butyric acid [26]): 549f. — A new type of nitrogen compound in green plants. A cyclic homoserine derivative in some Liliaceae plants [65]): 551–53. — New aminodicarboxylic acids and corresponding α-keto acids in Phyllitis scolopendrium [8]): 553f. — Studies on keto acids of normal and cancerous tissues of rabbit [65]): 855–57. — The effect of nitrous oxide on nitrate utilization by Azotobacter vinelandii [76][12][69]): 1232–34. — 2(3)-Benzoxazolinone, an anti-fusarium factor in rye seedlings [26]): 1543f. — Free amino acids in pollen [41]): 1548–51. — Enzymic formation of nitrous oxide from nitrite [126]): **10** ('56) 20–25. — Ein Beispiel für die Variationsmöglichkeiten in der Zusammensetzung der freien Aminosäuren in einer Pflanzenart [10]): 688f. — Dihydroxyglutamic acid in plants [18]): **11** ('57) 182–84. — The effect of volatile substances on the chemical activity of ultrasonic cavitation [16]): 230–34. — A new cyclic α-aminocarboxylic acid in berries of cowberry [119]): 741–43. — Bound homoserine in fruits of cowberry and cranberry [119]): 747f. — α-Keto acids in cultures of lactic and propionic acid bacteria and in some cheese varieties [53]): 1431f. — Über einen antifungalen Faktor aus den grünen Teilen der Heidelbeerpflanze (Vaccinium myrtillus) [88]): 1432–34. — On hydroxylamine compounds in Azotobacter cultures, 1: Formation of hydroxylamine compounds [97]): 1438–40; ~ 2: On the chemical nature of the bound hydroxylamine fraction on Azotobacter cultures [97]): 1440–42. — On the biosynthesis of some recently discovered derivatives of glutamic acid in plants [65]): **12** ('58) 68–78. — The quantitative determination of 2(3)-benzoxazolinone from rye seedlings [26]): 119–23. — On the antifungal effect of benzoxazolinone and 6-methoxybenzoxazolinone, respectively, on Fusarium nivale [123]): 124–28. — Isolation of an anti-Sclerotinia factor, 7-hydroxy-4'-methoxy-isoflavone, from red clover [26]): 579f. — The transfer of L-5-vinyl-2-thiooxazolidone (oxazolidinethione) to milk [53][46]): 580f. — A new γ-glutamyltripeptide in Juncus species [18]): 787–89. — Ammonium salts as nitrogen source in the synthesis of protein by the ruminant [60]): **13** ('59) 489–96. — The structure and synthesis of cycloalliin isolated from Allium cepa [72]): 623–26. — On the transfer of L-5-vinyl-2-thiooxazolidone from the rumen to the milk [53][46]): 1043f. — On the structure of 4-hydroxypipecolic acid isolated from plants [19]): 1244–46. — A sensitive colour reaction for the paper chromatographic detection of iodide, iodinated tyrosines and thyronines [19]): 1469–71. — A new type of enzymatic cleavage of mustard oil glucosides. Formation of allylthiocyanate in Thlaspi arvense L. and benzylthiocyanate in Lepidium ruderale L. and Lepidium sativum L. [19]): 1474f. — Preparation and properties of glucoconringiin, the precursor of the thyreostatic 5,5-dimethyl-2-oxazolidinethione [19]): 1718f. — Isolation of an anti-Fusarium substance present in intact rye seedlings [123]): 1725f. — The isolation of S-methyl-cysteinesulphoxide and S-n-propylcysteinesulphoxide from onion (Allium cepa) and the antibiotic activity of crushed onion [72]): 1898–900. — The precursors of 6-methoxybenzoxazolinone in maize and wheat plants, their isolation and some of their properties [123]): 1906–08. — Isolation of a new neutral amino acid from Lactarius helvus [13]): 2139f. — On the structure of the new neutral amino acid A isolated from Lactarius helvus [51]): 2141. — Precursors of benzoxazolinone in rye plants, 1: Precursor II, the aglucone [26]): **14** ('60) 499–502; ~ 2: Precursor I, the glucoside [26]): 502–04. — The synthesis of precursor II f benzoxazolinone formed in rye plants, and the enzymic hydrolysis of precursor I, the glucoside [31]): 504–07. — The enzymic formation of thiocyanate (SCN^-) from a precursor (s) in brassica species [19]): 507–10. — On the transfer of thiocyanate from fodder to milk [19]): 941–43. — Synthesis of some 1,4-benzoxazine derivatives and their antimicrobial activity [31]): 1214–17. — Cleavage of alkyl cysteine sulphoxides by an enzyme in onion (Allium cepa) [55]): 1913–18. — On the reaction of 2,4-dihydroxy-1,4-benzoxazin-3-one to 2(3)-benzoxazolinone [31]): **15** ('61) 221f. — The volatile carbonyls and alcohols in the flavour substances of

Bitte Bemerkung S. 5629 vor dem Buchstaben V beachten!

onion (Allium cepa) [102]): 1280–84. — The kinetics and mechanism of the decomposition of 2,4-dihydroxy-1,4-benzoxazin-3-one [11])[31]): **16** ('62) 135–41. — Synthetic ascorbigen as a vitamin C source for guinea pigs and man [46]): 510–12. — Isolierung und Indentifizierung von α-Aminoadipinsäure aus Erbsenkeimlingen (Pisum sativum L.) [23]): 514f. — The synthesis of ascorbigen from ascorbic acid and 3-hydroxymethylindole [86]): 1286f. — Neoglucobrassicin, ein zweiter SCN^--Precursor vom Indoltyp in Brassica-Arten [19]): 1378–84. — On the labelling of sulphur-containing amino acids, and γ-glutamylpeptides after injection of labelled sulphate into onion (Allium cepa) [18]): 2061–63. — Molecular conformation of 4- and 5-hydroxypipecolic acids [101]): 2457f. — A new γ-glutamylpeptide, γ-L-glutamyl-S-(prop-1-enyl)-L-cysteine, in the seeds of chives (Allium schoenoprasum) [72]): 2461f.

Acta med. scand. Iodine content of human urine and daily diet in Finland [122]): **105** ('40) 268–72.

Agrochimica [Pisa] Unsere Düngungsmaßnahmen im Blickpunkt der modernen Ernährungsforschung: **1** ('56/57) 289–304.

Angewandte Chem. Über die Bildung des Butteraromas bei der Rahmsäuerung: **54** ('41) 491–94. — Atmosphärischer Stickstoff als Aufrechterhalter des Lebens auf der Erde: **65** ('53) 1–11. — Neue Amino- und Ketosäuren in grünen Pflanzen und die Biosynthese der Aminosäuren: **67** ('55) 381–88. — Zur Struktur der Iminosäure aus Convallaria majalis: 619. — Antimikrobiell wirksame Substanzen in Kulturpflanzen: **70** ('58) 544–52. — Organische Schwefelverbindungen in Gemüse- und Futterpflanzen: **74** ('62) 374–82 [engl. in d. International Edit. **1** ('62) 299–].

Annales Med. exper. et Biol. Fenniae Influence of the nitrogen content of cells on their enzymic activity: **30** ('52) 234–48.

Annual Rev. Microbiol. Biological nitrogen fixation: **2** ('48) 485–506.

Annual Rev. Plant Physiol. Some aspects of amino acid synthesis in plants and related subjects: **12** ('61) 1–12.

Antonie van Leeuwenhoek Competition of Rhizobium strains in nodule formation [66]): **12** ('47) 65–77.

Archiv Mikrobiol. Biochemische Untersuchungen über Bakteriensporen [87]): **4** ('33) 99–122. — Bemerkung zu der Arbeit von A. Rippel: "Über die Wirkung von geringen Mengen Agar auf Wachstum und Stickstoffbindung von Azotobacter und auf andere mikrobiologische Vorgänge": **7** ('36) 488f.

Archives Biochem. Estimation of L-aspartic acid with aspartase [68]): **16** ('48) 151f. — The enzyme activity and nitrogen content of bacterial cells [63]): 169–76.

Archives Biochem. and Biophysics Antimicrobial substances in cereals and fodder plants [26])[123]): **69** ('57) 486–500.

Archives Biochem. and Biophysics, Suppl. On enzymic and chemical reactions in crushed plants: **1** ('62) 200–08.

Atti Ist. bot. Univ. [Pavia], Labor. crittogam. Aspects on antimicrobial substances in cultivated plants: **16** ('59) 162–.

Biochemical J. An improved method for the preparation of dihydroxyacetone [79]): **27** ('33) 442–44. — Fermentation of sugar by the root nodule bacteria [79])[27]): **28** ('34) 796–802. — Synthesis of sucrose in plant tissue [79]): 1729–32. — Investigations on the root nodule bacteria of leguminous plants, 18: Breakdown of proteins by the root nodule bacteria [58]): **30** ('36) 377–81; ~ 22: The excretion products of root nodules; the mechanism of N-fixation [58]): **33** ('39) 412–27. — Investigations on the amino-acids of plants, 1: Tryptophan content of leguminous plants at different stages of growth [58]): **30** ('36) 1509–13. — Determination of certain amino-acids by ninhydrin oxidation to volatile aldehydes [89]): **41** ('47) 101–05.

Biochemische Z. Die enzymatische Spaltung und Synthese der Asparaginsäure [111]): **250** ('32) 193–211. — Untersuchungen über die Leguminose-Bakterien und -Pflanzen, 12: Die Ausnutzung der aus den Wurzelknöllchen der Leguminosen herausdiffundierten Stickstoffverbindungen durch Nichtleguminosen [25])[42]): **258** ('33) 106–17. — Über die Konservierung der Vitamine im Viehfutter: 251–56. — Untersuchungen über die Vitaminbildung in Pflanzen, 1 [25])[94]): **267** ('33) 179–91. — Die Einwirkung des Follikelhormons auf das Blühen der Pflanzen [25])[94]): **272** ('34) 32–35. — Über den Mechanismus der Vergärung des Dioxyacetons: **279** ('35) 262f. — Untersuchungen über die Stickstoffbindung bei der Erle [94]): **284** ('36) 72–85. — Die Aromabildung bei der Rahmsäuerung [52])[104]): **307** ('41) 215–19. — Über die Umaminierung in grünen Pflanzen [58]): **308** ('41) 213–15. — Der Einfluß der Metallionen auf die Bildung von Citronensäure beim Oxydieren von Acetaten durch Hefe [106]): **313** ('42) 236–42.

Biochimica et biophysica Acta On the formation of amino acids and proteins in Torula utilis on nitrate nutrition [14])[89]): **3** ('49) 208–14 [m. französ. u. deutscher Zusammenfassg.]. — On the composition of the soluble nitrogen fraction in the pea plant and alder [74]): **12** ('53) 181–87 [~].

Biological Rev. Cambridge philos. Soc. The biology and chemistry of nitrogen fixation by legume bacteria: **22** ('47) 239–69.

Bitte Bemerkung S. 5629 vor dem Buchstaben V beachten!

Boletín Inst. nacion. Investigac. agron. Conservación de forrades: **11** ('51) 489–.

Brauwiss. Über einen neuen Typ von Glucosiden in jungen Roggen-, Weizen- und Mais-Pflanzen: **14** ('61) 98–101.

Chemistry and Industry The chemistry of grass crops: **13** ('35) 1015–20.

Ciencia e Investigac. Influencia del contenido de nitrógeno de las células sobre su actividad enzimática: **9** ('53) 483–.

C.R. Trav. Labor. Carlsberg, Sér. chim. The decisive importance of pH in silage problem [42]): **22** ('38) 528–39.

Duodecim [Helsinki] Kampf gegen Struma: **78** ('62) 467– [finn.].

Economic Proc. roy. Dublin Soc. Silage by the AIV method: **3** ('36/50) 311–42.

Economic Rev. [Helsinki] The significance and future of agriculture in Finland: **1950**, Nr. 1, 11 S.

Emäntälehti Die Nahrung des finnischen Volkes im Lichte der modernen Ernährungsforschung: **37** ('39) 199–207 [finn.]. — Über die Aufbewahrung von Beeren und Früchten: **38** ('40) 96f. [~]. — Über die Bestimmung von und den Mangel an Mineralstoffen in unseren modernen Nahrungsmitteln: **40** ('42) 18–23 [~].

Empire J. exper. Agric. The A.I.V.-method of preserving fresh fodder: **1** ('33) 143–55.

Enzymologia Die Sekretion der Proteinasen bei den gelatineverflüssigenden Bakterien [107]): **2** ('37/38) 89–91. — Zur Frage der Proteinasesekretion durch gelatineverflüssigende Bakterien [107]): **3** ('37) 62–64. — The decarboxylation of D-lysine and L-aspartic acid [58]): 266–70. — Enzymic decarboxylation of amino acids [58])[90]): **9** ('40/41) 53–58.

Ernährungs-Umschau Ernähren wir uns richtig ?: **1** ('54) 34f.

Experientia On the role of substances present in the seeds and arising in them during germination in the growth of plants: **5** ('49) 313–17 [m. deutscher Zusammenfassg.]. — Über die Chemie der Brassica-Faktoren, ihre Wirkung auf die Funktion der Schilddrüse und ihr Übergehen in die Milch: **17** ('61) 241–51 [m. engl. Zusammenfassg.].

Forschungsdienst Die Erzeugung von Viehfutter und Milch und deren Bedeutung für die Volksernährung: **13** ('42) 52–67.

Giorn. Microbiol. Investigations on anti-microbial substances formed in cereals and fodder plants and their importance for the resistance of plants to pathogenic fungi: **2** ('56) 15–32 (General discussion: 42–49).

Handlingar Landbruksveckan Die A.I.V.-Methode zur Konservierung von Frischfutter: **1932**, 188–209 [schwed.].

Herbage Reviews The nitrogen nutrition of plants: **1** ('33) Nr. 3.

Hippokrates Über die Resorbierung des Karotins aus Pflanzenprodukten beim Menschen: **14** ('43) 305–07.

Hoppe-Seyler's Z. physiol. Chem. Über die Vergärung von Glycerinaldehyd [24]): **204** ('32) 235–46. — Die Sekretion und Thermostabilität der Bakterienproteinasen [111]): 247–58. — Untersuchungen über die Lipasen im Tierorganismus [109]): **219** ('33) 1–21. — Quantitative Bestimmung von gewissen Aminosäuren nach der Ninhydrinmethode [58])[114]): **266** ('40) 193–204. — Ein die Milchsäuregärung beschleunigender Faktor [42])[36])[39]): **269** ('41) 259–67. — Die Resorbierung des Carotins aus Mohrrüben beim Menschen [53]): **270** ('41) 141–52. — Neue γ-Glutamylpeptide in der Zwiebel (Allium cepa) [72]): **322** ('60) 8–20.

Itsenäinen Suomi The A.I.V.-process and self-supporting dairy farming: **11** ('36) 34– [auch finn.].

J. agric. Sci. Investigations on the root nodule bacteria of leguminous plants, 16: Effect of air-content of the medium on the function of the nodule and on the excretion of nitrogen [25]): **25** ('35) 278–89; ~ 17A: Efficiency of different strains of clover nodule bacteria [25]): 290–96; ~ 17B: Continued investigations on the effect of air content of the medium on the development and function of the nodule [25]): **26** ('36) 281–87; ~ 19: Influence of various factors on the excretion of nitrogenous compounds from the nodules [25])[58]): **27** ('37) 332–48; ~ 20: Excretion of nitrogen in associated cultures of legumes and non-legumes [25])[58]): 584–610. — Studies on the winter hardiness of clover, 1: Effect of cutting on the carbohydrate reserves in red clover roots [81]): **26** ('36) 288–95.

J. amer. chem. Soc. Nitrogen fixation in an ultrasonic field [16]): **72** ('50) 1046f.

J. Bacteriol. On the enzymes of bacteria and bacterial metabolism: **28** ('34) 447–60.

J. Dairy Res. 'Malty' flavour in starter and butter [78]): **15** ('47) 89–93.

J. prakt. Chem. Vorkommen und Bedeutung der Oxalessigsäure in grünen Pflanzen [6])[106])[34]): **162** ('43) 71–90.

Käytännön Maamies Die Wirkung von dem Boden zugefügtem Strohhäcksel auf die Ernten von Schotengewächsen: **1952**, Nr. 7/8, 257–[finn.].

Käytännön Maatalous Der Forscher aus der Praxis: Zum Klee Viehdünger, zum Samen Humus: **1948**, Nr. 5, 154f. [finn.].

Bitte Bemerkung S. 5629 vor dem Buchstaben V beachten!

Kalataloudellisen Neuvottelukunnan Julkaisuja Bedeutung von Fisch und Fischfang unter den heutigen Verhältnissen: **1942**, Nr. 4, 6 S. [finn.].

Kansan Kuvalehti Wissenschaft und Praxis und Vorschläge zur Anwendung von wissenschaftlichen Ergebnissen auf die Landwirtschaft: **1946**, Nr. 18, 4f. [finn.].

Kansanvalistusseuran Kalenteri Die Einfuhr von proteinreichem Futter für unser Vieh zum Zwecke der Stallfütterung: **1947** ('46) 62–72 [finn.].

Karjantuote The effect of cooling milk on the quality of the cheese mass: **16** ('33) 84–89 [m. engl. Zusammenfassg.] [Auch separat erschienen: (Helsinki '34) 8 S. (Valion laboratorion julkaisuja)]. — Über Störungen bei der Säuerung des Rahms: 653–55 [m. deutscher Zusammenfassg.] [~: (Helsinki '34) 5 S. (Valion laboratorion julkaisuja 1933, 2)]. — Eine verbesserte Methode zum Nachweis der gasbildenden Bakterien in der Milch [71]): **19** ('36) 39–44 [~: (Helsinki '36) 8 S. (Valion laboratorion julkaisuja)]. — Über die Bildung der Aromastoffe der Butter [111]): 521–24. — [Titel der Arbeit nicht ermittelt]: **20** ('37) 693f. — Über die Behandlung des Säuerungsmittels und über die Säuerung des Rahms: **21** ('38) 6–9. — Die Kultivierung von Casein-Bakterien in den Käsereien: 189–91. — Der pH-Wert in Emmentaler Käse während der verschiedenen Herstellungsstadien: **22** ('39) 65–69. — Disappearance of acetylmethylcarbinol and biacetyl caused by micro-organisms [52]): 197–99 [m. engl. Zusammenfassg.]. — Magister Lauri Mansikkala †: **23** ('40) 7–9. — Magister Lauri Eerola †: 122f. — Die Verbesserung der Haltbarkeit der Butter: Das Geheimnis des AIV-Salzes: **27** ('44) 221–28. — Die ärgsten Schwächen des finnischen Emmentaler Käses: **31** ('48) 8–10. — Die Herstellung lagerungsfähiger Butter: **37** ('54) 73–77. — — Alle Arbeiten finn.

Karjatalous Investigations on the root nodule bacteria of leguminous plants, 11: The effectiveness of different strains of bacteria [25]): **8** ('32) 45–50, 81–87, 134–39 [m. engl. Zusammenfassg.] [Auch separat erschienen: (Helsinki '32) 22 S. (Kemiantutkimus-säätiön biokemiallisen laboratorion julkaisuja 1932, 1)]. — Die AIV-Methode zur Konservierung von frischem Futter: 205–10, 245–51, 288–94 [~: (Helsinki '32) 20 S. (Valion laboratorion tiedonantoja)]. — Investigations on the effect of cutting time upon the amount and quality of crop [121]): 440–49, 478–89 [m. engl. Zusammenfassg.] [~: (Helsinki '32) 24 S. (Valion laboratorion julkaisuja)]. — Das A.I.V.-Futter und das Heu: **10** ('34) 68–72 [m. deutscher Zusammenfassg.] [~: (Helsinki '34) 7 S. (Valion laboratorion julkaisuja 1934, 1)]. — Ensiling of potato-tops: 455f. [m. engl. Zusammenfassg.]. — Zusammensetzung, Lagerung und Verwertung der Jauche: **11** ('35) 335–42. — Vitamingehalt der Milch und A.I.V.-Futter: 435–40. — Ergebnisse von Versuchen über den Heuerntetermin [Titel unsicher] [2]): 607–12 [Auch separat erschienen: (Helsinki '35) 8 S. (Valion laboratorion tiedonantoja)]. — Über den Anbau der Kartoffel und deren Verwendung zur Viehfütterung: 637–41 [~: (Helsinki '36) 7 S.]. — Mineralstoffe im Zusammenhang mit dem A.I.V.-Futter: 700f. — Untersuchungen über die Winterhärte des Klees, 1: Einfluß des Schnitts auf die Kohlenhydrat-Reserven in den Wurzeln des roten Klees [81]): **12** ('36) 1–8 [Auch separat erschienen: (Helsinki '36) (Kemiantutkimussäätiön laboratorion, 1936)]. — Über die Rentabilität von Käserei-Milch: 403–08. — Das Gedeihen von Mais und Mais–Peluschke in Finnland im Hinblick auf die Produktion von Grünfutter [32]): 585–99, 623–26 [Auch separat erschienen: (Helsinki '37) 20 S. (Valion laboratorion julkaisuja)]. — Über die Entwicklung der Käsezubereitung: **13** ('37) 41–44. — Erfahrungen mit dem Anbau von Mais und Mais-Peluschke in unserem Land: **14** ('38) 243– [Auch separat erschienen: (Helsinki '38) 12 S.]. — Ordinary silage (with or without salt addition): 279– [m. engl. Zusammenfassg.] [~: (Helsinki '38) 16 S. (Valion laboratorion tiedonantoja)]. — Über den Anbau der Erbse im nächsten Sommer: **16** ('40) 81–84. — Eine völlig autarke, sich auf das A.I.V.-Futter stützende Fütterung in der Praxis: 103–06. — Über den Anbau von Mais im nächsten Sommer: 129–33. — Die Bedeutung der Kohlrübe für die menschliche Ernährung: 156f. — Die Organisierung der Futtermittelerzeugung und der Viehfütterung in Finnland: **17** ('41) 41–51, 88–98. — Eine entscheidende Maßnahme zur Hebung unserer Milchproduktion während der nächsten Stallfütterungsperiode: 54f. — Konservierung von Fischabfällen und Fischen als Tierfutter: 368–70. — Die Erzeugung von Viehfutter und Milch und deren Bedeutung für die Volksernährung: 461–68, 493–98. — Zubereitung von Kulturen stickstoffbindender Bakterien für Landwirte: **18** ('42) 194–98. — Die Entwicklung der Rindviehwirtschaft auf der Grundlage wirtschaftlicher Selbständigkeit: 315–21, 353–57, 381–86. — Die Kuhstall- und die Arbeitskraftfrage in Schweden. Beobachtungen auf einer Schwedenreise: **19** ('43) 236–38. — Die Entwicklung der Milchproduktion in Finnland: **20** ('44) 584–86. — Die Abhängigkeit der Hülsenfruchternten von der Betätigungsmöglichkeit stickstoffbindender Bakterien: **21** ('45) 67–70. — Über die Wurzelknöllchen von Schotengewächsen und über die Infizierung der Samen mit einer Bakterienkultur: **22** ('46) 197f. — Der ernährungsphysiologische Wert der Butter und der Einfluß der Fütterung auf diesen: 187–90, 229–32, 261–64 [Auch separat erschienen: (Helsinki '46) 11 S.]. — Der Einfluß des Zusammenlebens der Schotengewächse und deren stickstoffbindenden Bakterien auf die Hülsenfruchternte: **23** ('47) 145–51. — Die Zukunftsperspektiven des Weltbedarfs an

Lebensmitteln und der Möglichkeiten der landwirtschaftlichen Produktion und über die wichtigsten Aufgaben bei der Förderung der finnischen Landwirtschaft: **24** ('48) 389–91, 418–24 [Auch separat erschienen: (Helsinki '48) 11 (+1) S.]. — Über das Verhalten der Melasse bei der Herstellung von Silage: **25** ('49) 323–25. — Ernährung, Arterienverkalkung und übermäßige Korpulenz: **26** ('50) 65–68. — Interview mit A. I. Poussa: **27** ('51) 539–42. — Schon die Rohrzuckerfabriken haben die Zuckerrübenschnitzel konservierungsfähig zu machen: **28** ('52) 228–31. — Plans for quality control of AIV-silage in Finland: **29** ('53) 287–98 [m. engl. Zusammenfassg.]. — Der Säurebedarf bei der Herstellung von A.I.V.-Futter: 444–47. — Prof. U. Vartiovaara 50 Jahre alt: **30** ('54) 324–26. — Die Bedeutung von Butter und Käse für die menschliche Ernährung und die Entwicklung der Produktion von Emmentaler Käse in unserem Land: 345–53. — Über die Bedeutung der von Valio durchgeführten und unterhaltenen wissenschaftlichen Forschungsarbeit für die Landwirtschaft, die Wissenschaft und den Hochschulunterricht in Finnland: **31** ('55) 16–21. — Die Herstellung von A.I.V.-Futter: 311. — Die Zukunftsaussichten für unsere Landwirtschaft: 391–96. — Über die Entwicklung und die Zukunft der Produktion von Emmentaler Käse in Finnland: **32** ('56) 269–73. — A.I.V.-Siliersalz zum Silieren von Frischfutter: **34** ('58) 132–34. — Festrede zur 60-Jahrfeier von "Suomen Karja", Jyväskylä, 26. 7. 1958: 193–97. — Die Qualität der A.I.V.-Salzsilage [2]): **35** ('59) 161f. — Über die Zukunft der Käseherstellung: **37** ('61) 6f. — — Alle Arbeiten finn.

Kemian Keskusliiton Julkaisuja Fermentation of the native cellulose and pentosanes in wood [49]): **7**, Nr. 3 ('45) 10 S. [finn. m. engl. Zusammenfassg.]. — Über die Entwicklung der Chemie und ihre Bedeutung für die Menschheit: **21**, Nr. 2 ('49) 10–14 [finn.].

Kertomus Suomen Akatemian Toiminnasta Rede bei der Einweihungsfeier der Akademie Finnlands am 29. 11. 1948: **1948** ('49) [finn.].

Koetoiminta ja Käytäntö Der atmosphärische Stickstoff als Grundlage für die Proteinerzeugung: **2** ('45) Nr. 12, 1f. [finn.].

Koti (Vuosikirja) Mehrjährige Leguminosen als Viehfutter: **1934** ('33) 132–38 [finn.]. — Was wir von den Vitaminen wissen: **1935** ('34) 87–94 [~].

Kotitalousopetus Die Einhaltung der richtigen Ernährung unter den heutigen Verhältnissen: **4** ('40) 121–25 [finn.].

Kungl. Landtbruks-Akad. Handl. och Tidskr. Richtlinien für einen selbstversorgenden Stickstoffhaushalt in der Landwirtschaft: **74** ('35) 609–44 [schwed.]. — Die Sekretion von Stickstoffverbindungen aus den Wurzelknollen der Leguminosen: **75** ('36) 92–98 [~].

Kuvaposti Das Brot von gestern [Titel unsicher]: **1960**, Nr. 48, 16f. [finn.].

Lait La méthode A.I.V. pour la conservation du fourrage vert: **13** ('33) 315–25, 474–87. — Le fourrage A.I.V.: **14** ('34) 988–96.

Landbouwkundig Tijdschr. Die Konservierung von Frischfutter: **45** ('33) Nr. 542, 22 S. [niederländ.]. — Über die Stickstoffernährung der Pflanzen: **47** ('35) Nr. 570, 16 S. [~].

Landtmannen–Svenskt Land Richtlinien für einen selbstversorgenden Stickstoffhaushalt in der Landwirtschaft: **19** ('35) 397–. — Mischkulturen von Mais und Peluschke in Finnland: **21** ('37) 398–. — Fütterung mit selbstproduziertem Futter auf A.I.V.-Basis: **24** ('40) 485–. — — Alle Arbeiten schwed.

Lantmannen Das Silieren von Kartoffelkraut zu A.I.V.-Futter: **25** ('41) 718–. — Konservieren tierischer Produkte als Viehfutter: **26** ('42) 311–. — Der Gehalt an Schutzstoffen soll erhöht werden zur Verbesserung des Nährverhaltens: 334–. — Mechanisierung der Zubereitung von A.I.V.-Futter: 744–. — Ein A.I.V.-Problem: **29** ('45) 1124–. — Der pH-Wert des A.I.V.-Futters: **34** ('50) 999–. — — Alle Arbeiten schwed.

Lantbrukshögskolans Ann. Nitrogen fixation by legume bacteria and excretion of nitrogen compounds from the root nodules: **5** ('38) 429–52.

Lihakauppias Vitamine und Viehprodukte: **1935**, Weihnachtsnr.[?], 76–78 [finn.].

Maa Die effektive Nutzung der Kleewiese: **19** ('34) 95–100. — Über die Bedeutung der Herstellung von A.I.V.-Futter: **27** ('42) 185–88. — Über die Bedeutung, Entwicklung und die neuen Aufgaben unserer Landwirtschaft: **32** ('47) 257–. — Die Steigerung der Viehproduktion: **33** ('48) 85–. — — Alle Arbeiten finn.

Maatalous ja Koetoiminta Der Stickstoffhaushalt der Leguminosen: **1** ('46) 37–53. — Die Fähigkeit der Pflanzen, organische Stoffe aus dem Boden aufzunehmen: **6** ('52) 37–41. — Einige Gesichtspunkte zur Spurenelementfrage im Pflanzenbau: **7** ('53) 14–18. — On the significance of grasslands: **9** ('55) 7–16 [m. engl. Zusammenfassg.]. — On the cause of bloat: 230–34 [~]. — — Alle Arbeiten finn.

Maatalousnainen Die Aufbewahrung von Beeren und Früchten: **1** ('40) 130f. — Die Herstellung von Sirup aus Kartoffelmehl: 165f. — Die Konservierung von Fischabfällen und anderen tierischen Produkten als Hühnerfutter: **3** ('42) 95f. — — Alle Arbeiten finn.

Maatalousseurojen Keskusliiton Julkaisuja Vorteile und Mängel der Ernährung des finnischen Volkes: Nr. **303** ('41) 64–[finn.].

Mælkeritidende Die Produktion von Viehfutter und Milch und deren Bedeutung für die Volksernährung: **54** ('41) 65–[dän.].

Makromolekulare Chem. Über die enzymatische Polypeptidsynthese: **6** ('51) 94–103.

Meddelanden Industriens Centrallabor. [Helsinki] Möglichkeiten der Massenproduktion von Hefe in Sulfitablauge und in anderen Holzzuckerlösungen: **40** ('44) 5–18 [finn.].

Mededeelingen landbouwkund. Bur. Staatsmijnen Limburg Anleitung zur Bereitung von A.I.V.-Futter: **1** ('33) [niederländ.].

Meijeritieteellinen Aikakauskirja The pH in Emmental cheese during different stages of manufacture: **1** ('39) 21–26 [finn. m. engl. Zusammenfassg.]. — Die Bildung von Aromastoffen der Butter bei Säuerung des Rahms [52][104]): **3** ('41) 9–16 [finn. m. deutscher Zusammenfassg.]. — Factors involved in butter deterioration and their elimination: **7** ('45) 32–63 [finn. m. engl. Zusammenfassg.]. — Malty flavour in starter and butter [78]): **9** ('47) 8–17 [~]. — On the significance of amino acids for the taste of Emmental cheese [53]): **10** ('48) 13–23 [~]. — Die Bedeutung der Milch für die menschliche Ernährung: **17** ('55) 169–81 [schwed.].

Mejeritidskr. för Finlands Svenskbygd Entwicklung und Zukunft der Herstellung von Emmentaler Käse in Finnland: **18** ('56) 164–69 [schwed.]. — Über die Zukunft der Käsefabrikation: **22** ('60) 140–[~].

Milchwirtschaftliches Zbl. Die Anordnung einer wirtschaftseigenen Milchproduktion in Finnland: **65** ('36) 41–49.

Milchwissenschaft Die Bedeutung der Wasserstoffionenkonzentration bei der Konservierung von Nahrungsmitteln und Viehfutter: **3** ('48) 353–61 [m. engl. Zusammenfassg.]. — Die Entwicklung der finnischen Milchwirtschaft zur Zeit: **4** ('49) 283f. [~] (m. Bildn.). — Der Vitamin-B_{12}-(Cobalamin-) Gehalt der Kuhmilch [82]): **11** ('56) 192–96 [m. engl., span. u. französ. Zusammenfassg.].

Mitt. dtsch. Landwirtschafts-Ges. Über das A.I.V.-Verfahren zur Konservierung des Grünfutters [Diskussion]: **47** ('32) 87, 367.

Mjölkpropagandan Die Produktion von Viehfutter und Milch und deren Bedeutung für die Volksernährung: **18** ('41) 330–; **19** ('42) 26–. — Qualität und Haltbarkeit von Butter: **22** ('45) 60–. — Trokkensubstanz des Futters bei der A.I.V.-Methode: 300–. — Die Landwirtschaft und die Zukunft: **23** ('46) 3–. — Bedeutung unserer Landwirtschaft, ihre Entwicklung und bevorstehende neue Aufgaben: **24** ('47) 294–. — Der Chlorgehalt des Mistes und das A.I.V.-Futter: **25** ('48) 232–. — Bakterien und Stickstoffaufnahme: 256–. — Über Silageherstellung mit und ohne A.I.V.-Säure: **26** ('49) 148–. — — Alle Arbeiten schwed.

Molkerei-Ztg. Die proteolytischen Enzyme der Milchsäurebakterien und der Käsereifung: **46** ('32) 356a. — Entstehung aromagebender Bestandteile in Butter [111]): **50** ('36) 2018f.

Monthly Bull. agr. Sci. and Practice The A.I.V.-process in theory and practice: **27** T ('36) 371–93 [m. französ. u. span. Zusammenfassg. S. 394–, 400–].

Nature [London] Effect of yeast extract on the growth of plants [25]): **132** ('33) 408f.; **133** ('34) 383. — Changes in the lipolytic activity of different organs during tuberculosis [109]): 532f. — Excretion of nitrogenous compounds from the root nodules of leguminous plants [25]): **135** ('35) 184f. — Chemical nature of the amino acids excreted by leguminous root nodules [58]): **136** ('35) 756f. — Amino acid content of plants at different stages of growth [58]): **137** ('36) 237. — Excretion of amino acids from the root nodules of leguminous plants [58][25]): 277. — Vitamins and plants: 779f. — Nature of the excretion of nitrogen compounds from legume nodules: **138** ('36) 880f. — Excretion of nitrogen by leguminous plants: **140** ('37) 683. — Biological synthesis of amino acids from atmospheric nitrogen [58]): **141** ('38) 748f. — Biological fixation of nitrogen [58]): **142** ('38) 165. — Decarboxylation of aspartic and glutamic acids [90][58]): 674. — Ninhydrine reaction in the quantitative determination of different amino acids [58]): 754. — Enzymic deamination of aspartic acid [17]): 954. — Oxaloacetic acid in the leguminous plants [6]): **144** ('39) 36. — Estimation and occurrence of ketoacids in green plants [6][108]): 597. — A factor influencing nitrogen excretion from leguminous root nodules [115]): **145** ('40) 25. — Symbiotic nitrogen fixation: **155** ('45) 747f. — Red, brown and green pigments in leguminous root nodules [58]): **157** ('46) 25f. — Organic nitrogen compounds as nitrogen nutrition for higher plants [66]): **158** ('46) 515. — Fermentation of wood-dust by cellulose bacteria: 795. — Formation of oxime-nitrogen in Torula-yeast fed with potassium nitrate [14]): **161** ('48) 814f. — Structure of plasteins [45]): 888f. — Role of substances formed during germination in the growth of plants [98]): **163** ('49) 482f. — Estimation of volatile fatty acids and ammonia in silage by means of paper chromatography [74]): **168** ('51) 294f. — Free amino-acids in the leaves, roots and root nodules of the alder (Alnus) [74]): **170** ('52) 283f. — A new imino-acid in some Liliaceae: **176** ('55) 984.

Naturwissenschaften Die Vitaminbildung in Pflanzen [25]): **20** ('32) 905. — Über die N-Aufnahme der Pflanzen: **21** ('33) 758f. — Die Synthese von Polypeptiden durch die Wirkung von Pepsin [45][20][56]): **37** ('50) 139f. — Über die Wirkung der Azotobacter-Impfung auf das Wachstum von Erbsen und Weizen in sterilen Sandkulturen ohne N-Nahrung [66]): **41** ('54) 70f.

 Bitte Bemerkung S. 5629 vor dem Buchstaben V beachten!

Naturwissenschaftliche Rdsch. Ernährungsprobleme des Menschen. Die Bedeutung der Ernährung für die Gesundheit: **7** ('54) 311–16. — Ernährungsmöglichkeiten der Menschheit und die Chemie: **14** ('61) 371–79.

Le Nord Achievement of self-dependence in cattle-feeding in the northern countries: **2** ('39) 79–87.

Nordisk Jordbrugsforskn. Über die Fähigkeit der Pflanzen zur Aufnahme organischer Bestandteile des Bodens: **17** ('35) 203–13 [schwed.]. — Die Stickstoffbindung in den Wurzelknollen der Hülsenfrüchte und der darauf beruhende selbstversorgende Stickstoffhaushalt in der Landwirtschaft: **33** ('51) 237–59 [~].

Nordisk med. Tidskr. Über das Ernährungsverhalten bei den breiten Volksschichten in Finnland mit besonderer Berücksichtigung der Vitaminversorgung: **15** ('38) 250–56 [schwed. m. engl. Zusammenfassg.].

Nordiske Mejeri-Tidsskr. Die Bildung aromagebender Bestandteile in Butter: **2** ('36) 29–31 [schwed.]. — Die Verhinderung von Öl- und Fischgeschmack in der Butter durch Regulierung ihres pH-Wertes: **9** ('43) 204–06 [~].

Österreichische Chemiker-Ztg. Notiz zur Nitratreduktion in der Natur: **51** ('50) 254f. — Die Ausnützung von freiem und gebundenem Stickstoff durch die Pflanzen: **54** ('53) 94–100.

Österreichische Milchwirtsch. Ernährung und landwirtschaftliche Produktion: **13** ('58) 66–70.

Opettajain Lehti Ein Alkoholiker paßt nicht in die technische Welt: **52** ('57) Nr. 1, 10f., 23 [finn.].

Osuuskauppaväen Kalenteri Über Leguminosenbakterien und über deren praktische Bedeutung: **1942** [oder **1943**?], 84– [finn.].

Pellervo Der Preis der A.I.V.-Flüssigkeit: **34** ('33) 879–. — Über den gemischten Anbau von Kartoffel und Peluschke: **36** ('35) 326–29. — Über den Proteinertrag in unserem Land im nächsten Sommer: **38** ('37) 374–. — Über die Ernährung des finnischen Volkes: **39** ('38) 304–. — Leguminosen und Stickstoff-Frage: **41** ('40) 202–. — Steigerung der Milchproduktion vom nächsten Sommer ab: **42** ('41) 140–. — Die Bedeutung der Viehwirtschaft für die Ernährung der Menschheit: **54** ('53) 316–21. — Die Bedeutung der Land- und Forstwirtschaft im Wirtschaftsleben Finnlands: 502–04. — Über die menschliche Ernährung: **56** ('55) 54–59. — Die Bedeutung der Landwirtschaft und die Aufgaben im Wirtschaftsleben unseres Landes: **58** ('57) 502–05. — — Alle Arbeiten finn.

Pharmazeutische Z. Die Ernährungsmöglichkeiten der Menschheit und die Chemie: **106** ('61) 801.

Physiologia Plantarum [København] The free amino acids in the leaves, roots, and root nodules of the alder (Alnus) [74]): **5** ('52) 540–57. — Investigations on nitrogen fixation by the alder, 2: Associated culture of spruce and inoculated alder without combined nitrogen: **10** ('57) 164–69. — Inhibition of growth and panicle formation in oats induced with an extract of the leafhopper Calligypona pellucida [26])[43])[80]): **14** ('61) 683–96.

Plant Physiol. The use of seeds with low content of trace elements in studies on essentiality of micronutrients: **28** ('53) 323f.

Plant and Soil A method for determining in pea cultures the amount of molecular nitrogen fixed and the amount of combined nitrogen taken up from the soil [98]): **4** ('52) 171–77.

Planta [Berlin] Die Spurenelemente in Pflanzensamen [25]): **31** ('40/41) 263f.

Pontificiae Acad. Sci. Scripta varia Importance of some oligoelements in nitrogen fixing organisms: **14**.1956 ('58) 84–.

Puutarha Über den Chlorgehalt von Viehmist, hervorgerufen durch A.I.V.-Futter: **51** ('48) 290f. [finn.] [Auch separat erschienen: (Helsinki '48) 2 S. (Puutarhaviljelijäin liiton julkaisuja, 67)].

Pyrkijä Die Industriegesellschaft und der Bauer: **62** ('51) 279–[finn.]. — Die Beseitigung der Kriegsursachen ist der einzig mögliche Weg beim Streben nach einem Zustand des Friedens: **66** ('55) 228–30 [~]. — Der Verfall der Moral- und Ehrbegriffe als Ursache für unsere gegenwärtige Krise: **68** ('57) 254–[~].

Rend. Ist. sup. Sanità Sull'assimilazione dell'azoto e sulla sintesi delle proteine: **13** ('50) 894–915.

S.-Ber. finn. Akad. Wiss. Die Eiweißstoffe als zentrale Stoffe des Lebens und als Gegenstand der chemischen Forschung: **1944** ('45) 131–52. — Roter Farbstoff in den Wurzelknöllchen von Hülsenpflanzen: **1945** ('46) 250. — Fermentation of wood-dust by cellulose bacteria and formation of acetic acid in the process: **1946** ('47) 209–11. — Organic nitrogen compounds and higher plants: 213–16. — Factors inhibiting fungal diseases in our cultivated plants and their importance for the resistance of plants and the nutrition of man and cattle: **1957** ('58) 97–101.

Schweizerische landwirtsch. Monatsh. Die A.I.V.-Methode zur Konservierung von frischem Futter: **10** ('32) 257–69.

Schweizerische Z. allg. Pathol. u. Bakteriol. Antimikrobiologische Substanzen in unseren Kulturpflanzen und ihre Bedeutung für die Pflanzen und für die Ernährung des Menschen und der Tiere: **21** ('58) 970–93.

Bitte Bemerkung S. 5629 vor dem Buchstaben V beachten!

Scientia Est-il possible d'augmenter la teneur des produits agricoles en vitamines et spécialement d'influencer ainsi l'alimentation de l'homme?: **70** ('41) 28–37.

Siipikarja Das Konservieren von Fischabfällen und anderen tierischen Produkten als Hühnerfutter: **24** ('42) 29f. [finn.]. — Das Konservieren von Fischabfällen und Kleinfischen zu Tierfutter: **26** ('44) 67f. [~].

Skandinavisches Arch. Physiol. The use of ninhydrine reaction in the quantitative determination of amino acids [58]): **80** ('38) 392–97.

Suomalaisen Tiedeakatemian Toimituksia, Sarja A Biochemie der Bakterien: **36** ('32/33) Nr. 11, 28 S. — Über die Stickstoffernährung der Pflanzen: Nr. 12, 27 S. — Investigations into the formation of vitamins in plants, 1 [25])[94]): **38** ('33) Nr. 7, 21 S. — Über die Methoden zur Untersuchung und Beurteilung des A.I.V.-Futters bzw. anderer Silofutter [42]): **48** ('36/38) Nr. 14, 28 S.

Suomalaisen Tiedeakatemian Toimituksia, Sarja A II The significance of the hydrogen ion concentration in the preservation of food stuffs and fodder: Nr. **34** ('49) 20 S. — Dependence of the enzyme activity of cells on their protein content: Nr. **36** ('49) 8 S. — On nitrogen assimilation and protein synthesis: Nr. **39** ('50) 25 S. — A rapid method for determination of fatty acids and ammonia in silage by means of paper chromatography [74]): Nr. **41** ('51) 9 S. — Some aspects of biological nitrogen fixation: Nr. **43** ('52) 19 S. — Glucobrassicin, der Vorläufer von SCN^-, 3-Indolylacetonitril und Ascorbigen in Brassica oleracea Species [19]): Nr. **107** ('61) 25 S.

Suomalaisen Tiedeakatemian Toimituksia, Sarja A III Yrjö Väisälä 70 years: Nr. **61** ('61) 7–12.

Suomen Ayrshirekarja Über eine völlig selbstversorgende Viehfütterung: **9** ('35) 39–45 [finn.]. — Möglichkeiten der Viehfütterung bei vollständigem Ausfall von Importen: **16** ('42) 19–23 [~]. — Über die Bedeutung der Milch für die Ernährung und über den gemeinsamen Wert der in ihr enthaltenen Nährstoffe im Hinblick auf die Zukunft [Titel unsicher]: **29** ('55) 1–3[~].

Suomen Kemistilehti Biochemistry as a theoretical and practical science: **5A** ('32) 37–44 [finn. m. engl. Zusammenfassg.]. — Über die Stickstoffnahrung der Pflanzen: 67–74 [finn. m. deutscher Zusammenfassg.]. — Die Identität der Lipasen verschiedener Organe [109]): **5B** ('32) 28. — Investigations on the root nodule bacteria of leguminous plants, 11: The effectiveness of different species of bacteria [25]): 29f.; ~ 16: Effect of air-content of the medium on the function of the nodule and the excretion of nitrogen (Preliminary report) [25]): **7B** ('34) 97. — Die enzymatische Spaltung und Synthese der Asparaginsäure [111]): **5B** ('32) 30. — Studien über die Vitaminbildung in Pflanzen [25]): 45. — Über den C-Vitamingehalt verschiedener Futterpflanzen [70])[84]): 45f. — Biochemische Untersuchungen über die Bakteriensporen [87]): 46. — Über den C-Vitamingehalt verschiedener Beeren in Finnland [70]): 48. — The A.I.V.-method for the preservation of fresh fodder: **6A** ('33) 13–25 [ ]. — Die organischen Stickstoffverbindungen als N-Nahrung der Pflanzen [25]): **6B** ('33) 55f. — Über die Stickstoffbindung bei Erlen [94]): 57f. — Über die Einwirkung von Agar-Agar auf das Wachstum von Aspergillus niger [87]): 58. — The fermentation of glucose by the legume bacteria [79])[27]): 62. — The chemistry of vitamins: **7A** ('34) 85–90, 135– [finn. m. engl. Zusammenfassg.]. — Effect of yeast extract on the blooming of plants [25]): **7B** ('34) 75. — On the resorption of calcium sulphate in the digestive tract [113]): 75. — Utilisation of organic compounds by plants [25]): 97. — Der Weg zur selbstversorgenden Stickstoffwirtschaft in der Landwirtschaft: **8A** ('35) 90–98 [finn.]. — Preservation of amino acids in A.I.V.-silage and in ordinary silage (Preliminary report) [42])[58]): **8B** ('35) 6. — The mechanism of the symbiotic nitrogen fixation: **9A** ('36) 69. — Excretion of amino acids from the root nodules and their chemical nature [58])[25]): **9B** ('36) 1f. — Formation of the aroma-giving constituents in butter [111]): 2. — Die enzymatische Hydrolyse des Tributyrins durch Pankreaslipase [64]): 2. — Excretion of nitrogenous compounds from the root nodules of leguminous plants, inoculated with different strains of the nodule organism [25])[58]): 5. — Fixation of nitrogen in the root nodules [58]): 5. — Fixation of nitrogen in the leguminous root nodules [58]): 12. — Formation of vitamin C in germinating seeds [15]): 13. — Amino acid content of the root nodules [115]): 13f. — Formation of cadaverine from lysine [58]): 17f. — Formation of alcohol from pentoses [47]): 18. — Specificity of the enzyme aspartase [58]): 28. — On the formation of butter aroma [71])[113]): 28. — The standard of nutrition in Finland, with special regard to the vitamin assay: **10A** ('37) 88–94 [finn., Titel auch engl.]. — Ossian Aschan as teacher: 105 [~]. — Formation of β-alanine from aspartic acid through the legume bacteria [58]): **10B** ('37) 2. — Excretion of aspartic acid by free-living nitrogen-fixers [58]): 6. — The amount of vitamin C in raw and cooked potatoes [100]): 12. — N-Fixation by excised root nodules [58]): 24. — On the factors influencing the excretion from the root nodules [94])[58]): 28. — Excretion of L-aspartic acid from the root nodules of leguminous plants [58]): 32. — Oxalacetic acid in leguminous plants [58]): 35. — Mechanism of the symbiotic N-fixation: **11A** ('38) 2–8 [finn., Titel auch engl.]. — Variations of vitamin-B_2 in milk [29]): **11B** ('38) 1f. — The effect of an artificially increased lipase content on tuberculosis in rabbits [91]): 3. — Preservation of carotene and vitamin A in Emmental cheese [53]): 18. — The determination of oxalacetic acid in green plants [58])[91]): 25. — Fermentation of native cellulose in

 Bitte Bemerkung S. 5629 vor dem Buchstaben V beachten!

wood [49][48]): 30. — The present situation and Finnish chemists: **12A** ('39) 115 [finn., Titel auch engl.]. — Formation of amino acids in green plants with nitrate as N-source [6]): **12B** ('39) 24. — Bei der Verteidigung der Heimat als Helden gefallen: Lauri Mansikkala: **13A** ('40) 4f. [finn.]; Ariel Arhimo: 5 [~]; Lauri Eerola: 6 [~]. — Über die Bildung von Aromastoffen der Butter [52][104]): **13B** ('40) 23. — An activator stimulating the lactic acid fermentation [42][39]): 23. — The vitamin potency of agricultural products: **14A** ('41) 6–10 [finn. m. engl. Zusammenfassg.]. — Prof. Hans von Euler-Chelpin: 63 [finn.]. — Ein neuer Weg zur Erhöhung des Aromas der Butter [52]): **14B** ('41) 4. — Die Oxalessigsäure in Hülsengewächsen [6][106]): 6. — Die Enzyme in lebenden Zellen: **15B** ('42) 22. — Jorma Saarelma †: **16A** ('43) 2 [finn.]. — Prof. Hans von Euler 70 Jahre: 4 [~]. — Die Wasserstoffionenkonzentration als Grundlage der Konservierung der Futter- und Lebensmittel: 96–108 [finn.]; **16B** ('43) 25f. [deutsche Zusammenfassg.]. — Die Entwicklung der biochemischen Forschungs- und Unterrichtsarbeit in Finnland: **17A** ('44) 56–60 [finn. m. deutscher Zusammenfassg.]. — Protein als ein Urstoff des Lebens und als ein Objekt chemischer Forschung: 99–107 [finn.]. — Die Keimung und Reifung der Samen als biochemisches Geschehen [38][89]): **17B** ('44) 21f. — Über die Aktivität verschiedener Stämme der Leguminosebakterien: 22. — Malty flavour in starter and butter [78]): 33. — On the symbiotic nitrogen fixation: **18B** ('45) 33–35. — The green pigment in the root nodules of leguminous plants [58][66]): 36–38. — Significance of haemoglobin ⇌ methaemoglobin in the N-fixation by leguminous root nodules: 38f. — N-Fixation by free-living legume bacteria [58]): 39f. — On the first phases of biological N-fixation: 48f. — The iron and haemin content of leghaemoglobin [36][58]): 49f. — Changes in the ascorbic acid content of green plants in the dark [36]): 50–52. — Biological nitrogen fixation and fodder preservation with reference to human nutrition: **19A** ('46) 53–75 [finn., Titel auch engl.]. — Cellulose fermentation in wooddust [78]): **19B** ('46) 3f. — Thermophilic fermentation of wood [33]): 4–13. — Some additional notes to the studies on leghaemoglobin: 48f. — On the micro method for estimation of amino acids based on formation of volatile aldehydes by ninhydrine oxidation [89]): 56–59. — On fermentation of di- and polysaccharides: 60. — Losses of nitrogen in silage [42]): 75f. — Glutamic acid among the excretion products of leguminous root nodules [66][20][89]): 83f. — 40 Jahre Chemische Gesellschaft Stockholm: **20A** ('47) 238f. [finn.]. — On the antibacterial effect of sporeforming soil bacteria on the legume bacteria [66]): **21B** ('48) 12f. — Henning Karström 50 Jahre: **22A** ('49) 66f. [finn.]. — Formation of oxime nitrogen in anaerobic nitrogen fixation [20][35]): **22B** ('49) 23f. — Opening words at the II meeting of chemists in Finland: **23A** ('50) 21–23 [finn., Titel auch engl.]. — Influence of reducing substances on the reduction of nitrate in normal pea plants [98]): **23B** ('50) 63f. — Juhana Tarnanen †: **24A** ('51) 229f. [finn.]. — 12. Internationaler Kongreß für reine und angewandte Chemie, New York 1951: 266–75 [~]. — Österreichische Chemiker-Tagung in Graz: **25A** ('52) 214f. [~]. — Hans v. Euler 80 Jahre: **26A** ('53) 44–48 [~]. — Tagung der Nobelpreisträger der Chemie in Lindau 1952: 82–89 (m. Bildn.) [~]. — Allgemeine Gesichtspunkte zum Problem der Spurenelemente: 169–75 [~]. — Dr. L. H. Pulkki 50 Jahre: 204f. [~]. — Die Atmung der Leguminosen-Wurzelknöllchen in Beziehung zu deren Hämoglobingehalt [112]): **26B** ('53) 1–5. — Einwirkung von Kohlenmonoxyd auf die anaerobe Stickstoffbindung [77][105]): 6–9. — Die Anwendung des papierchromatographischen Analyseverfahrens zur Bestimmung von Buttersäurebakterien in eingesäuertem Viehfutter [53][45]): 22–26. — Homoserin als freie Aminosäure in Erbsenpflanzen (Pisum sativum) [74][41][75][3]): 26–30. — Über die Bedeutung der biologischen Stickstoffbindung in der Landwirtschaft: 49–53. — Free amino acids in Emmental cheese at different stages of ripening [48][117]): 55f. — Über die internationalen und nationalen Organisationen auf dem Gebiet der Ernährungswissenschaft und Beratung sowie über die erste wissenschaftliche Tagung der "Deutschen Gesellschaft für Ernährung": **27A** ('54) 180–83 [finn.]. — Aarne Eljas Sandelin †: 314–18 [~]. — Die Entwicklung der Biochemie und der Anteil von Hans von Euler an dieser Entwicklung: **28A** ('55) 34–38 [~]. — 4. Chemikertagung, Helsinki 1955: Eröffnungsansprache: 84–86 (m. Bildn.) [~]. — Prof. Georg von Hevesy 70 Jahre: 221f. [~]. — Nobelpreis 1955 für Physiologie und Medizin: 302f. [~]. — An antifungi factor in rye seedlings [26]): **28B** ('55) 165f. — Prof. Harry Lundin 60 Jahre: **29A** ('56) 171f. [finn.]. — Administration of agmatine and other amines to the rat and their accumulation in the tissues [61][85][91]): **29B** ('56) 42–46. — Formation of acetylhydroxamic acid from nitrite and nitrate in Torulopsis utilis [97]): 106. — A new aminodicarboxylic acid, dihydroxyglutamic acid, in green plants [18]): 107f. — Anti-fungal factors in cultivated plants [26][120][95]): 108. — Eine neue schwefelhaltige Aminosäure in der Zwiebel[, 1] [72]): 134f.; A new sulphur-containing amino acid in onion, 2 [72]): **30B** ('57) 219; ~ 3 [72]): **31B** ('58) 191. — An anti-fungal factor in maize and wheat plants [26][123]): **29B** ('56) 143, 171. — 5. Chemikertagung, Helsinki 1957: Eröffnungsansprache: **30A** ('57) 42–44 [finn.]. — Über die Widerstandsfähigkeit von Kulturpflanzen gegen durch Pilze verursachte Krankheiten: 48f. [~]. — Frau fil. kand. Linda Tanner 75 Jahre: 133–[~]. — Additional information on the anti-fungal factor in red clover [26]): **30B** ('57) 99. — Hydroxylamine compound in Azotobacter cultures. Hydroxyaspartic acid, a component of these compounds [97]): 100. — On antifungal factors in carrots [57]): 218. — On the effect of amino acids and amines on the growth and the form of the pea plant [66]): 220f. — Formation of benzoxazolinone in rye seedlings [7])[18]): 246. — 6. Chemikertagung, Helsinki 1958: Eröffnungsansprache: **31A** ('58) 43–47 [finn.]. — N. J. Toivonen 70 Jahre: **31B** ('58) 1f. — The quantitative determination of molecular nitrogen fixed by pea plants in pot cultures and in field experiments [28]): 98–102. — A new α-amino acid in Boletus species and in some green plants [1]): 190. — The effect of hemoglobin on the formation of ammonia from hydrazine [74]): 192. — A new γ-glutamyl tripeptide in Juncus species [18]): 272. — On the occurrence of the new amino acid found in Boletus species [62]): 360–62. — On the antifungal activity of wheat and rye seedlings [123]): 402. — On the formation of benzoxazolinone in rye seedlings. Isolation of the precursor [26]): **32B** ('59) 38. — On the structures of the precursors of benzoxazolinone in rye seedlings[, 1] [26]): 138; ~ 2 [26]): 252; ~ 3: Synthesis of the reduction product of the aglucone $C_8H_7O_4N$ [31]): **33B** ('60) 9f. — On the formation of 6-methoxybenzoxazolinone in maize and wheat plants [123]): **32B** ('59) 139f. — On the separation of hydrogen and deuterium by pea plants [60]): 235f. — Formation of esters of normal thiocyanic acid from sulphur-containing glucosides in some Cruciferae plants [19]): 236. — Worte bei der Enthüllung von Gedenktafeln für Johan Gadolin am 3. 6. 1960 in Turku: **33A** ('60) 168 [finn.]. — New γ-glutamyl peptides in onion (Allium cepa), 1: γ-Glutamyl-phenylalanine and γ-glutamyl-S-β-carboxy-β-methyl-ethyl-cysteinyl-glycine [72]): **33B** ('60) 83f.; ~ 3 [72]): **34B** ('61) 53f. — Unsaturated fatty acids in rye plants [31]): **33B** ('60) 171. — Glucobrassicin, der Precursor von Thiocyanat-Ion und Ascorbigen in Brassica-oleracea-Species [19])[93]): 172. — On the uptake and assimilation of D- and L-amino acids by pea and barley plants [120]): 201–04. — Paavo Eevertti Simola †: **34A** ('61) 144f. [finn.]. — Glucobrassicin, the precursor of 3-indolylacetonitrile, ascorbigen, and SCN^- in Brassica oleracea species [19]): **34B** ('61) 15–18. — 2-Methyl-2-pentenal, a compound in onion vapours [102]): 18. — Some aspects of factors in the maize plant with toxic effects on insect larvae: 29–31. — γ-L-Glutamyl-S-allyl-L-cysteine in garlic (Allium sativum) [73]): 44. — Isolation of the precursor of the lachrymatory factor in onion (Allium cepa) [102]): 72. — On the γ-glutamylpeptides in garlic (Allium sativum) [73]): 73. — The structure of the γ-glutamyl peptide 4 isolated from onion (Allium cepa). γ-L-Glutamyl-S-(1-propenyl)-cysteine sulfoxide [72]): 84. — Proofs of the presence of γ-glutamyl-S-(1-propenyl)-cysteine sulfoxide and cycloalliin as original compounds in onion (Allium cepa) [72]): 114. — The effect of ascorbigen as an antiscorbutic compound [46]): **35B** ('62) 24. — On the enzymic splitting of S-(1-propenyl)-cysteine sulfoxide and the formation of the lachrymatory factor [102]): 28f. — Mass-spectral studies of the chemical nature of the lachrymatory factor formed enzymically from S-(1-propenyl)-cysteine sulfoxide isolated from onion (Allium cepa) [75])[102]): 29. — Neoglucobrassicin, another thioglucoside in Brassica species with an indole group in the molecule [19]): 34. — γ-L-Glutamyl-S-n-propylcystein in Knoblauch (Allium sativum) [22]) [9]): 52. — The formation of benzyl thiocyanate in the seeds of Lepidium sativum [93]): 102–04. — On the synthesis of ascorbigen from ascorbic acid and 3-hydroxymethylindole [86]): 104. — Production of cow's milk on purified nutrients without proteins [59]): 244. — γ-L-Glutamyl-S-(prop-1-enyl)-L-cysteine in the seeds of chives (Allium schoenoprasum) [72]): 245. — The formation of benzyl nitrile, benzyl isothiocyanate and benzyl thiocyanate in the crushed seeds of Lepidium sativum [93]): 248f.

Suomen maataloustieteellisen Seuran Julkaisuja Synthesis of amino acids and proteins from ammonium salts by ruminants [60]): **94** ('59) 7–12.

Suomen Osuustoimintalehti Wissenschaftliche Arbeit und Praxis: **38** ('46) 41–[finn.].

Suomen Paperi- ja Puutavaralehti Die Möglichkeiten der Gewinnung von Hefe in großem Maßstabe unter Verwendung von Sulfitablauge und anderen Holzzuckerlösungen: **25** ('43) 287–90, 292 [finn.].

Svensk kem. Tidskr. Die symbiotische Stickstoffbindung bei Leguminosen: **51** ('39) 19–35 [schwed.]. — Fermentation of the native cellulose and pentosanes in wood [49]): **56** ('44) 391–400. — On adaptive formation of enzymes by micro-organisms: **60** ('48) 23–38. — Über die Entwicklung der Ernährungsforschung und über neue, wenig beachtete Probleme auf diesem Gebiet: **71** ('59) 587–96 [schwed.].

Svenska Mejeritidn. Einige Probleme bezüglich der Vitamine der Milch: **35** ('43) 293–, 305–, 310– [schwed.].

Talouselämä Chemie und Lebensmittelautarkie: **5** ('42) 171–[finn.]. — Die Zuträglichkeit der Nahrung und die Lebensmittelindustrie: **6** ('43) 89f. [~]. — Autarke Viehfütterung: **20** ('57) 320–[~].

Teknillinen Aikakauslehti Biochemistry as a theoretical and practical science: **22** ('32) 283–90 [finn. m. engl. Zusammenfassg.]. — Die Proteine, ihre Produktion und das Problem der Stickstoffbindung: **36** ('46) 73–[finn.].

Teknillisen Kem. Aikakauslehti Die Kohlendioxidassimilation und die Bindung von atmosphärischem Stickstoff als Aufrechterhalter des Lebens auf der Erde: **10** ('53) 385–94. — Chemie, Mensch, Nahrung: **17** ('60) 708–21 [finn.].

Tellus [Stockholm] Molecular nitrogen fixation and nitrogen cycle in nature: **4** ('52) 304–06.

Terveydenhoitolehti Milch und Milchprodukte haben als unsere Nahrung ihre ganz einzigartige

Bedeutung: **48** ('36) 109–16 [finn.]. — [Zur Frage der Zweckmäßigkeit der Ernährung des finnischen Volkes] [genauer Titel nicht ermittelt]: **50** ('38) 87–[~]. — Über die Entwicklung der Ernährungswissenschaft, über moderne Ernährungsfragen und über eine Instruktion für die Volksernährung: **69** ('57) 134–[~].

Tidskr. Lantmän [Helsingfors] Salzpreßfutter und gewöhnliches Preßfutter: **20** ('38) 87–[schwed.].

Triangel Ernährungsmöglichkeiten der Menschheit: **5** ('61/63) 265–71 [m. engl., französ., span. u. portugies. Zusammenfassg. S. 1144b–e].

Übersicht [Hannover] Atmosphärischer Stickstoff erhält das Leben auf der Erde: **4** ('53) 693–96.

Ugeskr. Landmænd Weiß man zu wenig über Silieren und Silage?: **96** ('51) 787–[schwed.].

Umschau Wiss. u. Techn. Kropferzeugende Substanzen im Kohl und in Futterpflanzen?: **62** ('62) 129–32.

Upsala Läkarefören. Förh. Absorption of carotene from carrots in humans [53]): **45** ('39) 355–62.

Valvoja Der Kampf um die Freiheit: **73** ('53) Nr. 2, 57–62 [finn.].

Valvoja-Aika Über Wesen und Bedeutung der Biochemie: **1939**, 435–44 [finn.].

Věstn. českoslov. Akad. zemědělské Über Futterkonservierung und wirtschaftseigene Milchproduktion in Finnland: **12** ('36) Nr. 6/7, 7 S. [tschech.].

Yhteishyvä Über den Trend der finnischen Landwirtschaft und über die zukünftige Entwicklung: **45** ('49) Nr. 18, S. 6; Nr. 19, S. 1, 4 [finn.].

Ylioppilaslehti Das Zusammenwirken von Wissenschaftlergemeinde und Staatsmacht: **37** ('49) Nr. 18, S. 1, 5 [finn.].

Z. Pflanzenernähr., Düng., Bodenkunde Über die Bedeutung der das Redoxpotential erniedrigenden Stoffe für das Wachstum der Pflanze [98]): **45** ('49) 11–22.

Z. Volksernährung Vitaminreiche Wintermilch: **10** ('35) 378–80.

Zbl. Bakteriol., Parasitenkunde u. Infektionskrankheiten. Abt. II The microbiology of ensilage production: **95** ('37) 472–77.

Wiedergabe einiger weiterer Ansprachen.

Mit: [1]) O. Äyräpää; [2]) I. Aikkinen; [3]) M. Alfthan; [4]) R. M. Allison; [5]) S. Alonen; [6]) A. A. Arhimo; [7]) A. Aura; [8]) A. M. Berg; [9]) M. Berlin; [10]) B. Bramesfeld; [11]) J. B. Bredenberg; [12]) R. H. Burris; [13]) J. Casimir; [14]) T. Z. Csáky; [15]) L. V. Eerola; [16]) N. Ellfolk; [17]) J. Erkama; [18]) T. Ettala; [19]) R. Gmelin; [20]) M. Hakala; [21]) U. Hamberg; [22]) M. Hatanaka; [23]) S. Hatanaka; [24]) J. v. Hausen; [25]) S. von Hausen (=[98])); [26]) P. K. Hietala; [27]) E. Hollo; [28]) A.-M. Holmberg; [29]) T. Holmberg; [30]) —; [31]) E. Honkanen; [32]) J. Huhtala; [33]) J. Hukki; [34]) L. Jännes; [35]) H. Järvinen; [36]) J. Jorma; [37]) —; [38]) A. Kärkelä; [39]) L. Kahra; [40]) M. Kantola; [41]) S. Kari; [42]) H. Karström; [43]) P. Karvonen; [44]) A. Kemppi; [45]) H. K. Kerkkonen; [46]) M. Kiesvaara; [47]) T. Kirkkomäki; [48]) V. (J.) T. Kiuru; [49]) O. A. Koistinen; [50]) U. Kokkola; [51]) A. Komamine; [52]) P. Kontio; [53]) M. S. Kreula; [54]) H. Kunttu; [55]) F. P. Kupiecki; [56]) T. Laaksonen; [57]) P. de Laey; [58]) T. Laine; [59]) M. Lampila; [60]) H. Land; [61]) S.-O. Laurent; [62]) A. Lehtinen; [63]) J. de Ley; [64]) E. Lindeberg; [65]) P. Linko; [66]) H. Linkola; [67]) A. Linnasalmi; [68]) A. Louhivuori; [69]) S. Lundbom; [70]) E. Lundmark; [71]) L. Mansikkala; [72]) E. J. Matikkala; [73]) I. Mattila; [74]) J. K. Miettinen; [75]) T. Moisio; [76]) M. M. Mozen; [77]) H. Mustakallio; [78]) O. E. Nikkilä; [79]) M. Nordlund; [80]) P. Nuorteva; [81]) M. Nurmia; [82]) V. T. Nurmikko; [83]) K. Oland; [84]) E. Peltola; [85]) T. Pesonen; [86]) E. Piironen; [87]) L. Pulkki; [88]) K. Raible; [89]) N. Rautanen; [90]) P. Rintala; [91]) P. Roine; [92]) —; [93]) M. Saarivirta; [94]) S. Saastamoinen; [95]) V. Salakivi; [96]) E. L. Salmenoja; [97]) N.-E. Saris; [98]) S. Saubert-v.Hausen (=[25])); [99]) R. Schwyzer; [100]) E. R. Sevelius; [101]) J. N. Shoolery; [102]) C.-G. Spåre; [103]) H. Sternberg; [104]) T. Storgårds; [105]) H. Strandström; [106]) J. Sundman; [107]) O. Suolahti; [108]) H. Suomalainen; [109]) P. Suomalainen; [110]) —; [111]) J. Tarnanen; [112]) A. Tietäväinen; [113]) J. Tikka; [114]) T. Toivonen; [115]) M. Torniainen; [116]) O. Turpeinen; [117]) E. Tybeck; [118]) E. Uksila; [119]) M.-L. Vähätalo; [120]) E. Valle; [121]) O. Valle; [122]) E. Virtanen; [123]) Ö. Wahlroos; [124]) F. R. Williams; [125]) U. Winkler; [126]) T. Yamada.

VI **VISCO,** Sabato. Physiol. (Biochem., Lebensmittelchem.). — 1930–63 Prof. ord. e Dir. dell'Ist. (d'Istol. e) di Fisiol. gen., '35–38, '43–44, '47–48 Pres. della Fac. di Farm., '38–44, '51–63 Pres. della Fac. di Scienze fisiche, mat. e naturali, Univ. di Roma; '37–63 Dir. dell'Ist. nazion. di Biol. → Ist. nazion. della Nutrizione, Consiglio nazion. delle Ricerche. — '29 Premio Vittorio Emanuele III (R. Accad. dei Lincei); Medaglia d'oro (Fondazione Santorio); '57 Medaglia d'oro dei Benemeriti della Cultura (Ministro della Pubbl. Istruzione); Premio Marzotto.

* 1888, Apr. 9, Torchiara, Salerno;
† 1971, Mai 1, Roma.

Bildn. Chimica e Industria **20** ('38) 329.

Nekr. *E. Tria, Quaderni Nutriz. **31** ('71); Annuario, Univ. Studi Roma **1971/72–1972/73**, 1669–73.

H. (Redakt.)Quaderni Nutriz. **1** ('34) ff.

S. Celebrazioni marchigiane (Confederazione fascista dei Professionisti e degli Artisti) **1** (Urbino '35): Bartolomeo Eustachio (44 S.). — Atti del I Convegno nazionale per l'incremento delle produzioni agricole, Roma 1936 (Roma '37): Il bilancio alimentare italiano (22 S.). — La science de l'alimentation en 1937. 2ᵉ Congrès scientifique international de l'alimentation, Paris 1937 (Alençon '38): Alimentation dans les colonies italiennes (27 S.). — Convegno di scienze fisiche, matematiche e naturali, 1937. Tema: Lo stato attuale delle conoscenze sulla nutrizione (Roma '38) (Reale Accademia d'Italia, Fondazione Alessandro Volta, Atti dei convegni, 7): L'alimentazione nelle colonie e nel possedimenti italiani: indigeni e coloni (67 S.). — Attualità in tema di vitaminologia. Raccolta delle conferenze, Milano 1942 (Milano '48): La dinamica dell'alimentazione; esame di alcuni rapporti chimici e biologici tra i costituenti della razione alimentare; ²('51). — Atti del I Congresso internazionale dell'ortofrutticoltura mediterranea, Verona 1950 (Roma '53): Il valore alimentare delle frutta e delle verdure. — L'uva alimento e medicina nel pensiero di fisiologi e clinici italiani (Roma '53): L'uva nutrimento e medicina; i miracoli di Santo Francesco di Assisi e di Santa Francesca Romana. — Convegno sulle vitamine, Milano 1953 ("3ª Giornata della scienza" indetta dal Consiglio nazionale delle Ricerche in occasione della 31ª Fiera di Milano) (Roma '53) (La ricerca scientifica, Suppl.): La funzione sociale della scienza con speciale riguardo ai problemi dell'alimentazione; 76–99: Evoluzione del concetto di vitamine. — Convegno nazionale sul valore nutritivo ed economico dei cereali. Celebrazione di J. B. Beccari e P. Albertoni nel CXXV anniversario Buitoni, Bologna 1952 (Sansepolcro '54) (La ricerca scientifica, Suppl.): Importanza del frumento nell'alimentazione nazionale. — Atti del II Congresso nazionale del freddo, Padova 1953 (Padova '54): Problemi biologici inerenti alla conservazione in regime freddo. — Le vitamine (Torino '54) (Quaderni della radio, 36): Evoluzione del concetto di vitamine. — La trasformazione industriale degli agrumi. Relazioni e discussioni del Convegno nazionale sulla trasformazione industriale degli agrumi (VII Fiera internazionale delle attività agrumarie, delle essenze e degli olii), Reggio Calabria 1954 (Milano '55): Gli agrumi. — Atti del Convegno nazionale della olivicoltura meridionale (VIII Fiera ~), Reggio Calabria 1955 (Roma '55): La posizione dell'olio d'oliva nell'alimentazione degli italiani. — Atti del II Convegno nazionale su "L'azione della medicina sociale per la rinascita del Delta padano", Ferrara 1955 (Città di Castello '56) 54–69: Popolazione ed alimentazione nel Delta padano [1])[3]). — Onoranze ad Alfredo Niceforo; la ceremonia del 6 maggio 1954 (Roma '56) 65–67: Salute del Prof. Sabato Visco. — Atti del III Congresso nazionale medico pedagogico: IX Congresso dei consulenti medici; III Convegno della Associazione Dirigenti e Assistenti di Colonia, Roma 1957 (Roma '57) 41–59: Indirizzi per la valutazione dei rapporti tra alimentazione e salute. — Atti del Convegno nazionale sui problemi della conservazione, distribuzione e consumo del pesce (Fiera di Ancona, Mostra mercato internazionale della pesca e attività affini), Ancona 1956 (Ancona '57): Il pesce nell'alimentazione umana. — Il latte alimento per tutti nel pensiero di fisiologi, igienisti e clinici italiani (Roma '57) 21–48: Il latte. — Ricerca scientifica e progresso economico. Convegno, Roma 1956 (Roma '57) 47–75: La ricerca scientifica nelle università; gli uomini ed i mezzi strumentali e finanziari. — Il Symposium sulla fisiopatologia dell'alimentazione, Roma 1955 (Roma '59) (La ricerca scientifica, Suppl.) 12–19: Alcuni problemi riguardanti la formazione delle sostanze proteiche. — Atti del II Convegno nazionale dei succhi svoltosi (Fiera di Verona, XVIII Mostra nazionale di frutta e ortaggi), Verona 1958 (Verona '59) 8–12: I succhi di frutta nella alimentazione e nella dietetica. — Convegno per la tutela della genuinità degli alimenti, Milano 1960 (Milano '60) 37–42: Problemi biologici connessi al progresso tecnologico alimentare. — VI Symposium sur les substances étrangères dans les aliments, Madrid 1960 (Madrid '61) 505–25: Procès microbiels et la préparation des sauces de poissons. — Aspetti e problemi dell'alimentazione (Roma '62) 17–41: Aspetti sociali del problema alimentare.

W. I moderni indirizzi dell'alimentazione [Conferenza, Roma 1955] (Roma '55) 22 S. (Pontificia Opera Assistenza, Quaderni di documentazione). — Influenza dell'alimentazione sulla crescita infantile (IV Jornadas europeas de dietética, Madrid 1957) (Roma '57) 16 S. [italien. u. span.]. — Disponibilità per il consumo e interscambi di prodotti alimentari nei paesi del Mercato comune (m. Galeotti) (Roma '58) 5 + 209 S.; Beilage: Atlante statistico alimentare dei paesi del Mercato comune (m. G. Galeotti) ('58) 49 S. — La situazione alimentare nei paesi del Mediterraneo (Palermo '58) 27 S. (Collaborazione mediterranea, 3, Suppl.).

Acta chim. Acad. Sci. hungar. Utilisation de l'énergie nucléaire pour la conservation des aliments: **23** ('60) 445–67 [m. deutscher, engl. u. russ. Zusammenfassg.].

Acta vitaminol. [Milano] Evoluzione del concetto di vitamine: **7** ('53) zwischen S. 49 u. S. 139.

Atti Accad. Georgofili Applicazione della energia nucleare alla alimentazione: (7) **6** ⟨**135**⟩ ('59) 231–46.

Atti Soc. ital. Progr. Sci. Cinematografia e ricerca scientifica: **26.**1937, IV ('38) 99–102.

Boll. Soc. ital. Biol. sperim. Aspetti della malnutrizione in seguito a insufficiente consumazione di proteine animali [3]): **32** ('56) 1080–86.

Gerarchia Il problema nazionale dell'alimentazione: **15** ('35). — I nostri consumi alimentari e la politica dell'alimentazione: **16** ('36) 254–62.

Industria Conserve [Parma] Valore nutritivo di

frutta e ortaggi: **28** ('53) 103–09. — I succhi di frutta nell'alimentazione moderna: **32** ('57) 95–97.

Industries aliment. et agric. Les isotopes radioactifs appliqués à l'étude de la nutrition: **77** ('60) 769–78.

Olivicoltore Il fabbisogno nazionale di grassi alimentari: **13** ('36) 13 S.

Quaderni Nutriz. Valore nutritivo dei derivati del latte. Rivista sintetica: **1** ('34/35) 453–91. — Acido nicotinico e pellagra: **5** ('38) 321–24.

Rassegna clinico-sci. Ist. biochim. ital. Evoluzione del concetto di vitamine: **29** ('53) 139–41.

Rend. Ist. sup. Sanità Additivi nel latte e derivati: **25** ('62) 668–76.

Ricerca sci. Primi risultati di alcuni esperimenti di alimentazione con miscela di farina di cariossidi di frumento e farina di semi di fave: (2) **7**,1 ('36) 121–23. — L'Istituto di Ricerche Biologiche di Rodi: **7**,1 ('36) 6 S. — Il metabolismo basale negli indigeni della Libia [2]): **8**,2 ('37) 4 S. — Acido nicotinico e pellagra: **9**,2 ('38) 167f. — Alcune osservazioni sul sangue di maiali alimentati con una dieta pellagrogena: 623–27. — La prevenzione della pellagra con l'acido nicotinico: **10** ('39) 779–82. — Ulteriori indagini sulle modalità di somministrazione dell'acido nicotinico per la profilassi della pellagra: **11** ('40) 212–14. — Ricerche polarografiche sull'ossigeno contenuto nel sangue [4]): **22** ('52) 62–67. — Aspetti biologici della conservazione degli alimenti in regime di freddo: **23** ('53) 1937–52. — La situazione alimentare mondiale e la tutela della salute umana: **27** ('57) 1729–48.

Rivista int. Cinema educatore Il cinematografo nella ricerca e nella diffusione delle scienze: **1934**, 8 S.

Salernum L'alimentazione umana in Provincia di Salerno: **1** ('35) 8 S.

Scuola sup. I corsi di cultura militare nelle scuole medie e superiori: **2** ('35) 8 S.

Terra e Lavoro L'uomo lavoratore: **1** ('35) 3 S.

Voeding Protéines végétales dans l'alimentation des enfants: **16** ('55) 301–10.

Ferner Ansprachen vor der Camera dei Deputati und von dieser publiziert: La politica sanitaria del Regime ('34) 13 S.; Per la Clinica delle malattie tropicali e sub-tropicali della Regia Università di Roma ('35) 8 S.; Funzione nazionale della ricerca scientifica e sue necessità ('35) 21 S.; Indirizzi e risultati della politica sanitaria del Regime Fascista ('36) 22 S.

Mit: [1]) G. Galeotti; [2]) G. Genna; [3]) F. Mancini; [4]) P. Silvestroni.

V, VI **VISSER,** Simon Willem. Geophysik, Meteorol. — 1915–18 Lehrer in Maastricht u. Roermond; '19–26 Assist., '26–33 Sub-Dir., Königl. Magnet. u. Meteorol. Observat., Batavia, Niederländ.-Indien; '34–38 Forschungen über langfristige Wetterprognosen; '39–46 wiss. Assist., Königl. Niederländ. Meteorol. Inst., De Bilt; '46–54 außerord. Prof., '54 Prof. emer., Univ. Utrecht.
* 1884, Juni 1, Lisse;
† 1963, Febr. 6, Ellecom.

Nekr. *W. Bleeker, Jaarb. Rijksuniv. Utrecht **1962/63**, 13–17 (m. Bildn.); Tijdschr. koninkl. nederl. aardrijkskund. Genootsch. **80** ('63) 212f.

S. Proc. 5th Pacific science congress, Victoria and Vancouver, B.C., Can., 1933, **3**(Toronto, Can. '34, NewYork '35) 1883–91: On anomalies of terrestrial magnetism; 1893–907: Magnetic anomalies in the Netherlands East Indies. — Handbuch der Geophysik, **8**: Physik der Atmosphäre (F. Linke, F. Möller) (Berlin '61) 1027–81: Die Halo-Erscheinungen.

W. Sterrenatlas voor Nederland (m. W. E. van Wijk) ('s-Gravenhage '36) 31 S. — The Snellius-expedition in the eastern part of the Netherlands East Indies, 1929–30, under leadership of P. M. van Riel, **2**: Oceanographic results, Part 4: Surface-observations, temperature, salinity, density (Leiden '38) 62 S.; **3**: Meteorological observations (Leiden '36) 7 + 111 S. — Rapport over een onderzoek naar de mogelijkheid van een weersvoorspelling op langen termijn in Nederland (Wageningen '39) 92 S. (Publicaties van de stichting "Fonds landbouw exportbureau 1916/1918", Nr. 23). — Optische verschijnselen aan den hemel (Gorinchem '43) 8 + 80 S.; [2]('s-Gravenhage '57) 135 S. [m. engl. Zusammenfassg.] (Koninklijk Nederlands Meteorologisch Instituut, Publ. 137 (= Verspreide opstellen, Nr. 3)). — Seismologie (Gorinchem '43) 8 + 151 S. (Noorduijn's wetenschappelijke reeks, 11), [2]('49) 6 + 160 S. — De invloed van de zonnevlekken op het weer (Utrecht '46) 19 S. (Antrittsvorlesung, 11. Febr. 1946). — Het weer in de komende maand ([Umschlagtitel:] Is weervoorspelling op lange termijn mogelijk?) (Amsterdam '47) 16 S. (AO-reeks, 171). — Korte handleiding behorende bij de draaibare sterrenkaart voor de tropen; met planeten-tabel voor 1949 [6](Groningen '49) 22 S. — Beknopte inleiding tot de meteorologie, klimatologie, oceanografie (Groningen '51) 252 S. — Het weer. Van meteoor tot meteorologie (Rotterdam '57) 216 S. — Aardrijkskundig leer- en werkboek voor de middelbare scholen (G. W. Bolkestein, L. Cohen, H. Eggink), 4: Natuurkundige aardrijkskunde (m. L. Cohen, H. Eggink) (Groningen '57) 155 S.; [2]('59)

155 S.; ³('61) 158 S. — Regenboog (Amsterdam '59) 16 S. (AO-reeks, 771).

Annales Géophysique Les taches solaires et la météorologie: **3** ('47) 15–23; **4** ('48) 65–73.

Chronica Naturae [Batavia] Die K.N.V. und die Geophysik: **106** ('50) Nr. 5, 185f. [niederländ.].

Geofisica pura e appl. L'activité solaire et les hivers extrêmes: **15** ('49) 111–13. — Some remarks on the European monsoon: **24** ('53) 135–48.

Gerlands Beitr. Geophysik On Turner's deep-earthquake foci. A reply to Conrad: **41** ('34) 484–86. — Some remarks on the deep-focus earthquakes in the international seismological summary [, 1]: **47** ('36) 321–32; ~ 2: **48** ('36) 254–67. — Seismic isobaths in the East Indian Archipelago: **59** ('38) 389–91 [m. deutscher Zusammenfassg.].

Handelingen nederl. natuur- en geneeskund. Congr. Der Charakter der seismischen Wirkung in sehr großer Tiefe: **26** ('37) 345–48 [niederländ.].

Hemel en Dampkring Der Einfluß der Sonnenhöhe auf die Bildung des kleinen Ringes: **34** ('36) 70f. — Halos in Niederländisch-Indien, beobachtet im Jahre 1936: **35** ('37) 120–24; ~ 1937: **36** ('38) 200–04; ~ 1938: **37** ('39) 243–45; ~ 1939: **38** ('40) 241–43. — Der sibirische Meteor vom 30. Juni 1908: **35** ('37) 162–65. — Meteorologische Beobachtungen auf den indischen Meeren: 221–28. — Jahreszeitvorhersage[, 1]: 313–18; ~ [2]: **36** ('38) 10–13; ~ 3: 166–69; ~ 4: 282–85; ~ 5: [?]; ~ 6: **37** ('39) 28–31. — Der physikalische Zustand der oberen Luftschichten: **35** ('37) 362–67, 415–20. — Eine Witterungsperiode von 5,1 Jahren: **36** ('38) 13f. — Die Sonnenuhr von Ahaz: 228–30. — Der Winter von 1938/1939: **37** ('39) 172–74. — Der Frühling 1939: 294–97. — Die Sonnenflecken und das Wetter: 320–30. — Irisierende Wolken über einer Teetasse: **38** ('40) 109f. — Vorschlag für eine niederländische Beschreibung der verschiedenen Niederschlagsformen, der atmosphärischen Trübung und einiger anderer Erscheinungen ²)³)⁴)⁵): 360–66. — Neue Untersuchungen über den Einfluß des Mondes auf das Wetter: **39** ('41) 28–34. — Der leuchtende Nachthimmel vom 26.–28. Januar 1941: 82–84, 363–65. — Zufallsperioden: 144–50. — Ändert sich die [vorherrschende] Windrichtung in Amsterdam?: 201–07. — Nordlicht: 267–83, 371–78; **40** ('42) 45–53, 129–37, 194–204, 225–34. — Der Halo von Hall, ein Quell der Unklarheit: 307–10. — Die Sonnenflecken und das Wetter: **48** ('50) 1–9. — Der Einfluß der Planeten auf das Wetter: 76. — Baurs Beziehungen zwischen Sonnenflecken und strengen Wintern: 85–88. — Der europäische Monsun in den Niederlanden: **50** ('52) 61–66. — Wann kommt das nächste Sonnenflecken-Maximum?: **51** ('53) 1–3. — Die Halo-Statistik vor, während und nach dem Krieg: **52** ('54) 55–58. — Halos, Sonnenflecken und der Ausbruch des Katmai: 177–82. — Der Einfluß der Sonnenflecken auf das Wetter: **53** ('55) 71–77. — Der umschriebene Halo: 136–38. — Tropisches Polarlicht: **55** ('57) 98f. — Eine unbekannte Halo-Erscheinung, der Außenrand des Ringes von 22°: 228–31. — Wichtige Beobachtungen des grünen Strahls: **57** ('59) 57–59. — Christiaan Huygens und der Stockholmer Halo vom 20. April 1535: **58** ('60) 89–94. — — Alle Arbeiten niederländ.

J. geophysic. Res. Chemical composition of rain water in Kampala, Uganda, and its relation to meteorological and topographical conditions: **66** ('61) 3759–65.

J. Meteorology Extrapolation of sunspot–climate relationships: **10** ('53) 232f.

Mededeelingen en Verh., K. Nederl. meteorol. Inst. Langfristige Wettervorhersagen in den Niederlanden: Nr. **51** ('46) 143 S. [niederländ.].

Mededelingen en Verh., K. Nederl. meteorol. Inst., Ser. A Die Periode von 27 Tagen: **59** ('54) 365–86 [niederländ., engl. Zusammenfassg. S. 453–55]. — A new analysis of some features of the 11-year and 27-day cycles in solar activity and their reflection in geophysical phenomena: Nr. **75** ('59) 65 S.

Meteorol. Z. Ein zusammengesetzter Halo in Zentral-Java am 11. April 1933: **50** ('33) 306–10. — Ein neuer Tau-Registrierapparat: **51** ('34) 388–90. — Die schiefen Bogen der Gegensonne: **53** ('36) 336–40.

Nature [London] Behaviour of the present sunspot cycle: **182** ('58) 253f., 1600.

Natuurkundig Tijdschr. Nederl.-Indië Halos in Niederländisch-Indien, beobachtet im Jahr 1931: **92** ('32) 265–79; ~ 1932: **93** ('33) 100–08; ~ 1933: **94** ('34) 134–47; ~ 1934: **95** ('35) 189–97; ~ 1935: **96** ('36) 173–78; ~ 1936: **97** ('37) 135–39; ~ 1937: **98** ('38) 109–11; ~ 1938: **99** ('39) 164f. — Vulkanische Phänomene und Erdbeben im Ost-Indischen Archipel, beobachtet während des Jahres 1931: **92** ('32) 286–302. — Sonnenscheindauer in Niederländisch-Indien: **93** ('33) 109–11. — Erdbeben und Gezeiten in Amboina im Jahr 1932: 143–47. — Seismische und semivulkanische Ereignisse in Südsumatra 1933: **94** ('34) 37–45. — Erdbeben mit sehr tiefem Herd in Niederländisch-Indien: **97** ('37) 168–72. — — Alle Arbeiten niederländ., zum Teil m. engl. Zusammenfassg.

Proc., Koninkl. Akad. Wet. Amsterdam On anomalies of terrestrial magnetism: **37** ('34) 76–81. — Magnetical anomalies in the Dutch East Indian Archipelago: 118–22. — On the relation between microseisms and depressions in Western-Europe and on the Ocean: 738–46. — On a period of 27 months in the rainfall: **40** ('37) 513–17.

Proc. Koninkl. Nederl. Akad. Wet. On Easton's period of 89 years: **53** ('50) 172–75.

Bitte Bemerkung S. 5629 vor dem Buchstaben V beachten!

Proc. Koninkl. Nederl. Akad. Wet., Ser. B The Novaya-Zemlya phenomena: **59** ('56) 375–85.

Quarterly J. roy. meteorol. Soc. Heat waves of the year 1947 and solar activity: **75** ('49) Nr. 326, 411–16. — A tangent arc of the halo of 24,5° [1]): **82** ('56) Nr. 351, 92–96.

Terrestrial Magnetism and atmospher. Electr. A connection between deep-focus earthquakes and anomalies of terrestrial magnetism and gravity: **42** ('37) 361 f.

Tijdschr. koninkl. nederl. aardrijkskund. Genootsch. Erdbeben in Niederländisch Indien: (2) **51** ('34) 629 f. [niederländ.]. — Erdbeben mit sehr tiefem Herd: **54** ('37) 313–35 [~]. — Langfristige Wettervorhersage: **57** ('40) 99–107 [~]. — Der elfjährige Sonnenfleckenzyklus: **74** ('57) 450–61 [~].

Trans. amer. geophysic. Union The 27-day period in United States temperatures: **39** ('58) 835–44.

Versl. gewone Vergad. Afd. Natuurkunde, Koninkl. Akad. Wet. Amsterdam Über die Formung von Kränzen in Eiswolken: **52** ('43) 53–57 [niederländ. m. deutscher, engl. u. französ. Zusammenfassg.]. — Spannungen in der Erdkruste als Folge von Polverschiebungen und das erdmagnetische Feld: 497–502 [~].

Versl. landbouwkund. Onderz. Bodentemperaturen in Groningen, 3: Temperaturverlauf bei vier Bodenarten unter besonderen Wetterverhältnissen: **47A** ('41/42) 833–95 [niederländ.].

Versl., Provinciaal utrechtsch Genootsch. Kunsten en Wet. Anomalien des erdmagnetischen Feldes: **1934**, 38–40 [niederländ.]. — Erdbeben mit sehr tiefem Herd: **1936**, Sectievergadering 2. Juni, 46–49 [~].

Z. Geophysik Der Zusammenhang zwischen Bodenunruhe und Zyklonen: **16** ('40) 329 f.

Ferner während vieler Jahre freiwillige meteorologische Beobachtungen für das Königl. Niederländische Meteorologische Institut, veröffentlicht in deren jährlicher Publikation Nr. 81: Onweders, optische verschijnselen, enz. in Nederland.

Mit: [1]) C. T. J. Alkemade; [2]) W. Blecker; [3]) C. Braak; [4]) L. J. L. Dey; [5]) J. A. van Duijnen-Montijn.

V, VI **VITALI,** Giuseppe. Math. — 1899 Laurea, 1900 Abilitazione, 1899–1901 Assist., Univ. di Pisa; '01–02 Insegnante, R. Scuola Tecn. di Sassari; '02–04 Insegnante, Regio Liceo di Voghera; '04–22 Insegnante, Regio Liceo "Cristoforo Colombo" di Genova; '12–22 Prof. incar., Regia Scuola Navale di Genova; '04–07 Assist. incar., '07–26[?] Libero Doc., '17–18 Prof. incar., Univ. di Genova; '23–24 Prof. straord., Univ. di Modena; '24–25 Prof. straord., '26–30 Prof. ord., '25–26 Fondatore e Dir. del Semin. mat., Univ. di Padova; '30–32 Prof., Univ. di Bologna. — 1909 Premio ministeriale par la Mat. (R. Accad. dei Lincei); '27 Medaglia d'oro (Soc. delle Scienze dei XL).

* 1875, Aug. 26, Ravenna;
† 1932, Febr. 29, Bologna.

Nekr. *E. Bortolotti, Giorn. Mat. Battaglini **71** ('33) 201–36. — *S. Pincherle, Rend. Sess. R. Accad. Sci. Ist. Bologna, Cl. Sci. fisiche (2) **36** ('32) 58–60; Boll. Unione mat. ital. **11** ('32) 125 f. — *C. Severini, Boll. Mat. **28** ('32) XXV–XXXII (m. Schr.verz. 83 Nrn. S. LXI–LXIV). — *A. Tonolo, Rend. Semin. mat. R. Univ. Padova **3** ('32) 67–81 (m. Bildn.); Archimede [Firenze] **11** ('59) 105–10.

HZ. (Begründer) Rend. Semin. mat. R. Univ. Padova **1** ('30).

W. Moderna teoria delle funzioni di variabili reale **1**: Aggregati, analisi delle funzioni, integrazione, derivazione (Bologna '35) 183 S.; [2]('43) 194 S.; [3]('51) 7 + 222 S.

Annali Mat. pura ed appl. Proiettività nello spazio hilbertiano: (4) **11** ('32/33) 155–79.

Boll. Unione mat. ital. Del ragionare: **12** ('33) 89–94.

Periodico Mat. Sulla forza centrifuga: (4) **14** ('34) 190–93.

Prace mat.-fizyczne Le varie derivazioni covarianti nel calcolo assoluto considerate come casi particolari di un medesima operazione: **39** ('32) 131–34.

Rend. Semin. mat. R. Univ. Padova Sulle derivazioni covarianti: **3** ('32) 16–27.

VI **VITERBI,** Emilio. Chem., Photochem. — 1914 Laurea in Chim. pura, '14–19 Assist. volontario, '19–31 Assist., '29–31, '32–38 Libero Doc., '46[?]– Prof., Univ. di Padova.

* 1891, Juni 11, Padova;
† 1965, Febr. 9, Roma.

Atti Accad. Sci. veneto-trentina-istriana Su di un nuovo filtro per l'ultravioletto: (3) **25** ('34).

Atti Reale Ist. veneto Sci., Lettere ed Arti, Parte II Osservazioni fotografiche sui vegetali mediante le radiazioni infrarosse [2]): **94** ('35) 143–59.

Atti e Mem., Reale Accad. Sci., Lettere ed Arti

Padova Fenomeni di fluorescenza eccitati a radiazione di ultravioletto medio: (N.S.) **54** ('38) 135–38.

Boll. Soc. ital. Biol. sperim. La fotografia con l'infrarosso utilizzata in ricerche anatomiche [1]): **9** ('34) 97–.

Monitore zool. ital. L'opacità differenziale all'infrarosso utilizzata in ricerche anatomiche, 1 [1]): **45** ('34) 12–17.

Ricerca sci. Un nuovo filtro di luce per fotografie ultraviolette: **29** ('59) 1974–76.

Mit: [1]) W. Cirolini; [2]) S. Tonzig.

IV–VI **VIVANTI,** Giulio. Math. (Analysis). — 1924–34 Prof. ord., '26–34 Dir. dell'Ist. mat., '30–32 Pres. della Fac. di Sci., '32–34 Dir. del Corso di Perfezionamento in Mat. appl., '34 Prof. Emer., Univ. di Milano; '30–34 Segretario per la Classe di Scienze, Reale Ist. lombardo Sci. e Lettere. — Commendatore dell'Ordine della Corona d'Italia; Cavaliere dell'Ordine dei Santi Maurizio e Lazzaro (Italia).
* 1859, Mai 24, Mantua;
† 1949, Nov. 19, Milano.

Ehrung Premio Vivanti (Univ. di Milano).

Nekr. *S. Cinquini, Rend., Ist. lombardo Sci. e Lettere, Parte gen. e Atti uffic. **83** ('50) 185–205 (m. Bildn. u. Schr.verz. 176 Nrn.). — *A. Pensa, ibid. **82** ('49) 78. — *M. Pastori, Rend. Semin. mat. e fisico Milano **20**.1949 ('50) XV–XIX (m. Bildn. u. Faks.).

MH. Enciclopedia delle matematiche elementari, **1**,1 (Milano '30), **1**,2 ('32); darin eig. Beiträge: 441–547: Elementi di analisi infinitesimale; 549–63: Rapporto tra la teoria degli aggregati e la matematica elementare; **2**,1 ('37), **2**,2 ('38).

S. Enciclopedia italiana di scienze, lettere ed arti, **14** (Milano '32) 132–46: Equazioni; **19** ('33) 202–05: Infinitesimale (Calcolo).

W. Algebra, ad uso degli istituti tecnici superiori: sezione di commercio e ragioneria e di agrimensura (Con circa 400 esercizi e problemi) (Torino '33) 158 S., Neudruck: ('34). — Esercizi di analisi infinitesimale: Preliminari analitici; derivate ed integrali delle funzioni d'una variabile e di più variabili; applicazioni geometriche; equazioni differenziali; elementi del calcolo delle variazioni [3](Torino '35) 4 + 404 S. — Algebra ed elementi di analisi matematica, ad uso degli istituti tecnici superiori, **1** (Con oltre 400 esercizi e problemi) [3](Torino '36) 8 + 245 S.

Boletín mat. Über die Note 5, Seite 46: **11** ('38) 101–03 [ ]. — Un teorema di geometria piana: **12** ('39) 257–59.

Boll. Unione mat. ital. Un'osservazione sul teorema di Picard per le funzioni analitiche: **11** ('32) 200f. — Su certe serie di potenze: **13** ('34) 265f. — Un'osservazione sui funzionali che ammettono un teorema d'addizione: **14** ('35) 244–46.

Enseignement math. Sur quelques théorèmes géométriques de Charles Sturm: **37** ('38) 275–91; **38** ('39/42). — Les courbes planes à normales doubles: **39** ('42/50) 46–49.

Periodico Mat. Duilio Gigli, 1878–1933: (4) **13** ('33) 255f.

Rend., Reale Ist. lombardo Sci. e Lettere Giuseppe Peano †: (2) **65** ('32) 497f. — Paolo Painlevé †: **66** ('33) 1051f. — Francesco Gerbaldi †: **67** ('34) 348f. — Salvatore Pincherle †: **69** ('36) 956f. — Enrico Salvioni †: 957.

Rend., (Reale) Ist. lombardo Sci. e Lettere, Parte gen. e Atti uffic. Edmund Landau †: (3) **71** ('37/38) 121. — Sulle curve piane a normali doppie: **79** ('45/46) 256–60. — Un teorema di aritmetica e la sua relazione colla ipotesi di Fermat: **80** ('48) 239–46.

Rend. Semin mat. e fisico Milano Uno sguardo alla teoria dei numeri: **7** ('33) 283–302. — Felice Casorati nel centenario della nascita: **9** ('35) 127–38.

Ferner einige Mathematiklehrbücher für allgemeinbildende Schulen.

VI **VIZE** (Wiese), Vladimir Jul'evič. Geophysik (Ozeanogr., Arktisforschung). — Bis 1910 Stud., Univ. Göttingen u. Univ. Halle; '10–11 Stud., Univ. Petersburg; '11–12 Forschungsreise auf d. Kola-Halbinsel; '12–39 Teilnahme an zahlreichen Forschungsexpeditionen in d. Arktis; '18–21 wiss. Mitarbeiter, Geophysikal. Hauptobservat., Petrograd; später bei der Hydrographischen Leitg. d. Kriegsmarine; '30–50 Abteilungsdir., '39–50 Präs. d. Wiss. Rates, Arkt. Forschungsinst., Leningrad; '35 Dr. d. geogr. Wiss.; '45–50 Prof. u. Leiter d. Lehrstuhls f. Ozeanogr., Univ. Leningrad. — '28 Rotbanner-Orden, '32, '45 Lenin-Orden, '46 Staatspreis (UdSSR); '50 Große Goldmedaille (Geogr. Ges. d. UdSSR).
* 1886, März 5 (Febr. 21), Carskoe Selo b. Petersburg;
† 1954, Febr. 19, Leningrad.

Ehrung Vize-Insel (im Karischen Meer) (nach Berechnungen von V. Ju. Vize entdeckt 1930 von ihm und O. Ju. Šmidt).

 Bitte Bemerkung S. 5629 vor dem Buchstaben V beachten!

Zur 25jähr. wiss. Tätigkeit *A. F. Laktionov, Problemy Arktiki **1937**, Nr. 2, 170–74 [russ. m. engl. Zusammenfassg.] (m. Bildn.); Sovetskaja Arktika **1937**, Nr. 5, 38–41. — *D. G. Panov, Izvest. gos. geogr. Obšč. **69** ('37) 1042f. — *L. O. Retovskij, Priroda [SSSR] **1937**, Nr. 6, 130–32 (m. Bildn.). — *N. N. Zubov, Meteorologija i Gidrol. **1937**, Nr. 4/5, 181–83.

Nekr. *T. E. Armstrong, Polar Rec. **7**, Nr. 50 ('55) 431f. — *V. Ch. Bujnickij, Izvest. vses. geogr. Obšč. **86** ('54) 364–69 (m. Bildn.). — *A. F. Laktionov, Izvest. Akad. Nauk SSSR, Ser. geogr. **1954**, Nr. 3, 83–86 (m. Bildn.). — *A. K. Orvin, Norsk geogr. Tidsskr. **15** ('55) Nr. 1/2, 1–3 (m. Bildn.).

Zur Biogr. In: Na drejfujuščej l'dine [Auf einer driftenden Eisscholle] (Ju. Ardi [= Ju. K. Maceevskij], N. Braslavskij) (Moskva '38) [vermutlich mit eig. Beitr.]. — *G. K. Grigor'ev, Dorogi vedut v Arktiku [Die Wege führen in die Arktis] (Moskva '69) 160 S. — *A. Laktionov, Morskoj Flot **19** ('59) Nr. 12, 38f. (m. Bildn.). — *A. F. Trešnikov, Ich imenami nazvany korabli nauki: Prof. Vize, Prof. Zubov, M. Somov [Forschungsschiffe tragen ihre Namen: Prof. Vize, Prof. Zubov, M. Somov] (Leningrad '78) 192 S.

Zur Biobibliogr. *V. Ch. Bujnickij, Vladimir Jul'evič Vize (Leningrad '69) 55 S. (m. Bildn.) (Vydajuščiesja učenye Leningradskogo universiteta).

H. (Redakt.) *M. A. D'jakonov, Putešestvija v poljarnye strany [Reisen in die Polarregionen] [3](Leningrad '33). — *P. L. LeRoy, Priključenija četyrech matrosov na Špicbergene [Erzählung der Begebenheiten vier russischer Matrosen, die durch einen Sturm zur Insel Ost-Spitzbergen verschlagen worden (Deutsche Originalausgabe 1760)] (Leningrad '33); darin eig. Beitr. S. 3–17: [Einleitung]. — (Redakt.) *G. de-Fer, Plavanija Barenca (Diarium nauticum) 1594–1597 [*G. de Veer, Die Reisen von Willem Barents; Titel d. latein. Originalausgabe 1548: Diarium nauticum] (Leningrad '36); darin eig. Beitr. S. 3–20: Vorwort des Redakteurs [russ.]. — (Redakt.) R. Ė. Bėrd, Snova v Antarktike; vtoraja antarktičeskaja ėkspedicija [*R. E. Byrd, Nochmals in der Antarktis; die zweite antarktische Expedition] (Leningrad '37). — (Redakt.) Atlas prilivo-otlivnych i postojannych tečenij v prolive Karskie Vorota, s priloženiem instrukcii dlja opredelenija summarnych tečenij v prolive. Atlas of constant and tidal currents in the Kara Strait with an appendix of instructions for the determination of the summary of the currents in the Strait (Leningrad '37). — (Redakt.) *F. Nansen, Sobranie sočinenij [Gesammelte Werke] **1–5** (Moskva–Leningrad '37/40); eig. Beitr. in: **2**,1 ('40) S. 7–50: Fridtjof Nansen, Biographie [russ.]. — (Redakt.) *A. F. Laktionov, Severnyj poljus [Der Nordpol] (Archangel'sk '39). — (Redakt.) *Ja. Ja. Gakkel', Instrukcija dlja proizvodstva nabljudenij nad l'dami s korablja [Instruktion für die Durchführung von Beobachtungen mit einem Schiff im Eismeer] (Leningrad '39). — (Redakt.) *Ja. Ja. Gakkel', *A. F. Laktionov, Al'bom ledovych obrazovanij [Album der Eisformen] (Leningrad '39), [2](Leningrad–Moskva '40). — (Redakt.) *V. A. Berezkin, *G. E. Ratmanov, General'naja schema tečenij Severnogo ledovitogo okeana i sopredel'nych morej [Allgemeines Schema der Strömungen des Nördlichen Eismeeres und der angrenzenden Meere] (Leningrad '40). — (Hauptredakt.) *D. A. Levonevskij, S. O. Makarov i zavoevanie Arktiki; "Ermak" vo l'dach; materialy i dokumenty o S. O. Makarove i ledokole "Ermak" [S. O. Makarov und die Eroberung der Arktis; "Ermak" im Eismeer; Materialien und Dokumente über S. O. Makarov und den Eisbrecher "Ermak"] (Moskva–Leningrad '43). — (Hauptredakt.) *A. F. Laktionov, Severnyj poljus; očerki istorii putešestvij k zentru Arktiki [Der Nordpol; Skizze der Geschichte der Expeditionen in das Zentrum der Arktis] (Moskva–Leningrad '49).

HZ. Trudy arktičesk. Inst. **35** ('36).

MHZ. (Mitredakt.) Letopis' Severa Nr. **1** ('49).

S. Za osvoenie Arktiki [Für eine Nutzbarmachung der Arktis] (Leningrad '35) 63–72: Die Ozeanographie der Arktis [russ.]. — *V. Stefansson, Gostepriimnaja Arktika [Orig. 1921: The friendly Arctic] (Leningrad '35) 1–10: [Einleitung]. — Karskoe more s prolivami i more Laptevych. Kara Sea with the straits and Laptev Sea (I. A. Kireev) (Leningrad–Moskva '37) 10–16 [russ.], 25–28 [engl.]: State of ice in the Kara Sea in 1933. — Matematika i estestvoznanie v SSSR. Očerki razvitija matematičeskich i estestvennych nauk za dvadcat' let [Mathematik und Naturwissenschaft in der UdSSR. Skizzen der Entwicklung der Mathematik und der Naturwissenschaften seit 20 Jahren] 1917–1937 (Moskva–Leningrad '38) 891–900: Die geographische Erforschung der Arktis [russ.]. — Ėnciklopedičeskij slovar' Russkogo bibliografičeskogo instituta Granat [Enzyklopädisches Wörterbuch des Russischen Bibliographischen Instituts Granat] Dopolnitel'nyj tom [Ergänzungsband] **1** [7](Moskva ['39?]) 552–64: Die Arktis [russ.]. — XXV let naučnoj dejatel'nosti Arktičeskogo instituta [25 Jahre wissenschaftliche Arbeit des Arktischen Instituts] (Leningrad–Moskva '45) 64–85: Untersuchung der Eisdecke und die glaziologische Prognose [russ.][2]). — Sovetskaja Arktika. Morja i ostrova. Fiziko-geografičeskaja charakteristika [Die sowjetische Arktis. Meere und Inseln. Physikalisch-geographische Charakteristik] (Moskva–Leningrad '46): Die Grenze der sowjetischen Arktis; Der Grad der Erforschung der Arktis; Die Meere des eurasischen Festlandssockels; Das Klima der sowjetischen Arktis. [Alle Beiträge russ.]. — Trudy 2-go Vsesojuznogo geografičeskogo s-ezda

[Arbeiten der 2. Geographischen Unionskonferenz] 1947 **1** (Moskva '48) 109–21: Russische Erfolge in der Arktis-Forschung [russ.]. — Trudy, Drejfujuščaja ėkspedicija na ledokol'nom parochode "G. Sedov" [Arbeiten der driftenden Expedition auf dem Eisbrecher-Dampfschiff "G. Sedov"] 1937–1940 (V. Ch. Bujnickij) **2** (Moskva '51): Resultate meteorologischer Beobachtungen [russ.]. — Atmosfera Zemli. Sbornik [Die Erdatmosphäre. Sammelband] (Moskva '53) 189–92: Die Arktis und Afrika [russ.]. — Russkie moreplavateli [Russische Seefahrer] (V. S. Lupač) (Moskva '53) 317–26: Georgij Jakovlevič Sedov [russ.]; 405–15: Die Fahrten der Schiffe "Sibirjakov", "Čeljuskin" und "Litke" [~].

W. Meždunarodnyj poljarnyj god [Das Internationale Polarjahr] (Moskva–Leningrad '31) 97 S.; ^{2}('32). — Meteorologičeskie nabljudenija poljarnoj ėkspedicii G. Ja. Sedova, **1**: Nabljudenija v buchte Foki na Novoj Zemle [Meteorologische Beobachtungen bei der Polarexpedition G. Ja. Sedovs, **1**: Beobachtungen in der St. Phoka Bay auf Novaja Zemlja] 1912–1913 (Leningrad '31) 252 S. (Vsesojuznyj arktičeskij institut, Materialy po izučeniju Arktiki, 1); **2**: Nabljudenija v buchte Tichoj na Zemle Franca Iosifa [Beobachtungen in der Stillen Bay (Calm Bay) in Franz-Joseph-Land] 1913–1914 ('33) 169 S. (~ 2). — Istorija issledovanija sovetskoj Arktiki. Barencovo i Karskoe morja [Geschichte der Erforschung der sowjetischen Arktis: Barentssee und Karisches Meer] (Archangel'sk '32) 211 S. (m. Bildn. u. Faks.); ^{2}('34) 209 S., ^{3}('35) 232 + 15 S. — Na "Sibirjakove" v Tichij okean [Auf der "Sibirjakov" in den Stillen Ozean] (Leningrad '34) 145 + 2 S. (m. Bildn.). — Na šturm Arktiki [Im Sturmangriff der Arktis] (Moskva '34); ukrain.: (Kyïv–Odesa '34) 204 S. — Vladivostok–Murmansk na "Litke" [Vladivostok–Murmansk auf der "Litke"] (Leningrad '36) 154 S. (m. Bildn.). — Morja sovetskoj Arktiki. Očerki po istorii issledovanija [Die Meere der sowjetischen Arktis; Skizzen über die Geschichte ihrer Erforschung] (Moskva '36) 493 S. (m. Bildn.); ^{2}('39) 565 S. (m. Bildn.); ^{3}(Leningrad '48) 416 S. (m. Bildn.). — Die Erforschung der sowjetischen Arktis [ukrain.] (Kyïv '39) 240 S. (m. Bildn.). — Klimat morej sovetskoj Arktiki [Das Klima der Meere der sowjetischen Arktis] (Leningrad–Moskva '40) 123 S. — Severnyj morskoj put' [Die Fahrtroute durch das Nordmeer] (Leningrad–Moskva '40) 96 S. — Kolebanie solnečnoj dejatel'nosti i ledovitost' arktičeskich morej [Schwankung der Sonnenaktivität und Vereisung der arktischen Meere] (Moskva–Leningrad '45) 7 S. (Arktičeskij naučno-issledovatel'skij institut XXV let, 1920–1945, Doklady Jubilejnoj sessii). — Na "Sibirjakove" i "Litke" čerez ledovitye morja. Dva istoričeskich plavanija 1932 i 1934 gg. [Mit der "Sibirjakov" und der "Litke" durch das Eismeer; zwei historische Reisen 1932 und 1934] (Moskva–Leningrad '46) 261 S.; darin von *A. Laktionov: Über den Autor dieses Buches [russ.]. — Lomonosov i Severnyj morskoj put' [Lomonosov und die Fahrtroute durch das Nordmeer] (Moskva '46) 19 S.; moldauisch: (Kišinev '48) 22 S. — Russkie poljarnye morechody iz promyšlennych, torgovych i služibych ljudej XVII–XIX vv.; biografičeskij slovar' [Russische Polar-Seefahrer aus den Reihen der Tierfänger, der Kaufleute und der im Staatsdienst Stehenden des 17.-19. Jahrhunderts; biographisches Wörterbuch] (Moskva–Leningrad '48) 72 S.

Annalen der Hydrogr. u. maritimen Meteorol. Zur Kenntnis der Alkalinität des Meerwassers: **61** ('33) 241–43.

Arctica [Leningrad] Andreev-Land: **1** ('33) 7–30 [russ. m. deutscher Zusammenfassg.]. — Einige Angaben zu den hydrologischen Verhältnissen im Winter im Petschora-Meer: 99–114 [~]. — Zur Frage der Messung der Lufttemperatur auf Schiffen in arktischen Gewässern: **2** ('34) 39–45 [~]. — Aus der Geschichte des russischen Tierfanggewerbes auf Spitzbergen: **3** ('35) 157–61 [~]. — Isohalines of the surface waters in the Barents Sea: **5** ('37) 117–32 [russ. m. engl. Zusammenfassg.].

Bjul. arktičesk. Inst. SSSR Concerning the finding in Norway of a buoy, which has been cast into the Laptev (Nordenskjöld) Sea [1]): **1932**, 71–73 [russ.], 91–93 [engl.]. — Der wahrscheinliche Eiszustand in den arktischen Meeren: 99f. [russ.]. — The expedition of the ice-breaker "Sibirjakov": 121f., 189f. [~], 144–48, 230f. [engl.]. — Wahrscheinlicher Eiszustand im August 1932: 153 [russ.]. — Umberto Cagni †: 166f. [~]. — The North-East Passage Expedition with the ice-breaker "Sibirjakov": 243–47 [~], 291–95 [engl.]. — Drift of two buoys from the Kara to the Norwegian Sea: **1933**, 10 [russ.], 39f. [engl.]. — The voyage of the ice-breaker "Sibirjakov" to Cape Cheliuskin in 1933: 274–78 [russ.], 316–19 [engl.]. — Lamond Island on Franz-Joseph Land: 350 [russ.], 385 [engl.]. — Die zweite Antarktis-Expedition der "Discovery II": 362–64 [russ.]. — Coordinates of Uyedineniya Islands: **1934**, 11 [~], 42f. [engl.]. — Die Entdeckung einer neuen Insel in der Beaufort-See: 81 [russ.]. — Der Eis-Dienst im Nordatlantik: 137f. [~]. — Fahrt des Robbenfangschiffs "Lengostorg" nach Franz-Joseph-Land 1933: 178f. [~]. — Expedition on the ice-breaking steamer "F. Litke" in 1934: 351–53 [~], 388–90 [engl.]. — Carsten Borchgrevink, 1864–1934: **1935**, 85f. [russ.]. — Drift of buoys from Kara Sea to the Lofoten Islands: 204f. [~], 229f. [engl.]. — The drift of buoys from the Kara Sea to the coasts of Norway: 290 [russ.], 309f. [engl.]. — Drift of a buoy from the Laptev Sea to the coast of Greenland: 340f. [russ.], 367f. [engl.]. — Petr Kuz'mič Pachtusov zum 100. Todestag: 373–75 [russ.]. — Drift einer Boje in das östliche Sibirische

Eismeer: **1936**, 83 [~]. — Vorläufige Vorhersage der Eisbedingungen während der Seefahrt: 128 [~]. — Drift of four buoys from the Kara and Laptev Seas to the shores of Iceland: 128 [~], 149 [engl.]. — Expeditionen nach Ostgrönland im Jahre 1935: 130f. [russ.]. — Weitere zwei Bojen der "Sedov"-Expedition 1934: 175f. [~]. — Drift von Bojen im Grönländischen Meer: 262 [~]. — Fund zweier Bojen von der "Krasin": 262 [~]. — Drift einer Boje vom Karischen Meer nach Island: 262f. [~]. — Fund zweier Bojen im Karischen Meer: 535, 551 [ ]. — Die 3. Antarktis-Expedition der "Discovery II" 1933–1935: 536f. [russ.].

Geographical Rev. The northeastern passage of the icebreaker "Litke": **25** ('35) 339f.

Izvest. gos. gidrol. Inst. Vergleich der vom Staatlichen Hydrologischen Institut gegebenen glaziologischen und hydrologischen Prognosen für die Navigationssaison 1933 für die Barentssee und für das Karische Meer mit den tatsächlich beobachteten Eisverhältnissen: Nr. **66** ('34) 49–52 [russ.].

Izvest. vses. geogr. Obšč. Willem Barents – zum 350. Todestag: **80** ('48) 340–45 [russ.]. — Semen Dežnev. Zum 300. Jahrestag der Entdeckung der Beringstraße: 565–76 [~].

J. Geography [Tokyo] Exploration of the Arctic Ocean: **45** ('33) Nr. 531.

Letopis' Severa Neue Kenntnisse über die russische arktische Seefahrt im 17. Jahrhundert: **1** ('49) 78–93 [russ.]. — Alte russische Bezeichnungen auf Novaja Zemlja: 107–22 [~]. — Valerian Ivanovič Al'banov: 279–83 [~].

Literaturnyj Sovremennik Nikolaj Vasil'evič Pinegin: **1940**, Nr. 12, 127–30 [russ.].

Materialy po Izučeniju Arktiki Hydrologische Beobachtungen, durchgeführt in der Barentssee und im Karischen Meer auf den Schiffen "Tajmir", "Iv. Susanin" und "Bednota" 1918, 1919 und 1920: Nr. **6** ('34) [russ.].

Meteorologičeskij Vestn. Zur Frage der Verringerung der Vereisung der arktischen Meere: **1932**, Nr. 1, 18f.

Naša Strana Die Expedition auf dem Eisbrecher "Sadko" in hohe geographische Breiten 1937: **1938**, Nr. 5, 18–20 [russ.].

Novosti techn. Lit.: Mašinostroenie Historische Drift der "Sedov": **1940**, Nr. 11, S. 2 [russ.].

Petermanns geogr. Mitt. Die Nordostdurchfahrt der "Sibirjakov" im Sommer 1932: **79** ('33) 122–25.

Polar Rec. Trading navigation in the Kara Sea: **6** ('33) 90–94.

Priroda [SSSR] Ein Sieg für die sowjetische Wissenschaft und Luftfahrt: **1937**, Nr. 6, 17–21 [russ.]. — Die Drift der Station "Severnyj poljus" ["Nordpol"]: **1938**, Nr. 1, 14–19 [~]. — Fridtjof Nansen zum 10. Todestag: **1940**, Nr. 7, 96–101 [~].

Problemy Arktiki Ice prognoses: **1937**, Nr. 1, 67–80 [m. engl. Zusammenfassg.]. — Ice drift from the Kara Sea into the Greenland Sea: 103–16 [~]. — Drift einer Flasche von der englischen Küste bis zur Küste der Halbinsel Jamal: 164, 194. — Ice prognoses for the navigation in the year 1937: Nr. 2, S. 176, 212 [m. engl. Zusammenfassg.]. — Drift of a buoy from the Kara Sea to the Faeroe Islands: Nr. 3, S. 150 [~]. — Drift of a buoy from the Laptev Sea into the Bay of Biscay: 150 [~]. — A new stage in the exploration of the Arctic: Nr. 4, 19–24 [~]. — To the study of the movement of the ice in Vilkitskij Strait: **1938**, Nr. 1, 41–45 [~]. — Die dritte Expedition in hohe Breiten auf dem Eisbrecher "Sadko" im Jahre 1937: 73–77. — Eisdrift vom Karischen Meer in das Grönländische Meer: 103–16. — Ein Bojenfund an der Küste von Spitzbergen: 159. — Drift zweier von den Färöern ausgesetzten Flaschen zur Kolguev-Insel: 160. — Drift einer Boje aus dem Karischen Meer in die Barentssee: Nr. 2, S. 213. — Die Drift des Eisbrechers "Sedov": **1939**, Nr. 1, 78–80. — Drift von Bojen: 80. — G. Ja. Sedov zum 25. Todestag: 93–96. — A. K. Civol'ka zum 100. Todestag: Nr. 2, 101–03. — Aus dem Tagebuch N. A. Begičevs: Nr. 2. — Über Schwankungen der Hauptwindrichtung in der Arktis: Nr. 4, 30–37. — Die Erwärmung der Arktis und die Gezeiten: Nr. 5, 37–42. — Die Erwärmung der Zentralarktis: 108f. — Die tagtägliche Veränderlichkeit der Lufttemperatur als charakteristisches Kennzeichen des Klimas der Polargebiete: Nr. 6, S. 77f. — Die Wetterwarte in der Tichaja-Bucht (Zum zehnjährigen Bestehen): Nr. 7/8, 112–17. — Zu dem Artikel von M. M. Somov: Über Wege zur Entwicklung von glaziologischen Prognosen: **1940**, Nr. 1, 19–23. — Wissenschaftliche Arbeiten auf der "G. Sedov": Nr. 2, 39–46. — Zur Klimatologie der arktischen Meere: Nr. 3, 45–54. — Gunnerius Ingvald Isachsen †: Nr. 7/8, 111f. — Aus der Geschichte der Kartographie der Arktis: 121f. — William Edward Parry zum 150. Geburtstag: Nr. 9, 81–84. — Zur Geschichte der Entdeckung der Inseln im Ob- und Enisej-Gebiet des Karischen Meeres: 89. — Nikolaj Vasil'evič Pinegin: Nr. 11, 99–102. — Die amerikanische Expedition nach der Antarktis: 104. — G. E. Ratmanov †: **1941**, Nr. 2, 83f. — Die Antarkis-Expedition von James Ross vor 100 Jahren: 86–88. — Über die Erwärmung des Klimas des Polarbeckens: Nr. 4. — Otto Pettersson: Nr. 5, 67f. — Erfahrungen mit der Verwendung von driftenden Bojen zur Erforschung der arktischen Meere: **1943** ('44) Nr. 1. — Hydrochemische Bedingungen am Rande des Packeises der arktischen

Meere: Nr. 2, 13–31. — Parallaktische atmosphärische Gezeiten in der Arktis: **1944** ('45) Nr. 1, 33–55. — Zur Untersuchung der parallaktischen atmosphärischen Gezeiten: Nr. 2, 100–07. — Die Drift von Bojen in arktischen Meeren: 122. — Zum 100. Jahrestag der letzten Expedition Franklins: **1945**, Nr. 1, 98–101. — Über die meteorologischen und glaziologischen Bedingungen im Laptev-Meer und im Ostsibirischen Meer während der Arbeit der großen Arktis-Expedition: Nr. 5/6. — N. C. Witsen über die russische arktische Seefahrt im 17. Jahrhundert: **1948**, Nr. 1, 5–18. — — Alle Arbeiten russ.

Revue Trav. Office Pêches maritimes Expédition du "Sibiriakov" en 1932: **7** ('34) 276–332.

Sovetskaja Arktika Glaziologische Prognosen für die arktischen Meere: **1935**, Nr. 3, 25–30. — Über die Abkühlung der Arktis in der Nähe des Atlantischen Ozeans: **1936**, Nr. 3, 79f. — Die Ursache für die Erwärmung der Arktis: **1937**, Nr. 1, 59–68. — Die wissenschaftliche Bedeutung der Operationen zur Eroberung des Nordpols: Nr. 6, 40–43. — Die Henrietta-Insel: **1938**, Nr. 5, 74–80. — Die letzte Fahrt der "Sedov": **1939**, Nr. 3, 86–93. — 3 Jahre auf der Begičev-Insel: **1940**, Nr. 4, 82f. — — Alle Arbeiten russ.

Sovetskoe Stroitel'stvo [Moskva] Sowjetische Arktisforschungen: **1932**, Nr. 3 (68), 29–35 [russ.].

Trudy arktičesk. Inst. Die wissenschaftlichen Ergebnisse der Arktis-Expedition auf der "Sedov" 1930 (Hydrologie, Meteorologie): Oberflächenbeobachtungen in der Barentssee und im Karischen Meer im Sommer 1930: **1** ('33) 1–42 [russ. m. deutscher Zusammenfassg.]; ~: Hydrologische Tiefseebeobachtungen [2]): 43–108 [~]; ~: Die Eisverhältnisse in der Barentssee und im nördlichen Teile des Karischen Meeres im Sommer 1930 nach Beobachtungen des Eisbrechers "Sedov": 109–23 [~]; ~: Meerestiefen, gemessen von der Expedition mit dem Eisbrecher "Sedov" im Jahre 1930: 125–38 [russ.]; ~: Meteorologische Beobachtungen, ausgeführt an Bord des Eisbrechers "Sedov" im Jahre 1930: 139–50 [~]. — Die Fahrt des Eisbrechers "Malygin" nach Franz-Joseph-Land 1931: **6** ('33) 1–12 [russ. m. deutscher Zusammenfassg.]; ~: Die Eisverhältnisse: 13, 23–29 [~]; ~: Beobachtungen über das Oberflächenwasser: 13–23 [russ.]; ~: Die Lotungen: 29–33 [~]; ~: Meteorologische Beobachtungen: 33–40 [~]. — Die Expedition mit dem Eisbrecher "Sibirjakov" 1932: **10** ('33) 5–37 [russ. m. deutscher Zusammenfassg.]. — Die Eisverhältnisse im Nördlichen Eismeer zwischen Novaja Zemlja und der Bering-Straße nach Beobachtungen des Eisbrechers "Sibirjakov" im Jahre 1932: 89–101 [~]. — Die Driften der "Sibirjakov" im Tschuktschen-Meer: 103–24 [~]. — Lotungen, ausgeführt von der Expedition mit dem Eisbrecher "Sibirjakov" im Jahre 1932: 125–30 [russ.]. — Beobachtungen des Eiszustands von Schiffen aus in den Polarmeeren während der Schiffahrtssaison 1933: **20** ('35) 47 S. [~]. — Wissenschaftliche Ergebnisse der Expedition auf dem Eisbrecher "Litke" 1934: Beobachtungen über Temperatur und Salzgehalt des Oberflächenwassers des Meeres: **29** ('35) 7–24 [russ. m. deutscher Zusammenfassg.]; ~: Tiefseebeobachtungen: 25–39 [~]; ~: Die Eisverhältnisse im Nördlichen Eismeer im Sommer 1934 nach den Beobachtungen des Eisbrechers "Litke": 40–46 [~]. — Degree of knowledge of the rivers in the arctic region: **35** ('36) 7–21 [russ. m. engl. Zusammenfassg.]. — Die Hydrometeorologischen Bedingungen im Randgebiet des Eises der arktischen Meere: **184** ('44) [russ.]. — Über den Zusammenhang zwischen den Wassertemperaturen dem Kola-Meridian entlang und der Lufttemperatur: **185** ('45) [~]. — Grundlagen langfristiger glaziologischer Prognosen für die arktischen Meere: **190** ('44) [~].

Vodnyj Transport Die wissenschaftlichen Arbeiten an Bord der "Sibirjakov": **2/3** ('33) 25f. [russ.].

Zap. gos. gidrol. Inst. Über die Eisdrift im nördlichen Polarbecken: **10** ('33) 327–36 [russ. m. deutscher Zusammenfassg.].

Znanie - Sila Die Arktis und Afrika: **20** ('50) Nr. 7, S. 9 [russ.].

Ferner Beobachtungsmitteilungen über den Zustand des Eises in den arktischen Meeren 1934/35 ('37) und 1936 ('39). — Vorworte und Einleitungen zu Fachbüchern.

Mit: [1]) B. Čirichin; [2]) A. F. Laktionov.

VI **VLĂDESCU**, Radu. Biochem., Toxikol. — 1923– Prof. u. später Dir. d. Labor. f. biol. Chem. u. Toxikol., Veterinärmed. Fak., Univ. din București. — Chevalier de la Légion d'Honneur (France); Offizier d. Königl. Rumän. Stern-Ordens; Orden d. Arbeit I. Kl. (Volksrepubl. Rumänien).
* 1886, Apr. 27, Sibiciu de Sus;
† 1964, Febr. 15, București.

Nekr. Analele Acad. Republ. popul. române **14** ('64) 667f.

MHZ. Arhiva veterin.

S. Hommage à la mémoire du professeur Jean Cantacuzène (Paris '34) 755–59: La méthode de Copaux pour le dosage du phosphore (ses applications en biologie). — Wissenschaftliche Berichte des XI. Milchwirtschaftlichen Weltkongresses, Berlin 1937, **2** (Leipzig '37) 563f.: Ein Fortschritt in der Refraktometrie der Milch.

W. Médecine vétérinaire et parasitologie animale (m. I. Ciurea) (Bucureşti '38) 28 S. — Laptele şi controlul său igienic (Bucureşti '45) 168 S. — Curs de chimie biologică şi fizicală (Bucureşti '51) 312 S. — Controlul igienic al laptelui şi derivatele sale (Bucureşti '59) 164 S.

Annales Chim. analyt. et Chim. appl. Le dosage du soufre par microsédimentation. Application au sang: (3) **22** ('40) 303. — Le dosage des chlorures par microsédimentation. Application au lait: **23** ('41) 92 f.

Annales Fermentat. Une méthode simple permettant le dosage rapide de la cellulose: **5** ('40) 546–49.

Annales Inst. Pasteur Sur la glycémie du cobaye et du lapin sous l'influence de venin de cobra [3]): **64** ('40) 344–48. — Sur l'action hyperglycémiante des venins de serpents [3]): **65** ('40) 5–12.

Archives Maladies Appareil digestif et Maladies Nutrit. Recherches sur l'élimination de la créatine, par l'estomac à l'état normal et dans les néphrites; leur importance pour pronostic des syndromes urémiques [12])[4])[9]): **23** ('33) 88–97.

Arhiva veterin. Prof. Paul Riegler, 1867–1936: **28** ('36) 218–20 [rumän.]. — Ion St. Furtună, 1860–1937: **29** ('37) Nr. 4, 55 f. [~].

Bull. Acad. Méd. Roumanie Contributions à l'étude de calcium du lait: **6** ('38) 822–27. — Lait et la vitamine C en Roumanie [10]): **7** ('39) 124–32. — La mesure du volume des hématies par la microsédimentation: **12** ('42) 286–89.

Bull. Sect. sci., Acad. roumaine Le dosage du sodium dans les liquides biologiques: **25** ('42/43) 333–36.

Bull. Soc. Chim. biol. Sur la glycémie du cobaye et du lapin sous l'influence du venin de cobra [3]): **22** ('40) 299–303. — Sur l'action hyperglycémiante des venins de serpents [3]): 430–36. — Une technique "Microbertrand" permettant le dosage facile des sucres réducteurs dans les liquides de l'organisme animal: 577–81. — Sur la variation cyclique annuelle de toxicité du sang de la vipère [3]): **23** ('41) 327–32.

Comunicările Acad. Republ. popul. române Contributions à la méthode colorimétrique de dosage du cholestérol des tissus d'origine animale [8]): **4** ('54) 143–47 [rumän. mit französ. u. russ. Zusammenfassg.].

C.R. hebd. Séances Acad. Sci., Paris Influence de la pilocarpine sur le métabolisme glandulaire et musculaire lisse [7]): **202** ('36) 1533–35. — La glycémie chez le cobaye et le lapin sous l'influence du venin de cobra [3]): **209** ('39) 585–87, 732. — L'action hyperglycémiante des venins de serpents [3]): 818–21. — Une méthode simple permettant le dosage rapide de la cellulose: **211** ('40) 150–52. — Le dosage des sucres réducteurs par la microsédimentation: 260 f. — Le dosage du soufre par microsédimentation. Application au sang: 642 f. — Le dosage des chlorures par microsédimentation. Application au lait: **212** ('41) 238–40. — Le dosage du potassium dans les liquides biologiques par microsédimentation: 394–96. — Le dosage du phosphore par microsédimentation. Application aux liquides biologiques: 641–43. — Nouvelle méthode pour la numération des globules rouges du sang: 1051–53. — Sur un cas remarquable de variation de toxicité du sang de vipère [3]): 1063–65. — Sur la variation saisonnière de toxicité du sang de la vipère [3]): **213** ('41) 153–55.

C.R. (hebd.) Séances (et Mém.) Soc. Biol. Sur l'hydrolyse de l'urée sous l'influence de la salive de l'homme: **109** ('32) 1001 f. — L'élimination de la salipyrine chez l'homme et chez le chien [13]): 1381 f. — Méthode pour le dosage de la caséine: **117** ('34) 128–30. — Un défécant nouveau et ses applications en biochimie: **119** ('35) 768–70. — Comment on peut éviter l'inconvénient le plus sérieux de la colorimétrie: **120** ('35) 221–23. — Sur la défécation du sang et de l'urine par le ferrocyanure de cuivre: 664 f. — Sur la présence de l'acide lactique dans la salive: **121** ('36) 275 f. — Un uréomètre simple: **123** ('36) 849 f. — Le chlore dans la salive de l'homme: **128** ('38) 317–19. — Le potassium dans la salive humaine [2]): **129** ('38) 329 f. — Modifications de la composition de la salive et du sang produites par la pilocarpine [7]): **130** ('39) 1154–56. — Teneur en acide ascorbique des yeux, chez différentes espèces animales [14]): **132** ('39) 169–71.

Lait Carence minérale chez les vaches laitières: **12** ('32) 775–78. — Une technique simple permettant l'analyse complète du lait dans un échantillon assez réduit de ce liquide: **15** ('35) 363–69. — Contributions à l'étude du calcium du lait: **19** ('39) 354–58. — Le lait et la vitamine C en Roumanie [10]): 798–805. — Le dosage des chlorures par microsédimentation. Application au lait: **21** ('41) 233–36.

Natura [Bucureşti] Prof. Paul Riegler: **25** ('36) Nr. 9, 1–3 [rumän.].

Probleme Terapeut. Constantes physico-chimiques du sang, dans la tuberculose expérimentale et humaine [1])[6]): **10** ('59) Nr. 4, 83–92 [rumän. m. russ. u. französ. Zusammenfassg.].

Revistă Şti. med. Nutritive value of milk: **22** ('33) 964–82 [ ]. — Problem of hygienic control of milk: **23** ('34) 715–41 [ ].

Studii şi Cercetări Biochim., Acad. Republ. popul. romîne, Bucureşti Das Tensioviskosimeter in Anwendung auf die hygienische Kontrolle der Milch [5]): **1** ('58) 19–22 [rumän. m. russ. u. französ. Zusammenfassg.]. — Die Carotinämie bei Lungentuberkulose [1]): 185–91 [~]. — Anwendung der Reaktion von Votoček zur Bestimmung von Nitriten [11]): **2**

Bitte Bemerkung S. 5629 vor dem Buchstaben V beachten!

('59) 125–27 [~]. — Anwendung der Reaktion von Votoček zur Bestimmung von Alkalicyaniden [11]: 245–47 [~]. — Das charakteristische Verhalten der Nitrite bei der Reaktion von Votoček [11]: **3** ('60) 83f. [rumän.].

Studii şi Cercetări Chim., Acad. Republ. popul. romîne, Bucureşti Ein einfacher Apparat zur Bestimmung der Viskosität und der Oberflächenspannung von biologischen Flüssigkeiten: **4** ('56) 234–38. — Tensioviskosimeter zur Anwendung für die Kontrolle der Milch [5]): 239–41. — Der physikalisch-chemische Mechanismus der Muskelkontraktion. Die Rolle des osmotischen Drucks: **5** ('57) 535–45. — — Alle Arbeiten rumän. m. russ. u. französ. Zusammenfassg.

Studii şi Cercetări Fiziol. norm. şi patol., Acad. Republ. popul. romîne, Bucureşti Chlorionenbestimmung in einer biologischen Flüssigkeit. Das Verhältnis Chlorat–Erythroplasma: **1** ('50) 133–37 [rumän.].

Einige weitere kurze Publikationen.

Mit: [1]) I. V. Bălănescu; [2]) L. Bellea; [3]) G. Bertrand; [4]) M. Bibesco; [5]) A. Ciocoiu; [6]) E. Geraniu; [7]) G. Nichita; [8]) S. Oeriu; [9]) M. Popescu; [10]) H. Prahoveanu; [11]) N. Roşca; [12]) D. Simici; [13]) E. Stefanesco; [14]) H. Stefanesco.

IV–VI **van VLECK,** Edward Burr. Math. — 1906–29 Prof., '29 Prof. Emer., Univ. of Wisconsin, Madison, Wisc. — '09 Vice-Pres., '13–15 Pres., Amer. Math. Soc.; '12–13 Vice-Pres., Amer. Assoc. for the Advancem. of Sci. (Sect. A). — '20 Officier de l'Instruction publique (France).

* 1863, Juni 7, Middletown, Conn.;
† 1943, Juni 2, Madison, Wisc.

Zur Biogr. *R. C. Archibald, A semicentennial history of the American Mathematical Society 1888–1938 (New York '38) (American Mathematical Society, Semicentennial publications, 1) 170–73 (m. Bildn., Faks. u. Schr.verz. 32 Nrn.). — *R. E. Langer, *M. H. Ingraham, Biographical Mem., Nation. Acad. Sci. USA **30** ('57) 399–409 (m. Bildn., Faks. u. Schr.verz.).

Nekr. *G. D. Birkhoff, Bull. amer. math. Soc. **50** ('44) 37–41. — *R. E. Langer, Science [USA] **98** ('43) 530f.

S. Encyclopaedia Britannica; a new survey of universal knowledge **6** (Chicago, Ill.–London–Toronto '57) 234–36: Conformal representation. [Auch in anderen Ausgaben].

VI **van VLECK,** John Hasbrouck. Physik. — 1928–34 Prof., Univ. of Wisconsin, Madison, Wisc.; '34–51 Prof., '51–69 Hollis Prof., '69 Prof. Emer., '43–45 Head of the Theory Group, Radio Research Labor., '45–49 Chairman of the Departm. of Physics, '51–57 Dean of Engng. and Appl. Physics, Harvard Univ., Cambridge, Mass.; '30 Guggenheim Fellow; Visiting Prof. at several universities of USA and ('39) Inst. Henri Poincaré, Univ. de Paris; '60 Lorentz Prof., Univ. Leiden; '61–62 Eastman Prof., Univ. of Oxford; '32–35 Councilor, '51–53 Pres., Amer. Physical Soc.; '54–60 Vice-Pres., Amer. Acad. Arts and Sci.; '60 Vice-Pres., Amer. Assoc. for the Advancem. of Sci. — Hon. Sc. D. or Dr. h. c.: '36 (Wesleyan Univ., Middletown, Conn.); '47 (Univ. of Wisconsin, Madison, Wisc.); '50 (Univ. de Grenoble); '55 (Univ. of Maryland, Baltimore, Md.); '58 (Univ. of Oxford); '60 (Univ. de Paris); '61 (Rockford College, Rockford, Ill.); '61 (Univ. de Nancy); '66 (Harvard Univ., Cambridge, Mass.); '68 (Univ. of Chicago, Ill.); '71 (Univ. of Minnesota, Minneapolis, Minn.). — '77 Nobel Prize in Physics. — '63 Albert A. Michelson Prize (Case Inst. of Technol., Cleveland, O.); '65 Irving Langmuir Prize (Amer. Physical Soc.); '66 Nation. Medal of Sci. (Nation. Acad. Sci.); '70 Chevalier de la Légion d'Honneur (France); '71 Elliott Cresson Medal (Franklin Inst., Philadelphia, Pa.); '74 Lorentz Medaille (Koninkl. Nederlandse Akad. Wet.).

* 1899, März 13, Middletown, Conn.;
† 1980, Okt. 27, Cambridge, Mass.

Sohn von Edward Burr van Vleck IV–VIIb

Ehrung International symposium on atomic, molecular, and solid-state theory and quantum biology, in honor of J. H. van Vleck, Sanibel Island, Fla., 1971 (vgl. International J. Quantum Chem., Symposium Nr. **5** (New York '72)).

Autobiogr., Les Prix Nobel 1977 (Stockholm '78) [58]–60 (m. Bildn. u. Faks.).

Nekr. Versl. gewone Vergad. Afd. Natuurkunde, Koninkl. nederl. Akad. Wet. **90** ('81) Nr. 1, S. 4.

S. Nuclear physics. Bicentennial conference, Pennsylvania Univ. 1941 (Philadelphia, Pa. '41) 51–68: Nuclear physics and inter-atomic arrangement. — Proc. International conference of theoretical physics, Kyoto and Tokyo 1953 (Tokyo '54) 640–48: Cohesive energies of alkali metals. — Encyclopaedia Britannica; a new survey of universal knowledge, **4** (Chicago, Ill.–London–Toronto '57) 143: P. W. Bridgeman; 7 ('57) 416f.: P. A. M. Dirac; **18** ('57) 814–27: Quantum mechanics; **22** ('57) 679–81: The uncertainty principle; **23** ('57) 441: Wave mechanics. [Alle Beiträge auch in anderen Ausgaben]. — Magnetic properties of metals and alloys. A seminar, Cleveland, O., 1958 (Cleveland, O. '59) 1–17: Fundamental questions in magnetism. — Quantum electronics. A symposium, Highview, N.Y., 1959 (C. H. Townes) (New York '60) 392–409: Spin lattice relaxation at low temperatures. — International conference on spectral line shape and molecular interactions, Rehovoth, Israel, 1961 [Abstracts of the lectures] (– '61): Summary of the conference. — The Cherwell-Simon memorial lectures 1961 and 1962 (Edinburgh–London '62) 25–50: The so-called age of science.

W. The theory of electric and magnetic susceptibilities (Oxford '32) 11 + 384 S.; Neudrucke: (London '44), ('48), ('52), ('65). — Frontiers of physical science in the Netherlands and the United States. Inaugural address, delivered on his entrance into office as Lorentz Professor at the University of Leiden (Leiden '60) 21 S.

American J. Physics Landmarks in the theory of magnetism: **18** ('50) 495–509.

American math. Monthly Some mathematical aspects of the new physics: **39** ('32) 90–96.

Annales Inst. Henri Poincaré Quelques aspects de la théorie du magnétism: **10** ('47) 57–187.

Annals New York Acad. Sci. Significance of the results of microwave spectroscopy to the theory of magnetism: **55** ('52) 928–42.

Astrophysical J. Magnetic dipole radiation and the atmospheric absorption band of oxygen: **80** ('34) 161–70. — Multiplet intensities for the nebular lines ^4S-^2D of O II [2)][35)]: **109** ('49) 42–52.

Biographical Mem., Nation. Acad. Sci. USA Charles Elwood Mendenhall, 1872–1935: **18** ('38) 1–22.

Bull. amer. math. Soc. Edward Vermilye Huntington, 1874–1952 [6)][29)][39)]: **59** ('53) 399.

Bull., Assoc. int. Universités Harvard University: New laboratory: **3** ('55) Nr. 3, S. 22.

Colloques int. Centre nation. Rech. Sci. Developments in the theory of antiferromagnetism: **27** ('51) 114–26.

Discuss. Faraday Soc. The magnetic behaviour of regular and inverted crystalline energy levels: **26** ('58) 96–102.

J. appl. Physics [USA] Theory of radar reflection from wires or thin metallic strips [4)][13)]: **18** ('47) 274–94.

J. chem. Physics On the theory of the structure of CH_4 and related molecules, 1: **1** ('33) 177–82; ~ 2: 219–38; ~ 3: **2** ('34) 20–30. — Molecular vibrations of three particle systems with special applications to the ethyl halides and ethyl alcohol [8)]: **1** ('33) 350–56. — A calculation of the vibration frequencies and other constants of the H_2O molecule [8)]: 357–61. — Note on the sp^3 configuration of carbon, and correction to part III on CH_4 [**2** ('34) 20–30]: **2** ('34) 297f. — The group relation between the Mulliken and Slater-Pauling theories of valence: **3** ('35) 803–06. — Valence strength and the magnetism of complex salts: 807–13. — On the isotope corrections in molecular spectra: **4** ('36) 327–38. — The influence of dipole–dipole coupling on the specific heat and susceptibility of a paramagnetic salt: **5** ('37) 320–37. — On the role of dipole–dipole coupling in dielectric media: 556–68. — Revised calculation of the translational fluctuation effect in gaseous dielectrics: 991. — On the adiabatic demagnetization of caesium titanium alum: **6** ('38) 81–86. — Note on the second or Gaussian approximation in the Heisenberg theory of ferromagnetism when $S > 1/2$: 105f. — On the magnetic behavior of vanadium, titanium and chrome alum: **7** ('39) 61–71. — The Jahn-Teller effect and crystalline Stark splitting for clusters of the form XY_6: 72–84. — Note on the Zeeman effect of chrome alum: **8** ('40) 787–89. — On the energy levels of chrome alum [10)]: 790–97. — On the theory of antiferromagnetism: **9** ('41) 85–90. — Influence of dipole–dipole coupling on specific heat of a paramagnetic salt [16)]: **32** ('60) 1573f.

J. physic. Chem. The puzzle of rare-earth spectra in solids: **41** ('37) 67–80.

J. physic. Soc. Japan Exchange fields in rare earth iron garnets: **17** ('62) Suppl. B 1, 352–57.

J. Physique et Radium La polarisation diélectrique des liquides: (7) **10** ('39) 103Sf. — Recent developments in the theory of antiferromagnetism: (8) **12** ('51) 262–74. — Some recent progress in the theory of magnetism for nonmigratory models: **20** ('59) 124–35.

Nederlands Tijdschr. Natuurkunde Relaxation mechanisms in nuclear magnetic resonance: **27** ('61) 1–21.

Philosophical Mag. and J. Sci. The theory of the paramagnetic rotation and susceptibility in manganous and ferric salts [28)]: (7) **17** ('34) 961–87.

Physica The present status of the theory of ferromagnetism: **15** ('49) 197–206. — On the splitting of the ground state of Ni^{++} in $NiSiF_6 \cdot 6\,H_2O$ [27)]: **17** ('51) 205–08. — Ferromagnetic resonance: 234–52. — Note on the gyromagnetic ratio of Co^{++} and on the Jahn-Teller effect in Fe^{++}: **26** ('60) 544–52.

Bitte Bemerkung S. 5629 vor dem Buchstaben V beachten!

Physical Rev. The theory of the magnetic quenching of iodine fluorescence and of λ-doubling in $^3\Pi_0$ states: **40** ('32) 544–68. — Theory of the variations in paramagnetic anisotropy among different salts in the iron group: **41** ('32) 208–15. — The quantum defect of nonpenetrating orbits, with special application to Al II [38]): **44** ('33) 551–69. — Concerning the tensor nature of the dielectric constant and magnetic permeability in anisotropic media: **45** ('34) 115f. — The Dirac vector model in complex spectra: 405–19. — On the paramagnetic rotation of tysonite [14]): **46** ('34) 17–32, 929. — The rotational energy of polyatomic molecules: **47** ('35) 487–94. — On the cross section of heavy nuclei for slow neutrons: **48** ('35) 367–72. — Nonorthogonality and ferromagnetism: **49** ('36) 232–40. — On the anisotropy of cubic ferromagnetic crystals: **52** ('37) 1178–98. — On the theory of the forward scattering of neutrons by paramagnetic media: **55** ('39) 924–30. — Dipole–dipole resonance forces [18]): 1165–72. — Relative intensities of singlet–singlet and singlet–triplet transitions [18]): **56** ('39) 464f. — Paramagnetic relaxation times for titanium and chrome alum: **57** ('40) 426–47. — Paramagnetic relaxation and the equilibrium of lattice oscillators: **59** ('41) 724–29. — Calculation of energy exchange between lattice oscillators: 730–36. — Hyperfine structure of the microwave spectrum of ammonia and the existence of a quadrupole moment in ^{14}N [9])[22])[33])[40]): **70** ('46) 984. — Absorption of microwaves by oxygen: **71** ('47) 413–24. — Absorption of microwaves by uncondensed water vapor: 425–33. — Role of exchange interaction in paramagnetic absorption [11]): **72** ('47) 1128f. — Width of r.-f. absorption lines in solids: **73** ('48) 1229f. — Theory of the width of microwave lines in cupric salts: 1249f. — Coupling of electron spins in rotating polyatomic molecules [15]): **74** ('48) 106f. — The dipolar broadening of magnetic resonance lines in crystals: 1168–83. — Forbidden lines in O II [2])[35]): 1208. — Collision theories of pressure broadening of spectral lines [23]): **76** ('49) 1211–14. — Concerning the theory of ferromagnetic resonance absorption: **78** ('50) 266–74. — A simplified method of computing the cohesive energies of monovalent metals [21]): **79** ('50) 328–88. — Theory of the microwave Zeeman effect in atomic oxygen [1]): **92** ('53) 1448–55. — Hyperfine structure in the spectrum of $^{14}NH_3$, 2: Theoretical discussion [12])[34]): **94** ('54) 1191–203. — Improved theory of the Zeeman effect of atomic oxygen [17]): **96** ('54) 66–71. — Theory of the temperature dependence of the magnetoelastic constants of cubic crystals [19]): **118** ('60) 1231f. — Magnetism of europium garnet [41]): 1490–92. — Magnetic susceptibility of metallic europium [5]): 1493–98. — Primitive theory of ferrimagnetic resonance frequencies in rare-earth iron garnets: **123** ('61) 58–62.

Physical Rev. Letters Sign of Knight shift in samarium intermetallic compounds [37]): **6** ('61) 412f. — Ferromagnetic interaction in EuO [24])[5]): **7** ('61) 160f.

Physics and Chemistry Solids Theory of the magnetic susceptibility of the nitric oxide clathrate: **20** ('61) 241–54.

Proc. IRE Fundamental theory of ferro- and ferrimagnetism: **44** ('56) 1248–58.

Proc. nation. Acad. Sci. USA Expressions for the current in the Bloch approximation of "tight binding" for metallic electrons [3]): **25** ('39) 82–86.

Proc. roy. Soc. London, Ser. A A new method of calculating the mean value of $1/r^s$ for Keplerian systems in quantum mechanics: **143** ('34) 679–81. — Magnetic susceptibility of oxygen in a clathrate compound, 2 [25])[26]): **243** ('58) 414–21.

Rapports et Discuss., Cons. Physique, Inst. int. Physique Solvay Le magnétisme: Susceptibilités des ions samarium et europium: **6**.1930 ('32) 55–64.

Reviews modern Physics The quantum theory of valence [32]): **7** ('35) 167–228. — Theory of ferromagnetism: **17** ('45) 27–47. — On the shape of collision-broadened lines [36]): 227–36. — The coupling of angular-momentum vectors in molecules: **23** ('51) 213–27. — Models of exchange coupling in ferromagnetic media: **25** ('53) 220–27. — Spin waves [20]): **30** ('58) 1–23; **31** ('59) 839. — Note on the interactions between the spins of magnetic ions or nuclei in metals: **34** ('62) 681–86.

Revista, Univ. nacion. Tucumán, Ser. A Note on the use of the Dirac vector model in magnetic materials: **14** ('62) 189–96.

Science [USA] Two barrier phenomena [Pässe, Visa, Einreisen]: **118** ('53) 311–13.

Suppl. Nuovo Cimento Magnetic properties of metals: (10) **6** ('57) 857–86. — Line breadths and the theory of magnetism: 993–1014. — The concept of temperature in magnetism: 1081–100.

U.S. Atomic Energy Commiss. Crystalline electric field in nickel ammonium sulfate [7])[27]): **BNL-200** ('53) 3–9.

Yearb., Amer. philos. Soc. E. V. Huntington, 1874–1952: **1952** ('53) 321–24.

Z. physik. Chem. [Frankfurt/M.] Physical meaning of adiabatic magnetic susceptibilities: **16** ('58) 358–67.

Viele der zitierten Arbeiten auch erschienen als: Contributions physic. Labor. Harvard Univ.

Mit: [1]) A. Abragam; [2]) L. H. Aller; [3]) J. Bardeen; [4]) F. Bloch; [5]) R. M. Bozorth; [6]) P. W. Bridgeman; [7]) L. M. Corliss; [8]) P. C. Cross; [9]) B. P. Dailey; [10]) R. Finkelstein; [11]) C. J. Gorter; [12]) G. R. Gunther-Mohr; [13]) M. Hamermesh; [14]) M. H. Hebb; [15]) R. S. Henderson; [16]) R. I.

Joseph; [17]) K. Kambe; [18]) G. W. King; [19]) C. Kittel; [20]) J. van Kranendonk; [21]) T. S. Kuhn; [22]) R. L. Kyhl; [23]) H. Margenau; [24]) B. T. Matthias; [25]) H. Meyer; [26]) C. M. O'Brien; [27]) J. F. Ollom; [28]) W. G. Penney; [29]) W. V. Quine; [30]) —; [31]) —; [32]) A. Sherman; [33]) M. W. P. Strandberg; [34]) C. H. Townes; [35]) C. W. Ufford; [36]) V. F. Weisskopf; [37]) J. A. White; [38]) N. G. Whitelaw; [39]) D. V. Widder; [40]) E. B. Wilson, jr.; [41]) W. P. Wolf.

VI **VLÈS,** Fred Manuel Raoul. Physik (biol.). — 1930–44 Prof. et Dir. de l'Inst. de Physique biol., Fac. de Méd., Univ. de Strasbourg. — '39 Prix Bréant (Acad. Sci. Paris).

* 1885, Jan. 22, Le Hâvre;

† 1944, Juli [auf Transport zum KZ].

Zur Bibliogr. Titres et travaux scientifiques de Fred Vlès (Paris '32) 235 S.

Nekr. *E. Fauré-Frémiet, Bull. Soc. Chim. biol. **27** ('45) 459f. — *H. M. Fox, Nature [London] **159** ('47) 597. — *J. Rostand, Revue sci. **84** ('46) 64. — Comité à la Mémoire des Savants français. Victimes de la barbarie allemande (Paris '47) [13] (m. Bildn.). — — Siehe auch **W.**

Zur Biogr. *C. Kayser, Cahiers Physique (5) **9** ('55) No. 59, 1–3 (m. Bildn.).

HZ. Archives Physique biol. (et Chim.-Physique Corps organisés) **1** ('21) – **17** ('44).

S. Traité de physiologie normale et pathologique (G.-H. Roger, L. Binet) **1**: Physiologie générale (Paris '33) 861–927: Action des agents physiques sur les organismes. — [I] Congreso internacional de lucha científica y social contra el cancer, Madrid 1933, **2**(Madrid '33) 379–91: Un problème de physico-chimie pathologique: les propriétés des points iso-électriques et du terrain physico-chimique en relation avec le problème du cancer [4]); 392–99: Sur les relations entre certains conditions électriques et le cancer expérimental [4]). — Hommage à la mémoire du professeur Jean Cantacuzène (Paris '34) 761–87: Sur une propriété particulière de l'œuf d'oursin en lumière polarisée. — Atti I Congresso internazionale di elettroradio-biologia, Venezia 1934, **2**(Bologna '35) 1296–322: Revue des données actuelles sur le comportement des organismes électriquement connectés, ou non, au sol; 1330–38: Ionomètre à compensation pour le mesure de la conductivité atmosphérique. — Libro de oro dedicado al Prof. Dr. Angel H. Roffo en ocasión de sus bodas de plata con la cancerología 1910–1935 (Buenos Aires '35): Remarques sur les conditions électriques d'apparition des cancers spontanés des souris au sol: influence des différences de potentiel cage–terre [4]). — Travaux scientifiques, IIe Congrès international de lutte scientifique et sociale contre le cancer, Bruxelles 1936, **1**[?] (Bruxelles '36 [?]) 88–114: Facteurs physiques et physico-chimiques cancérigènes [4]).

W. Les conditions biologiques créées par les propriétés électriques de l'atmosphère; le comportement des organismes électriquement connectés au sol, ou isolés de celui-ci (Paris '41) 5 + 92 S. (Actualités scientifiques et industrielles, 880 = Physique biologique, 1). — Introduction à la photochimie biologique, à l'usage des médecins et des biologistes, **1**: Radiations, analyse spectrale, photochimie (Paris '42) 155 S.; **2**: Les sources naturelles de radiations (Paris '46) 64 S., darin S. 5–7: *A. Boutaric, Préface [= Nekr. auf F. Vlès]. — La spectroscopie en biologie (Paris '45) 44 S. (Cours-conférences du Centre de Perfectionnement technique, 1122). — Brief monograph on the Mya (Mya arenaria – Linné 1767) (Washington, D.C. '54) 56 S. (English translation of fishery literature, Miscellaneous series, 176) [Französ. Original: Mémoires de la Société zoologique de France **22** ('09) 90–141].

Annales Physiol. et Physicochim. biol. Etudes sur l'action pharmacologique du dinitrophénol 1-2-4 et des phénols nitrés, 9: Action des phénols nitrés sur l'hémoglobine [11]): **8** ('32) 176–94.

Archives Electr. méd. Les données actuelles sur le comportement des organismes électriquement connectés au sol ou isolés de celui-ci: **43** ('35) 257–80.

Archives Physique biol. et Chim.-Physique Corps organisés Recherches sur les propriétés physico-chimiques des tissus en relation avec l'état normal ou pathologique de l'organisme, 10: Nouvelles recherches sur le traitement des tumeurs de goudron de la souris par certains aminoacides [4]): **9** ('31/32) 5–13; ~ 11: Etudes statistiques sur le cancer de goudron et les facteurs de son évolution [4])[18]): 209–34; ~ 12: Les substances accélératrices des cancers de goudron [4]): 235–39; ~ 13: Les statistiques de survie dans le cas des injections de mélanges d'acides aminés aux souris à cancer de goudron [4]): 245–56; ~ 14: Observations préliminaires sur certaines conditions du cancer spontané de la souris [4]): 257–66; ~ 15: Nouvelles recherches sur les indices de réceptivité des souris pour les greffes des tumeurs épithéliales: action de divers mélanges d'acides aminés en proportions variables [4])[18]): **10** ('32/33) 102–18; ~ 16: Nouvelles recherches sur les cancers liées aux conditions électriques [4]): 119–26; ~ 17: Nouvelles recherches sur l'évolution statistique des cancers de goudron [4])[18]): 304–17; ~ 18: Essais de thérapeutique à base d'acides aminés sur les cancers spontanés de la souris [4]): **11** ('33/34) 135–46; ~ 19: Les statistiques de survie des cancers de goudron àprès enlèvement de la tumeur; le rôle toxique de celle-ci [4])[18]): 333–44; ~ 20: Diverses actions sur le cancer du goudron [4])[18]): **12** ('35) 138–54; ~ 21: Influence de l'obscurité et de la lumière sur la cancérisation par le goudron [4]) [18]): 255–77; ~ 22: Suite des expériences sur la cancérisation spontanée des souris au sol et isolées [4]): 13 ('36) 150–76; ~ 23: Action des éléments du tube digestif sur le cancer du goudron [4][18][14]): 14 ('37) 233–39; ~ (2e série), 1: Relations entre les points isoélectriques musculaires et la virulence des infections bactériennes [18][3][2][17]): 113–30. — Sur les relations entre les points isoélectriques et le pouvoir alexique du sérum humain [13][1]): 9 ('31/32) 134–41. — Recherches sur les propriétés optiques du cristallin liées au pH [7]): 142–63. — Documents pour servir à l'étude du rôle des facteurs électriques dans l'évolution des embryons d'oursin: 173–200. — Notes sur la lyse électrique de l'œuf d'oursin: 201–08. — Technique du potentiel de platine et du pH apparent des sols [12]): 284–89. — Sur la structure spectrale ultraviolette de certaines substances protéiques [13]): **10** ('32/33) 5–20. — Notes sur la structure spectrale du permanganate de potasse [16]): 21–41. — Remarques sur les propriétés électriques de l'atmosphère pendant l'épidémie de poliomyélite du Bas-Rhin en 1930: 144–47. — Dix ans de recherches relatives à une physico-chimie du cancer: d'une étude des points isoélectriques des constituants de l'organisme aux essais d'une thérapeutique chez l'homme [4]): **11** ('33/34) 5–30. — Spectrographie et spectrophotométrie ultraviolettes d'absorption avec le dispositif II: 77–110. — Sur la structure des spectres ultra-violets de l'œuf d'oursin. Introduction à une technique de microspectrophotométrie ultraviolette [6]): 157–90. — Nouveau type d'ionomètre et d'ohmmètre pour grandes résistances; applications à la mesure de la conductivité atmosphérique: 293–332. — Sur la détection de champs parasites dans les habitations: 359–61. — Notes sur les propriétés physico-chimiques des électrolytes, 1: Sur les relations entre les propriétés physico-chimiques et spectrales des électrolytes: **12** ('35) 57–73; Recherches sur les propriétés physico-chimiques des électrolytes, 2: L'interprétation des relations entre les constantes électrochimiques, le spectre infra-rouge et les propriétés réactionnelles: **13** ('36) 88–107. — Recherches sur les réactions physico-chimiques modifiées par connexion électrique avec le sol [6]): **12** ('35) 74–137. — Le spectre ultraviolet des urines et son utilisation analytique: 204–08. — Le problème des modifications thermiques de l'eau: 292–96. — Action de la lumière solaire sur l'absorption ultraviolette des verres: 301–03. — Notes sur une réaction photochimique des rayons x: 307–10. — André de Coulon, 1890–1935: **13** ('36) 5–12. — Mesures effectuées sur les points isoélectriques des sérums pathologiques, à l'Institut de Physique Biologique (1929–1936), 1: Techniques: 13–41; ~ 2: Exemple de l'évolution des points isoélectriques du sérum pendant une longue durée: étude physico-chimique d'un cas de sarcome suivi pendant 4 ans: 205–19; ~ (1929–1939), 3: Exemples d'évolution des points isoélectriques du sérum dans divers cas de cancers en cours de traitement par les acides aminés [17][2]): **16** ('42/43) 80–136. — Pile atmosphérique à force électromotrice renversable: **13** ('36) 114–19. — L'eau colloïdale: 199–201. — Remarques sur la mesure de la charge des colloïdes: 201 f. — Notes techniques d'analyse spectrale: **14** ('37) 18–97. — Le problème de la stabilité moléculaire en fonction du pH: 281–96. — Spectre ultraviolet du pyrène [5]): **15** ('38/42) 16–32. — Les données actuelles sur la constitution et les propriétés physico-chimiques de l'eau: 33–85. — Documents spectraux, 1: Acide pyrénoyl-propionique (ultraviolet) [15]): 244–51. — Recherches sur les constantes physico-chimiques et la détermination expérimentale du point isoélectrique du rouge méthyle [2][17]): **16** ('42/43) 5–18. — Sur les relations entre la massivité et la polarisation [6]): 45–79. — Recherches sur l'excitation de la fluorescence des protides: 137–66. — Electrode à hydrogène pour la mesure du pH: 187–96. — Considérations sur la structure des phénols dans l'échelle des pH: **17** ('44) 5–61. — Spektraluntersuchung von Redox-Reaktionen: 75–113 [französ.]. — — Ferner zahlreiche, zum Teil ausführliche Vortragsreferate in den Supplement-Teilen.

Archives Zool. expér. et gén. Recherches sur une déformation mécanique des œufs d'oursin: **75** ('33) 421–63.

Bull. Acad. Méd. Quelques essais sur une action frénatrice, vis-à-vis de cancers humains, de certains mélanges à base de acides aminés [4]): (3) **110** ('33) 744–47. — Observations de trois malades en traitement par la technique Vlès-deCoulon à base d'acides aminés [9]): 747–51. — Sur le spectre ultra-violet des dialysats de sérums normaux et pathologiques [17]): **119** ('38) 263–66.

Bull. Inst. océanogr. Sur la structure des spectres ultraviolets de l'œuf d'oursin [6]): No. **658** ('34) 1–23.

Cahiers Physique Recherches sur certains effets de sels (massivité) et leurs relations avec les phénomènes de polarisation [6]): Nr. **5** ('41) 11–20.

C.R. hebd. Séances Acad. Sci., Paris Sur une intervention des conditions électrostatiques dans l'apparition de certains cancers spontanés [4]): **194** ('32) 750–52, 920. — Nouvelles expériences sur le rôle des conditions électrostatiques dans l'apparition de cancers spontanés de la souris [4]): **195** ('32) 586–88. — Recherches sur l'intervention des conditions électriques dans la croissance des enfants: **196** ('33) 62–65. — Sur les corrélations entre l'évolution des poids des nourrissons, et les propriétés électriques manifestées à leur niveau: 216–18. — Sur les forces électromotrices développées par l'homme en contact avec un conducteur métallique [8][6]): 965–67. — Sur une réaction physicochimique se modifiant d'après la connexion électrique avec le sol [6]): **197** ('33) 777–79. — Essais thérapeutiques à base d'acides aminés sur les cancers spontanés de la souris [4]): 1779–81. — Les statistiques de survie dans les cancers de goudron de la souris après l'enlèvement de la tumeur: étude du rôle toxique de celle-ci [4])[18]): **199** ('34) 245–47. — Sur une propriété spectrale des électrolytes en solution: **200** ('35) 545–47. — Sur l'apparition des cancers spontanés dans les élevages de souris au sol, en rapport avec les différences de potentiel cage–terre [4]): 1435f. — Spectre infrarouge des substances protéiques [10]): 1927–29; **202** ('36) 175. — Sur les relations entre les constantes électrochimiques, le spectre infrarouge, et les propriétés réactionnelles: **201** ('35) 1475–77; **202** ('36) 175. — Sur les conditions d'excitation de la fluorescence des protides: 2184–86. — Sur l'interprétation du spectre infrarouge des protéines [10]): **204** ('37) 567–69, 1016. — Sur les relations entre les effets de massivité des sels et certaines caractéristiques ioniques et atomiques [6]): **209** ('39) 377–79. — Sur une pile dont la force électromotrice donne directement le rH de Clark [6]): **217** ('43) 601–03.

C.R. hebd. Séances et Mém. Soc. Biol. Sur l'excitation de la fluorescence du cholestérol et de la peau [18]): **123** ('36) 226–31.

Cytologia [Tokyo] Sur le spectre d'excitation de la fluorescence des protides dans l'ultraviolet éloigné, et le comportement des cellules dans l'excitation par les courtes longueurs d'onde: Fujii-Festschrift **1937**, 156–58.

Einige weitere Beiträge in Kongreßberichten. — Ein Beitrag "Relation entre la stabilité moléculaire et le pH" im Bulletin der "Association amicale des Ingénieur-chemistes de l'Institut de Chimie de Strasbourg" **1937**, Juni, 97–113.

Mit: [1]) N. Bernstein; [2]) S. Bessières-Kreimer; [3]) J. Boy; [4]) A. de Coulon; [5]) C. Frangopol; [6]) M. Gex; [7]) A. Gonçalvès; [8]) A. Grossmann; [9]) A. Gunsett; [10]) E. Heintz; [11]) A. Mayer; [12]) L. Meyer; [13]) M. Prager; [14]) J. Regamey; [15]) Mlle Schaffner; [16]) A. Simchen; [17]) T. Tatar(-Goldberg); [18]) A. Ugo.

Bitte Bemerkung S. 5629 vor dem Buchstaben V beachten!

GÜNTER EISENREICH

Lexikon der Algebra

1989. 680 Seiten – 14,5 × 21,5 cm –
Lederin DDR 60,– M; Ausland 80,– DM
ISBN 3-05-500231-8
Bestell-Nr.: 7636612
Bestellwort: Lexikon Algebra 9042

Mit dem Lexikon der Algebra wird die Serie der Lexika fortgesetzt, die das große Mathematische Wörterbuch durch Einzellexika aktualisieren.

Teilgebiete sind insbesondere:

- universale Algebra,
- Körper- und Ringtheorie,
- homologische Algebra,
- Ideal- und Modultheorie,
- Gruppen- und Darstellungstheorie,
- Halbgruppen,
- Verbands- und Kategorietheorie,
- algebraische K-Theorie und Formen,
- Ringe und Algebren,
- Invariantentheorie,
- Liesche Gruppen und Algebren,
- geordnete Strukturen,
- quadratische Formen.

Bestellungen richten Sie bitte an eine Buchhandlung

AKADEMIE-VERLAG BERLIN
Deutsche Demokratische Republik
DDR-1086 Berlin, Leipziger Strasse 3-4 Postfach 1233

Erfahrung des Denkens – Wahrnehmung des Ganzen

Carl Friedrich von Weizsäcker als Physiker und Philosoph

Herausgegeben von Peter Ackermann, Wolfgang Eisenberg, Helge Herwig, Karlheinz Kannegießer

1989. 253 Seiten – 1 Abbildung – 17 cm × 24 cm
DDR 40,– M; Ausland 48,– DM
ISBN 3-05-500620-8
Bestell-Nr. 7639303
Bestellwort: C. F. v. Weizsaecker 9180

Carl Friedrich von Weizsäcker ist wie kein zweiter lebender Physiker Grundfragen der Physik und, daraus abgeleitet, solchen der Philosophie nachgegangen. Dabei spielten und spielen bei ihm die Kategorien der Wahrnehmung, des Denkens und ihr Bezug auf das Ganze eine zentrale Rolle. Dieser Ganzheitsanspruch in Verbindung mit der Wahrnehmung der Probleme unserer Zeit führte ihn über sein ursprüngliches Arbeitsgebiet hinaus zu einem großen Engagement für die Sicherung des Friedens und eine weltweite Verständigung. Der vorliegende Sammelband kann nur einen kleinen Teil des vielfältigen Schaffens von Weizsäckers und der von ihm gegebenen Denkanstöße reflektieren. Er bezieht sich auf die Schaffensgebiete Physik und Philosophie und orientiert sich an folgenden vier Schwerpunkten:

- dem Verhältnis von Philosophie und Naturwissenschaften,
- Wissenschafts- und Theorienentwicklung,
- Logik und Wahrscheinlichkeit,
- Einheit der Natur und Wissenschaften.

Abgerundet wird der Band durch eine Einführung zu Leben und Schaffen von Weizsäckers und eine Bibliographie seiner Schriften.

Interessenten wenden sich bitte an eine Buchhandlung

AKADEMIE VERLAG BERLIN
Deutsche Demokratische Republik
DDR-1086 Berlin, Leipziger Strasse 3-4 Postfach 1233

ISBN 3-05-500596-1

FSC
www.fsc.org
MIX
Papier | Fördert
gute Waldnutzung
FSC® C083411

Zeitfracht Medien GmbH
Ferdinand-Jühlke-Straße 7
99095 Erfurt, Deutschland
produktsicherheit@kolibri360.de